液体の構造と性質

液体の構造と性質

戸田盛和・松田博嗣
樋渡保秋・和達三樹 著

岩 波 書 店

まえがき

液体の状態に対する基礎的な理解が物理学・化学・地学・生物学あるいは技術面などの多くの方面から望まれている．本書は典型的な分子からなる単純な液体について，この理解を追求したものである．

簡単な分子からなる体系に対する理論は，分子概念がまだ確立されていなかった時代に，Maxwell や Boltzmann などによって高度の理論として展開され，その結果はその後に来た原子物理学の時代に直ちに活用されたのであった．液体についても，まず簡単な分子からなる体系に対して充分に立ち入った精しく正確な取扱いを確立することが望まれてきたのであった．

van der Waals が引力を及ぼし合う分子からなる気体が凝縮することを論じたのは 1873 年で今から約百年前のことである．この研究は臨界現象の概念を確立させ，当時端緒についたばかりの気体の液化の実験に指針を与え，そのため Nobel 賞の対象となったものであり，今日の低温物理学および技術の出発点ともいえる業績であった．

今世紀に入って，一方ではX線回折を始めとする種々の実験技術の進歩によって，液体の微視的構造が次第に明らかになり，他方では統計力学を始めとする理論の進展によって，微視的立場から液体を理解しようとする研究が積み重ねられてきた．液体は凝縮曲線と融解曲線の間にはさまれた領域に対応する．液体は結晶固体のような周期的構造をもたない．この意味では液体は気体と共に流体と総称されるのがふさわしい．実際，臨界点以上の温度では，液体状態は連続的に気体状態につながっており，その近傍の液体は気体に近い振舞いをする．しかし，通常観測される液体状態はむしろ融解曲線に近い温度，圧力下であって，ここでは液体はむしろ時間空間において局所的に見れば，固体に近い構造や振舞いをすることが明らかになってきた．

種々の温度や圧力の下での液体の構造と性質をその構成分子固有の性質から論ずるのが統計力学あるいは分子論の立場であり，これが本書の基本的立場である．これによって液体に対する実験事実を統一的に理解し，進んで例えば地球内部のような，実験室的には直接測定が困難な環境における液体の性質の予測にも確実な基礎を与えたいと考える.

第1章で液体の性質から入り，第2章で分子間力，第3章に統計力学の一般論と近似的取扱いを述べる．液体論では不規則な空間的配置をとる多数分子の体系を扱うための数学的困難がある．これを回避するため，いくつかの模型理論が提出され，また多体問題の近似方法がいろいろ開発された．これが1960年頃までの液体論の主流をなしていたといえよう．これによって液体における種々の量の間の関係や種々の近似的方法の得失が次第に明らかになりはしたが，近似の信頼度を評価する基礎はほとんど与えられなかった.

しかし1960年代に入って，大型計算機の開発が進み，これによって数百個あるいはそれ以上の個数の運動を任意に与えられた対ポテンシャルの下でシミュレートすることが可能になって，液体論の研究手段に新しい道がひらけた．これによって種々の近似の精度がチェックされるようになったし，また現実に近い体系に対して定量的な結果を予測する道がひらかれた．第3章では，実際の分子間相互作用に近い Lennard-Jones ポテンシャルを使った計算機実験と近似理論の結果の比較もおこなった.

第4章では拡散・粘性などの動的な現象の一般論を述べた．動的性質も計算機実験の大きなテーマである.

計算機実験は実際の液体をシミュレートするばかりでなく，分子間力を現実のものよりもはるかに簡単化することによって，静的および動的な現象の原因となっている基本的要素を発見することを可能にした．さらにそれによって高圧などの条件の下で示し得る現象を確実に予測する道もひらけてきた．第5章はこの観点に立つもので，モデル物質を想定して現象の本質にせまろうとする最近の液体論の動向である.

例えば引力をもたない剛体球からなる体系でも，ある圧力と温度の比において不規則な液体的集合状態と規則正しい結晶的集合状態との間で相転移を起こすことが確認され，融解現象には分子間の斥力が本質的な役割を演じていることが明らかにされた．また非金属液体と金属液体の性質の系統的なちがいのいくつかは斥力の硬さ，軟らかさのちがいによるものとして理解し得ることも明らかになってきた．剛体球系の相転移の発見は剛体棒の形をした分子からなる体系の相転移にも関連するもので，液晶やウイルスなどの振舞いにも新しい視野を与えている．

第6章で扱った高圧下の融解，液晶，水などは，それぞれ地球，生物などの科学に触れる分野で，将来さらに重要性をますものと考えられる．

著者の一人(戸田)が約30年前に書いた「液体構造論」(巻末参考書1-2)は複雑な液体まで含めて種々の液体の種々の振舞いと，それに近づく物理的考察方法について述べたものであった．これを書き改めることも考えられたが，本書では最近の研究を反映して，単純な液体を中心に液体の本質にせまる解説が大きな部分を占めることになった．本書が将来の研究に大いに役立つことを期待するものである．

本書の執筆にあたっては，研究を共にしてきた方々から，あるいは研究会などでいただいた御教示に負うところが大変多い．B. J. Alder 教授からは図5.6と図5.7のフィルムを貸していただいた．また岩波書店編集部の片山宏海氏にはひとかたならぬお世話になった．これら多くの方々に深く感謝したい．

1976年2月

著者を代表して　戸田盛和
松田博嗣　記す

目　　次

第1章　液体の一般的性質

§1.1　液体の領域

気体，液体および固体は物質の3態とよばれている．実際，多くの物質は温度，圧力の変化によって，この3つの状態の間を移り変わる．そこで，例えば，横軸に温度をとり，縦軸に圧力をとって，3態の間の移り変わりを表わすと，図1.1のようになる．これを**状態図**(相律図)という．例えば水の3態の移り変わりを考えてみればよい．これから主に純粋な物質について考える．

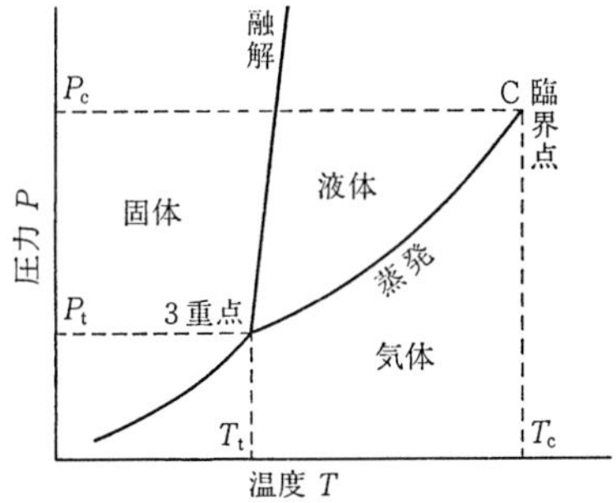

図 1.1　状　態　図

3重点は気体，液体，固体の3相が共存する状態である．低温では固体とその蒸気とが平衡を保ち得る．そのときの蒸気の圧力は昇華曲線によって与えられる．これより圧力を低くすればすべての固体が昇華して全部が気体になり，また圧力を高くすれば，気体は凝固して全部が固体になる．

3重点よりも上の温度では，液体とその蒸気が平衡を保ち得る．このときの圧力は飽和蒸気圧であり，蒸発(気化)曲線で表わされる．これは蒸気が液化する凝縮をも表わしている．この曲線で表わされる圧力よりも圧力を低くすれば液体は全部気化し，またこれよりも高い圧力を加えれば蒸気は全部液化する．圧力を一定にして，温度を変えても，この曲線を越えると液体が蒸気に，また蒸気が液体に変わる．蒸発曲線には，高温，高圧側に終点があり，これは**臨界点**(critical point)とよばれる．これを図ではCで表わしてある．この温度を臨界温度，圧力を臨界圧力，密度を臨界密度という．これらは物質によってきまっている定数(物質定数)であって，これからの議論でもわかるように，物質(ことに液体)を特徴づけるのに最も適した定数である．

臨界点は液体とその蒸気とがつながる点，あるいは液体と蒸気との区別がつかなくなる状態である．例えば，臨界密度に相当する量の物質を試験管に閉じ込めて，その温度を低くすれば液体と蒸気との2相に分かれ，その境界面が見えるが，温度を上げて臨界温度に近づけば，境界面はぼやけて，臨界温度では遂に境界面が消えてしまう．透明であった物質は臨界点に近づくにつれて，白くにごって見えるようになる．これは**臨界たん白光**の現象といわれる．臨界点に近づくと，液体と気体の間の移り変わりがいたるところで生じて，このための密度のゆらぎが光を強く散乱するが，臨界点ではゆらぎが発散するので，臨界点の極く近くでは光の波長よりも大きなゆらぎが生じ，光を乱反射するため白濁して見えるようになるのである．

臨界点を上まわる変化をさせれば，相変化なしに液体と気体の間を移り変わることができる．この意味で，液体と気体とは連続的につながっている．流れるという点でもこの2つは似ていて，**流体**(fluid)，**流動相**として，一緒によばれることがある．

固体と液体との間には融解曲線がある．氷(§6.4参照)などでは圧力によっていろいろの結晶形があり，その間の移り変わりがあるために，融解曲線は何度も折れまがるが，アルゴンなどでは固体の結晶形は1つであり，融解曲線はなめらかな1本の曲線である．このように融解曲線が簡単な物質について，これを高圧の領域まで追っていくと図1.2のようになる．ここでCと記したのは

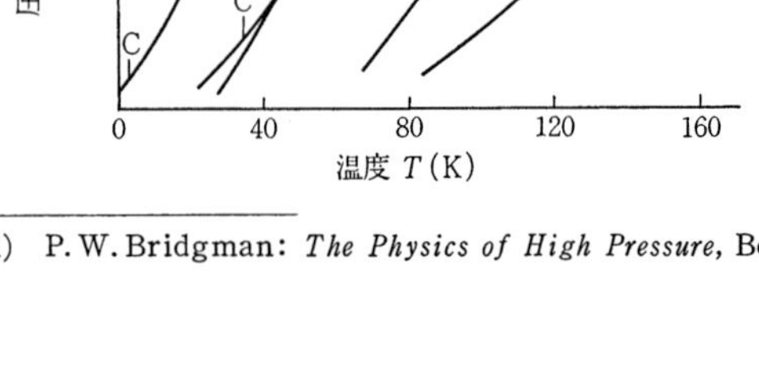

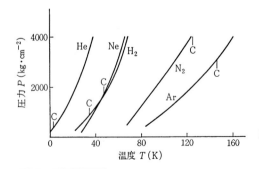

図 1.2　高圧における状態図(1)[1]．$1\,\mathrm{kg\cdot cm^{-2}}=0.968$ 気圧

1) P. W. Bridgman: *The Physics of High Pressure*, Bell and Sons (1949).

表 1.1

	Ne	Ar	CO_2
T_m	20 K	83.78 K	T_t −56°C(P_t=5 気圧)
T_c	45 K	150.72 K	31.1°C
P_c	26 気圧	48 気圧	73 気圧
$P_m(T_c)$	1920 気圧	～4000 気圧	～6000 気圧

臨界点の温度を示したものである．このように臨界点よりもはるかに高い温度まで，融解曲線は伸びている．融解曲線に終点はないようである．いいかえれば“融解の臨界点”はない．固相と液相とは分子配列の秩序，あるいは対称性がちがうから，その間の転移は1次相転移で，臨界点はないともいわれている．ここで融解といったが，このように臨界点Cよりも高温高圧の領域では液体と気体の区別はないのであるから，融解曲線をはさんで固体に接するのは，液体といっても，高温，高圧の気体といってもよい．簡単な物質について T_c における融解曲線上の圧力 $P_m(T_c)$ を表 1.1 に付記しておいた．$P_m(T_c)/P_c \cong 80$ である．液体という言葉を分子間の引力で物質が凝縮した状態であるというならば，このような高温，高圧の状態で，固体でないものは液体というよりもむしろ気体である．実際，後に見るように，相互の引力のない剛体球，あるいは反発力だけで作用し合う球の集まりの状態を電子計算機で調べたところ，高温，高圧の融解曲線と同様のものが得られた(§5.3参照)．この場合の転移について，低温，高圧側の相は球が秩序だった配列をしたもので結晶に相当し，他方は無秩序性の大きい相で流動相に相当する．このような剛体球の Alder 転移

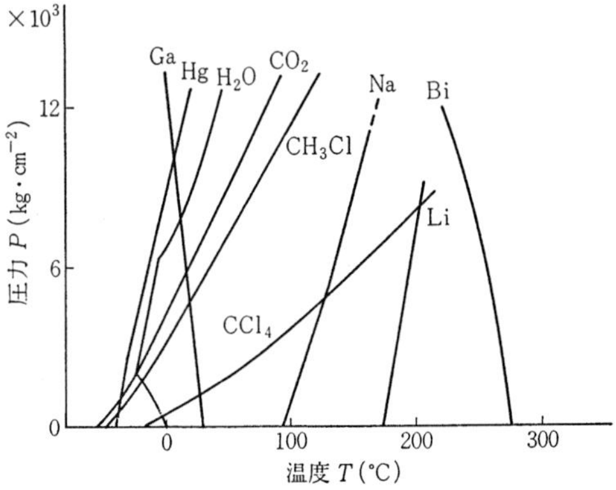

図 1.3　高圧における状態図(2)[1)]

は融解現象の特徴をとらえたものであると考えられる．

氷のように複雑なものを含め，いくつかの融解曲線を図1.3に示した．

なお多くの金属，化合物で，高圧において融解温度の下がるものがある．このような圧力による融点降下は，氷のようにすき間の多い結晶で起こるものが多く，これはすき間のより小さい固体相へ移るためであると解釈できる．

しかし，セシウムのように，すき間の一番小さな結晶形で圧力による融点降下が起こる物質も知られている．これは地球内部のように高圧の加わっているときの物性に関する現象として興味深い(§6.1参照)．

§1.2 液体の分類

物質はその構成要素の間の力の種類によって分類することができる．本書では主に分子性液体を扱うが，その他に金属性液体(液体金属)，イオン性液体などがある．

分子性液体 代表的なものとして，**希ガス**すなわち不活性気体(ヘリウムHe，ネオンNe，アルゴンAr，クリプトンKr，キセノンXe)の液体が挙げられる．これらは1原子分子からなる．水素H_2，窒素N_2，酸素O_2などの2原子分子からなる液体，二酸化炭素CO_2，メタンCH_4など簡単な多原子分子からなる液体も分子性液体の代表的なものである．本書では分子性液体の中でも，このように簡単な分子からなる液体——簡単な液体——を主に扱うことにする．構成単位としての粒子(分子)を球形とみなして取扱うことのできる液体を**単純液体**(simple liquid)という．これには簡単な液体金属も含めることが多く，本書でもこれを含めて単純液体を扱う．分子性の単純液体についての議論は，単純液体金属にもあてはまることが多い．

上に述べた簡単な分子は，電気的にいわゆる双極子をもたないものである．電気的双極子というのは，正電気と負電気の対であって，例えば塩化水素の分子HClは水素原子が正電気を帯び，塩素原子は負電気をもちH^+Cl^-のようになっている．これは双極子をもつ分子，すなわち極性分子である．これに対して上に述べた簡単な分子は双極子をもたない無極性のものである．

無極性の分子からなる液体(無極性液体)は極性分子からなる液体(有極性液体)に比べて取扱いが簡単である．ことに1原子分子，あるいは2原子分子，あるいはメタンなどのように，ほとんど球形と考えられる分子からなる液体は，たがいによく似た性質をもつ．それほど簡単な分子でなくても，無極性液体は，いわゆる液体の共通の性質を示し，昔から**正規液体**(normal liquid)として扱われてきた．これは多くの有機液体を含むものである．

分子性液体は，分子が単位になっていると考えてよいことはいうまでもないが，分子同士は引力で引き合って集まり，液体になっている．分子同士を集まらせている力に比べれば，分子の中の原子を切り離して分子をこわすのに必要な力は大変大きいと考えられる．そうでなければ分子性液体といえないわけである．この点を少し吟味しておこう．表 1.2 は分子同士を引き離すに必要なエネルギーのめやすとして蒸発熱 L_v をとり，これを，分子内の(最もとりやすい) 原子を引き離すに必要なエネルギー(解離エネルギー) D と比べたものである．

表 1.2 蒸発熱 L_v と解離熱 D (kcal・mol^{-1})

	L_v	D	結合
H_2	0.220	109	H-H
O_2	2.08	117	O=O
N_2	1.69	225	N≡N
CO	1.90	259	C=O
CO_2	6.44	—	—
NH_3	7.14	92.2	N-H
HCl	4.85	>126	H-Cl
H_2O	11.26	109.4	O-H
CH_4	2.3	98.2	C-H
C_2H_6	3.9	80	C-C
CH_3OH	9.2	79	C-O
C_2H_5OH	10.4	—	—
C_3H_8	4.5	—	—
炭素2重結合	—	145	C=C
アミン	—	66	C-N

この表からわかるように，一般に L_v は D の 1/100 程度であり，いわば分子の独立性はよい．しかし，水 H_2O やアンモニア NH_3 では L_v は D の 10% 近くであることが注目される．H_2O や NH_3 は電気双極子も大きい．このように双極子の大きい液体では，分子間の結合が，分子内の原子の結合に比

べて小さくはない．これはこれらの液体に他の物質が入ったときに，大きな影響をもち得ることを暗示するが，実際，水やアンモニアは塩類などをよく溶かし，しかも塩類を正イオンと負イオンに解離させる．このようなきわだった性質は，これらの分子が大きな双極子をもつために，他の分子などを分極させて強く結びつこうとするからである．したがって L_v/D が大きい液体は，この値の小さい液体に比べて，異常な性質をもち，正規液体としての性質からはずれる．このような分子同士は極性のために強く結びついて**分子会合**(molecular association)を起こしているという表現がとられることがある．この考えによれば，例えば水では $(H_2O)_n$ というように大きな分子ができていることになる．実際 $n=2, 3, 4, \cdots$ などの大きな水分子を考えることがある．このことについては，第6章で述べるが，水分子同士は**水素結合**(O—H…O)によって結合しているのである(§6.4 参照)．

正規的でない液体(異常液体)は，たしかに，ある意味で分子会合をしている会合性液体である．NH_3, HCl なども異常液体である．分子会合は温度上昇と共にこわれるのがふつうであり，会合性液体の構造は温度と共に変化する．塩素，硫黄などの液体もこの傾向を有する．例えば，結晶において硫黄は輪状の S_8 が1分子で，これが単位になって結晶を作っているが，融解後温度が上がるにつれて，原子数の少ない線状の分子になっていく．硫黄を急冷すると，S_8 を作る前に固化するので無定形の硫黄ができるのはこのためである．Se, Te は結晶においてスパイラル状につながったものが平行に並んでいる．これらが融けたときは原子が1万個もつながった構造が液体中にあるものと考えられる．

金属性液体(液体金属)　金属の Li, Na, …, Rb, …, Cu, Ag, … などを熔融した液体金属は，実験が高温を要すること，空気中では酸素と化合しやすく，不純物に影響されやすいなどの理由のため，データが不足で，不一致も多かったが，徐々に測定が積み重ねられ，最近はよく研究されている．中性子線回折によって構造もくわしくわかるようになった．

金属は伝導電子(おおまかに自由電子ともいう)が動きまわっている空間，いわば電子の海の中に，金属の正イオンが配列している構造をもっている．液体金属でも，これは同様である．

イオン性液体　NaCl のようなイオン結晶の融解したもので，イオンが構成要素である．基礎的研究は少ないが，電気分解などの実用性との関連は極めて高い．

§1.3 液体の通性

昔から多くの液体に共通する性質が知られていた．双極子がないか，あっても小さい液体は，たがいに似た性質をもっている．昔から知られたものをまず述べよう．

融解熱——Richards の法則 融解の潜熱(融解熱)の 1 mol に対する値を L_m(cal·mol^{-1}) とし，融点を絶対温度で T_m とすると，融解のエントロピー $S_m = L_m/T_m$ は似た物質では一定である．Richards の法則は

$$S_m = \frac{L_m}{T_m} = 2.1n \tag{1.3.1}$$

と書ける．ここに n は分子を構成する原子の数である．しかし，この経験法則はあまりよく成立しない．融解のエントロピーは結晶構造によって異なる定数とみられる．

表 1.3 Richards の法則 S_m

	T_m (K)	L_m (kcal·mol^{-1})	$S_m=L_m/T_m$ (cal·K^{-1}·mol^{-1})
Ar	83.0	0.280	3.38
N_2	63.0	0.218	3.46
CO	68	0.200	2.94
CH_4	90	0.224	2.49
O_2	54	0.106	1.96
H_2O	273	1.43	5.24
Na	371	0.63	1.70
K	336	0.58	1.72
Cu	1357	3.11	2.29
Zn	692	1.60	2.32
NaCl	1077	7.22	6.72
KCl	1045	6.41	6.15

ここではあまりふれないが，液体から結晶が成長するとき，すなわち**結晶成長**の現象においては，融解のエントロピーは現象を大きく支配するといわれている．液体とその結晶との境界面の平衡を統計力学的に扱ってみると，一般に

融解のエントロピーの大きな物質は，分子的尺度で見て滑らかな界面をもち，融解のエントロピーの小さな物質の界面は凹凸が多い荒れた面をもつと予想される．融解のエントロピーが大きな物質は液相と固相とが判然と分かれるが，融解のエントロピーが小さな物質は界面の格子点が分子(原子)と空孔で半々に占められる方がエントロピー的に少しでも得になるので，そうなるのであると解釈できる．球対称の分子(例えば CBr_4)や金属原子などでは融解のエントロピーは比較的小さく，これらはミクロ的に凹凸の多い界面をもつ．しかし有機化合物(例えばザロール $C_6H_4(OH)COOC_6H_5$)や等極性物質(Ge など)では融解のエントロピーが大きく，ミクロ的に滑らかであると考えられる．複雑な有機化合物などでは，固体の結晶における配向は極めて制限されているのに対し，液体では配向が自由になるので，エントロピーの差が大きく，これが大きな融解エントロピーの原因であると考えられる．

液体とその結晶との界面がミクロ的に滑らかな物質の場合は，滑らかな界面上に新しく島状の2次元の結晶核がつくられる過程が結晶成長の速度を支配する律速過程となる．一般に分子(原子)が相当多数集ってはじめて結晶成長の核ができる(小さな集合は成長しないですぐ消滅しやすい)ので，核まで成長するのは確率の小さな段階である．したがって，結晶が成長するためには，液体相(融液相)は相当強く過冷却されている必要があり，また不純物の影響も受けやすい．結晶成長が不純物によっておさえられる面はゆっくり成長するので，最後はこのような面でとりかこまれた結晶が得られる．これを**晶癖**という．界面が凹凸に富む物質では晶癖は現われない．

蒸発熱——Trouton の法則　蒸発熱を 1 mol につき L_v cal とし，沸点を絶対温度で T_b とすると蒸発のエントロピーは

$$S_v = \frac{L_v}{T_b} = 21.8 \tag{1.3.2}$$

であるというのが Trouton の法則である．あるいは気体定数 $R=N_0k$ で割って

$$\frac{L_v}{RT_b} = 10.8 \tag{1.3.2'}$$

この法則は，沸点があまり高すぎず，また低すぎない物質について成り立つが，S_v は明らかに沸点の高いほど大きい傾向がある．

表 1.4 Trouton の法則 S_v

	沸点 T_b(K)	L_v (kcal・mol⁻¹)	$S_v = L_v/T_b$ (cal・K⁻¹・mol⁻¹)
ネ オ ン	27.2	0.415	15.3
窒 素	77.5	1.36	17.6
ア ル ゴ ン	87.5	1.50	17.2
酸 素	90.6	1.66	18.3
エチルエーテル	307	6.47	21.1
二硫化炭素	319	6.97	20.4
クロロホルム	334	7.14	20.8
四塩化炭素	350	7.35	20.4
ベ ン ゼ ン	353	11.00	20.8
ヘ リ ウ ム	4.29	0.022	5.1
水 素	20.4	0.214	10.5
メチルアルコール	337.7	8.38	24.8
ギ 酸	373.6	5.54	14.8
水 銀	631	13.9	22.0
水	373	11.3	30.3

理論的にいえば，Trouton の法則は不正確なものである．これは種々の液体を沸点で比べようというものであるが，よく知られているように，沸点というのは飽和蒸気圧が1気圧に達する温度であるが，1気圧というのは物質定数ではない．種々の液体を比べようとするならば，たがいに対応する状態で比べなければならない．たがいに対応する温度として考えられるのに臨界点 T_c と3重点 T_t とがある．蒸発のエントロピーを比べるには，対応する温度，すなわち T_c で**還元された温度**

$$\theta = \frac{T}{T_c} \tag{1.3.3}$$

が共通のところで比べるべきである．

表面張力——Ramsay-Shields の法則 表面張力を γ(dyn・cm⁻¹) とするとき，1 mol の液体の体積(分子容)を V，絶対温度を T とすれば，臨界点に近くないとき

$$\gamma = \frac{\alpha}{V^{2/3}}(T_c - T - \delta) \tag{1.3.4}$$

が成り立つ．ふつうは $\alpha \cong 2.12$，$\delta \cong 6$ ぐらいであり，α, δ がこの値をとれば正

規液体とみなされる．会合性液体では α は小さい．なおこの法則については§1.5 でふれる．

表 1.5 Ramsay-Shields の法則

	α	δ
ベンゼン	2.1043	6.5
クロロベンゼン	2.0770	6.3
四塩化炭素	2.1052	6.0
水	0.87～1.21	(0～140°C)
エチルアルコール	1.08～1.17	(16～78°C)
酢　酸	0.90～1.07	(16～132°C)

有機液体の沸点と融点　有機液体では同じ系統の構造に属する液体が，分子の大きさにしたがって一定の変化をすることがある．これは比較的広く知られたことで，通性の中に加えることができるだろう．例えばメタン系の炭化水素の沸点 T_{b} は分子量 M に対して

$$\log T_{\mathrm{b}} = a + b \log M \qquad (1.3.5)$$

の関係にある．ここで a, b は定数である．

融点 T_{m} も M と共に高くなる傾向があるが，炭素数の奇数のものは偶数のものよりも低い融点をもつ(融解熱も同様の傾向がある)．したがって融点は炭素数と共にジグザグな上り方をする．

結晶において炭素は1平面内に並んでいて，そのため炭素数が奇数のものと偶数のものとでは結晶構造にちがいがあり，これが融点に影響すると考えられる．液体では分子は軸のまわりに回転するので，炭素数の奇偶の差はなくなるので，沸点には炭素数の奇偶の影響は現われないわけである．

分子振動　固体における原子，あるいは分子の振動数は，比熱の温度依存性を示す Debye 温度の測定によって知ることができる．熱振動の振幅は温度と共に大きくなる．Lindemann は熱振動の振幅 δ が原子(分子)間距離 a の 1/10 程度になると，衝突のために固体がこわれて，融解が起こると考えた[2]．すなわち

$$\frac{\delta}{a} \sim \frac{1}{10} \qquad (T = T_{\mathrm{m}}) \qquad (1.3.6)$$

2) F. A. Lindemann: *Physik. Z.*, **11** (1910), 609, W. Braunbek : *Z. Physik*, **38** (1926), 549.

ここで，振動数を ν，一方向の振動エネルギーを kT とすると，エネルギー等分則の法則から

$$2\pi^2 m\nu^2\delta^2 = kT_{\mathrm{m}} \tag{1.3.7}$$

である．一方で 1 mol の体積は $V \cong Na^3$ である．したがって，$M=Nm$ を原子量(分子量)とすると

$$\nu = C\sqrt{\frac{T_{\mathrm{m}}}{MV^{2/3}}} \tag{1.3.8}$$

ここで $C \cong (10/\sqrt{2}\pi)N^{2/3}$ となるが，ν の実測値に合うようにきめると，CGS 単位で

$$C \cong 2.8\times 10^{12}$$

となる．(1.3.8) を **Lindemann の式**という．次元解析的な式である．(1.3.6) で表わされる事実を Lindemann の法則ということがある．

融点付近の式 融点付近では液体は固体に似たものと考えられる．簡単な考察や次元解析により，種々の式が考え出され，融点付近では実測とよく一致することが知られている．

圧縮率 $\kappa \propto \dfrac{V}{T_{\mathrm{m}}}$

音速 $q \propto \sqrt{\dfrac{T_{\mathrm{m}}}{M}}$

分子の振動数 $\nu \propto \dfrac{q}{V^{1/3}}$

$\nu \propto M^{-1/2}V^{1/6}\kappa^{-1/2}$

熱伝導率 $K = \dfrac{4k\nu}{a}$ (k=Boltzmann 定数)

$K = \dfrac{3kq}{a^2}$ (a=分子間距離)

$K = 3.1\times 10^{-3}\dfrac{T_{\mathrm{m}}{}^{1/2}}{M^{1/2}V^{2/3}}$ (cal·cm^{-1}·K^{-1})

粘性率 $\eta = \dfrac{4}{3}\dfrac{m\nu}{a}$ (Andrade)

$\eta = 5.1\times 10^{-4}\dfrac{M^{1/2}T_{\mathrm{m}}{}^{1/2}}{V^{2/3}}$

ここで V は融点における固体 1 mol の体積(分子容)，T_{m} は融点(絶対温度)，

M は分子量，m は分子1個の質量，a は分子間距離（$\sim\sqrt[3]{V/N}$）である（N はAvogadro数）．単位はすべて，CGS単位である．これらの記号は以下でも，特にことわりなしに用いることが多い．

§1.4　気体と液体との連続性

理想気体の状態方程式（Boyle-Charlesの法則）は1 molにつき

$$PV = RT \tag{1.4.1}$$

と書ける．ここに P は圧力，V はモル体積，T は絶対温度，R は気体定数である．van der Waalsは気体の分子が大きさをもつことと，分子間に引力が働くことの2点を考慮して，理想気体の状態方程式を修正した．1873年のことである．まず，分子が大きさをもつとすると，分子が運動し得る範囲は，気体の体積 V よりも小さいはずで，b を分子が集まったときの体積の程度として，圧力は

$$P = \frac{RT}{V-b} \tag{1.4.2}$$

で近似できると考えられる．さらに，分子同士が引力を及ぼし合うとすると，分子がほぼ一様に分布しているとして簡単な計算を行うことにより，分子間引力による圧力の減少は，分子数密度 $n=N/V$（N は分子の総数）の2乗，あるいは V^{-2} に比例することが示される．そこでこの修正を用いると，a を分子間引力の強さを表わす定数として，

$$P = \frac{RT}{V-b} - \frac{a}{V^2} \tag{1.4.3}$$

を得る．あるいは

$$\left(P+\frac{a}{V^2}\right)(V-b) = RT \tag{1.4.4}$$

これが **van der Waalsの状態方程式**である[3]．a, b は物質定数である．この状態方程式が実験によく合うならば，実測される状態方程式から，これらの定数をきめることができるわけであるが，すぐわかるように，van der Waalsの状態方程式はおおまかには実験と合うが，数量的にはあまりよく合わないので，定数 a, b はきめ方によって相当のちがいが出るのは仕方がない．

3)　van der Waals: *Thesis*, Leiden (1873).

(1.4.4) 式を書きかえると

$$(PV^2+a)(V-b)-V^2RT=0 \tag{1.4.5}$$

となる．温度 T を一定にし，ある P の値を与える V の値を求めようとすると，この式は V について3次式なので3個の根が一般には存在する．温度 T の曲線(等温線)を描いてみると図1.4のようになる．温度が T_c 以下のときは1つの P の値に対し，3個の V の値があり，曲線は横S字型になる．

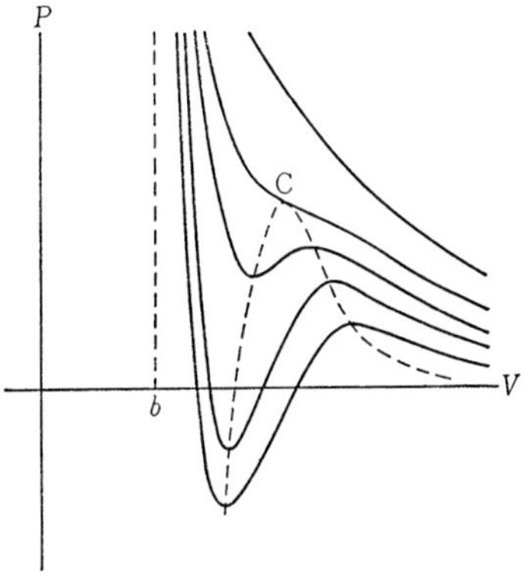

図 1.4　van der Waals の状態方程式の等温線

実際には，十分低い温度で気体を圧縮していくと，ある圧力に達したとき，一部の液化(凝縮)がはじまり，さらに圧縮すると液体の部分はふえるが，全体が液化し終るまでは，圧力は飽和蒸気圧のまま一定で圧縮される．そして全体が液化し終ると，液体は圧縮しにくいために，圧力は急に増大する．したがって，実際の等温線は凝縮が起こる場合は水平部分のある曲線になる．van der Waals の状態方程式にしたがう気体があったと仮定し，これに凝縮を表わす水平線を引く．このために熱力学を用いると，図1.5のように，横S字曲線を等しい面積に分けるように水平線を引けばよいことがわかる．これを Maxwell

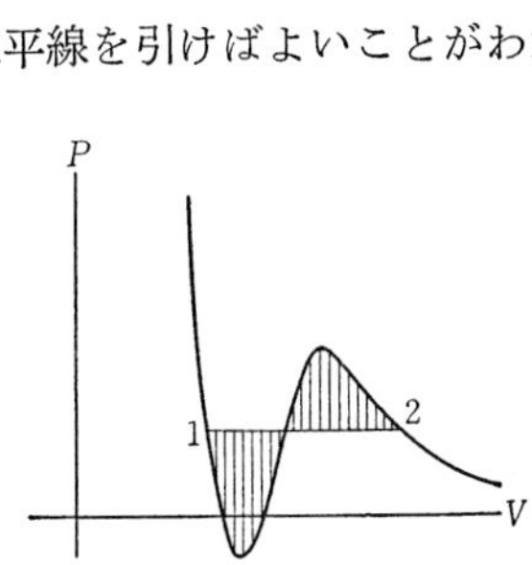

図 1.5　等面積の規則

の**等面積の規則**という[補注 1].

van der Waals 曲線で凝縮を表わす点(図 1.5 の 2)のすぐ左の部分 ($\partial P/\partial V<0$) は過飽和の状態と考えられる．点 1 のすぐ右は圧力を減らしたのに沸騰が起こらない状態を表わしている．この曲線の $\partial P/\partial V>0$ の部分は熱力学的に不安定なところである．

図で 1 は液体，2 はこれと共存する蒸気の状態を示しているが，温度を上げると，これらの差は次第に小さくなり，ついに液体と気体との区別がつかなくなる点に達する．これが臨界点である．したがって臨界点 C は反曲点

$$\left(\frac{\partial P}{\partial V}\right)_{\mathrm{C}}=\left(\frac{\partial^2 P}{\partial V^2}\right)_{\mathrm{C}}=0 \qquad (1.4.6)$$

である．この 2 式と van der Waals 状態式とを連立させることにより，臨界点の体積 V_c，圧力 P_c，温度 T_c を求められる．これは

$$V_c=3b, \qquad P_c=\frac{1}{27}\frac{a}{b^2}, \qquad RT_c=\frac{8}{27}\frac{a}{b} \qquad (1.4.7)$$

である．これから

$$\frac{RT_c}{P_cV_c}=\frac{8}{3}=2.67 \qquad (1.4.8)$$

を得る．RT_c/P_cV_c は **Kamerlingh-Onnes の定数**といわれる．実測値はもう少し大きく，3.5 に近い．van der Waals の状態式が定量的には実際の状態式を表わし得ないことは，これでも明らかである．

van der Waals の状態方程式を厳密な理論に立脚して吟味し，あるいは導

表 1.6　臨界点と Kamerlingh-Onnes の定数[4)]

	臨界温度 T_c(°C)	臨界圧力 P_c(気圧)	臨界密度 ρ_c(g·cm^{-3})	Kamerlingh-Onnes の定数 RT_c/P_cV_c	液体の密度
水素	−240	12.8	0.0310	3.27	0.0754 (−258°C)
ヘリウム	−367.9	2.26	0.069	3.26	0.125 (−269°C)
ネオン	−228	25.9	0.484	3.42	—
窒素	−147	33.5	0.311	3.43	0.854 (−205°C)
O_2	−119	49.7	0.430	3.42	1.25 (−205°C)
Ar	−122	48.0	0.53	3.42	1.42 (−190°C)
CO_2	31.1	73.0	0.46	3.57	0.772 (20°C)
H_2O	374	218	0.323	4.37	1 (0°C)
エチルエーテル	194	35.6	0.262	3.82	0.716 (18°C)

4) E. H. Kennard: *Kinetic Theory of Gases*, McGraw-Hill (1938).

き出そうとする努力がなされている．この状態方程式の欠点の大きな部分は，分子の大きさを考慮する仕方にあると思われる．すなわち $RT/(V-b)$ の形があまりにも不正確であると考えられる．これについては第5章でふれることにする．この項を正確に考慮することにより，気相，液相の状態変化ばかりでなく，固相，液相間の相変化(融解)も同時に表わされるのである(第5章参照)．

凝縮を起こさない前の気体の状態が理想気体の状態式からはずれる様子を V の逆ベキに展開し

$$PV = RT\left(1+\frac{B}{V}+\frac{C}{V^2}+\cdots\right) \tag{1.4.9}$$

と表わすことができる．$B, C, \cdots$ は一般に温度の関数で，それぞれ，第2, 第3, $\cdots$ の**ビリアル**(virial)**係数**とよばれる．B は2分子の相互作用，C は3分子の相互作用によるものである．2つの分子の間の距離を r，分子間力のポテンシャルを $\phi(r)$ とすると，統計力学により

$$B(T) = 2\pi N\int_0^\infty (1-e^{-\phi(r)/kT})r^2 \mathrm{d}r \tag{1.4.10}$$

である．

さて，van der Waals の状態方程式を $b/V \ll 1$ として展開すれば

$$B(T) = b-\frac{a}{RT} \tag{1.4.11}$$

となる．この形は第2ビリアル係数の温度変化をだいたいよく表わしている．一方で，分子が直径 σ の剛体球で，これに弱い引力がついているとすると

$$\phi(r) = \begin{cases} \infty & (r < \sigma) \\ \phi(r) & (r > \sigma) \end{cases} \tag{1.4.12}$$

ただし $|\phi(r)| \ll kT\ (r>\sigma)$ と書ける．これを用いると

$$B(T) \cong 2\pi N\left\{\int_0^\sigma r^2 \mathrm{d}r + \int_\sigma^\infty \frac{\phi(r)}{kT} r^2 \mathrm{d}r\right\} \tag{1.4.13}$$

よって統計力学からは

$$\begin{cases} b = \dfrac{2}{3}\pi N\sigma^3 \\ a = -2\pi N^2 \displaystyle\int_\sigma^\infty \phi(r) r^2 \mathrm{d}r \end{cases} \tag{1.4.14}$$

である．

分子直径σは気体の粘性率から求めることもできる．これを表1.7に示す．この表ではさらにこれから$\frac{2}{3}\pi N\sigma^3$ (NはAvogadro数)を求めた値とビリアル係数から求めたb(ビリアル)，臨界点から求めたb_cの値を比べ，また参考までに，液体の1 molの体積(分子容) V(液)を示してある．bの値の一致はあまりよくないが，b(ビリアル)とb_cとの一致はよい．

この表でV(液)はどのbの値よりも小さい．van der Waals方程式は$V\to b$で$P=\infty$を与え，$V>b$でしか通用しない．このこともvan der Waals状態式が液体の領域まで用い得ないことを示している．

表 1.7　b(cm^3)の値 (V(液)の単位も cm^3)[4)]

	σ(粘性)(Å)	$b=\frac{2}{3}\pi N\sigma^3$	b(ビリアル)	$b_c=V_c/3$	V(液)
Ne	3.75	22.0	17.2	17.9	16.7
Ar	3.64	61.8	46.0	32.2	28.1

van der Waals状態式の出現後，さらに多くの半理論式が提出された．例えばDietericciの式(1899)

$$P=\frac{RT}{V-b}e^{-a/VRT} \tag{1.4.15}$$

がある．これは$RT_c/P_cV_c=\frac{1}{2}e^2=3.695$を与えるから実測に近い．また$V_c=2b$を与える．しかし全体としてはやはり実験と定性的に一致するにすぎない．他の半理論的状態式についても同様である．

van der Waals状態式は，臨界点の値を用いて

$$\left[\frac{P}{P_c}+3\left(\frac{V_c}{V}\right)^2\right]\left[\frac{V}{V_c}-\frac{1}{3}\right]=\frac{8}{3}\frac{T}{T_c} \tag{1.4.16}$$

の形に書くことができる．これは“還元された変数” P/P_c, V/V_c, T/T_cを用いて書かれている**還元された状態方程式**である．

気体の温度を低くしたり圧縮すると，臨界温度以下では凝縮して液体が生じるが，実際には液体のないところに液粒が生じることはむつかしい．小さな液粒はその温度の飽和蒸気圧よりも高い蒸気圧になってはじめてまわりの蒸気と平衡する．これは表面張力のためである．このため，小さな液粒は発生してもすぐ消滅してしまう．液粒が分子を付着して大きく育つためには飽和蒸気圧よりも高い蒸気圧が必要である．これが過飽和の原因である．気体中のゴミな

どの粗い表面を利用して液化がはじまる．イオンも凝縮の核になる．Wilson 霧箱はこれを利用してイオンの飛跡を調べる．凝縮の熱力学は Becker と Döring によって与えられた[5]．

van der Waals が気体と液体の連続性を論じて有名な状態方程式を提出したことは，臨界現象の確認を経て，酸素，窒素，水素，ヘリウムの液化への道を開き，低温物理学の発展へと続いた．

気体の統計力学的扱いによって凝縮を論じる努力は多くの人によって試みられ，統計力学のテキストにも相当くわしく述べられている[6]．しかし気相と液相を同時に厳密に扱うことはむつかしく，凝縮を示すには厳密性をいくらか犠牲にしなければならない．実際の現象に近い模型として気相中に小さな液滴が多数存在する体系を考え得る[7]．液滴は表面張力によって自由エネルギーの高い状態になっているが，液相自身が気相よりも自由エネルギーの低いような体積，温度の領域では，ある大きさの限界を越えれば大きな液滴ほど安定化されることになる．

§1.5　代表的な液体の性質とその解釈

(1)　分子間力と対応状態

多くの物質の性質を比較するとき，特定の状態がたがいに対応することに注目する．例えば3重点は，気体，液体，固体の共存する状態であり，これは1つの対応状態である．臨界点も1つの対応状態である． 3重点の温度 T_t はふつうの融点の温度 T_m にきわめて近いから，これで代用しても差支えない．

ビリアル係数 $B(T)$ のゼロになる温度は **Boyle 点**とよばれる．これを T_B とすると $B(T_B)=0$ である．T_B も対応状態の温度である．

アルゴン，クリプトン，キセノンについて比べると3重点 T_t の臨界点に対する比は共通して $T_t/T_c=0.557$ である．融点付近 $(T_m/T_c=0.56)$ での蒸発熱

5)　R. Becker and W. Döring: *Ann. Phys.*, **5** (1935), 719.

6)　J. E. and M. G. Mayer: *Statistical Mechanics*, John Wiley and Sons (1940).

7)　D. ter Haar: *Elements of Statistical Mechanics*, Rinehart (1956)（田中友安，戸田盛和ほか訳：「熱統計学（I, II）」，みすず書房 (1960, 1964)，J. Frenkel: *J. Chem. Phys.*, **7** (1939), 200, 538, W. Band: *J. Chem. Phys.*, **7** (1939), 324, H. Wergeland: *Abhandl. Norske Videnskaps-Akad. Oslo* (1943), D. ter Haar: *Proc. Cambridge Phil. Soc.*, **49** (1953), 130.

L_v と温度との比(蒸発のエントロピー) S_v は 18.7 cal·K^{-1}，融解のエントロピー S_m は 3.4 cal·K^{-1} で，これらの物質について共通である(表 1.8)．飽和蒸気圧の下では，還元された温度 T/T_c の等しい状態が対応状態である．

表 1.8　対応状態の原理 ($\theta=T/T_c$)[8]

	ネオン	アルゴン	クリプトン	キセノン
蒸発のエントロピー S_v ($\theta=0.56$)	17.95	18.67	18.60	18.66
融解のエントロピー S_m	—	3.35	3.37	3.40
T_B/T_c Boyle 点	2.75	2.73	—	—
T_t/T_c 3重点	—	0.557	0.554	0.557

これらの簡単な物質では，分子間力のポテンシャル $\phi(r)$(第2章)は相似の曲線で表わされる．そこで，このポテンシャルの最低値の深さを ε とすると，これは，分子間力の強さの尺度である[8]．第2ビリアル係数などから $\phi(r)$ を知ることができる．そして $\varepsilon\propto kT_c$ が成り立つことがわかる．こうしてアルゴンなどの不活性元素(希ガス)や酸素，窒素，水素などの簡単な分子性液体について

$$\varepsilon = 0.750kT_c = 1.43kT_t = 0.292kT_B \tag{1.5.1}$$

であることがわかっている．また $\phi(r)$ が最小になる r の値 r_0，あるいは $\phi(\sigma)=0$ になる σ(分子直径)は，比例関係 $r_0^3\propto\sigma^3\propto V_c\propto V_m$(融点での分子容)を満たす．

このように，簡単な物質では，簡単な対応状態が成り立つ．しかし，より複雑な物質では，たとえば T_m/T_c は物質によってちがう．このような場合，液体の状態を比較し，測定されていない物性の値を予想したりするためには，$(T-T_m)/(T_c-T_m)$ という変数を使うこともある．この変数は融点で0であり，臨界点で1になり，液体の領域を0と1との間でおおうことができる．しかし，理論的根拠は薄弱である．

(2)　液体とその蒸気との平衡

液体を容器に入れてふたをすると，液体の上部の空間はその液体の飽和蒸気で満たされる．純粋な液体では飽和蒸気圧の圧力，密度は温度だけの関数である．温度を上げると液体は熱膨張をし，その密度は減少するが，他方で，飽和

8)　J. de Boer: *Physica*, **14** (1948), 139.　対応状態の原理を統計力学的にはじめて明確にしたのは，K. S. Pitzer: *J. Chem. Phys.*, **7** (1939), 583.

蒸氣の密度は温度と共に増大する．液体の密度を ρ_l，飽和蒸気の密度を ρ_g とするとき，ρ_l と ρ_g との和はほとんど一定で，温度上昇と共に直線的にわずか減少する．例えばアルゴンでは(単位 g·cm^{-3})

$$\frac{\rho_l+\rho_g}{2}=0.20956-0.0026235t \qquad (t°\mathrm{C})$$

である．この式は極めてよい精度で成り立つ．

臨界点 T_c では ρ_l と ρ_g は共に臨界密度 ρ_c になる．ヘリウム以外の不活性気体について ρ_l/ρ_c, ρ_g/ρ_c を T/T_c の関数として表わすと図1.6のようになり，ほとんど1つの曲線上にデータがのることがわかる．ただしネオンは少しはずれている(これは量子効果のためと考えられる)．

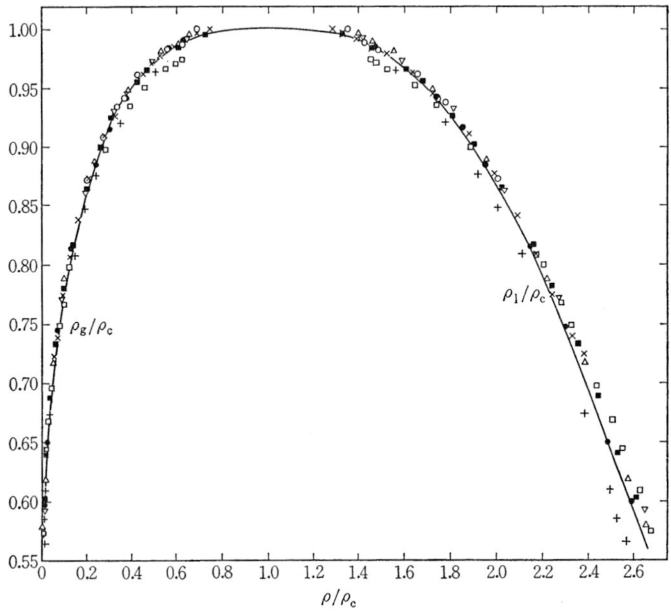

図 1.6　平衡する液相と気相の密度[9]．曲線は $\beta=1/3$．+ Ne，● Ar，■ Kr，× Xe，△ N_2，▽ O_2，□ CO，○ CH_4

図1.7はもう少しちがった物質についてこの関係を示したものである．ヘリウムは別の曲線を示し，アルコールもまた別の曲線になる．しかし多くの液体

9)　E. A. Guggenheim: *J. Chem. Phys.*, **13** (1945), 253.

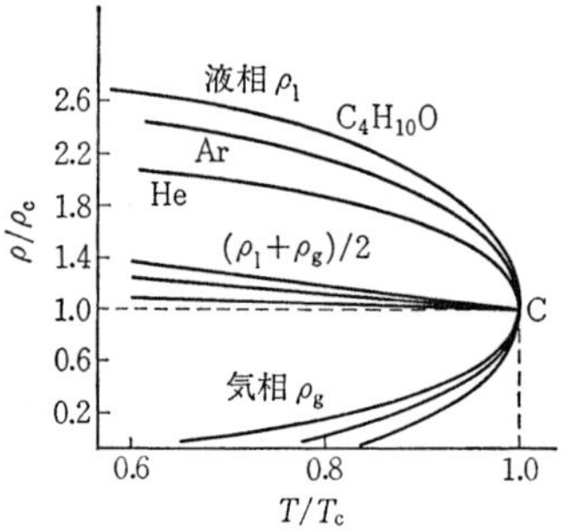

図 1.7 平衡する液相と気相の密度(直線径の法則)

について，$\rho_l+\rho_g$ はほとんど一定であり，わずかに温度と共に減少することが確かめられる．この関係は

$$\frac{\rho_l+\rho_g}{\rho_c}=2+\mu\left(1-\frac{T}{T_c}\right) \tag{1.5.2}$$

と書ける．μ は小さな正の数で，似た物質では μ は共通である．ρ_l, ρ_g は楕円に似た曲線になり，$(\rho_l+\rho_g)/2$ はその直径に似た直線であるので，この関係を**直線径の法則**(law of rectilinear diameter)という．また，**Cailletet-Mathias**(カイユテ・マティアス)**の法則**ともいう．この法則は臨界密度の推定にも用いられる．

ρ_l と ρ_g の差については

$$\rho_l-\rho_g\propto(T_c-T)^\beta \qquad \left(\beta\cong\frac{1}{3}\right) \tag{1.5.3}$$

が成り立つ．これは **Thiesen の実験式**とよばれる．β は 1/3 に極めて近く，複雑な物質ではこれより少し大きいようである．ことに臨界点付近では，**臨界指数** β は興味をもって調べられている(第 3 章)．

温度係数 μ を無視すれば，直線径の法則は

$$\rho_l+\rho_g\cong 一定 \tag{1.5.4}$$

となる．もしも液体の熱膨張につれて分子の大きさの空孔が液体中にできたとすると，上式は図 1.8 に示されるような関係，すなわち，液体の単位体積内の空孔の数は，飽和蒸気の単位体積内の分子数と等しいことを意味していることになる．

液体を分子と空孔との集まりと考える模型を液体の**空孔模型**という([補注 2]

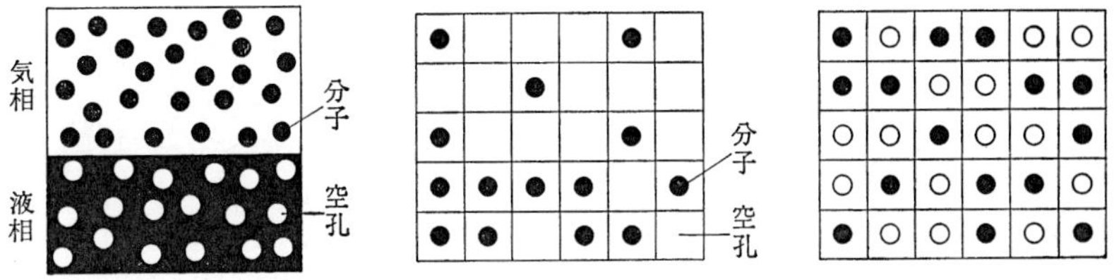

(a) 気相・液相の平衡　　(b) 空孔模型　　(c) 溶液の格子模型

図 1.8

および§3.4参照)[10]. 簡単な空孔模型を設定すれば, $\rho_l+\rho_g$ が温度によらず一定であることが示される. これは直線径の法則に対する理論的解釈を与える. また $\rho_l+\rho_g$ が温度と共にわずか減少することは, 分子や空孔1個の占有する体積が温度と共に少し膨張するとして説明できる.

(3) **溶液**

溶液については本書ではくわしく扱わないが, (1)と類似の現象が認められることがあるので, これに関連して少し述べておく.

似た液体はすべての温度において, 任意の濃度で混じり合う. 軽水(H_2O)と重水(D_2O)はこのよい例であり, その蒸気の分圧はそれぞれの成分濃度に比例する. このようなものを**理想溶液**という. ベンゼンとトルエン, クロロホルムとクロロベンゼン, 臭化エチレンと臭化プロピレンなども理想溶液に近い. 水とエチルアルコールとは任意の濃度で混じるが, 体積の収縮を起こし, 蒸気の分圧は濃度に比例しない.

ほぼ球形の, 大きさのだいたい等しい分子からなる液体が混じってできる溶液は, 合金に似た模型で扱うことができる. この模型では碁盤の目を黒白の石でうめるように3次元の空間を規則正しい小部屋に分割し, 各小部屋に分子を1個ずつ入れた状態で溶液を表わすとしよう. これは準結晶構造模型, **格子模型**, セルモデルなどという(これらは少しずつちがった意味で使うこともあるが, ここでは小さな区別はつけないでおく). 液体の空孔模型も分子と空孔との溶液を考えた格子模型であるが, 溶液に用いられた格子模型の方が先であっ

10) H. Eyring: *J. Chem. Phys.*, **4** (1936), 283, F. Cernushi and H. Eyring: *J. Chem. Phys.*, **7** (1939), 547, 戸田盛和:「液体構造論」, 共立出版(1947), S. Ono: *Memoirs Fac. Eng. Kyushu Univ.*, **10** (1947), 160, J. A. Barker: *Lattice Theory of the Liquid State*, Pergamon (1963).

た[11]．

格子模型において，2つの成分液体を混ぜても分子間相互作用によるエネルギーが変わらない場合は理想溶液である．混ぜるとエネルギーが下がるならば，低温でも任意の濃度で溶液を作る．

逆に混ぜるとエネルギーが上がる場合には，低温では2相に分離する，しかし混ざる傾向(エントロピーがそれによって増大する)は常にあるので，2相に分離してもたがいに少しは混ざっているものである．温度を上げるとたがいに混ざる傾向は強まり，遂にある温度に達すると，2成分は任意の濃度で混じるようになる．これを**臨界溶液現象**という．このよい例はフェノールと水の溶液であって，これを図1.9(a)に示す．常温では2相に分かれるが，温度を上げるとフェノールは水を，水はフェノールをしだいに多く溶かすようになり，68.8°C以上では任意の濃度で溶けて1相になる．臨界濃度は重量比でフェノールが39.9%である．格子模型で表わされる溶液(**正規溶液**という)では臨界濃度はモル濃度で50%である．水とフェノールの場合の臨界濃度は正規溶液の臨界濃度と定性的には一致している．

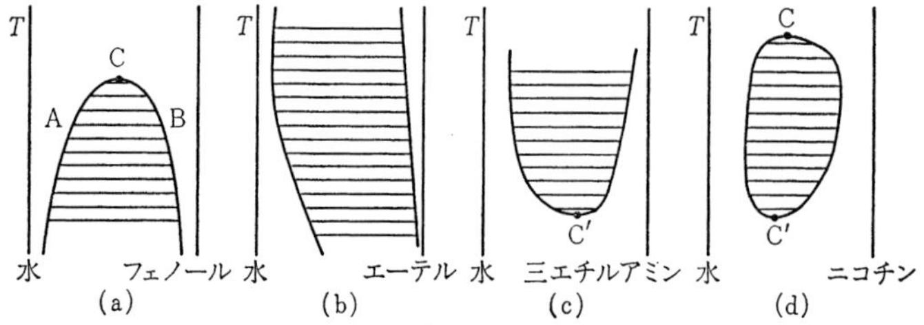

図 1.9　臨界溶液現象

水とエーテル(図1.9(b))の場合は，ほとんど混じらず，その溶解曲線は正規溶液と全く異なっている．

ある場合には相互の溶解度が温度を下げると共に増加し，下の臨界温度がある．水と三エチルアミンがこの例である．上と下の2つの臨界点をもつ場合もある．この例として水とニコチン，水と二メチルピペリジンの場合が挙げられる．下の臨界現象は水の特殊な構造が温度と共に変わるために起こると考えら

11)　R. H. Fowler and E. A. Guggenheim: *Statistical Thermodynamics*, Cambridge (1939).

れている．

このように溶液における臨界現象は成分液体相互の性質を反映して，なかなか複雑である．しかし，単純な正規溶液や液体の空孔理論との関連を示すために述べた．

(4)　**表面張力**

表面張力の示すいろいろの現象は，昔から大きな興味をもって研究された．18 世紀に Laplace は液体の各部分に引力が働くとしてこれを扱っている．また多くの有名な実験式が知られている．

Eötvös(エトヴェシ)は表面張力 γ の温度変化を

$$\gamma=\frac{\alpha}{V^{2/3}}(T_c-T) \tag{1.5.5}$$

で表わした．ここで V は分子容(液体 1 mol の体積)，T_c は臨界温度であり，CGS 単位で表わすと α は多くの物質で約 2.1 の定数である．この式を

$$\gamma\frac{{V_0}^{2/3}}{T_c}=\left(\frac{V_0}{V}\right)^{2/3}\left(1-\frac{T}{T_c}\right) \tag{1.5.5$'$}$$

(V_0 は分子最密充てんの体積)と書けば，対応状態の式である．また $\alpha T_c/V^{2/3}$ は分子間引力によって液体表面が縮まろうとする力を表わし，$\alpha T/V^{2/3}$ は分子の熱運動によって表面が広がろうとする力を表わすと解釈できる．Eötvös の式でもわかるように，表面張力は温度を上げると温度に対してほぼ直線的に減少する．しかしくわしく比べるとこの式は実験と不一致がめだつ．

Ramsay と Shields は補正して

$$\gamma=\frac{\alpha}{V^{2/3}}(T_c-T-\delta) \tag{1.5.6}$$

とした．δ はふつうの液体では 6°C ぐらいである．$\alpha\cong2.1$, $\delta\cong6$ の液体は“ふつうの液体”と考えられ，**正規液体**とよばれる．$\alpha\cong2.1$, $\delta\cong6$ でない液体として，水，アルコールなどが挙げられ，これらは分子が特殊な力で結びついた“分子会合”を起こしているものといわれていた．少なくともこれは液体の特殊性を示す事実と考えられる．Ramsay-Shields の式も臨界点の付近では正しくない．$T=T_c$ では $\gamma=0$ でなければならない．

片山は

表 1.9 ベンゼンの表面張力[12]

温度(°C)	γ	$2.0357(T_c-T)\left(\frac{1}{V_l}-\frac{1}{V_g}\right)^{2/3}$
80	20.28	20.20
120	15.71	15.69
160	11.29	11.31
200	7.17	7.22
240	3.41	3.47
280	0.29	0.36
288.5(T_c)	0	0

$$\gamma = \alpha\left(\frac{1}{V_l}-\frac{1}{V_g}\right)^{2/3}(T_c-T) \qquad (1.5.7)$$

を提出した[12]．これは実験値とよくあう．ここで V_l, V_g は液体およびこれと平衡する蒸気の分子容である．

van der Waals と Ferguson は

$$\gamma \propto \left(1-\frac{T}{T_c}\right)^B \qquad (B \cong 1.2) \qquad (1.5.8)$$

とした．B の値は，例えばエーテル 1.270，ベンゼン 1.230，クロロベンゼン 1.214，四塩化炭素 1.185 であり，誤差 1% 以下で実測値と一致する．会合性液体では B は温度と共に増大し，1.2 に近づく．片山の式と Thiesen の式 $\rho_l-\rho_g \propto (T_c-T)^\beta$ とを用いれば

$$B = 1+\frac{2}{3}\beta \qquad (1.5.9)$$

となり，$\beta=1/3$ とすると $B=1.22$ を得る．また，γ を $\rho_l-\rho_g$ だけで表わすと，MacLeod の実験式

$$\gamma \propto (\rho_l-\rho_g)^\lambda \qquad (\lambda \cong 4) \qquad (1.5.10)$$

となる．片山の式と Thiesen の式とからは $\lambda=(2/3)+(1/\beta)$ を得るし，van der Waals-Ferguson の式と Thiesen の式とからは $\lambda=B/\beta$ を得る．MacLeod は $\lambda=4$ を用いている．

表面張力は液体の表面の単位長さを通して液面が両方から引き合う力であり，液面を拡げるときに抗する力として測られる．すなわち表面張力は等温的に液体の表面を拡げるときの仕事である．熱力学の一般定理により等温可逆変化の

12) M. Katayama: *Sci. Rep. Tohoku Univ.*, **4** (1916), 373.

際になす仕事は自由エネルギーの変化に等しい．したがって，表面張力は液面がもつ単位面積あたりの余分の自由エネルギーである．

液面がもつ余分のエネルギーは表面エネルギー u であって，表面張力 γ とは異なる．自由エネルギーとエネルギーとの一般的な関係をこの場合に用いると

$$u = \gamma - T\frac{\mathrm{d}\gamma}{\mathrm{d}T} \tag{1.5.11}$$

となる．これは実験的に表面エネルギーを求めるのに用いられる．表面張力は温度上昇につれほぼ直線的に減少するから，これを

$$\gamma \cong \gamma_0 - \kappa T \tag{1.5.12}$$

と書くと

$$u \cong \gamma_0 \tag{1.5.13}$$

であることがわかる．また自由エネルギーとエネルギーの関係から(1.5.12)式の κ は表面エントロピーである．表面エネルギーはあまり温度によらないで，表面張力よりも大きい．

等温的に液面を拡げると，表面を拡げる仕事のほかに，κT に相当する熱が外から入ってくる．したがって表面張力よりも表面エネルギーの方が大きいのである．いいかえると断熱的に表面を拡げると温度が下がる．これは分子運動が液面を拡げようとしている(γ の中の $-\kappa T$ の項)のに対して液面を拡げる変化が，仕事をされるからであると解釈できる．

格子模型をとり，液体は空孔をもつとしよう．液面は液体の内部に比べて，分子間引力による相互の束縛が少ないから，空孔は液面に多くできるであろう．一方で液面に接する蒸気は液面の分子に引かれるため，液面の極く近くでは密度が大きくなっているにちがいない．液面は空孔と分子とを余分に吸着しているわけである．そのため液面は数分子層にわたる領域として考えられる．これを格子模型で扱うには，液面に平行に分割された格子空間をとり，分子と空孔との割り合いは液面に垂直な方向に変化しているとして，温度，体積，全分子数一定の条件の下で自由エネルギーを最小にするような分子・空孔の配置を求めればよい．この模型的取扱いで，表面張力の大きさ，温度変化を説明することができる[13]．

---

13)　S. Ono: *Memoirs Fac. Eng. Kyushu Univ.*, **16** (1947), 195.

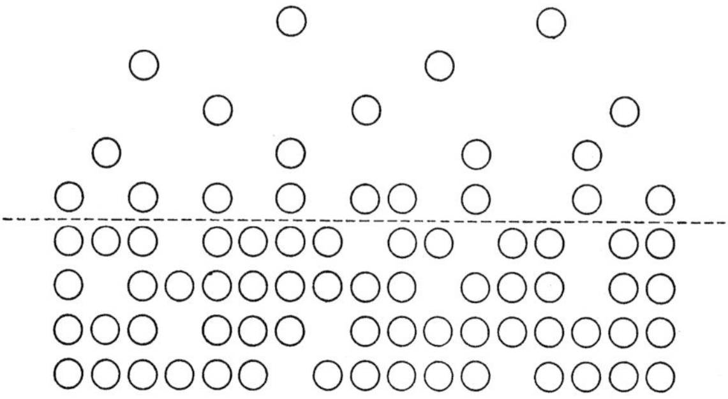

図 1.10 液体の表面

2つの液体が接している境界面に対して，表面張力と同様の界面張力がある．これに対しても上述の表面張力に対する分子と空孔の分配と同様に，2種類の分子の分配が行われる界面の数分子層を考えることができる．経験的には，ほとんど混り合わない液体同士の界面張力はこれら2種類の液体の表面張力の差に等しい．これを表1.10に示す．水とエーテルのように溶け合うときは界面張力は表面張力の差よりも小さい．

表 1.10 界面張力(CGS，常温)

	表面張力の差	界面張力
水-水銀	401.1	375
水-ベンゼン	41.72	35.00
水-エーテル	54.11	10.70

(5) 粘性

液体の粘性率は温度を上げると急激に減少する．その傾向は Andrade の式

$$\eta = Ce^{Q/RT} \tag{1.5.14}$$

でよく表わされる[14]．ここに C と Q は物質に特有な定数，R は気体定数である．液体が流れるのは，分子が安定な配列から別の安定な配列へうつることによって行われると考えられる．Q はこのさいに必要な励起エネルギーである．Eyring らはこれについて論じているが[15]，この簡単な実験式はいまでも明確

14) E. N. da Andrade: *Phil. Mag.*, **17** (1934), 497, 698.

15) S. Glasstone, K. J. Laider and H. Eyring: *The Theory of Rate Processes*, McGraw-Hill (1941).

な理論的基礎づけがなされていない．液体は熱膨張によって分子間にすき間ができるにつれて流れやすくなると解釈することもできる．もしも，液体中にできた空孔を通して分子が移動することによって流れが起こると考えれば，Q は流れに必要な空孔を作るエネルギーと，分子をそこへ移動させるときの小さな励起エネルギーとの和であることになる．

いずれにしても Q は液体の分子相互の力が強ければ大きいわけで，その点で，1 mol の蒸発熱 L_v，あるいは融解熱 L_m に比例すると考えられる．表 1.11 に示したように Q は L_v の 0.3 倍程度である：

$$Q=\frac{L_v}{n} \qquad (n \cong 3.3) \tag{1.5.15}$$

表 1.11 分子性液体の Q(kcal·mol^{-1})[16]

	T_m(K)	$\eta_m\times10^3$	$C\times10^3$	Q	L_v	L_v/Q	Q/L_m
Ar	84.0	2.83	1.24	0.524	1.50	2.9	1.9
N_2	63.4	3.11	0.762	0.468	1.34	2.9	2.2
O_2	54.8	8.09	1.945	0.406	1.67	4.1	3.8
CH_4	89.2	2.25	0.347	0.740	2.20	3.0	3.3
C_2H_4	103.8	7.24	2.01	0.739	—	—	—
CO	66.2	3.21	0.951	0.463	1.41	3.1	2.3
H_2O(0°C)	273.0	18	0.59	5.06	10.18	2.01	3.5
〃 (50°C)	—	—	—	3.42	9.61	2.81	2.3
〃 (100°C)	—	—	—	2.84	8.98	3.20	2.0
〃 (150°C)	—	—	—	2.11	8.28	3.90	1.5

η_m は融点における粘性率 (P)

C の値は物質によって大きなちがいはないから，粘性率は $e^{Q/RT}$ の大きさによって，だいたい左右される．他方で，液体の蒸気圧は $e^{-L_v/RT}$ によってだいたい支配されるから，一般に粘性率の大きい物質は蒸気圧が小さく，あるいは揮発性の大きいものは粘性が小さいことになる．この大きさの順序は図 1.11 に示した物質ではよく成り立っている．

Eyring らによれば C' を物質に共通の定数として

$$C=C'\frac{M^{1/2}T^{3/2}}{V^{2/3}L_v}$$

である．ここに M は分子量，V は分子容である．液体の内部エネルギーを E

16) A. G. Ward: *Trans. Faraday Soc.*, **33** (1937), 88.

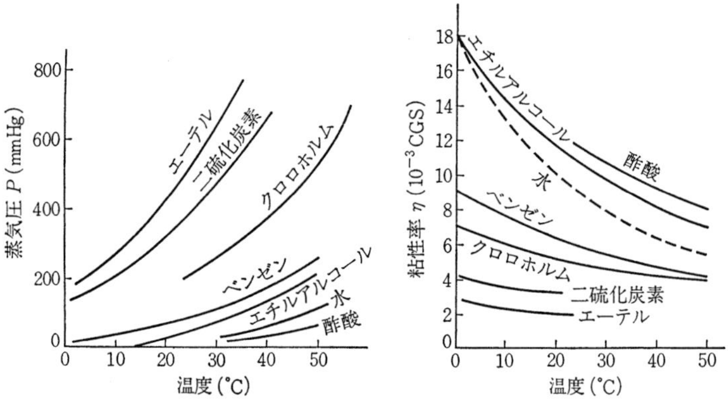

図 1.11 蒸気圧と粘性率の温度変化

とすると，その体積依存は $-a/V$ であり，a/V はほとんど蒸発熱 L_{v} に等しいから

$$P_{\mathrm{i}} \equiv \left(\frac{\partial E}{\partial V}\right)_T \cong \frac{L_{\mathrm{v}}}{V}$$

P_{i} は内部圧力といわれる量である．一方で熱力学関係式から

$$\left(\frac{\partial E}{\partial V}\right)_T = T\left(\frac{\partial P}{\partial T}\right)_V - P$$

さて，液体に外から圧力 P を加えると粘性は増大する．このときは $L_{\mathrm{v}} \cong P_{\mathrm{i}}V$ の代りに $(P_{\mathrm{i}}+P)V$ を用いればよいと考えられる．Q はこの $1/n$ であるから，

$$\eta = C'\frac{M^{1/2}T^{3/2}}{V^{5/3}(P_{\mathrm{i}}+P)}e^{V(P_{\mathrm{i}}+P)/nRT}$$

あるいは

$$\eta = C'\frac{M^{1/2}T^{1/2}}{V^{5/3}(\partial P/\partial T)_V}e^{V(\partial P/\partial T)/nR} \tag{1.5.16}$$

となる．この式は圧力を加えたときの粘性率をよく与える．例としてエーテル ($C_4H_{10}O$) の 52.5°C における粘性率の実測値との比較を表 1.12 に示した．

水などの会合性液体では，粘性率の温度，圧力による変化はそれほど簡単ではない．水では Q は温度が上がると減少する．また圧力変化も複雑である．励起エネルギー Q が温度によって変わるときは液体に構造的な変化があると考えられる．

液体金属に対しても(1.5.14)式は成り立つ．しかし $n=L_{\mathrm{v}}/Q$ は約 20 程度で

表 1.12 エーテルの高圧の粘性率(52.5°C)[17]

圧力(10^3kg・cm^{-2})	V(cm^3・mol^{-1})	$(\partial P/\partial T)_V$	η(10^3P) 計算	η(10^3P) 実測
0.001	109.9	6.73	1.80	1.83
1	—	—	—	3.61
2	90.25	13.50	5.35	5.14
3	86.70	16.00	8.00	—
4	84.00	18.00	10.7	10.50
5	81.80	19.80	14.0	—
6	80.05	21.40	17.7	17.58
7	78.50	22.85	22.0	—
8	77.15	24.20	26.3	27.75
9	76.05	25.40	30.9	—
10	75.05	26.50	35.8	42.60
11	74.10	27.50	40.8	—
12	73.25	—	—	64.24

あり，Q と L_v の比は分子性液体に比べてはるかに小さい．金属の場合 Q はいわば自由電子の海の中で金属イオン間にすき間を作る仕事であって，中性原子にして引きはなす仕事 L_v に比べてはるかに小さいと考えられる．

表 1.13 金属液体 $L_v/Q=n$ [18]

	T_m(K)	η_m(10^3P)	C(P)	Q(kcal・mol^{-1})	L_v(kcal・mol^{-1})	L_v/Q	Q/L_m
Na	370.5	7.9	21.5	0.96	25	26	1.6
K	335.3	5.5	9.75	1.15	21	18	2.0
Cu	1356	37	—	—	116	—	—
Ag	1233	4.4	56.9	4.87	59.5	12	1.8
Zn	692.4	33.4	41.4	2.92	24	8.2	1.7
Cd	593.9	25.3	66.2	1.585	26	16	1.1
Hg	234.2	20.1	55.5	0.598	14	23	1.0
Sn	504.8	20.3	41.3	1.603	78	49	0.93
Pb	600.5	28.5	40.8	2.32	46	20	1.8
Sb	903.5	14.6	28.8	2.92	45	16	1.0
Bi	544	18.6	38.2	1.715	46	27	0.63
Ga	502.7	21.0	—	0.855〜1.25	—	—	0.64〜0.94

イオン性液体では $n=L_v/Q$ は約5程度である．

このように，粘性の励起エネルギーは，液体の構造を反映している．

17) D. Frish, H. Eyring and J.F. Kincaid: *J. Appl. Phys.*, **11** (1940), 75.

18) R.H. Ewell and H. Eyring: *J. Chem. Phys.*, **5** (1937), 726.

表 1.14　イオン性液体 $L_v/Q=n$[16)]

	T_m(K)	$\eta_m(10^3P)$	C(P)	Q(kcal·mol^{-1})	L_v(kcal·mol^{-1})	L_v/Q	Q/L_m
NaCl	1077	14.6	2.11	9.10	44.3	4.9	1.3
NaBr	1028	14.3	2.85	8.00	38.6	4.8	—
KCl	1045	15.1	4.29	7.40	40.5	5.5	1.2
KBr	1003	15.7	2.92	1.96	38.2	4.8	—
AgCl	728	29.7	7.64	5.30	44.3	8.4	1.7
AgBr	703	37.8	11.7	4.85	—	—	2.0
AgI	825	36.5	15.8	5.15	—	—	—
$NaNO_2$	581	29.4	12.2	3.68	—	—	1.0
KNO_3	606	29.9	7.9	4.38	—	—	1.7
B_2O_3*	294	8×10^{12}	—	75.0〜21.7	—	—	—
$LiNO_3$	528	68.4	—	4.1〜	—	—	0.7〜

*　ガラス状

§1.6　液体の構造

液体の構造，すなわち分子の配列状態はX線回折法によって明らかにされた．電子線が用いられることもある．X線では電磁波が分子，原子の形成する電子雲のひろがりによって散乱される．電子線では入射電子が分子，原子の電子雲と原子核とによって散乱される．これらの場合は液体の分子や原子自身は大きな運動の変化を起こさない．最近では中性子線を使って物質の構造をしらべる技術が進んできた[19)]．中性子は陽子と質量がほとんど等しく電荷をもたないから，分子，原子の電子雲を通過して原子核の極く近くに達し，核力の相互作用によって散乱される．したがって中性子線によって得られる情報は原子核の位置に関するものであり，また，原子核と同じ程度にエネルギーを低めた熱中性子では，原子核の運動との関連から，その運動に対する知識を得ることができる．その他いろいろの方法で液体の構造に対する情報が得られるが，X線回折法について少しくわしく述べよう．

X線回折法は結晶に対して開発された．単結晶にX線をあてると分子や原子によって散乱されたX線が干渉して Laue の斑点模様が得られる．粉末結晶の場合には結晶のいろいろの配向のために Debye-Scherrer 環の模様が得られ

19)　P. A. Egelstaff: *An Introduction to the Liquid State*, Academic Press (1967)(広池和夫，守田徹訳：「液体論入門」，吉岡書店(1971))．

る．液体の中の分子配列は粉末結晶よりもずっと不規則なので，環はもっとぼやける．しかしこの回折像を調べることにより，液体中に結晶に似た分子配列の構造が残っていることがわかったのである．

いま，波長のきまったX線(単色X線)を物質にあてたとしよう．X線の電磁場のために物質中の電子が強制振動をして，2次波を送り出す．入射X線の強さを I_0 とし，e を電子の電荷，m をその質量，c を光速度とすると，入射波と角 ϕ をなす方向の距離 R における散乱波の強度は

$$I_e = I_0 \frac{1}{R^2}\left(\frac{e^2}{mc^2}\right)^2 \frac{1+\cos^2\phi}{2} \qquad (1.6.1)$$

で与えられる．これは1個の電子の散乱で，Thomson 散乱とよばれている．因子 $(1+\cos^2\phi)/2$ はX線の偏りによるものである．

1つの原子の中には多くの電子があり，電子雲の各部分で散乱された波が干渉する．X線の散乱は1度しか起こらないと仮定する(試料はあまり厚くなく，それでも十分な回折波の強度が得られることが必要である)．まず1個の原子(中心 $\boldsymbol{R}$)に属する1個の電子 $(\boldsymbol{R}+\boldsymbol{r})$ による散乱を考える．入射X線の方向の単位ベクトルを $\boldsymbol{n}_0$ とし，散乱X線の方向の単位ベクトルを $\boldsymbol{n}$ とする．X線が $\boldsymbol{R}+\boldsymbol{r}$ で散乱されたときは，原点で散乱された場合に比べて(λ はX線の波長)

$$2\pi(\boldsymbol{R}+\boldsymbol{r})(\boldsymbol{n}-\boldsymbol{n}_0)\frac{1}{\lambda} \qquad (1.6.2)$$

だけの位相の差がある．このような波が各原子からきて干渉する．原子の番号を α，その原子に属し，軌道 j にある電子を αj で番号づけると，干渉した波は

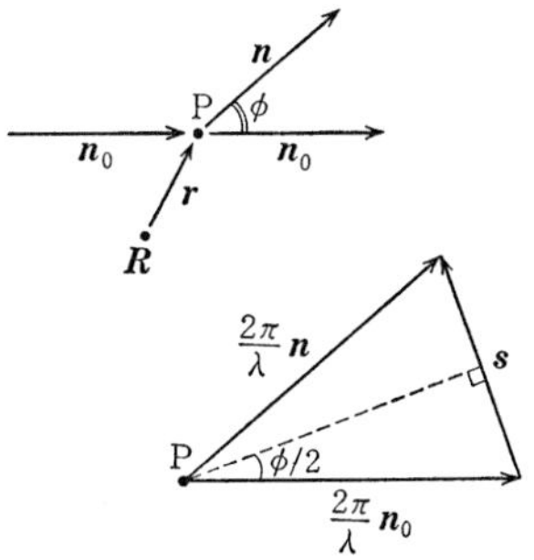

図 1.12　X線の散乱

$$\varphi=\sum_{j}\sum_{\alpha}\exp(i\boldsymbol{R}_{\alpha}\cdot\boldsymbol{s})\exp(i\boldsymbol{r}_{\alpha j}\cdot\boldsymbol{s}) \tag{1.6.3}$$

ただし

$$\boldsymbol{s}=2\pi(\boldsymbol{n}-\boldsymbol{n}_0)\frac{1}{\lambda} \tag{1.6.4}$$

となり，その強度は

$$|\varphi|^2=\sum_{\beta}\sum_{\alpha}\sum_{k}\sum_{j}\exp\{i(\boldsymbol{R}_{\alpha}-\boldsymbol{R}_{\beta})\cdot\boldsymbol{s}\}\exp(-i\boldsymbol{r}_{\beta k}\cdot\boldsymbol{s})\exp(i\boldsymbol{r}_{\alpha j}\cdot\boldsymbol{s}) \tag{1.6.5}$$

で与えられる．原子内の電子の位置について平均をとると，$\rho_j(\boldsymbol{r})$ を軌道 j にある電子雲の密度として

$$\iint\sum_{k}\sum_{j}\rho_k(\boldsymbol{r}_{\beta k})\exp(-i\boldsymbol{r}_{\beta k}\cdot\boldsymbol{s})\rho_j(\boldsymbol{r}_{\alpha j})\exp(i\boldsymbol{r}_{\alpha j}\cdot\boldsymbol{s})\mathrm{d}\boldsymbol{r}_{\beta k}\mathrm{d}\boldsymbol{r}_{\alpha j}=|f|^2 \tag{1.6.6}$$

ただし，ここに f は原子の形状因子(form factor，X線に対する原子散乱因子ともいう)とよばれ

$$f=\int\sum_{j}\rho_j(\boldsymbol{r})\exp(i\boldsymbol{r}\cdot\boldsymbol{s})\mathrm{d}\boldsymbol{r} \tag{1.6.7}$$

で与えられる．

簡単のため，1原子分子からなる液体を考えると，$\rho_j(\boldsymbol{r})$ は球対称で r だけの関数，f は実数で $\boldsymbol{s}$ の大きさ s の関数である：

$$f(s)=\int\sum\rho_j(r)\frac{\sin sr}{s}4\pi r^2\mathrm{d}r \tag{1.6.8}$$

ただし

$$s=4\pi\sin\left(\frac{\phi}{2}\right)\frac{1}{\lambda} \tag{1.6.9}$$

N 個の分子からなる液体にあたったX線の散乱強度は

$$I(s)=I_{\mathrm{e}}f^2\left\langle\sum_{\beta=1}^{N}\sum_{\alpha=1}^{N}\exp\{i(\boldsymbol{R}_{\beta}-\boldsymbol{R}_{\alpha})\cdot\boldsymbol{s}\}\right\rangle \tag{1.6.10}$$

となる．ここで平均は分子の中心の位置に関する平均である．α,β に関する和は $\beta=\alpha$ の項と $\beta\neq\alpha$ の項とに分けられる．$\beta=\alpha$ の項は1重の和であるから

$$I'=I_{\mathrm{e}}f^2N \tag{1.6.11}$$

を与える．$\beta\neq\alpha$ の項は液体の場合，**動径分布関数** $g(R)$ を用いて表わすことができる．すなわち，原点に1つの分子があるとき，位置 $\boldsymbol{R}$ における体積素片

d$\boldsymbol{R}$ にある他分子の分子数を

$$ng(R)\mathrm{d}\boldsymbol{R} \qquad \left(n = \frac{N}{V},\ \text{平均分子数密度}\right) \tag{1.6.12}$$

と書く．

液体では，配列の秩序は遠くまでおよばないから，R の大きい値では相関が消え

$$g(R) \to 1 \qquad (R \to \infty) \tag{1.6.13}$$

である．$R\to\infty$ で 0 になる関数

$$h(R) = g(R)-1 \tag{1.6.14}$$

を**分子対相関関数**という．

動径分布関数を用いると $\beta \neq \alpha$ の項は

$$I'' = I_e f^2 \iint n^2 g(|\boldsymbol{R}_\beta - \boldsymbol{R}_\alpha|) \exp\{i(\boldsymbol{R}_\beta - \boldsymbol{R}_\alpha)\cdot \boldsymbol{s}\}\mathrm{d}\boldsymbol{R}_\beta \mathrm{d}\boldsymbol{R}_\alpha \tag{1.6.15}$$

ここで

$$\iint \exp\{i(\boldsymbol{R}_\beta - \boldsymbol{R}_\alpha)\cdot \boldsymbol{s}\}\mathrm{d}\boldsymbol{R}_\beta \mathrm{d}\boldsymbol{R}_\alpha = 0 \qquad (\boldsymbol{s} \neq 0) \tag{1.6.16}$$

を右辺から引き去れば

$$\begin{aligned} I'' &= I_e f^2 \iint n^2 \{g(|\boldsymbol{R}_\beta - \boldsymbol{R}_\alpha|)-1\} \exp\{i(\boldsymbol{R}_\beta - \boldsymbol{R}_\alpha)\cdot \boldsymbol{s}\}\mathrm{d}\boldsymbol{R}_\beta \mathrm{d}\boldsymbol{R}_\alpha \\ &= I_e f^2 Nn \int \{g(R)-1\} \exp(i\boldsymbol{R}\cdot\boldsymbol{s})\mathrm{d}\boldsymbol{R} \end{aligned} \tag{1.6.17}$$

したがって $I=I'+I''$ は $s\neq 0$ に対し

$$I(s) = I_e f^2 N\left[1+n\int \{g(R)-1\} \exp(i\boldsymbol{R}\cdot\boldsymbol{s})\mathrm{d}\boldsymbol{R}\right] \tag{1.6.18}$$

となる．

N 個の分子が独立にX線を散乱したときの散乱強度は $I'=I_e f^2(s)N$ であるから，分子間の相関による散乱の相対強度 $i(s)$ は

$$\begin{aligned} i(s) &= \frac{I(s)-I'(s)}{I'(s)} = \frac{N}{V}\int \{g(R)-1\} e^{i\boldsymbol{s}\cdot\boldsymbol{R}}\mathrm{d}\boldsymbol{R} \\ &= \frac{N}{V}\int \{g(R)-1\}\frac{\sin(sR)}{sR}4\pi R^2 \mathrm{d}R \end{aligned} \tag{1.6.19}$$

で与えられる．

図1.13に液体アルゴンに関する実験データを示す．ここで縦軸は，$I(s)$をI_eNで規格化した

$$\frac{I(s)}{I_eN}=f^2\{i(s)+1\} \tag{1.6.20}$$

を与えている．$s\gg1$では$i(s)\to0$であり，曲線は分子が独立に散乱したときの強度$f^2(s)$(図の単調減少曲線)に一致する．sが0に近いところで曲線がf^2からずれているのは，液体中に分子の位置の相関，すなわち構造があることを示している．実際には$f^2(s)$がわかっているので，$s\gg1$で$f^2(s)$に一致するように$I(s)$の測定値を規格化すればよい．

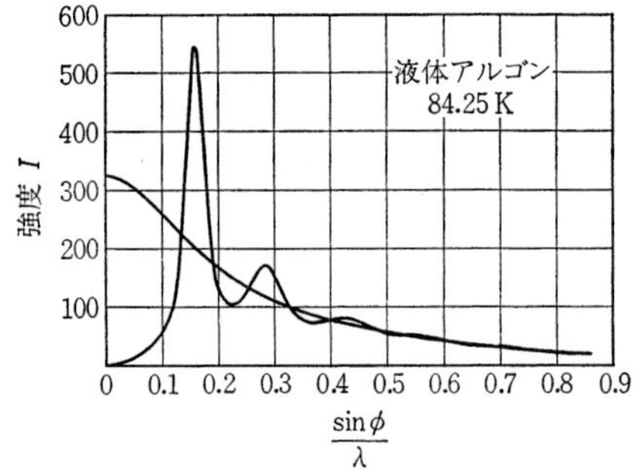

図 1.13　液体アルゴンに対するX線回折強度[20]

アルゴンの蒸気と液体とについて，同様のデータを比較したのが図1.14である．これらは図1.13で示したような状態1, 2, 3, … についてのものである．低温の蒸気では分子はほとんど独立であるが，臨界点に近づくと液体に似た相関ができてくることがわかる．

分子の位置の相関による相対強度$i(s)$は相関$g(R)-1$のFourier変換である(ただし$s\neq0$)．この逆変換は

$$4\pi\frac{N}{V}R\{g(R)-1\}=\frac{2}{\pi}\int_0^\infty s\sin(sR)\mathrm{d}s \tag{1.6.21}$$

であるから，$i(s)$を測定から求めれば

$$g(R)=1+\frac{1}{2\pi^2R}\frac{V}{N}\int_0^\infty si(s)\sin(sR)\mathrm{d}s \tag{1.6.22}$$

20) A. Einstein and N. S. Gingrich: *Phys. Rev.*, **62** (1942), 261.

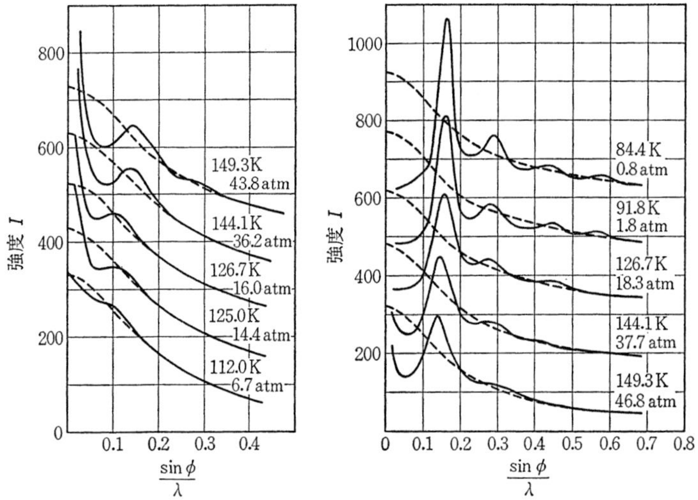

(a) アルゴン蒸気の場合　　(b) 液体アルゴンの場合

図 1.14　アルゴンによるX線回折[20]（圧力は飽和蒸気圧）

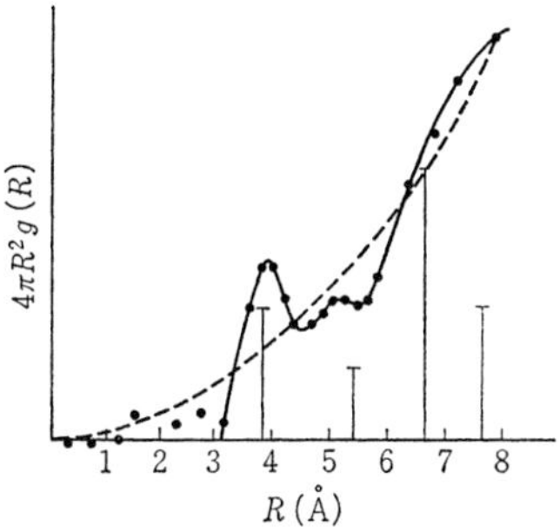

図 1.15　液体アルゴンの分布関数[20]

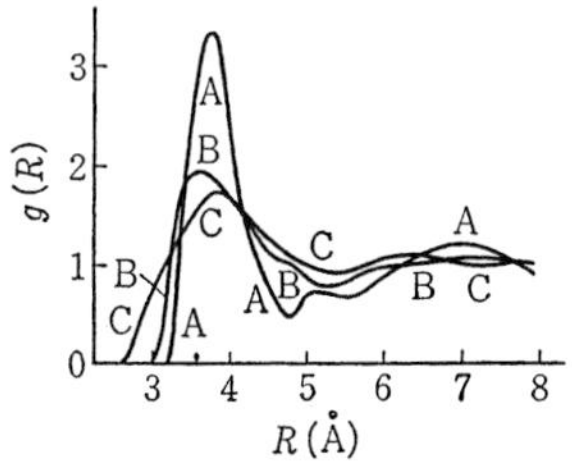

図 1.16　液体アルゴンの動径分布関数[20]．A : 84.4 K, 0.8 atm, B : 126.7 K,　18.3 atm,　C : 149.3 K, 43.8 atm（圧力はすべてその温度の飽和蒸気圧）

によって動径分布関数 $g(R)$ が求められる．図 1.13 から $i(s)=[(I(s)/I_eN)/f^2]-1$ によって $i(s)$ が原理的には求められるが，s の範囲や規格化の誤差などのため，X線の散乱から，動径分布関数を求めるのには，どうしても誤差がつきまとうようである．図 1.15 にはアルゴンについての例が示してあるが，$R<3$Å のところで測定から求めた値がバラツキを示しているのはこの種の誤差によるものである．$R<3$Å では $g(R)$ は当然 0 に近づかなければならない．

1つの分子から距離が R と $R+\mathrm{d}R$ の間にある他分子の数が $4\pi R^2g(R)\mathrm{d}R$ である．図 1.15 では $4\pi R^2g(R)$ を示してある．この図で縦の棒は，固体のときの隣接分子の距離と，隣接分子の数を示す．液体の構造は固体の分子配列を少しならしたものに似ていることがわかる．

液体マグネシウムに対する同様の図を示す．

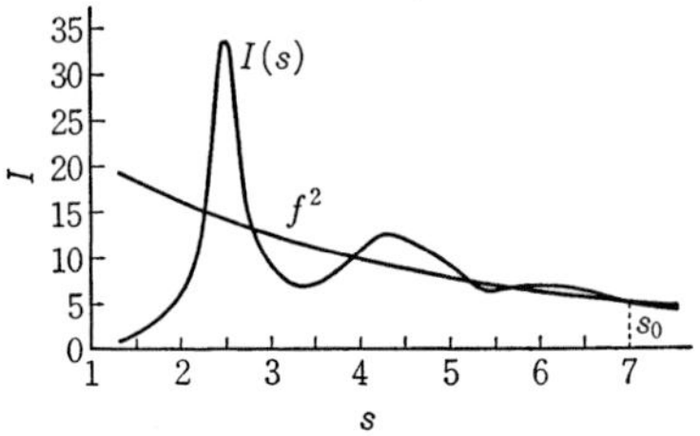

図 1.17　熔融マグネシウムによるX線回折[21)]

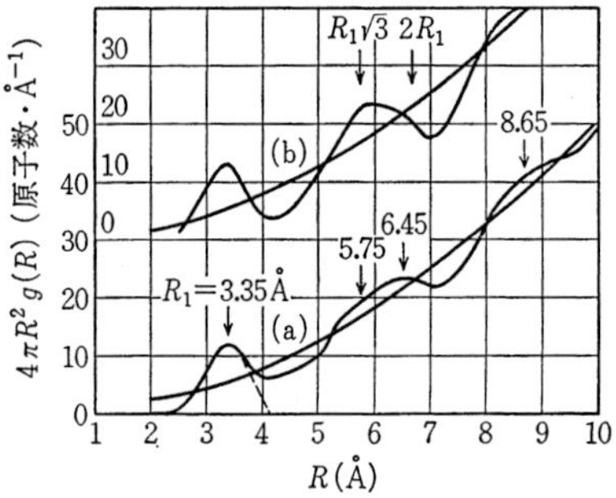

図 1.18　熔融マグネシウムの分布関数(a)と，結晶マグネシウムをならした分布関数(b)[21)]

このようにX線の散乱強度 $I(s)$，あるいは $i(s)$，あるいは**構造因子**(structure factor) とよばれる量

---

21)　E. Gebhardt が *Liquids—Structure Properties, Solid Interaction* (ed. by T. J. Hughel), Elsevier (1963) の中で引用している S. Steeb と S. Woerner の実験による．

$$S(Q)=\frac{1}{N}\left\langle\sum_{\beta=1}^{N}\sum_{\alpha=1}^{N}\exp\{i(\boldsymbol{R}_\beta-\boldsymbol{R}_\alpha)\cdot\boldsymbol{Q}\}\right\rangle$$
$$=\frac{1}{N}\left\langle\sum_{\beta\neq\alpha}^{N}\sum^{N}\exp\{i(\boldsymbol{R}_\beta-\boldsymbol{R}_\alpha)\cdot\boldsymbol{Q}\}\right\rangle+1$$
$$=i(Q)+1 \qquad (1.6.23)$$

は，液体の構造を表わすばかりでなく，例えば(後の(3.1.49)参照)

$$\kappa_T=\frac{1}{nkT}S(0) \qquad (1.6.24)$$

は液体の等温圧縮率を表わすなど，液体の種々の量がこれに関係している．$g(R)$ を論じるよりも，構造因子 $S(Q)$ で論じた方が理論的には直接的であることが多い．なお $\rho(\boldsymbol{R},t)$ を時刻 t の場所 $\boldsymbol{R}$ における瞬間的な分子数密度とし，**2体相関関数**

$$G(\boldsymbol{R})=\frac{\langle\rho(0,t)\rho(\boldsymbol{R},t)\rangle}{n} \qquad (1.6\ 25)$$

を用いることもある．一様な液体では

$$n=\frac{N}{V}=\langle\rho(\boldsymbol{R},t)\rangle \qquad (1.6.26)$$

$$G(\boldsymbol{R})=\delta(\boldsymbol{R})+ng(\boldsymbol{R}) \qquad (1.6.27)$$

であり，$S(Q)$ との関係は

$$S(Q)=\int[G(\boldsymbol{R})-n]e^{i\boldsymbol{Q}\cdot\boldsymbol{R}}\mathrm{d}\boldsymbol{R} \qquad (1.6.28)$$

電子線は原子核の Coulomb 場でも散乱される．Z を原子番号とすると，**電子線の弾性散乱**の場合は，上式で独立原子による散乱を

$$I'(s)=NI_0\frac{1}{R^2}\left[\frac{8\pi^2me^2}{h^2}\frac{Z-f(s)}{s^2}\right]^2 \qquad (1.6.29)$$

でおきかえればよい．電子線による散乱強度はX線の場合に比べてきわめて大きい．

中性子はほとんど原子核だけで散乱される．核力のおよぶ範囲は 10^{-13} cm の程度であり，これに比べて熱中性子の波長は 10^{-8} cm ぐらいではきわめて大きいため，散乱の方向依存性は現われない．**中性子の弾性散乱**(§4.8参照)では，独立原子による散乱を

$$I'=NI_0\frac{b^2}{R^2} \qquad (1.6.30)$$

でおきかえればよい[19]．b は**散乱長**で，10^{-13} cm の程度であり，各種類の原子核について知られている．b の値に Z 依存性は見られない．ここでは原子が磁気をもたないと仮定しておいた．もしも原子が磁気モーメントをもてば，そのための散乱も加わるわけである．また中性子は軽い原子核にあたると，これを動かしてエネルギーを与えるため非弾性散乱を起こすことがある．これについては第4章で扱うことにする．

§1.7　古典的液体と量子効果

量子力学によれば，粒子は一般に波動性をもっているが，その de Broglie 波長 λ は質量 m，速度 v，あるいは運動のエネルギー $E=mv^2/2$ を用いて

$$\lambda=\frac{h}{mv}=\frac{h}{\sqrt{2mE}} \tag{1.7.1}$$

で与えられる．ここに h は Planck 定数である．

量子力学的効果の期待される分子では，分子直径 σ と de Broglie 波長 λ という2つの長さに関する物質定数がある．このため長さとしてただ1つの量(分子直径)だけを考えた古典的な対応状態の原理は成り立たない．分子間力の相似な物質の間では，$\phi(r)=\varepsilon f(r/\sigma)$ のように書け，関数 f はこれらの物質で共通のものと見なしてよい．ここで ε は $\phi(r)$ の深さ，あるいは分子間力の強さをエネルギーで表わしたものである．したがって，各液体の状態は分子の運動エネルギーと ε の比が同じところで比較，対応させられるはずのものである．そこで対応状態に対する分子の波動性は $E=\varepsilon$ としたときの λ を分子直径 σ で割った値(m は分子質量)

$$\frac{\lambda}{\sigma}=\frac{h}{\sigma\sqrt{2m\varepsilon}} \tag{1.7.2}$$

で特徴づけられる．この値が大きいほど，波動性，あるいは量子効果は大きい．

de Boer は量子効果の大きさを表わすパラメタとして

$$\Lambda=\frac{h}{\sigma\sqrt{m\varepsilon}} \tag{1.7.3}$$

を用いた[22]．これを **de Boer のパラメタ**という．その値を表 1.15 に示す．へ

22) J. de Boer: *Physica*, **14** (1948), 139. J. de Boer and B. S. Blaisse: *Physica*, **14** (1948), 149.

表 1.15 de Boer[22] のパラメタ
$\Lambda = h/\sigma\sqrt{m\varepsilon}$

	Λ	T_t/T_c
Xe	0.0636	0.557
Kr	0.102	0.554
Ar	0.187	0.557
N_2	0.225	
Ne	0.591	0.444
H_2	1.73	
He	2.64	—

リウム，水素の Λ は他の物質に比べて大きく，これらでは大きな量子効果が期待される．このことを **de Boer の対応状態の原理**という．

還元された臨界温度 $T_c^* = kT_c/\varepsilon$ の値は Ar, Ne, H_2, ^{4}He, ^{3}He の順に小さくなっていて，量子効果がこの順に大きくなっていることが示される(図 1.19).

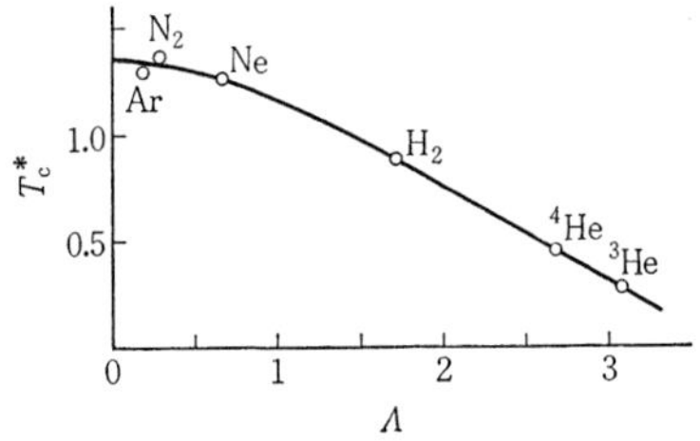

図 1.19 $T_c^* \sim \Lambda$[22]

飽和蒸気圧の下での還元された体積 $V^* = V/N\sigma^3$ と，温度 $T^* = kT/\varepsilon$ との関係は図 1.20(a) のようになる．融点における体積の飛びも示されているが，

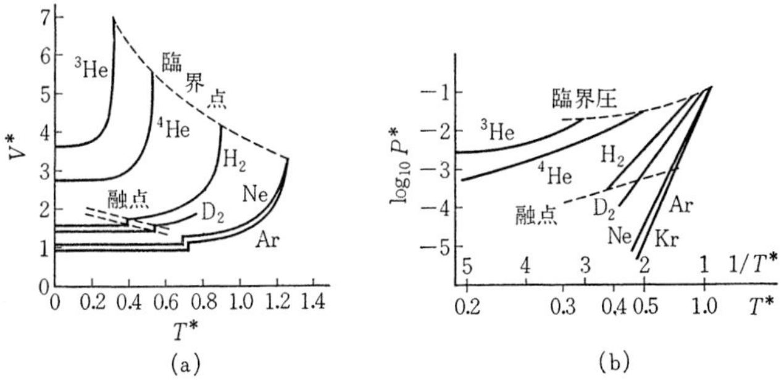

図 1.20 体積の温度変化[23](a)と飽和蒸気圧の温度変化[23](b)

23) J. de Boer and R. J. Lunbeck: *Physica*, **14** (1948), 510.

^{4}He も ^{3}He も飽和蒸気圧の下では，絶対零度でも固化しないことも示されている．還元された飽和蒸気圧 $P^*=P\sigma^3/\varepsilon$ と T^* との関係も図 1.20(b) に示した．ヘリウムの大きな量子効果はこの図でも明らかである．

絶対零度における体積 $V_0{}^*=V_0/N\sigma^3$，零点エネルギー $U_0{}^*=U_0/N\phi_0$，表面張力 $\gamma^*=\gamma\sigma^2/\varepsilon$ に対する量子効果を，それぞれ Λ の関数として示した(図 1.21)．

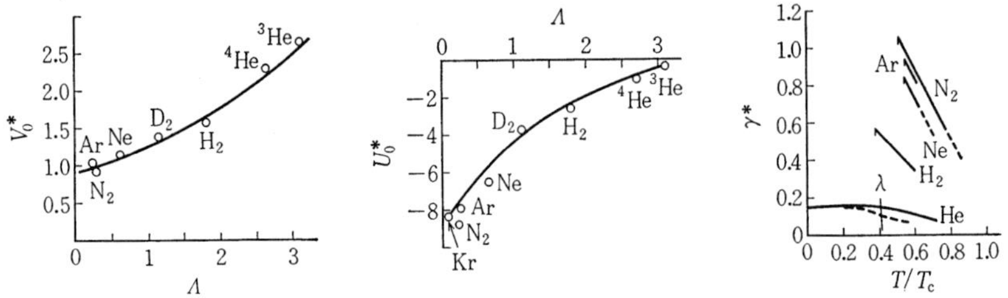

(a) $V_0^*\sim\Lambda$ (b) $U_0^*\sim\Lambda$ (c) 表面張力の温度変化

図 1.21 絶対零度における体積[22]，零点エネルギー[22]，表面張力[24]に対する量子効果

de Boer はその当時まだわからなかったヘリウムの同位体 ^{3}He の臨界点，固化するために必要な圧力などをこの量子力学的対応状態の原理から予言し，これがその後の測定とよく一致したのである．

量子効果は de Boer のパラメタで表わされるが，それは量子力学的体系の熱的性質が，Schrödinger 方程式

$$\mathscr{H}\psi_n = E_n\psi_n \qquad (n=0,1,2,\cdots) \tag{1.7.4}$$

の固有値 E_n の集まりによってきめられることを考えれば明らかである．ここで体系が N 個の分子からなるとすると，ハミルトニアン $\mathscr{H}$ は

$$\mathscr{H} = -\frac{\hbar^2}{2m}\sum_{i=1}^{N}\nabla_i{}^2 + \sum_{i>j}\phi(r_{ij}) \tag{1.7.5}$$

である．ここで $\nabla_i{}^2=\partial^2/\partial x_i{}^2+\partial^2/\partial y_i{}^2+\partial^2/\partial z_i{}^2$ であるから，すべての長さを分子直径 σ で割り，

$$\nabla_i{}^{*2} = \frac{\partial^2}{\partial(x_i/\sigma)^2}+\frac{\partial^2}{\partial(y_i/\sigma)^2}+\frac{\partial^2}{\partial(z_i/\sigma)^2} \tag{1.7.6}$$

$$r^*_{ij} = \frac{r_{ij}}{\sigma} \tag{1.7.7}$$

24) M. Toda: *J. Phys. Soc. Japan*, **10** (1955), 512.

と書くことにし，

$$E_n{}^* = \frac{E_n}{N\varepsilon} \tag{1.7.8}$$

とおけば，エネルギーの固有値方程式は Λ を用いて

$$\left\{-\frac{\Lambda^2}{8\pi^2}\sum_{i=1}^{N}\nabla_i{}^{*2}+\sum f(r_{ij}^*)-NE_n{}^*\right\}\psi_n = 0 \tag{1.7.9}$$

となる．体系が長さ L の立方体 ($V=L^3$) の中にあるならば固有関数 ψ の領域は $0<x_i<L$，あるいは $0<(x_i/\sigma)<(L/\sigma)$ などと書ける．したがってエネルギー固有値 $E_n{}^*$ は L/σ あるいは $V^*/N\sigma^3$ の関数であると同時に，パラメタ Λ によってきまることになり，$E_n{}^*=E_n{}^*(V^*;\Lambda)$ と書ける．

熱的性質は核スピンや分子回転，分子内原子振動を除いた状態和

$$Z = \sum_n e^{-E_n/kT} \tag{1.7.10}$$

によってきまる．ここで

$$\frac{E_n}{kT} = \frac{\varepsilon}{kT}NE_n{}^*(V^*;\Lambda) \tag{1.7.11}$$

であるから，状態和は

$$Z=Z(V^*, T^*;\Lambda) \tag{1.7.12}$$

となり，これから導かれる熱的性質は，すべて還元された変数 V^*, T^* などのほかに de Boer のパラメタ Λ を含む関係式で表わされるわけである．

なお，分子がしたがう量子統計(Bose 統計と Fermi 統計)の別によって波動関数 ψ_n は分子のとりかえに対して対称か反対称かに制限される(Bose 統計にしたがう分子は ^{4}He, H_2, D_2 等であり，Fermi 統計にしたがう分子は ^{3}He 等である)．この影響が現われれば物質の特性は統計にしたがって 2 つに分かれ，図 1.19〜1.21 の曲線は 2 つのグループに分かれるはずである．しかし実際にはそうなってはいないから，臨界点，融点などには少なくとも統計のちがいの影響は現われていない．しかし液体ヘリウム ^{4}He が 2.19 K で示す λ 転移や超流動性に相当するものは同位体 ^{3}He ではない．このような低温では統計効果が明らかに現われるのである．

本書では，液体ヘリウムなどが示す量子効果はこれ以上扱わないことにする．液体ヘリウムが示す超流動などの性質について述べるためには，多くのページが必要なこともあるが，本書で扱う古典的な液体に対する興味とは相当ちがう

ところがあるためでもある．

上述の典型的な簡単な液体についていえば，ヘリウム，水素では量子効果が著しく，ネオンでもいくらか量子効果が残っている．しかしアルゴン，窒素，酸素などはすべて古典的液体，すなわち量子効果が無視でき，Newton 力学にもとづいた古典統計力学が使える液体である．

［補注1］ Maxwell の等面積の規則

等面積の規則を証明するには，熱力学関係式

$$P = -\left(\frac{\partial F}{\partial V}\right)_{T=一定} \tag{1. A. 1}$$

を用いればよい．横S字曲線が平衡状態(不安定であるとしても)を表わすとして，図1.22の1から2まで積分すると1と2との自由エネルギー F の差は

$$F_2 - F_1 = -\int_1^2 P\mathrm{d}V \tag{1. A. 2}$$

一方で，熱力学によれば，1と2とが共存して平衡するためには，1と2とで圧力が等しく ($P_1 = P_2$)，熱力学ポテンシャル $G = F + PV$ が等しく ($G_1 = G_2$) なければならない．したがって

$$\int_1^2 P\mathrm{d}V = (V_2 - V_1)P \tag{1. A. 3}$$

これは幾何学的に，水平線 P が横S字曲線を等面積に分かつことを意味する．

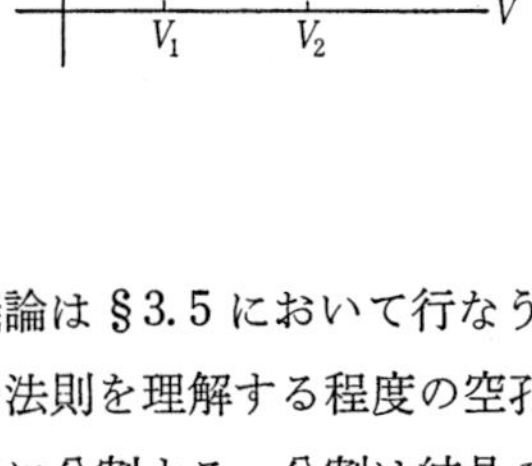

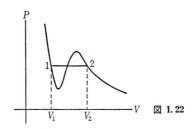

図 1.22

［補注2］ 空孔模型

空孔模型のくわしい議論は §3.5 において行なうが，ここでは，極く簡単な模型的考察で，直線径の法則を理解する程度の空孔模型を述べておこう．

空間を分子大の小部屋に分割する．分割は結晶の細胞のように，どの部屋も

同じ大きさ形で，規則正しい分割であるとし，1つの部屋は z 個の最近接の部屋をもつとする．部屋にはたかだか1個の分子が入れるとし，N 個の分子を分配する．部屋の総数を $N+N'$ とすると N' は空孔となる．相隣る部屋に2個の分子があるときは，分子間の引力のために，エネルギーが $-\epsilon$ だけ変化するとする．1個の分子を考えると，そのまわりに z 個の部屋がある．1つの部屋に分子がある確率は $N/(N+N')$ であるから，分子の位置に相関がなければ，1個の分子をかこむ部屋にある分子の総数は $zN/(N+N')$，そのエネルギーは $-\epsilon zN/(N+N')$ である．このような分子が N 個あるが，分子の対を2度数えないように $N/2$ を掛ければ全エネルギーとして

$$E=-\epsilon\frac{z}{2}\frac{N^2}{N+N'} \tag{1. A. 4}$$

を得る．1つの部屋の中心分子がどのように動くかは全く問題にしない．

分子を $N+N'$ 個の部屋に分配する方法の数は

$$W=\binom{N+N'}{N}={}_{N+N'}\mathrm{C}_N=\frac{(N+N')!}{N!N'!} \tag{1. A. 5}$$

である．統計熱力学により，エントロピーは

$$S=k\log W \tag{1. A. 6}$$

で与えられ，自由エネルギー F は $F=E-TS$ である．

$n\gg1$ のとき一般に成り立つ Stirling の公式

$$\log(n!)\cong n(\log n-1) \tag{1. A. 7}$$

(あるいは $n!\cong n^ne^{-n}$) を用いると

$$\log W=N\log\frac{N+N'}{N}+N'\log\frac{N+N'}{N'}$$

を得る．したがって自由エネルギーは

$$F=-\epsilon\frac{z}{2}\frac{N^2}{N+N'}+kT\left(N\log\frac{N}{N+N'}+N'\log\frac{N'}{N+N'}\right) \tag{1. A. 8}$$

ここで，各部屋の体積を v とすると，全体積は

$$V=(N+N')v \tag{1. A. 9}$$

であり，空孔のないときの体積は

$$V_0=Nv \tag{1. A. 10}$$

である．熱力学により，圧力は

$$P=-\left(\frac{\partial F}{\partial V}\right)_T=-\frac{1}{v}\left(\frac{\partial F}{\partial N'}\right)_T \tag{1. A. 11}$$

で与えられる．これを計算すると

$$P=\frac{1}{v}\left(-\epsilon\frac{z}{2}\frac{V_0{}^2}{V^2}+kT\log\frac{V}{V-V_0}\right) \tag{1. A. 12}$$

を得る．

この状態方程式は臨界点をもち，それ以下の温度では横S字型の等温線をもつ．臨界点は

$$\left.\begin{aligned} kT_c=\frac{z}{4}\epsilon, \qquad V_c=2V_0 \\ K\equiv\frac{RT_c}{P_cV_c}=2.6 \end{aligned}\right\} \tag{1. A. 13}$$

したがって，この状態方程式の近似度は van der Waals の状態方程式とほぼ同様である．

熱力学ポテンシャル $G=F+PV$ は

$$G=-N\epsilon z\frac{V_0}{V}+NkT\log\frac{V_0}{V-V_0} \tag{1. A. 14}$$

となる．気相 g と液相 l との平衡条件は，圧力と熱力学ポテンシャルがそれぞれ等しいこと，すなわち

$$\left.\begin{aligned} P(V_g)=P(V_l) \\ G(V_g)=G(V_l) \end{aligned}\right\} \tag{1. A. 15}$$

である．これらを書き直すと

$$\left.\begin{aligned} -\epsilon\frac{z}{2}\left(\frac{V_0{}^2}{V_g{}^2}-\frac{V_0{}^2}{V_l{}^2}\right)+kT\log\left(\frac{V_g}{V_l}\frac{V_l-V_0}{V_g-V_0}\right)=0 \\ -\epsilon z\left(\frac{V_0}{V_g}-\frac{V_0}{V_l}\right)+kT\log\left(\frac{V_l-V_0}{V_g-V_0}\right)=0 \end{aligned}\right\} \tag{1. A. 16}$$

ここで

$$\frac{V_0}{V_g}=\theta \tag{1. A. 17}$$

とおき，仮に

$$\frac{V_0}{V_l}=1-\theta \tag{1. A. 18}$$

とおくと

$$\left.\begin{aligned}&-\epsilon\frac{z}{2}\{\theta^2-(1-\theta)^2\}+kT\log\left(\frac{1-\theta}{\theta}\,\frac{1/(1-\theta)-1}{1/\theta-1}\right)=0\\&-\epsilon z\{\theta-(1-\theta)\}+kT\log\frac{1/(1-\theta)-1}{1/\theta-1}=0\end{aligned}\right\}\qquad(1.\,\mathrm{A}.\,19)$$

となり，これらは1つの式

$$-\epsilon\frac{z}{2}(2\theta-1)+kT\log\frac{\theta}{1-\theta}=0\qquad(1.\,\mathrm{A}.\,20)$$

によって満足される．この式は $\theta=1/2$ のほかに解 θ をもち，これは気相の密度に比例する V_0/V_g を与え，これと平衡する液相の V_0/V_l は $1-\theta$ である．したがって平衡する気相と液相とに対して

$$\frac{V_0}{V_g}+\frac{V_0}{V_l}=1\qquad(1.\,\mathrm{A}.\,21)$$

となる．これは，気相と液相が平衡しているとき，その密度 ρ_g と ρ_l との和は一定であることを意味する．すなわち

$$\rho_g+\rho_l=\text{一定}\qquad(1.\,\mathrm{A}.\,22)$$

§3.5 と §3.6 でふれるように，最後の関係式は，空孔理論をもっと厳密に扱ってもやはり成立する．

[補注3]　正規溶液

空孔理論と同様に空間を等しい大きさの小部屋に分けるが，ここでは空孔を作らず，2種類の分子 A と B とで全体積をうめる．

$$\frac{N_A}{N_A+N_B}=x,\qquad\frac{N_B}{N_A+N_B}=1-x\qquad(1.\,\mathrm{A}.\,23)$$

とする．相隣る A 分子と A 分子の対の数を [AA] と書き，他の分子対についても同様にする．配置に相関がないとする近似では

$$\left.\begin{aligned}&[\mathrm{AA}]=(N_A+N_B)z\frac{x^2}{2}\\&[\mathrm{BB}]=(N_A+N_B)z\frac{(1-x)^2}{2}\\&[\mathrm{AB}]=(N_A+N_B)zx(1-x)\end{aligned}\right\}\qquad(1.\,\mathrm{A}.\,24)$$

であり，それぞれの分子対のエネルギーを ϵ_{AA} などと書くと，全エネルギーは

$$E=[\mathrm{AA}]\epsilon_{\mathrm{AA}}+[\mathrm{BB}]\epsilon_{\mathrm{BB}}+[\mathrm{AB}]\epsilon_{\mathrm{AB}} \tag{1. A. 25}$$

分子の配置の方法の数は

$$W=\frac{(N_{\mathrm{A}}+N_{\mathrm{B}})!}{N_{\mathrm{A}}!N_{\mathrm{B}}!} \tag{1. A. 26}$$

自由エネルギー $F=E-kT\log W$ は

$$F=\frac{(N_{\mathrm{A}}+N_{\mathrm{B}})z}{2}\{x\epsilon_{\mathrm{AA}}+(1-x)\epsilon_{\mathrm{BB}}-2x(1-x)\epsilon\}$$

$$+(N_{\mathrm{A}}+N_{\mathrm{B}})kT\{x\log x+(1-x)\log(1-x)\} \tag{1. A. 27}$$

ただし

$$\epsilon=\epsilon_{\mathrm{AB}}-\frac{\epsilon_{\mathrm{AA}}+\epsilon_{\mathrm{BB}}}{2} \tag{1. A. 28}$$

となる．分子 A だけからなる液体と分子 B だけからなる液体とがあったとしたとき，1対の分子 AB をとりかえたときのエネルギーの変化は $2z\epsilon$ である．したがって ϵ は混ぜたときのエネルギー増加を表わしている．$\epsilon<0$ のときは混ぜた方がエネルギーは低くなる．

$x\log x+(1-x)\log(1-x)$ はいつも負の量で $x=1/2$ で最小になる $(0\leqq x\leqq 1)$．自由エネルギー F を濃度 x の関数として描くとき，$\epsilon\gtrless 0$ にしたがって2つの場合が起こる(図1.23参照)．

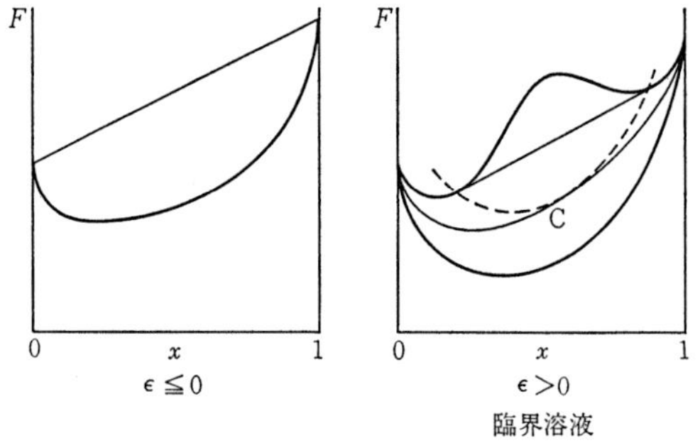

図 1.23　溶液の F-x 曲線

(i)　$\epsilon\leqq 0$ のとき．$F=F(x)$ の曲線は下にたれた曲線である．このときは，濃度 x のときの自由エネルギー F が与えられるだけで，変わったことは起こらない．任意の濃度で A, B 2種類の液体は混じるのである．

(ii)　$\epsilon>0$ のとき．温度 T が十分高ければ $F=F(x)$ の曲線は下に凸の曲線になり，任意の濃度で混ざる．しかしある温度より低いときには，曲線 $F=F(x)$ は中ほどで上に凸になり，それよりも x が 0 と 1 に近いところで，$F=F(x)$ は極小をもつ．この場合，2つの極小の近くで曲線に接する1本の共通接線が描ける．この接点を x_1, x_2 とすると，この体系が2つの相 x_1 と x_2 に分かれたときの自由エネルギーは共通接線の上の値で与えられ，これは一様に混ざったときよりも自由エネルギーが低い．熱力学によれば，体積一定の体系は(温度一定のとき)自由エネルギー最低の状態が実現される．したがって，この体系は2相に分離する．分離するときは $\partial F/\partial x$-x の曲線は逆横S字型である．分離が起こる臨界温度 T_c は

$$\frac{\partial^2 F}{\partial x^2}=0 \qquad \left(x=\frac{1}{2}\right) \tag{1. A. 29}$$

で与えられる．これは

$$T_c=\frac{z\epsilon}{2k} \tag{1. A. 30}$$

である．

第2章 分子間力

§2.1 はじめに

液体の構造や物性を統一的に理解し，理論的に予測するには，分子間力に基づいて議論するのが有効である．液体は温度，圧力の変化に応じて密度を変え，また気体や固体との間に相変化を行なう．分子間力は万有引力や電磁気力のように不変のものではなく，分子の構造に関係し，それ自体量子力学によって導かれるものである．しかし，液体でふつうに観測されるような状態変化の際は分子間力に変化はないし，非常に高い圧力を加えたりした場合でも分子間力の変化による影響は，多くの場合，副次的なものと考えられる．したがって現在では，分子間力を第1原理から導く研究と，与えられた分子間力の下での構造，物性を論ずる研究とは通常分離して行なわれており，液体論としての本書の立場は当然後の方に重点が置かれることになる．その意味で，本章はいわば本論への導入部となるわけであるが，物性の研究の目標の1つを，より基本的なものを求めることに置くならば，分子間力は液体研究の重要な対象ともいえる．

本章では，まず分子間力についての研究の歴史を概観した後，分子間力はどのようにして生じ，どのようなものであるかを述べる．近接した物体間の力の測定から分子間力を測ろうとする試みはあるが，分子間力をミクロのレベルで直接測定することは，目下のところ不可能である．経験的に分子間力を求めるには，その効果が顕著に現われるような量の測定を通じて推定するよりほか仕方がない．多くの物性は分子間力の影響を受けるから，その意味では物性の測定は，大なり小なり分子間力の測定につながるともいえるが，その中でも測定と解析が比較的容易で，しばしば分子間力を知る手段とされたものを紹介することにする．

Newton が古典力学の法則を確立したのは 1687 年とされており，質点間に働く力が判ればその運動を予言することが原理的に可能となった．したがって，もしそのとき原子・分子の存在が確認されておれば，直ちに分子間力の研究が活発に行なわれたに違いない．原子論は遠く遡れば，紀元前のギリシアの哲学者にまでその源流をたどることができる．しかし多少とも原子の存在に直接ふれるような現象が研究されはじめたのは，18 世紀の中頃からであった．19 世紀に入って，Dalton, Avogadro らによる原子論が受け入れられるようになると，分子間力はあたかも万有引力のように，分子種によらず成立する一般的な法則に従うのではないかとの観点から研究が進められた．このような 19 世紀の分子間力の研究者として，Laplace, Gauss, Maxwell らの名を挙げることができる．

しかし，気体の状態方程式，粘性係数などの測定が進み，これらの結果を解析する理論として，気体運動論，統計力学ができ上がってくると，万有引力のように普遍的な分子間力から実測値に正しく合う値を導こうとするのは無理であることが判ってきた．さらに，20 世紀に入ると，量子力学が誕生して，電子の振舞に基づいて分子間力を求めることが原理的に可能になり，分子間には近距離では斥力，遠距離では引力が働くことが理解されるようになった．だが，このようにいわゆる第 1 原理から分子間力を定量的に求めることは数学的困難のため，一般には容易でない．むしろ半経験的に分子間ポテンシャルを求め，そうして得られた分子間ポテンシャルをもつ粒子系について，統計力学など理論的手法により，気体のみならず，液体，固体の物性を導き，さらに何故に物質はこのような 3 相をもつか，相転移はどのように起るかについて研究することが盛んに行なわれるようになった．例えば，距離 R はなれた分子間に働くポテンシャルとして

$$V = AR^{-n} - BR^{-m} \qquad (A>0,\ B>0,\ n, m \text{ は } n>m \text{ なる正整数}) \tag{2.1.1}$$

なる形のものは **Lennard-Jones ポテンシャル**として知られている．

一方，実験面では，X 線回折によって 2 分子の同時刻での位置の相関が測定されるのみならず，原子炉の開発に伴って，中性子線散乱の実験により，2 分子の異なる時刻における位置の相関に対する分子レベルでの情報も得られるようになった．このような量を理論的に導いて，実測値との比較により，その仮定の当否を検討したり，ある程度実測値を予言することも可能になってきた．しかし，液体のように密度が高く，乱れた分子系では，解析的手段によって信頼し得るよい近似で実測値を導くことは容易ではなく，このため多くの理論的研

究が行なわれたが，実測値との比較を行なっても，近似の精度を調べているのか，分子間力の適合性を調べているのか，あいまいさを残さざるを得なかった．

ところが20世紀後半に入り，高速計算機が発達するに及んで，古典力学に従う数百個程度の粒子系であれば，与えられた分子間力の下でどのような振舞をするかが精度よく判るようになってきた(第5章)．この結果，剛体球系も高密度では結晶化し得ることが指摘された．高速計算機なしではこのような問題は水掛け論に終始したであろう．

実際の分子間力は複雑であり，分子ごとに異なるが，例えばほとんどの物質が固・液・気体の3相をもつというように，物質の特徴的振舞にはかなりの共通性が見られる．このことは物質の振舞の特徴を与えるのは分子間力の詳細ではなく，大まかな特徴によってきまるであろうことを示唆している．一体分子間力のどのような特徴がどのようにきいているのかについても次第に明らかになりつつある．

分子間力にもとづく液体の研究も，計算機の発達以前は2体力の近似がよいと考えられる不活性気体の液体状態にほとんど限られていた．金属液体の原子間力に対してはこのような2体力の仮定がよいかどうか問題であるが，その特徴的な振舞だけを理解するには，有効2体力の仮定はかなりの有用性があることも計算機によって明らかにされるようになってきた(§2.5)．さらに，地球・惑星の内部のような高圧下の物質状態の探究には，このような有効対原子間力の知識を足掛りにして，理論的な予測も次第に可能となってくるであろう．

§2.2 分子間力の起源と分類

前節に述べたように，分子間力は万有引力や，静電気力のように自然法則の第1原理としておかれるものではない．すなわち，分子(原子)は原子核と電子とからできており，分子同士に働く力は，それを構成する原子核と電子相互の力の法則から導かれる．これら構成粒子は電荷をもっており，静電気力が最も重要な相互作用であって，万有引力は全く無視してよい．

いま，2つの分子が十分離れていて，相互の電子の交換は無視されるとすると，分子間力の起源は静電気力であるから，分子間力は電場に対する応答を含めて，それぞれの分子が独立にあるときの物理的性質によってきまることになる．このような分子間力は遠距離力と呼ばれ，§2.3で取り扱うことにする．

これに対して，2つの分子が近づいて相互の電子の交換が起るようになると，Pauliの排他原理により，一方の分子の電子が他方の分子のエネルギーの低い電子軌道にはいれないときには，2分子が独立にいるときよりもエネルギーは高くなり，斥力が生ずる．このように近距離では独立分子は厳密にはその意味を失い，量子力学的に電子状態を取り扱うことが不可欠になる．このような近距離力については§2.4で論ずる．

このように述べると，近距離力と遠距離力は性格がかなり異なるようであるが，分子の定常状態において原子核に働く力は，その原子核以外の荷電体(他の原子核とすべての電子)による平均電荷密度が当該原子核に及ぼす静電気力に他ならないのである．すなわち，量子力学は分子間距離の与えられた体系の定常状態における平均電荷密度を求める際に必要なのであって，それが定まれば，あとは全く古典的な静電気力の法則に従って分子間力が与えられることになる．この意味では近距離力と遠距離力の起源にはなんら質的な差はないのである．

原子核の質量は電子のそれの1800倍もあり，原子核にくらべて電子は高速度で運動しているから，電子の定常状態を考えるときには，BornとOppenheimerに従って，原子核は静止しているとしてよい．いま，電子は与えられた原子核の位置に対して定常状態にあるとし，λを原子核の配位を表わすパラメタの1つとする．λは例えば特定の原子核のx座標であってもよいし，2つの分子の重心間の距離を表わすとしてもよい．λの組は原子核の一般座標であって，その配位はこのようなλの組によって定まるとする．

さて，$f_\lambda \mathrm{d}\lambda$を，他のパラメタを止めておいて，$\lambda$を$\mathrm{d}\lambda$増すのに要するエネルギーとすると，$E$をこの系の定常状態におけるエネルギーとして

$$
\begin{aligned}
f_\lambda &= -\frac{\partial E}{\partial \lambda} = -\frac{\partial}{\partial \lambda}\int \psi^* \mathcal{H} \psi \mathrm{d}\omega \\
&= -\left[\int \frac{\partial \psi^*}{\partial \lambda}\mathcal{H}\psi \mathrm{d}\omega + \int \psi^* \frac{\partial \mathcal{H}}{\partial \lambda}\psi \mathrm{d}\omega + \int \psi^* \mathcal{H}\frac{\partial \psi}{\partial \lambda}\mathrm{d}\omega\right] \qquad (2.2.1)
\end{aligned}
$$

で与えられる．ここに$\mathcal{H}$は系のハミルトニアン，ψは$\mathcal{H}$のエネルギーEに属する全電子に対する固有関数で，$\mathrm{d}\omega$は全電子の配位空間における微小体積要素である．

$\mathcal{H}$はHermite演算子であるから，

$$\int \psi^* \mathscr{H} \frac{\partial \psi}{\partial \lambda} \mathrm{d}\omega = \int \frac{\partial \psi}{\partial \lambda} \mathscr{H} \psi^* \mathrm{d}\omega \tag{2.2.2}$$

が成り立ち，ψ は $\mathscr{H}$ の固有関数ゆえ，

$$\begin{aligned} f_\lambda &= -\left[E\int \frac{\partial \psi^*}{\partial \lambda}\psi \mathrm{d}\omega + \int \psi^* \frac{\partial \mathscr{H}}{\partial \lambda}\psi \mathrm{d}\omega + E\int \frac{\partial \psi}{\partial \lambda}\psi^* \mathrm{d}\omega\right] \\ &= -\left[\int \psi^* \frac{\partial \mathscr{H}}{\partial \lambda}\psi \mathrm{d}\omega + E\frac{\partial}{\partial \lambda}\int \psi^*\psi \mathrm{d}\omega\right] \end{aligned} \tag{2.2.3}$$

規格化条件より

$$\int \psi^*\psi \mathrm{d}\omega = 1$$

したがって

$$f_\lambda = -\int \psi^* \frac{\partial \mathscr{H}}{\partial \lambda}\psi \mathrm{d}\omega \tag{2.2.4}$$

が得られる．

$\mathscr{H}$ は通常運動エネルギー K と，ポテンシャルエネルギー V との和になっており，K は λ には依存しないから，

$$f_\lambda = -\int \psi^*\psi \frac{\partial V}{\partial \lambda} \mathrm{d}\omega \tag{2.2.5}$$

となる．関係式(2.2.5)は **Hellman-Feynman の定理**と呼ばれ，一般に原子核にどのように力 f_λ が働くかを示している．

いま，α 番目の原子核の位置ベクトルを $\boldsymbol{R}_\alpha$ とすると，α 番目の原子核に働く力は

$$\boldsymbol{f}_\alpha = -\int \psi^*\psi(\partial V/\partial \boldsymbol{R}_\alpha)\mathrm{d}\omega \tag{2.2.6}$$

である．さて，V は原子核同士の相互作用ポテンシャル ($V_{\alpha\beta}$)，原子核 β と電子 i との間の相互作用 ($V_{\beta i}$)，電子 i と j との間の相互作用 (V_{ij}) よりなる．すなわち，

$$V = \sum_{(\alpha,\beta)} V_{\alpha\beta} + \sum_{\beta, i} V_{\beta i} + \sum_{(i,j)} V_{ij} \tag{2.2.7}$$

である．$\boldsymbol{r}_i$ を電子 i の位置ベクトルとし，電子の電荷を e，原子核 α の電荷を q_α とすると，

$$V_{\beta i} = \frac{q_\beta e}{|\boldsymbol{R}_\beta - \boldsymbol{r}_i|} \tag{2.2.8}$$

したがって，

$$\frac{\partial V_{\beta i}}{\partial \boldsymbol{R}_\alpha} = -\delta_{\beta\alpha}\frac{\partial V_{\beta i}}{\partial \boldsymbol{r}_i} \tag{2.2.9}$$

ゆえに(2.2.6)は

$$\begin{aligned} \boldsymbol{f}_\alpha &= \int \psi^*\psi \sum_i \frac{\partial V_{\alpha i}}{\partial \boldsymbol{r}_i}\mathrm{d}\omega - \sum_\beta \int \frac{\partial V_{\alpha\beta}}{\partial \boldsymbol{R}_\alpha}\psi^*\psi\mathrm{d}\omega \\ &= \int \sum_i \frac{\partial V_{\alpha i}}{\partial \boldsymbol{r}_i} n_i(\boldsymbol{r}_i)\mathrm{d}\boldsymbol{r}_i - \sum_\beta \frac{\partial V_{\alpha\beta}}{\partial \boldsymbol{R}_\alpha} \\ &= -q_\alpha \int \frac{\partial}{\partial \boldsymbol{R}_\alpha}\frac{1}{|\boldsymbol{R}_\alpha - \boldsymbol{r}|}\rho(\boldsymbol{r})\mathrm{d}\boldsymbol{r} - \sum_\beta \frac{\partial V_{\alpha\beta}}{\partial \boldsymbol{R}_\alpha} \end{aligned} \tag{2.2.10}$$

ここで，

$$n_i(\boldsymbol{r}_i) = \int \psi^*\psi \mathrm{d}\boldsymbol{r}_1\cdots\mathrm{d}\boldsymbol{r}_{i-1}\mathrm{d}\boldsymbol{r}_{i+1}\cdots\mathrm{d}\boldsymbol{r}_n \qquad (n \text{ は全電子数}) \tag{2.2.11}$$

で，点 $\boldsymbol{r}_i$ に単位体積当りに電子 i を見出す確率である．

$$e\sum_{i=1}^{n} n_i(\boldsymbol{r}) = \rho(\boldsymbol{r}) \tag{2.2.12}$$

は $\boldsymbol{r}$ における全電子の平均電荷密度であり，それが $\boldsymbol{R}_\alpha$ においてつくる電場は $-\dfrac{\partial}{\partial \boldsymbol{R}_\alpha}\dfrac{1}{|\boldsymbol{R}_\alpha - \boldsymbol{r}|}\rho(\boldsymbol{r})$ であるから，原子核に働く力は電子の平均電荷密度の及ぼす静電気力と原子核間の Coulomb 斥力で与えられることが確かめられた．例えば，2分子が近づいたとき斥力になるのは，近づくにつれて Pauli の排他原理により分子と分子の間の電子密度が低くなるためと理解される．また2分子間の分子間力が他の分子の存在のために影響を受けるのは，電子による電荷密度 $\rho(\boldsymbol{r})$ の変化を通じて起っていることが判る．要するに与えられた原子核の配置に対し，定常状態における全系の平均電荷密度がわかれば，原子核に働く力は定まることになり，その意味では分子間力は簡単な物理量である．しかし，平均電荷密度を量子力学的に近似よく求めることは，エネルギーを求めるより通常むつかしいので，具体的に分子間力を求める際には何らかの近似でエネルギー E を直接求めるのがふつうである．

§2.3　遠距離力

いま，分子1は電荷密度 $\rho(\boldsymbol{r})$ をもつとしよう．$\rho(\boldsymbol{r})$ は

$$\rho(\boldsymbol{r}) = \sum_{\alpha} q_\alpha \delta(\boldsymbol{r}-\boldsymbol{R}_\alpha) + \rho_{\mathrm{el}}(\boldsymbol{r}) \tag{2.3.1}$$

と書かれる．ここに $\boldsymbol{R}_\alpha$ は分子1を構成する電荷 q_α をもつ原子核の位置ベクトルで，$\rho_{\mathrm{el}}(\boldsymbol{r})$ は電子の電荷密度である．

この電荷密度が点 $\boldsymbol{R}$ に作る電場のポテンシャルは，

$$\varphi(\boldsymbol{R}) = \int \frac{\rho(\boldsymbol{r})}{|\boldsymbol{R}-\boldsymbol{r}|} \mathrm{d}\boldsymbol{r} \tag{2.3.2}$$

である．$\rho(\boldsymbol{r})$ は原点近傍でのみ0と異なる値をもつとし，$R=|\boldsymbol{R}|$ はこの電荷密度の拡がりに比べて十分大きいとすると，(2.3.2)を Taylor 展開して，

$$\varphi(\boldsymbol{R}) = \sum_{\alpha=0}^{\infty} \frac{1}{\alpha!} \int \rho(\boldsymbol{r})(-\boldsymbol{r})^\alpha \left[\left(\frac{\partial}{\partial \boldsymbol{R}}\right)^\alpha \left(\frac{1}{R}\right)\right] \mathrm{d}\boldsymbol{r} = \sum_{\alpha=0}^{\infty} \frac{(-1)^\alpha}{\alpha!} \frac{(\boldsymbol{Q}^{(\alpha)} \cdot \boldsymbol{C}^{(\alpha)})}{R^{\alpha+1}} \tag{2.3.3}$$

と書ける．ただし

$$\boldsymbol{Q}^{(\alpha)} \equiv \int \rho(\boldsymbol{r}) \boldsymbol{r}^\alpha \mathrm{d}\boldsymbol{r} \tag{2.3.4}$$

$$\boldsymbol{C}^{(\alpha)} \equiv R^{\alpha+1} \left(\frac{\partial}{\partial \boldsymbol{R}}\right)^\alpha \left(\frac{1}{R}\right) \tag{2.3.5}$$

は3次元 α 階のテンソルで，$(\boldsymbol{Q}^{(\alpha)} \cdot \boldsymbol{C}^{(\alpha)})$ はその内積を表わす．すなわち，$\mu_i=1,2,3$ で x, y, z 成分を表わすと，

$$(\boldsymbol{Q}^{(\alpha)} \cdot \boldsymbol{C}^{(\alpha)}) = \sum_{\mu_1=1}^{3} \cdots \sum_{\mu_\alpha=1}^{3} Q^{(\alpha)}_{\mu_1 \cdots \mu_\alpha} C^{(\alpha)}_{\mu_1 \cdots \mu_\alpha} \tag{2.3.6}$$

である．

とくに，$Q^{(0)} = \int \rho(\boldsymbol{r}) \mathrm{d}\boldsymbol{r}$ は分子の全電荷であって，中性分子では $Q^{(0)}=0$，$\boldsymbol{Q}^{(1)} = \int \boldsymbol{r} \rho(\boldsymbol{r}) \mathrm{d}\boldsymbol{r}$ は双極子ベクトル，$\boldsymbol{Q}^{(2)} = \int \boldsymbol{r}\boldsymbol{r} \rho(\boldsymbol{r}) \mathrm{d}\boldsymbol{r}$ は4極子テンソルであり，いずれも分子1の状態によって定まる量である．

一方 $C^{(\alpha)}$ は具体的にかくと，

$$\left.\begin{aligned}
C^{(0)} &= 1 \\
C^{(1)}_{\mu} &= -\frac{R_\mu}{R} \\
C^{(2)}_{\mu\nu} &= \frac{3R_\mu R_\nu}{R^2} - \delta_{\mu\nu} \\
C^{(3)}_{\lambda\mu\nu} &= -9\frac{R_\lambda R_\mu R_\nu}{R^3} + 3\left(\frac{R_\lambda}{R}\delta_{\mu\nu} + \frac{R_\mu}{R}\delta_{\nu\lambda} + \frac{R_\nu}{R}\delta_{\lambda\mu}\right)
\end{aligned}\right\} \tag{2.3.7}$$

などである．

かくて，点 $\boldsymbol{R}$ における分子1による電場は(2.3.3)，(2.3.5)より

$$\begin{aligned}\boldsymbol{E}(\boldsymbol{R}) &= -\frac{\partial\varphi(\boldsymbol{R})}{\partial\boldsymbol{R}} \\ &= -\sum_{\alpha=0}^{\infty}\frac{(-1)^{\alpha}}{\alpha!}\frac{(\boldsymbol{Q}^{(\alpha)}\cdot\boldsymbol{C}^{(\alpha+1)})}{R^{\alpha+2}} \qquad (2.3.8)\end{aligned}$$

となる．

次に分子2は点 $\boldsymbol{R}$ の近傍に，$\boldsymbol{R}$ を原点として $\boldsymbol{r}'$ なる点に $\rho'(\boldsymbol{r}')$ なる電荷密度をもっており，その拡がりは R にくらべて十分小さいとすると，分子1と分子2との相互作用ポテンシャルエネルギーは

$$\begin{aligned}V &= \int\rho'(\boldsymbol{r}')\varphi(\boldsymbol{R}+\boldsymbol{r}')\mathrm{d}\boldsymbol{r}' \\ &= \sum_{\alpha=0}^{\infty}\sum_{\beta=0}^{\infty}\frac{(-1)^{\alpha}}{\alpha!\beta!}\frac{(\boldsymbol{Q}^{(\alpha)}\boldsymbol{Q}'^{(\beta)}\cdot\boldsymbol{C}^{(\alpha+\beta)})}{R^{\alpha+\beta+1}} \qquad (2.3.9)\end{aligned}$$

である．

一般に，$\boldsymbol{Q}^{(\alpha)}$ は 2^{α} 極子と呼ばれ，(3.3.9)の各項は 2^{α} 極子-2^{β} 極子相互作用ポテンシャルをあたえており，それぞれの R 依存性は $R^{-\alpha-\beta-1}$ である．単原子分子のように，電荷分布が球対称な中性分子の場合，静電気学の Gauss の定理より，分子の電荷が $R>R_c$ には存在していないとすると，そこでは電場は存在しない．ちなみに，球対称分子でも(2.3.4)で定義された $\boldsymbol{Q}^{(2)}$ は一般には0と異なる*が，(2.3.3)で $(\boldsymbol{Q}^{(2)}\cdot\boldsymbol{C}^{(2)})=0$ となっているのである．

したがって不活性気体のような単原子分子の遠距離力は分子の電子状態が他の分子によって摂動を受けることを考慮しない限り現われない．水素，酸素，メタンのような双極子をもたぬ2原子分子同士の場合，分子を空間に固定して分子間ポテンシャルを求めれば，R^{-5} に比例する4極子-4極子相互作用が得られる．しかし，これらの分子はその並進運動の時間のスケールの中に速やかに回転運動をするとすると，分子間力の向きはそれに応じて速やかに変わり，回転により平均化された電荷密度が球対称になるならば，有効な相互作用ポテンシ

* 4極子テンソルはしばしば(2.3.4)の $Q^{(2)}$ の代りに

$$\overline{Q}^{(2)}_{\mu\nu} = Q^{(2)}_{\mu\nu} - \frac{\delta_{\mu\nu}}{3}\sum_{\mu=1}^{3}Q^{(2)}_{\mu\mu}$$

によって定義される．$\overline{\boldsymbol{Q}}^{(2)}$ は球対称電荷分布のときは0である．

シャルは不活性気体のときと同様の事情になってしまう．

逆に，平均化された電荷密度が球対称であっても，電子は瞬間的にはどこか1点にいるわけであるから，瞬間的には分子は双極子をもち，R が十分大きいときは，(2.3.8)，(2.3.7)を用いて，

$$\boldsymbol{E} = 3(\boldsymbol{Q}^{(1)}\cdot\boldsymbol{R})\frac{\boldsymbol{R}}{R^5} - \frac{\boldsymbol{Q}^{(1)}}{R^3} + o\left(\frac{1}{R^3}\right) \tag{2.3.10}$$

となる．

次に，分子2の瞬間的な分極率を P' とすると，分子1の電場により分子2に双極子が誘起されるためのエネルギーの変化は，

$$V'_{\mathrm{ind}} = -\frac{1}{2}P'\boldsymbol{E}^2 \tag{2.3.11}$$

である．$\overline{\boldsymbol{E}^2}$ を $\boldsymbol{E}^2$ の時間平均とすると，$\boldsymbol{Q}^{(1)}$ の振舞は等方的だから，(2.3.10)から

$$\overline{\boldsymbol{E}^2} \cong 2\overline{\boldsymbol{Q}^{(1)2}}\frac{1}{R^6} \tag{2.3.12}$$

が得られ，

$$V'_{\mathrm{ind}} \cong -P'\overline{\boldsymbol{Q}^{(1)2}}\frac{1}{R^6} \tag{2.3.13}$$

となる．同様のエネルギー変化は，分子2の電場により分子1に双極子が誘起されるためにも起るから，分子1の分極率を P，分子2の双極子の2乗平均を $\overline{Q^{(1)\prime 2}}$ として相互作用のポテンシャルは

$$V \cong -\frac{1}{R^6}\{P'\overline{Q^{(1)2}} + P\overline{Q^{(1)\prime 2}}\} \equiv -\frac{C}{R^6} \tag{2.3.14}$$

で与えられることになる．

分極率や，$\overline{Q^{(1)2}}$ はどんな分子でも0ではないから，(2.3.14)の型の相互作用ポテンシャルは分子間相互作用として極めて普遍的なものであり，van der Waals 相互作用と呼ばれる．またこのポテンシャルから導かれる力は **van der Waals 力**と呼ばれている．van der Waals 力は，分極率は正であるから，(2.3.14)から判るように常に引力であり，R^{-6} に比例しているので比較的到達距離は長く，また他分子の存在により余り影響を受けないので，多くの分子が存在するときの全体の van der Waals ポテンシャルは各分子対についての和で近似し得る．(誤差は非加算性の効果と呼ばれる．) 不活性気体や，双極子をも

たぬ分子が凝縮して液体になるのは，主に van der Waals 力によるものである．

(2.3.14)において右辺の量を与えられた分子について具体的に求めることは，量子力学を用いて摂動論や変分法によって計算される．ここではそれに立ち入らず，Karplus と Kolker により変分法で計算された(2.3.14)の C の値と実験による評価との比較表を与えるにとどめる．

表 2.1 $C\times10^{60}$ $(\mathrm{erg\cdot cm^6})$[1)]

	Karplus と Kolker の理論値	実験値	半経験的推定値
H-H	6.2206		6.46
H-He	2.8826		2.70
He-He	1.5842	1.573	1.53, 1.40
Ne-He	3.359		2.94
Ne-Ne	7.241	9.95	6.35
Ar-He	13.042	11.7, 25	9.46
Ar-Ne	26.977	60.3	19.75
Ar-Ar	112.9	180, 103	65.16

van der Waals 力の非加算性については，多くの研究がなされており，非加算性による誤差は多数の分子の配位によっては約 10% に達し得ることが報告されている．この効果は分子間力にもとづいて結晶形を予測したり，また固体表面への物理吸着を論ずるときには重要になるが，液体の物性については余りこの効果は重要視しなくてもよさそうである．

§2.4 近距離力

分子同士が接近してそれぞれの電子の波動関数が重なり合うようになると，互いに電子の交換が起り，もはや前節のように独立な分子の性質だけから分子間力を導くことはできない．しかし，波動関数の重なりがあまり大きくない程度に分子が距っているときには，第1近似としては，分子が独立に存在しているときのように，全電子の波動関数はおのおのの分子の電子波動関数の積から出発して，ただ Pauli の原理による効果を取り入れるため，“全電子の波動関数は電子の交換に対して反対称でなければならない”という要請をみたすよう

1) M. Karplus and H. J. Kolker: *J. Chem. Phys.*, **41** (1964), 3955.

に補正すればよいであろう．

この考え方は水素分子のエネルギーを計算するとき，Heitler と London によって導入されたものである．これを具体的に理解するために，最も簡単な場合として2つの水素原子が互いに近づいたときを考えよう．

いま，水素原子は基底状態にあり，φ_a, φ_b を原子核 a, b を中心とする 1s-スピン軌道とする．すなわち，

$$\left.\begin{aligned}\varphi_a(\boldsymbol{r}_1, s_{1z}) &= u(\boldsymbol{r}_1-\boldsymbol{R}_a)\alpha(s_{1z}) \\ \varphi_b(\boldsymbol{r}_2, s_{2z}) &= u(\boldsymbol{r}_2-\boldsymbol{R}_b)\alpha(s_{2z})\end{aligned}\right\} \tag{2.4.1}$$

とする．ただし，

$$u(\boldsymbol{r}) = \frac{1}{\sqrt{\pi}}e^{-r/a} \qquad (a \text{ は Bohr 半径で約 } 5.29\times10^{-9}\text{ cm}) \tag{2.4.2}$$

$\boldsymbol{r}_i, s_{iz}$ $(i=1, 2)$ はそれぞれ電子 i の空間座標とスピンの z 成分で，$\boldsymbol{R}_a, \boldsymbol{R}_b$ はそれぞれ原子核 a, b の空間座標である．$\alpha(s_z)$ は $s_z=1/2$ に対するスピン固有関数で，

$$\alpha\left(\frac{1}{2}\right) = 1, \qquad \alpha\left(-\frac{1}{2}\right) = 0 \tag{2.4.3}$$

である．ちなみに $\beta(s_z)$ は $s_z=-1/2$ に対するスピン固有関数で，

$$\beta\left(\frac{1}{2}\right) = 0, \qquad \beta\left(-\frac{1}{2}\right) = 1 \tag{2.4.3$'$}$$

である．

全電子に対する固有関数は上の考察から

$$\Psi = \varphi_a(\boldsymbol{r}_1, s_{1z})\varphi_b(\boldsymbol{r}_2, s_{2z}) - \varphi_a(\boldsymbol{r}_2, s_{2z})\varphi_b(\boldsymbol{r}_1, s_{1z}) \tag{2.4.4}$$

で近似する．記法を簡単にするため，

$$u(\boldsymbol{r}_1-\boldsymbol{R}_a) \equiv a(1), \qquad \alpha(s_{1z}) \equiv \alpha(1)$$

などと書き，(2.4.4) に (2.4.1) を代入して整理すると，

$$\Psi(\boldsymbol{r}_1, \boldsymbol{r}_2) = [a(1)b(2) - a(2)b(1)]\alpha(1)\alpha(2) \tag{2.4.5}$$

が得られる．

さて，全系のハミルトニアンは各原子に対する $\mathscr{H}_a, \mathscr{H}_b$ と相互作用 U とに分けて，

$$\mathscr{H} = \mathscr{H}_a(1) + \mathscr{H}_b(2) + U \tag{2.4.6}$$

のように書ける．ただし，

$$\left.\begin{aligned}\mathscr{H}_{\mathrm{a}}(1) &= -\frac{\hbar^2}{2m}\left(\frac{\partial}{\partial \boldsymbol{r}_1}\right)^2-\frac{e^2}{|\boldsymbol{r}_1-\boldsymbol{R}_{\mathrm{a}}|}\\ \mathscr{H}_{\mathrm{b}}(2) &= -\frac{\hbar^2}{2m}\left(\frac{\partial}{\partial \boldsymbol{r}_2}\right)^2-\frac{e^2}{|\boldsymbol{r}_2-\boldsymbol{R}_{\mathrm{b}}|}\end{aligned}\right\} \tag{2.4.7}$$

$$U=e^2\left[-\frac{1}{|\boldsymbol{r}_2-\boldsymbol{R}_{\mathrm{a}}|}-\frac{1}{|\boldsymbol{r}_1-\boldsymbol{R}_{\mathrm{b}}|}+\frac{1}{|\boldsymbol{r}_1-\boldsymbol{r}_2|}+\frac{1}{|\boldsymbol{R}_{\mathrm{a}}-\boldsymbol{R}_{\mathrm{b}}|}\right] \tag{2.4.8}$$

であり，

$$\mathscr{H}_{\mathrm{a}}(1)a(1) = E_{\mathrm{a}}a(1), \qquad \mathscr{H}_{\mathrm{b}}(2)b(2) = E_{\mathrm{b}}b(2) \tag{2.4.9}$$

であるので，次のような Coulomb 積分，交換積分，および重なりの積分

$$J=\iint a(1)b(2)Ua(1)b(2)\mathrm{d}\boldsymbol{r}_1\mathrm{d}\boldsymbol{r}_2 \tag{2.4.10}$$

$$K=\iint b(1)a(2)Ua(1)b(2)\mathrm{d}\boldsymbol{r}_1\mathrm{d}\boldsymbol{r}_2 \tag{2.4.11}$$

$$S=\int a(1)b(1)\mathrm{d}\boldsymbol{r}_1 \tag{2.4.12}$$

を用いて，エネルギーの期待値は

$$E=E_{\mathrm{a}}+E_{\mathrm{b}}+\frac{J-K}{1-S^2}$$

で与えられる．

2原子が無限に離れたとき，$E=E_{\mathrm{a}}+E_{\mathrm{b}}$ であるから，分子(原子)間相互作用のポテンシャルエネルギーは

$$V=\frac{J-K}{1-S^2} \tag{2.4.13}$$

で与えられ，計算の結果は図 2.1 に示されるように斥力を与える．

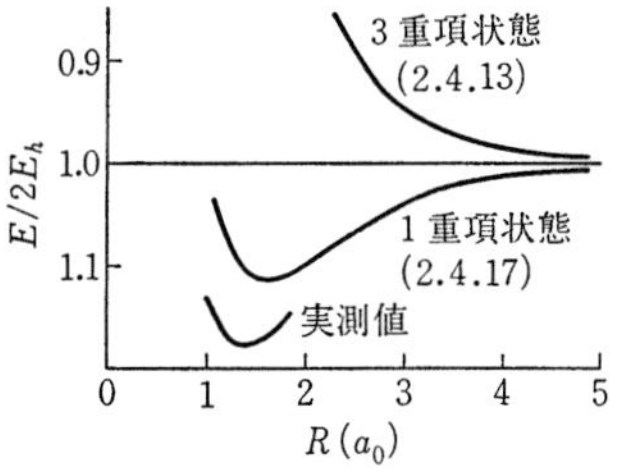

図 2.1 水素分子の原子間相互作用ポテンシャル(2.4.13)と(2.4.17)．横軸は Bohr 半径 a_0 を単位として測った原子間距離で，縦軸は無限に離れた2原子のエネルギー $2E_h$ を単位に測った E の絶対値を表わす

斥力となることは，(2.4.5)の波動関数より，電子の平均電荷密度をもとめると，

$$\rho(\boldsymbol{r}) = 2e\frac{|a(\boldsymbol{r})|^2+|b(\boldsymbol{r})|^2-2Sa(\boldsymbol{r})b(\boldsymbol{r})}{2(1-S^2)} \tag{2.4.14}$$

となり，$|\rho(\boldsymbol{r})|$ は2原子の中間のところで，(2.4.14)の分子第3項のために小さくなっていることから窺われる．

Heitler-London に従って作り得る独立な波動関数は(2.4.5)の他に

$$\Psi(\boldsymbol{r}_1, \boldsymbol{r}_2) = [a(1)b(2)-a(2)b(1)]\begin{cases}\beta(1)\beta(2)\\ [\alpha(1)\beta(2)+\beta(1)\alpha(2)]\end{cases} \tag{2.4.15}$$

と，

$$\Psi(\boldsymbol{r}_1, \boldsymbol{r}_2) = [a(1)b(2)+a(2)b(1)][\alpha(1)\beta(2)-\alpha(2)\beta(1)] \tag{2.4.16}$$

がある．波動関数(2.4.5)，(2.4.15)は共通の軌道関数をもち，共に等しい斥力を与える．これらの状態は全スピン量子数が1の状態(3重項状態)であり，おのおののスピンは平行であると考えてよい．これに対して(2.4.16)は全スピン量子数が0である1重項状態で，このときには原子間相互作用ポテンシャルは

$$V = \frac{J+K}{1+S^2} \tag{2.4.17}$$

で，計算の結果，図2.1に示すように引力が現われ，しかも V には極小点が存在する．この状態は水素分子に対応するのであって，(2.4.16)は原子価による結合が起っている状態である．このように引力が生じたのは，(2.4.16)においては波動関数が電子の位置座標の交換に対して対称になっているため，2原子の中間の場所に高い電子電荷密度を得るようになっているからである．

Pauli の原理に矛盾しないようにこのような軌道関数を作ることができたのは，スピン関数を電子の交換に対して反対称に取ることができたからで，独立なスピン関数は α か β の2つしかないから，このようなことは3電子以上については行なえない．これは原子価結合が飽和性を示す理由である．

したがって，He 原子同士の場合であると，各原子において2個の電子が共に 1s 軌道だけを素材として(2.4.16)のように引力を生じる状態を作り得ない．この事情は飽和した原子価結合で結ばれている多原子分子の場合でも同様である．こうした場合，Heitler-London の考え方に従えば，一般に A 分子と B 分子同士が近づいたとき，全電子に対する波動関数としては(2.4.5)を作った考え方を一般化して

$$\Psi=\sum_{\lambda}(-1)^{\lambda}P_{\lambda}\varphi_{\mathrm{A}}\varphi_{\mathrm{B}} \tag{2.4.18}$$

を用いてエネルギー期待値を求めればよい．ただし $\varphi_{\mathrm{A}}, \varphi_{\mathrm{B}}$ は A, B 分子の定常状態を表わす波動関数で，そこに含まれる電子の交換に対してはすべて反対称になっているとする．P_{λ} は $\varphi_{\mathrm{A}}, \varphi_{\mathrm{B}}$ おのおのに含まれる電子の相互置換を表わす．$(-1)^{\lambda}$ は偶置換のときは 1，奇置換のときは -1 とする．

しかし原子がかなり接近して電子の交換が顕著になると，Heitler-London 流の近似は悪くなるであろう．

実際 2 つの H 原子においてその核間距離が 0 になったとき，電子波動関数は He のそれになるべきであるが，(2.4.5) および (2.4.15) は，$b(i)=a(i)$ となるから，恒等的に 0 になるし，(2.4.16) では Ψ は $\mathrm{He}(\mathrm{He}^{2+}+2e^{-})$ ではなく，H の 1s 軌道に 2 個の電子が入っている状態 $(\mathrm{H}^{+}+2e^{-})$ に対応する．

そこで，このような場合は孤立した原子から出発して近似をするのはやめて，むしろ第 1 近似として各電子は互いに独立に振舞うと考えて，定常状態での各電子のスピン軌道関数を求め，全電子の波動関数はそれを電子の交換に対して反対称化したものであると考える．この方法は分子軌道法と呼ばれ，これによっても近距離力を求めることができる．この方法の結果や，さらに進んだ近似法については，Margenau と Kestner の綜合報告を参照されたい．ここでは，金属におけるように，自由電子を含む場合は孤立原子の状態とは当然ちがっているわけで，分子軌道法的な近似で原子間相互作用を論じなければならぬことを指摘して次節に移ることにする．

§2.5 液体金属における原子間ポテンシャル

ごく最近まで，液体の理論といえばほとんど不活性気体のように van der Waals 力で凝縮している単原子分子の液体に限られていた．むろん，これは液体を分子論的に取り扱う上でまず簡単な物質をきちんと理解すべきであり，液体金属のように複雑な原子間相互作用をもつものは二の次ということであったと思われる．しかし，1960 年頃から液体金属についての実験結果が蓄積されてきたが，一方において高速計算機の発達により，剛体球のような簡単な相互作用をするモデル系の性質がよく判ってきて，それと現実の物質の実験との比較も可能になってきた．剛体球系は現実的な相互作用をもつ液体とはかなり異なるようにも思われるが，剛体球半径を適当に選びさえすれば，中性子線散乱強度など，液体金属をも含めて，かなりのよい一致が得られる(図 2.2)．従って，液体金属の現実の原子間相互作用は複雑であるかも知れないが，液体の大づかみな構造や物性には原子間相互作用の特徴だけが主に利いていると考えてもよさそうである．

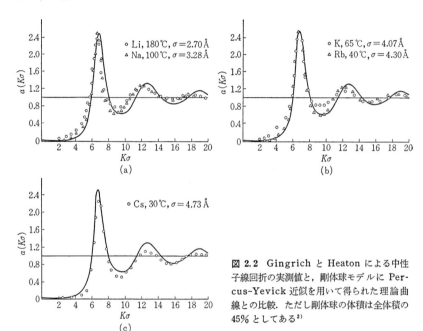

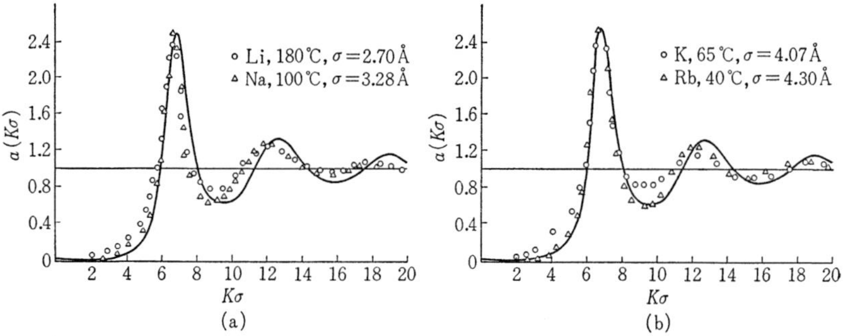

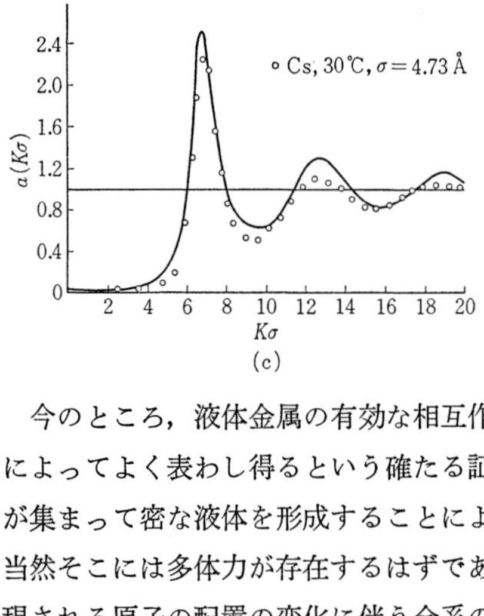

図 2.2 Gingrich と Heaton による中性子線回折の実測値と，剛体球モデルに Percus-Yevick 近似を用いて得られた理論曲線との比較．ただし剛体球の体積は全体積の45% としてある[2)]

今のところ，液体金属の有効な相互作用ポテンシャルが対ポテンシャルの和によってよく表わし得るという確たる証拠はない．そもそも，多くの金属原子が集まって密な液体を形成することによって自由電子が存在するのであるから，当然そこには多体力が存在するはずである．しかし一方，もしも液体金属で実現される原子の配置の変化に伴う全系のエネルギーの変化が主として原子(イオン)と自由電子との相互作用によるもので，それが実質的にはあまり大きく

2) N. W. Ashcroft and J. Lekner: *Phys. Rev.*, **145** (1966), 83. N. S. Gingrich and L. Heaton: *J. Chem. Phys.*, **34** (1961), 873.

ないため摂動論的に取り扱えるならば，その結果対ポテンシャルによって原子間相互作用が表わされることになるのである．

まず，アルカリ金属などでは，固体において Fermi 面を測定すると，それはほぼ球状になっており，このことはこのような金属中ではイオンのポテンシャルは弱く，伝導電子の波動関数は平面波に近いことを示唆しているように思われる．実際図 2.3 に示すように，常圧下の金属ではイオンの内殻同士は互いにかなり距っているので，この間の空間では伝導電子はかなり自由電子的に振舞うことが予想される．しかし，実際のイオンのポテンシャルはイオン殻の内側では大きく，したがってその領域での伝導電子の波動関数も平面波的ではなく，むしろ孤立原子のときの波動関数に似ているであろう．

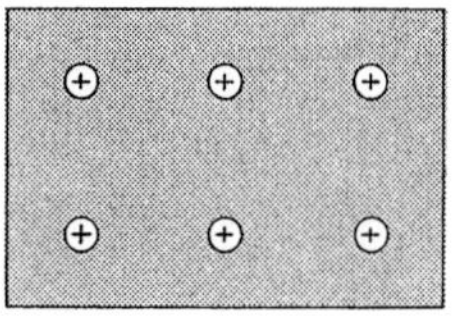

図 2.3　金属ナトリウム結晶の概念図．白丸は Na 原子の内殻である Na^+ イオンを示す．これらは伝導電子の海の中に浮んでいると見てよい．アルカリ金属では原子の内殻は全体積の比較的小部分(約 15%)で，この図からも OPW 法の成功が想像されよう．ただし貴金属(Cu, Ag, Au)では原子の内殻は比較的大きい部分を占めており，そこでの自由電子的取扱いには注意を要する．

このような事情をうまく理論に取り入れるため，擬ポテンシャルの概念が導入された．すなわち，金属中でイオン殻は互いに重なりあっておらず，電子状態は伝導電子状態とイオン殻電子状態とに分離でき，さらに後者は孤立原子のときと同じであると仮定する．すると，伝導電子状態はイオン殻の外では平面波，イオン殻の内部では，イオン殻の電子波動関数と直交しているように取ったいわゆる **OPW** (orthogonalized plane-wave) の 1 次結合で書かれるであろう．OPW は波数 $\boldsymbol{k}$ でラベルされるから，1 電子のハミルトニアンのポテンシャル部分は OPW を用いて表示したときのマトリックス要素 $W_{\boldsymbol{k},\boldsymbol{k}'}$ によって 2 つの波数 $\boldsymbol{k}, \boldsymbol{k}'$ の関数として表わすことができる．そこで $W_{\boldsymbol{k},\boldsymbol{k}'}$ を平面波表示された擬ポテンシャルであるとして，擬ポテンシャルを定義する．

すなわち，擬ポテンシャルを座標表示により表わせば，

$$W(\boldsymbol{r}, \boldsymbol{r}') = \sum_{\boldsymbol{k},\boldsymbol{k}'} e^{i\boldsymbol{k}\cdot\boldsymbol{r}} W_{\boldsymbol{k},\boldsymbol{k}'} e^{-i\boldsymbol{k}'\cdot\boldsymbol{r}'} \tag{2.5.1}$$

となる．ただし波動関数は単位体積について規格化してある．OPW はイオンポテンシャルの大きい所では直交化によって振幅が弱められるので，擬ポテン

シャルは生のイオンポテンシャルよりは弱くなっているであろう.

(2.5.1)において $W_{\boldsymbol{k},\boldsymbol{k}'}$ は $\boldsymbol{k}-\boldsymbol{k}'$ のみの関数とはかぎらないから，一般には $W(\boldsymbol{r},\boldsymbol{r}')$ は $\boldsymbol{r}\neq\boldsymbol{r}'$ でも 0 と異なる値をもつ非局所ポテンシャルである．しかし，擬ポテンシャルの特徴として，それはイオン殻の内部での生のポテンシャルの効果が打ち消されたものと単純に考え，簡単のため局所的ポテンシャルで近似し，各イオンからの寄与の和として表わされると仮定する．1電子ハミルトニアンを局所的なものと仮定すれば

$$W(\boldsymbol{r},\boldsymbol{r}') = W(\boldsymbol{r})\delta(\boldsymbol{r}-\boldsymbol{r}') \tag{2.5.2}$$

$$W(\boldsymbol{r}) = \sum_j w(\boldsymbol{r}-\boldsymbol{R}_j) \tag{2.5.3}$$

で書ける．ただし，$\boldsymbol{R}_j$ は j 番目の原子核の位置ベクトルである．

このとき，W の波数表示は，

$$\begin{aligned} W_{\boldsymbol{k}+\boldsymbol{q},\boldsymbol{k}} &= \int e^{-i(\boldsymbol{k}+\boldsymbol{q})\cdot\boldsymbol{r}} \sum_j w(\boldsymbol{r}-\boldsymbol{R}_j) e^{i\boldsymbol{k}\cdot\boldsymbol{r}} \mathrm{d}\boldsymbol{r} \\ &= \sum_j e^{-i\boldsymbol{q}\cdot\boldsymbol{R}_j} \int e^{-i(\boldsymbol{k}+\boldsymbol{q})\cdot(\boldsymbol{r}-\boldsymbol{R}_j)} w(\boldsymbol{r}-\boldsymbol{R}_j) e^{i\boldsymbol{k}\cdot(\boldsymbol{r}-\boldsymbol{R}_j)} \mathrm{d}\boldsymbol{r} \\ &= S(\boldsymbol{q}) w_{\boldsymbol{k}+\boldsymbol{q},\boldsymbol{k}} \end{aligned} \tag{2.5.4}$$

となる．ただし，

$$S(\boldsymbol{q}) = \sum_j e^{-i\boldsymbol{q}\cdot\boldsymbol{R}_j} \tag{2.5.5}$$

$$w_{\boldsymbol{k}+\boldsymbol{q},\boldsymbol{k}} = \int e^{-i(\boldsymbol{k}+\boldsymbol{q})\cdot\boldsymbol{r}} w(\boldsymbol{r}) e^{i\boldsymbol{k}\cdot\boldsymbol{r}} \mathrm{d}\boldsymbol{r} \tag{2.5.6}$$

である．

擬ポテンシャルが弱いとして，平面波から出発して摂動計算によりエネルギーを求めると，無摂動系のエネルギーは伝導電子の運動エネルギーであって，

$$E_{\boldsymbol{k}}^{(0)} = \varepsilon_{\boldsymbol{k}} \equiv \frac{\hbar^2 k}{2m} \qquad (m \text{ は電子の質量}) \tag{2.5.7}$$

1次摂動のエネルギーは

$$E_{\boldsymbol{k}}^{(1)} = W_{\boldsymbol{k},\boldsymbol{k}} = N w_{\boldsymbol{k},\boldsymbol{k}} \tag{2.5.8}$$

ただし，N は単位体積当りの原子核の個数で，$E_{\boldsymbol{k}}^{(0)}, E_{\boldsymbol{k}}^{(1)}$ は共にイオンの空間的配置には依存しない.

2次摂動のエネルギーは，

$$E_k^{(2)} = \sum_q{}' \frac{|W_{k,k+q}|^2}{\varepsilon_k - \varepsilon_{k+q}}$$
$$= \sum_q{}' |S(\boldsymbol{q})|^2 \frac{|w_{k,k+q}|^2}{\varepsilon_k - \varepsilon_{k+q}}$$
$$= \sum_i \sum_j u_k(\boldsymbol{R}_i - \boldsymbol{R}_j) \tag{2.5.9}$$

ただし

$$u_k(\boldsymbol{R}_i - \boldsymbol{R}_j) = \sum_q{}' \frac{|w_{k,k+q}|^2}{\varepsilon_k - \varepsilon_{k+q}} e^{i\boldsymbol{q}\cdot(\boldsymbol{R}_i - \boldsymbol{R}_j)} \tag{2.5.10}$$

となって，イオン対間の相対座標の関数の和としてエネルギーが表わされる．ただし $\sum_q{}'$ は $\boldsymbol{q}=0$ を除き，周期性境界条件をみたす波数 $\boldsymbol{q}$ についての和を示す．

イオン間の有効対ポテンシャルを具体的に求めるには，注目する電子以外の電子による遮蔽効果を取り入れて $w(\boldsymbol{r})$ を定め，イオン同士の Coulomb ポテンシャルを含めて，全電子，イオン系のエネルギーを求めねばならない．

擬ポテンシャルの特徴を含みしかも取扱い易い擬ポテンシャルとして，

$$w_0(\boldsymbol{r}) = \begin{cases} 0 & (r < r_c) \\ -\dfrac{Ze^2}{r} & (r > r_c) \end{cases} \tag{2.5.11}$$

なる**空の芯ポテンシャル**(empty core potential)がよく用いられる．ここに，r_c はイオン殻の半径に相当するパラメタで，Z はイオンの原子価である．

$w_0(\boldsymbol{r})$ はいわば“裸の擬ポテンシャル”である．周囲の電子による遮蔽効果は一般に誘電率で表わされる．そこで，遮蔽効果を取り入れて伝導電子の状態をきめる擬ポテンシャルは $w_0(\boldsymbol{r})$ の Fourier 変換 $w_0(\boldsymbol{q})$ に対して誘電関数 $\varepsilon(\boldsymbol{q})$ を用いて

$$w(\boldsymbol{q}) = \frac{w_0(\boldsymbol{q})}{\varepsilon(\boldsymbol{q})} \tag{2.5.12}$$

とすればよい．

このようにして(2.5.11)の $w_0(\boldsymbol{r})$ より出発して得られた 100°C における液体 Na の有効対ポテンシャルの計算結果を図 2.4 に示す．ただし，このポテンシャルは密度一定の下でのイオン配置のちがいによるエネルギー差を表わす有効対ポテンシャルであって，全エネルギーには，この他に密度に依存するが，イ

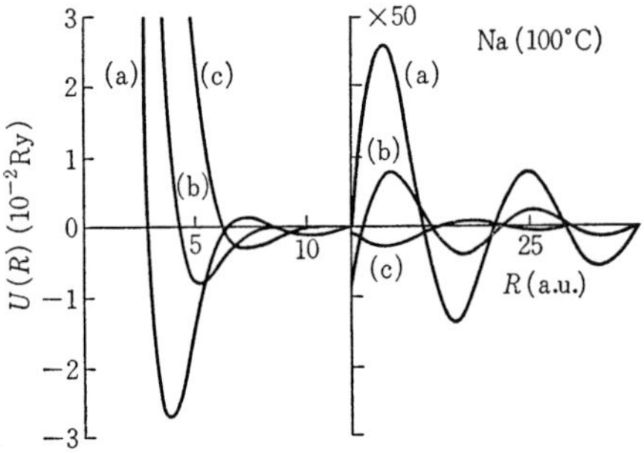

図 2.4 ナトリウムの有効対ポテンシャル[3)]
(a) $r_c=0$, (b) $r_c=1.0$ a.u., (c) $r_c=1.70$ a.u.

オン配置にはよらない部分があることに注意せねばならない．図 2.4 のポテンシャルは $\varepsilon(\boldsymbol{q})$ の取り方によってかなりの差がみられ，液体金属の有効対ポテンシャルを定める困難さを表わしており，またポテンシャルがいくつかの極大極小をもつのも注目される．ただしこの現実性やまたこの効果がどのように液体の構造に反映するのかについては，まだあまりはっきりしていないのが現状である．

§2.6　分子間ポテシャルの実験による推定

前節までに分子間力の起源について述べ，電子論に基づいて分子間力を求める筋道を示した．しかし，高速計算機の発達した現在でも，定量的に信頼し得る分子間力をこのような方法で求めることは，He のような少数個の電子をもつ原子対ポテンシャルは別として，一般には不可能である．

そこで，分子対ポテンシャルのパラメタを含む関数形を仮定し，パラメタを実験値を用いて定めるという手段が種々用いられてきた．その主なものは，(1) 気体の状態方程式，(2) 気体の輸送係数，(3) 分子線散乱，(4) X線，電子線または中性子線散乱による方法であり，また (5) 融解現象，(6) 結晶の物性を用いることもできる．

分子対ポテンシャルの関数形としてよく用いられるモデルポテンシャルには次のようなものがある．

（i） Lennard-Jones ポテンシャル

---

3) M. Hasegawa and M. Watabe: *J. Phys. Soc. Japan*, **32** (1972), 14.

$$\phi(r)=\frac{n\varepsilon}{n-m}\left\{\frac{m}{n}\left(\frac{r_m}{r}\right)^n-\left(\frac{r_m}{r}\right)^m\right\} \tag{2.6.1}$$

(ε, n, m, r_m はパラメタ，r_m はポテンシャルが極小となる r の値.)

（ii） Kihara ポテンシャル

$$\phi(r)=\varepsilon\left\{\left(\frac{1-\gamma}{r/\sigma-\gamma}\right)^n-\left(\frac{1-\gamma}{r/\sigma-\gamma}\right)^m\right\} \tag{2.6.2}$$

($\varepsilon, n, m, \sigma, \gamma$ はパラメタ．$\gamma=0$ とすると，Lennard-Jones ポテンシャルに帰着される.)

（iii） 修正を加えた Buckingham (exp-6) ポテンシャル

$$\left.\begin{aligned}\phi(r)&=\frac{\varepsilon}{1-6/\alpha}\left[\frac{6}{\alpha}\exp\left\{\alpha\left(1-\frac{r}{r_m}\right)\right\}-\left(\frac{r_m}{r}\right)^6\right] && (r\geqq r_{\max})\\ &=\infty && (r<r_{\max})\end{aligned}\right\} \tag{2.6.3}$$

($\varepsilon, \alpha, r_m, r_{\max}$ はパラメタ)

（iv） 剛体球ポテンシャル

$$\left.\begin{aligned}\phi(r)&=+\infty && (r<\sigma)\\ &=0 && (r\geqq\sigma)\end{aligned}\right\} \tag{2.6.4}$$

(σ は剛体球の直径を表わすただ1つのパラメタ)

（v） 逆ベキポテンシャル

$$\phi(r)=\varepsilon\left(\frac{\sigma}{r}\right)^n \qquad (\varepsilon>0) \tag{2.6.5}$$

(n と $\varepsilon^{1/n}\sigma$ はパラメタで，$n\to\infty$ とすると，剛体球ポテンシャルに帰着される.)

ここで注意しなければならぬのは，分子対ポテンシャルを求めるといっても，稀薄な気体と液体のような凝縮体とではその内容が異なることである．稀薄気体での有効分子対ポテンシャルは，2個の分子間に働く対ポテンシャルで十分よく近似できるであろう．したがって直接2分子を衝突させて，その衝突断面積より分子対ポテンシャルを求める分子線の実験が原理的には最も理想的な方法である．また稀薄気体では，与えられたポテンシャルの下で状態方程式や輸送係数を理論的に近似よく求めることができるので，実験の容易さからすれば，これらの測定値を用いることは極めて有効な方法であり，それを用いて対ポテンシャルの正確な形を求めることは興味があろう.

ところが液体のような密度の高い凝縮系の場合，われわれが有効対ポテンシャルと呼ぶのは，全分子系のポテンシャルエネルギー Φ を，

$$\Phi = \sum_{i<j} \phi(r_{ij}) \tag{2.6.6}$$

のように分子対 i, j の相対距離 r_{ij} のみに依存する関数の和として表わしたとき，その物質の物性をよく近似するような $\phi(r)$ でなければならない. 分子性液体ならばそこでの有効対ポテンシャルは真の2分子対ポテンシャルでかなり近似できるであろうが，それでも第2ビリアル係数と輸送係数から推定したポテンシャルが第3ビリアル係数を必ずしもよく与えない[4]ことがあり，分子性液体でも(2.6.6)の有効対ポテンシャルは多少とも3体力などの効果を組み入れたものと考えなければならない. このようなことが液体金属ではさらに顕著であったとしても不思議ではない.

したがって有効対ポテンシャルはそれが有効であるような条件下で求めなければならない. そこで浮かび上ってくる方法が(4), (5), (6)などである. またモデルポテンシャルとしても，(iv), (v)のような引力部分を含まぬポテンシャルは，2分子間のポテンシャルとしては現実離れしたものであり，気体が液化する凝縮現象も与えないものであるが，容器に入れて密度を一定にした系を考えるときには，その時空構造の概略を代表するモデルとして，かなり有効であることが判ってきた.

(1) 気体の状態方程式

低密度の気体の状態方程式は，圧力 P をモル体積 $\tilde{V}$ の逆べキ展開により，

$$\frac{P\tilde{V}}{RT} = 1 + \frac{B(T)}{\tilde{V}} + \frac{C(T)}{\tilde{V}^2} + \cdots \tag{2.6.7}$$

と表わすことができ，温度 T の関数 $B(T), C(T), \cdots$ は第2, 第3, … ビリアル係数である(§1.4). 統計力学によれば，これらのビリアル係数は分子間ポテンシャルを含むいわゆるクラスター積分で表わされる. 特に

$$B(T) = 2\pi\tilde{N}\int_0^\infty [1-e^{-\phi(r)/kT}]r^2\mathrm{d}r \tag{2.6.8}$$

である.

---

4) J. S. Rowlinson: *Disc. Faraday Soc.*, **40** (1965), 19.

もし $\phi(r)$ が r の単調関数であれば，すべての T に対して $B(T)$ の値が判れば $\phi(r)$ を一義的に決定し得ることが示される[5]．しかし稀薄気体の有効対ポテンシャルは極小をもつと考えられるから，$\phi(r)$ は $B(T)$ によっては一義的には定められない．(2.6.8)より判るように，低温では $B(T)$ には $\phi(r)$ の極小付近の模様がよく利いている．従って低温の $B(T)$ の値は $\phi(r)$ の極小付近に対する情報を与えるであろう．しかし低温低圧での実験のむつかしさや量子効果がきくため，ビリアル係数は仮定されたポテンシャル $\phi(r)$ のパラメタを定めるのに止まり，その仮定自体の良否の検討には必ずしもよい物理量ではない．

(2) 気体の輸送係数

低温の稀薄気体では，分子同士が斥力の範囲よりずっと遠くすれちがっても，引力のために運動に変化を生じる．したがって分子衝突の有効断面積は低温では遠距離ではたらく引力で支配され，その輸送係数も van der Waals 力が支配的であるはずである．そこで

$$\phi(r) = -\varepsilon'\left(\frac{r_0}{r}\right)^6 \tag{2.6.9}$$

とおいてみる．ここに ε' は現実の $\phi(r)$ のポテンシャルの谷の深さ程度のエネルギーとする．

一方，気体の粘性率 η の関数として，

$$\xi = 5\left(\frac{MkT}{\pi}\right)^{1/2}\frac{1}{16\eta} \tag{2.6.10}$$

なる量を導入する．この関数は面積の次元をもち，直径 σ の剛体球気体では $\xi=\sigma^2$ となることが判っている．いま

$$A(\varepsilon') = \left(\frac{kT}{\varepsilon'}\right)^{1/3}\xi \tag{2.6.11}$$

とおくと，ポテンシャル(2.6.9)が η を支配する低温の極限で，

$$A(\varepsilon') = (1.194\pm0.001)r_0{}^2 \tag{2.6.12}$$

となることが示される[4,6]．したがって，η の実測によって，$T\to0$ の極限での $A(\varepsilon')$ が判れば，それから現実の van der Waals ポテンシャルの r^{-6} の比例係

5) J. B. Keller and B. Zumino: *Phys. Rev.*, **30** (1959), 1351.

6) E. A. Mason: *J. Chem. Phys.*, **18** (1950), 641. Le Fevre: *Conf. Thermodynamic and Transport of Fluids*, Inst. Mech. Eng., London (1958), p. 124.

数 $C^{(6)}=\varepsilon' r_0{}^6$ が定められる．

同様にして，$C^{(6)}$ は熱伝導率 λ，拡散係数 D の実測値の $T\to 0$ の極限よりも定められる．これらを列挙すると，

$$\left.\begin{aligned} C_{\eta}^{(6)} &= \lim_{T\to 0}\left[\frac{5}{16}\left(\frac{MkT}{\pi}\right)^{1/2}\frac{1}{\eta}\right]^3\frac{4kT}{6.816} \\ C_{\lambda}^{(6)} &= \lim_{T\to 0}\left[\frac{25}{32}\left(\frac{kT}{\pi M}\right)^{1/2}\frac{C_v}{\lambda}\right]^3\frac{4kT}{6.816} \\ C_{D}^{(6)} &= \lim_{T\to 0}\left[\frac{3}{8}\left(\frac{kT}{\pi M}\right)^{1/2}\frac{kT}{DP}\right]^3\frac{4kT}{6.687} \end{aligned}\right\} \qquad (2.6.13)$$

であって[7]，C_v は定積分子比熱である．

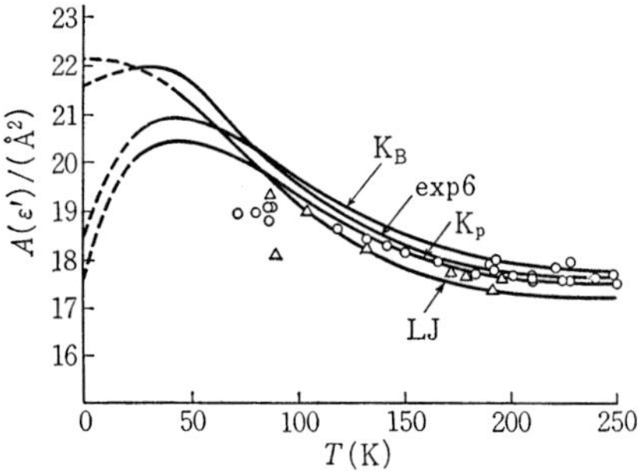

図 2.5 Ar の種々のモデルポテンシャルに対する $A(\varepsilon')$ の理論値と Ar に対する実測値から求めた $A(\varepsilon')$[4)]
［理論値］ LJ : Lennard-Jones ポテンシャル．(2.6.1)，$n=12$，$m=6$．exp 6 : (2.6.3)．K_B : Kihara ポテンシャル．$n=12$，$m=6$，$\gamma=1/10$，$\sigma=3.363$ Å，$\varepsilon/k=142.9$ K．K_P : Kihara ポテンシャル．$n=12$，$m=6$，$\gamma=1/9$，$\sigma=3.314$ Å，$\varepsilon/k=147.2$ K
［実測値］ ○ : 粘性率より計算したもの，△ : 熱伝導率より計算したもの

図 2.5 は Ar の種々のモデルポテンシャルに対する $A(\varepsilon')$ の計算値と Ar に対する実測値から求められた $A(\varepsilon')$ を示す．ただし $\varepsilon'/k=120$ K と取ってある．この図の中では Kihara ポテンシャルが最もよく $A(\varepsilon')$ の実測値に合わせ得るようであるが，それでも低温では実測値よりも高すぎる極大を示している．図 2.6 は種々の不活性気体に対する van der Waals 係数 $C^{(6)}$ の (2.6.13) に基づいての推定値を表わす．

(3) 分子線散乱

図 2.7 に示すように，質量 m_2 の粒子 2 が止まっている座標系において，質量 m_1 なる粒子 1 が衝突径数 b で入射し，その散乱角が θ であったとする．2 つの粒子の対ポテンシャルはその間の距離 r のみの関数 $\phi(r)$ であるから，古典力学により，エネルギーと角運動量の保存則を用いて，散乱角は

7) E. A. Mason, R. J. Munn and F. J. Smith: *Disc. Faraday Soc.*, **40** (1965), 27.

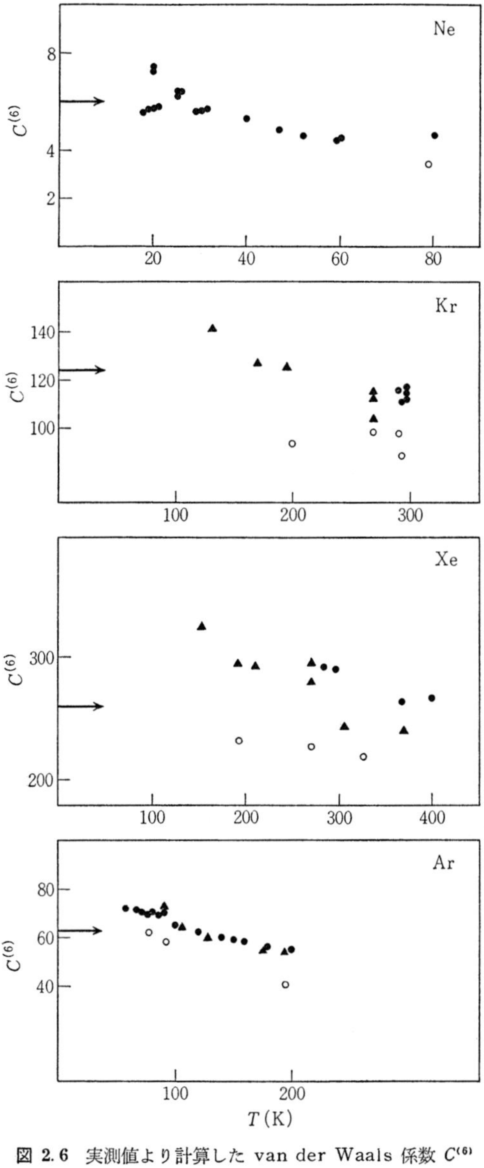

図 2.6　実測値より計算した van der Waals 係数 $C^{(6)}$ (単位：$erg \cdot cm^6 \times 10^{60}$)[7)]

● 粘性より，▲ 熱伝導より，○ 拡散より計算した値

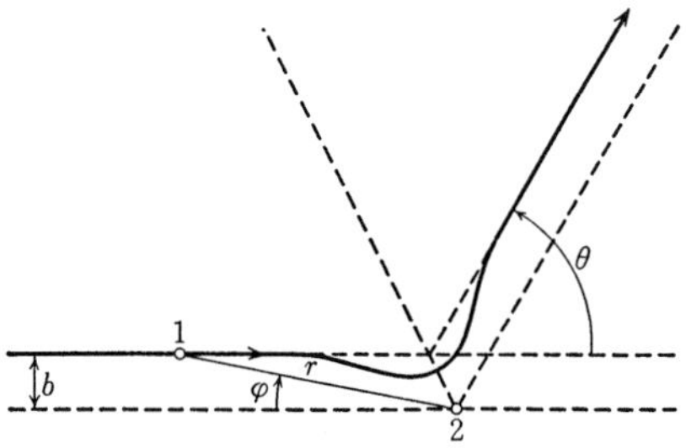

図 2.7　粒子 2 が止まっている座標系で見た粒子 1 の軌道運動

$$\theta(b, E) = \pi - 2\int_{r_0}^{\infty} \frac{b}{\sqrt{1-b^2/r^2-\phi(r)/E}} \frac{\mathrm{d}r}{r^2} \tag{2.6.14}$$

で与えられる．ただし E は力学的全エネルギーで，

$$E = \frac{1}{2}\mu v^2 + \phi(r), \qquad \mu = \frac{m_1 m_2}{m_1+m_2} \tag{2.6.15}$$

r_0 は

$$1 - \frac{b^2}{{r_0}^2} - \frac{\phi(r_0)}{E} = 0 \tag{2.6.16}$$

の根，すなわち最近接距離である．一定の E に対し，(2.6.16)を解いて，b を θ の関数として求めることができれば，

$$2\pi b \mathrm{d}b = 2\pi q(\theta) \sin\theta \, \mathrm{d}\theta \tag{2.6.17}$$

の関係式より，衝突微分断面積 $q(\theta)$ を求めることができる．図 2.8(a) から判るように，近距離斥力，遠距離引力の系では，θ は b の関数として図 2.8(b) のような形になるであろう．この図において，$b=b_r$ のところでは，$\mathrm{d}\theta/\mathrm{d}b=0$ と

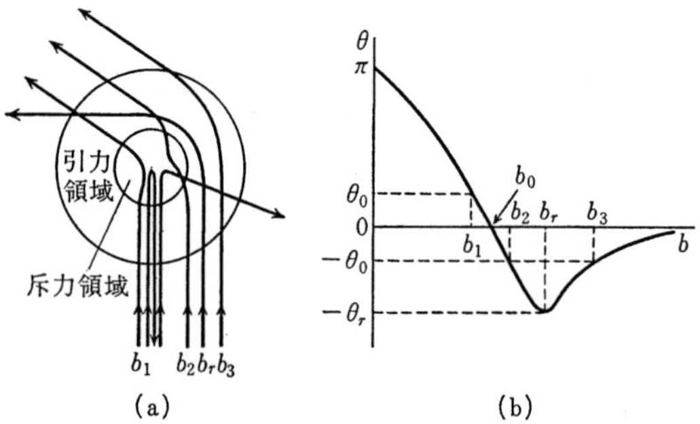

図 2.8　古典力学における散乱角 θ と衝突径数 b の関係[8)]

8)　高柳和夫：電子・原子・分子の衝突(新物理学シリーズ 10)，培風館(1972)．

なっているが，(2.6.17)より，ここでは $|q(\theta)|\to\infty$ となることになる．これは空中の水滴によって光線が特定の方向に強く屈折散乱されて，にじ(虹)ができるのに似ているので，この種の散乱を**にじ散乱**(rainbow scattering)とよぶ．にじ散乱の角度 θ_r は E と $\phi(r)$ によって定まるから，種々の E に対する θ_r の実測により $\phi(r)$ を推定することができる．

次に衝突の全過程を通じて $|\phi(r)|$ が E に比べて十分小さい場合を考える．このような場合には散乱角 θ は小さい．とくにポテンシャルが，

$$\phi(r) = -\frac{C}{r^n} \qquad (C, n \text{ は正の定数}) \tag{2.6.18}$$

である場合には

$$q(\theta) \propto \frac{1}{E^{2/n}}\theta^{-2(1+1/n)} \tag{2.6.19}$$

なる結果が導かれる．図2.9はこのような小角度散乱の実測値を示す．この図で $\theta\to 0$ で $q(\theta)$ が一定値に近づくのは量子力学的効果によるものであるが，通常 $1°\sim 10°$ あたりでは古典力学がよく成り立ち，図のように $q(\theta)\propto\theta^{-7/3}$ となっており，$n=6$ としてよいことを示している．

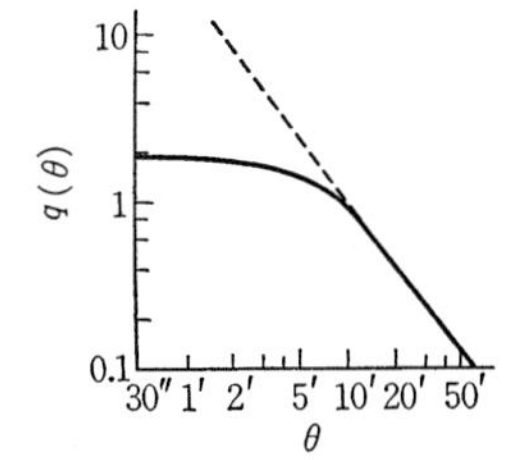

図 2.9 実験室系での小角度散乱(K を Ar に当てた場合．相対値．破線は古典力学から期待される角分布)[9]

量子力学により全衝突断面積 σ を求めると，ポテンシャル(2.6.18)に対して，

$$\sigma \propto \left(\frac{|C|}{\hbar v}\right)^{2/(n-1)} \tag{2.6.20}$$

となる．ただし v は入射粒子の速さで，$\hbar=h/2\pi$ である．v の小さいところでは，主に長距離引力部分が利くと考えられ，実測値は図2.10のような対応を示している．

v が大きいときは，その v 依存性にはポテンシャルの斥力部分が主に利くで

9) R. Helbing and H. Pauly: *Z. Physik.*, **179** (1964), 16.

あろう．1keV くらいの Ar の原子線を Ar 気体に当てたときの散乱断面積の測定によれば，Ar 原子間のポテンシャルは 2Å くらいの距離のところではほぼ r^{-10} に比例するという結果が報告されている[10]．

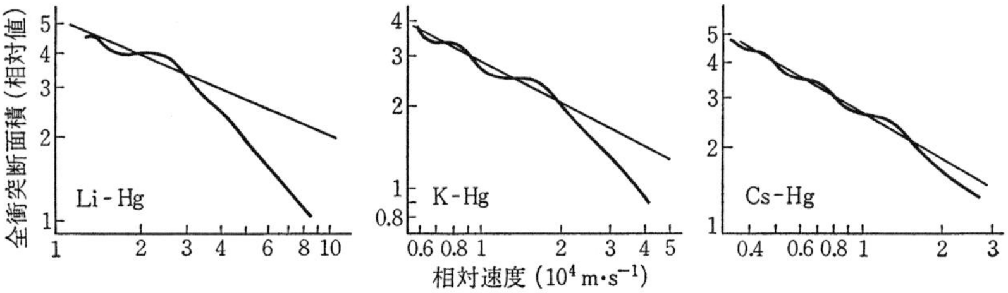

図 2.10　全衝突断面積 σ と相対速度の関係（振動する曲線が実測値）[11]

（4）　X線，電子線，および中性子線

第1章で述べたように，X線，電子線および中性子線散乱の実験結果より，分子の動径分布関数 $g(r)$ が求められる．さて第3章で述べるように，統計力学によれば，$g(r)$ と $\phi(r)$ との間には，

$$\frac{\partial}{\partial r}\left\{\log g(r)+\frac{\phi(r)}{kT}\right\} = -\frac{1}{kT}\int\frac{\partial\phi(s)}{\partial s}\frac{(\boldsymbol{r}\cdot\boldsymbol{s})}{rs}p(\boldsymbol{r}_1, \boldsymbol{r}_2, \boldsymbol{r}_3)\mathrm{d}\boldsymbol{r}_3 \tag{2.6.21}$$

なる関係式が成り立つ．ただし，$\boldsymbol{r}=\boldsymbol{r}_2-\boldsymbol{r}_1$，$\boldsymbol{s}=\boldsymbol{r}_3-\boldsymbol{r}_1$ で，$p(\boldsymbol{r}_1, \boldsymbol{r}_2, \boldsymbol{r}_3)$ は，2つの分子が $\boldsymbol{r}_1, \boldsymbol{r}_2$ に存在するとき，第3の分子が点 $\boldsymbol{r}_3$ の近傍に存在する単位体積当りの確率である．

積分方程式(2.6.21)は，$\phi(r)$ と $g(r)$ との関係をあたえている．しかし，$p(\boldsymbol{r}_1, \boldsymbol{r}_2, \boldsymbol{r}_3)$ は $g(r)$ からはきまらないから，何らかの近似を用いて方程式を閉じさせねばならない．例えば，Yvon, Born, Green らは

$$p(\boldsymbol{r}_1, \boldsymbol{r}_2, \boldsymbol{r}_3) \cong \frac{N}{V}g(s)g(t), \qquad \boldsymbol{t} = \boldsymbol{r}_3-\boldsymbol{r}_2 \tag{2.6.22}$$

なる重ね合せの近似(superposition approximation)により，いわゆる Yvon-Born-Green (YBG) 方程式を導いた．これを解くことによって，$g(r)$ から $\phi(r)$ が求められるが，$g(r)$ と $\phi(r)$ との関係がより簡単な形で与えられるのは，

10)　M. R. C. McDowell (ed.): *Atomic Collision Processes*, North-Holland (1964), p.934.
11)　W. Neumann and H. Pauly: *J. Chem. Phys.*, 52 (1970), 2548.

hyper-netted chain (HNC) 方程式，および Percus-Yevick (PY) 方程式である．すなわち，Ornstein-Zernike に従って，直接相関関数 $c(\boldsymbol{r})$ を

$$g(r)-1=h(r)=c(r)+\frac{N}{V}\int c(|\boldsymbol{r}-\boldsymbol{r}'|)h(r')\mathrm{d}\boldsymbol{r}' \qquad (2.6.23)$$

によって定義し，全相関関数 $h(r)$ は(2.6.23)のような形で与えられていると考える．ここで $c(r)$ をクラスター展開して適当な項だけ拾った結果，HNC 方程式，PY 方程式が得られるのであるが，それらによると $\phi(r)$ はそれぞれ，

$$\left.\begin{aligned}\phi(r)_{\mathrm{HNC}}&=kT[h(r)-\log\{1+h(r)\}-c(r)]\\ \phi(r)_{\mathrm{PY}}&=kT\log\left[1-\frac{c(r)}{1+h(r)}\right]\end{aligned}\right\} \qquad (2.6.24)$$

となる．(2.6.23)を Fourier 変換すると，

$$h(\boldsymbol{Q})=c(\boldsymbol{Q})+\frac{N}{V}c(\boldsymbol{Q})h(\boldsymbol{Q}) \qquad (2.6.25)$$

となり，X線などで測定される構造因子 $S(\boldsymbol{Q})$ は

$$\begin{aligned}S(\boldsymbol{Q})&=1+\frac{N}{V}\int e^{i\boldsymbol{Q}\cdot\boldsymbol{r}}\{g(r)-1\}\mathrm{d}\boldsymbol{r}\\ &=1+\frac{N}{V}h(\boldsymbol{Q})\end{aligned} \qquad (2.6.26)$$

であるから，(2.6.25)，(2.6.26)を用いて $S(\boldsymbol{Q})$ より $h(\boldsymbol{Q}), c(\boldsymbol{Q})$，その Fourier 変換により $h(r), c(r)$ が求められ，(2.6.24)より $\phi(r)$ が推定されるわけである．図2.11はこのようにして Johnson ら[12]が求めた Na と Ar の $\phi(r)$ である．この結果から見ると，液体金属の Na では Ar と異なり，その $\phi(r)$ には長距離での振動が見出される．

しかし，一方において Ashcroft と Lekner は剛体球ポテンシャルをもつモデル系の $g(r)$ に対する PY 方程式の解において，充てん係数(剛体球の体積と分子容の比)を 0.45 と取れば，3重点近傍の 17 種類の液体金属の構造因子 $S(\boldsymbol{Q})$ の実測値をほぼ再現できることを示した．したがって果して Johnson らが求めた $\phi(r)$ の長距離での振動が現実のものかどうか疑問になってくる．

Schiff[13] はこの点を明らかにするため，種々のポテンシャルをもつモデル系

12) M. D. Johnson, P. Hutchinson and N. H. March: *Proc. Roy. Soc.* (*London*), **282A** (1964), 283.

13) D. Schiff: *Phys. Rev.*, **186** (1969), 151.

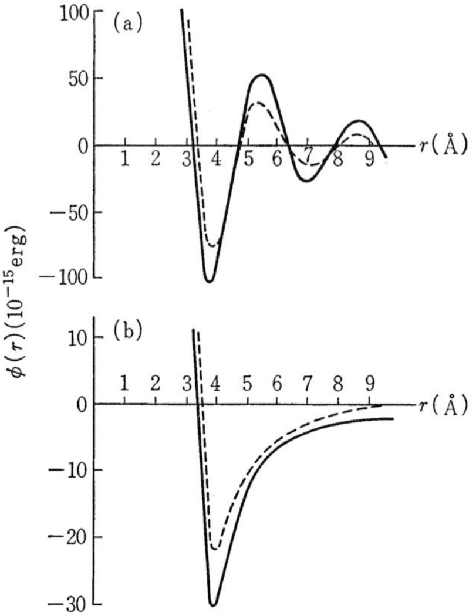

図 2.11 $g(r)$ の測定から求めたポテンシャル関数 $\phi(r)$．実線は YBG 方程式から，点線は PY 方程式から得られた結果を示す[13]．(a) 203°C のナトリウム，(b) 84 K のアルゴン

について，計算機実験により $S(\boldsymbol{Q})$ を求めた．その結果，$S(\boldsymbol{Q})$ の概形は各分子が他の分子をその占める位置より排除する役割をする対ポテンシャルの斥力部分で定まり，その斥力の剛さ，柔らかさ——$|\mathrm{d}\log\phi(r)/\mathrm{d}\log r|$ の大小——と関係している．柔らかいときは $S(\boldsymbol{Q})$ は $\boldsymbol{Q}$ と共により早く減衰する．しかし $\phi(r)$ が r の大きいところで振動するか否かは，理論的に予想される程度の振幅ではほとんど $S(\boldsymbol{Q})$ には影響を及ぼさないことが判った．

このような次第であるから，X線，中性子線を用いることは，直接液体内での $\phi(r)$ に探りを入れることになるので興味深いけれども，その解釈の適用限界には十分注意を要するのである．

(5)　融解現象

融解，凝固現象は分子の配置の変化に関連したものであり，有効対ポテンシャルは分子の配置を与える上に有効なものでなければならないから，これらの現象は有効対ポテンシャルを推定する上に役立つはずである．ただ与えられたポテンシャルの下で融点を理論的に精度よく導くことは困難であるため，融解現象より有効対ポテンシャルを求めることは従来ほとんどなされていない．しかし，第5章に示すように，(2.6.5)の逆ベキポテンシャルの場合，融点における温度 T_{m} と分子容 v_{m} との間には，

$$v_{\mathrm{m}} = \left(\frac{C}{kT_{\mathrm{m}}}\right)^{3/n} v_{\mathrm{m}}^{(n)} \qquad (C = \varepsilon\sigma^n) \tag{2.6.27}$$

なる関係が厳密に成り立つ．ただし，$v_{\mathrm{m}}^{(n)}$ は n のみで定まる定数である．したがって，加圧によって種々の v_{m} に対して T_{m} が測定されれば，(2.6.27)を用いて n の値が推定されることになる．

図6.7は現実の物質の実測値から n を推定する図である．この結果によると，Ar などの不活性気体においては $n\cong 15$，アルカリ金属では $n\cong 4$ であって，前者の有効対ポテンシャルは剛く，後者は柔らかいことを示している．現実のポテンシャルはもっと複雑であるから，この解析が直ちにその斥力部分の剛さ，柔らかさをどの程度定量的に反映しているかは考慮の余地があるが，$S(\boldsymbol{Q})$ のときにそうであったように，液体，固体の相転移に際して分子配置をきめる上に斥力部分が主に利くとすると，上のような解析もかなり意味があるように思われる．

（6）　結晶の物性

Rice や Guggenheim, McGlashan ら[14]は Ar の原子対ポテンシャルをその極小点 $r=r_0$ の近傍で $r-r_0$ のベキ級数として，

$$\phi(r) = -\varepsilon+\kappa\left(\frac{r-r_0}{r_0}\right)^2-\alpha\left(\frac{r-r_0}{r_0}\right)^3+\beta\left(\frac{r-r_0}{r_0}\right)^4 \tag{2.6.28}$$

と表わし，固体の格子定数と比熱の測定値から，結晶の格子振動に対する Einstein 模型を用いて，最適のパラメタ $\kappa, \alpha, \beta, r_0$ を定め，固体の昇華のエンタルピーの測定値より ε を定めた．こうしたパラメタの値は表2.2に示すようなものである．これを(2.6.28)に用いて，音速や，加圧による固体の体積変化，固体と熱平衡にある気相の蒸気圧などの理論値を導き，実測値との比較を行なうとほぼよい一致が得られる．またこのようなモデルポテンシャルから定圧比熱

表 2.2　式(2.6.28)におけるパラメタ値 (Ar)

ε/k(K)	κ/k(K)	α/k(K)	β/k(K)	λ/k(K)	r_0(Å^{-1})
140.1	4658	22090	27610	143	3.801
140.8	4815	24700	37050	143	3.792

14)　O. K. Rice: *J. Am. Chem. Soc.*, **63** (1941), 3.　E. A. Guggenheim and M. L. McGlashan: *Proc. Roy. Soc.* (*London*), **A 255** (1960), 456.　M. L. McGlashan: *Disc. Faraday Soc.*, **40** (1965), 59.

C_p を求めると，3重点近くで見られる C_p の急激な上昇を導くこともできる．

分子間ポテンシャルの剛さ，柔らかさを分子間斥力ポテンシャルを(2.6.5)のように逆ベキポテンシャルで近似したときの指数 n の大小で代表することにし，引力を

$$\phi_{\mathrm{atr}} = -\alpha\gamma^3 \exp(-\gamma r) \qquad (\alpha > 0,\ \gamma > 0) \tag{2.6.29}$$

で近似すると，§5.3で述べるように，0K 近傍での固体の体積を v_0，そのポテンシャルエネルギーを u_0，体積弾性率を B_0 とすると，n は $\gamma \to 0$ の極限で

$$n = -3B_0 \frac{v_0}{u_0} \tag{2.6.30}$$

となるので，B_0, v_0, u_0 の実測値より n の値が推定される．その結果は表5.15に示すようなもので，これよりもアルカリ金属の有効原子対ポテンシャルは不活性気体のそれよりかなり柔らかいと見做し得る．

第3章　平衡状態の統計力学

この章では，平衡状態における液体の性質について考える．相互作用している多体系の性質を調べるには，統計力学的な考えが最も適している．液体の平衡状態の統計力学には大きく分けて，分布関数による方法と模型による方法とがある．

§3.1〜§3.4は，分布関数による方法を述べる．統計力学の基本原理から分布関数を定義し，その分布関数を使いながら，できるだけ厳密な議論をしようとする方法である．§3.5では模型による方法について述べる．液体の分子の配列や運動について適当と思われる模型を考え，その模型から得られる結果といろいろな実験結果とを比較しながら，液体の物理像をとらえていこうとする方法である．これらの2つの方法は，相補いながら理論の発展をささえてきた．

多くの物質は，圧力，温度といった物理状態を変えると，固体-液体-気体と相転移する．したがって，液体を考えるには，凝縮，臨界現象，融解の問題にも当然触れなくてはならない．最後の3つの節，§3.6〜§3.8では，それらの問題について考えてみたい．

§3.1　分布関数

液体論において分布関数(特に2体分布関数)の考えは重要である．液体の構造をあらわすこの量は，すでに第1章において述べたように，X線回折の実験から求めることができる．一方，分布関数を用いれば，いろいろな熱力学的量を簡潔な式に書くことができる．その詳しい議論に入る前に1つのモデル実験を紹介しよう．

Morrell と Hilderbrand[1] は，液体中の分子配置をシミュレートすることを考えた．直径 0.4〜0.5 cm のゼラチン球をつくり，ゼラチンの水溶液に分散させる．このままでは，ゼラチン球はほとんどみえないので，数個の球を黒くしておく．求めたい量は，1つの“分子”に注目した時，距離 r の位置に他の

1) W. E. Morrell and J. H. Hilderbrand: *J. Chem. Phys.*, 4 (1936), 224.

“分子”を見出す確率である．実験としては，ゼラチン球と水溶液を容器に入れ，少しゆすった後静止してから写真をとる．そして，黒い球の間の距離を測定する．この操作を数多く続けると，2つの球が，ある距離 r だけ離れて見出される確率が求められる．その結果を図3.1に示してある．曲線(a),(b),(c)の順に，系の体積は小さくなっている．系の体積が小さくなり，“分子”の密度が大きくなってゆくと，第1極大の山がより高くより鋭くなってゆくことが観察される．それと同時に第2，第3の極大の山も顕著になってくる．図3.1(d)は水銀に対するX線回折から求めたものである．ゼラチン球を使ってのモデル実験によって，液体中の分子配置の大体の様子が理解できることがわかる．

まず，分布関数を定義する．最初に，正準集合(カノニカル集合，canonical ensemble)で考える*．系の体積を V，含まれる粒子の数を N としよう．h 体分布関数は，

$$n_N^{(h)}(\boldsymbol{r}_1, \boldsymbol{r}_2, \cdots, \boldsymbol{r}_h) = \frac{N!}{(N-h)!} \frac{\int\cdots\int e^{-\beta\Phi_N} \mathrm{d}\boldsymbol{r}_{h+1}\mathrm{d}\boldsymbol{r}_{h+2}\cdots\mathrm{d}\boldsymbol{r}_N}{N!Q_N}$$

$$\left(\beta \equiv \frac{1}{kT}\right) \tag{3.1.1}$$

と定義される．ここで，Φ_N は系全体のポテンシャルエネルギーであり，距離だけの関数として表わされる2体ポテンシャル $\phi(r_{ij})$ の和で書けるとする．

$$\Phi_N = \sum_{i<j}^{N} \phi(r_{ij}), \qquad r_{ij} = |\boldsymbol{r}_i - \boldsymbol{r}_j| \tag{3.1.2}$$

また Q_N は配置分配関数

$$Q_N = \frac{1}{N!}\int\cdots\int e^{-\beta\Phi_N}\mathrm{d}\boldsymbol{r}_1\mathrm{d}\boldsymbol{r}_2\cdots\mathrm{d}\boldsymbol{r}_N \tag{3.1.3}$$

である．(3.1.1)の右辺の係数 $N!/(N-h)! = \binom{N}{h}h!$ は，h 個の分子を N から選び $\mathrm{d}\boldsymbol{r}_1\cdots\mathrm{d}\boldsymbol{r}_h$ に置く方法の数を表わしている．その定義からわかるように，$n_N^{(h)}(\boldsymbol{r}_1, \boldsymbol{r}_2, \cdots, \boldsymbol{r}_h)\mathrm{d}\boldsymbol{r}_1\mathrm{d}\boldsymbol{r}_2\cdots\mathrm{d}\boldsymbol{r}_h$ は，ある分子が位置 $\boldsymbol{r}_1$ の体積要素 $\mathrm{d}\boldsymbol{r}_1$，他の分子が位置 $\boldsymbol{r}_2$ の体積要素 $\mathrm{d}\boldsymbol{r}_2, \cdots$ に見出される確率に比例する量を示している．(3.1.1)と(3.1.2)から

* 以下の議論で集合を特にこのように限定しないでも，種々の分布関数の間の関係は得られる．例えば(3.1.8)，(3.1.9)，(3.1.21)などのように β あるいは kT を含まない関係式は平均値 $\langle\cdots\rangle$ の存在を仮定しておくだけで導かれ，量子力学的体系でも成立する．

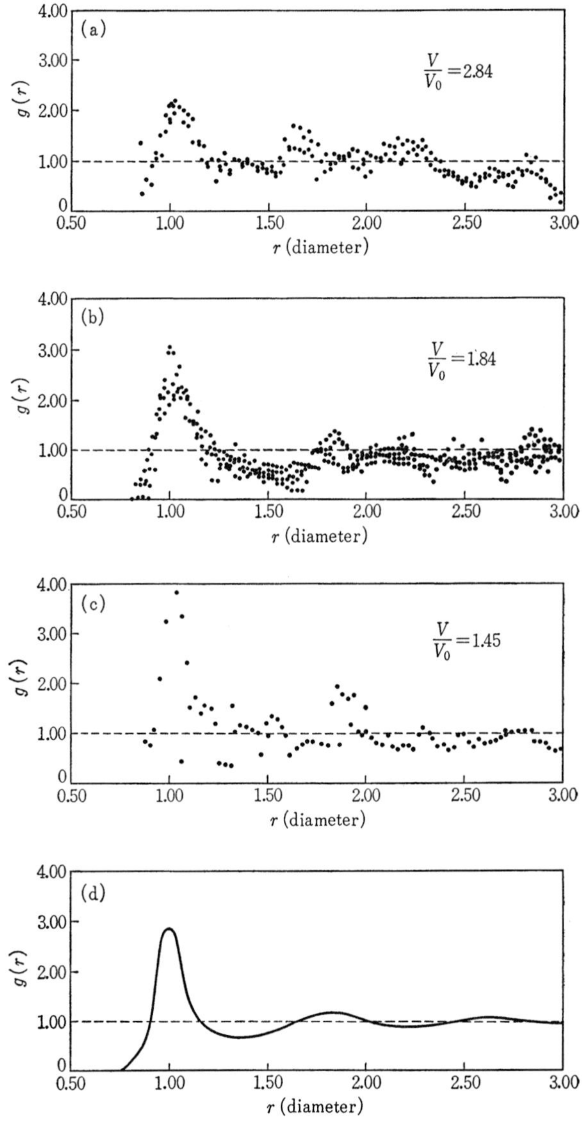

図 3.1 動径分布関数 $g(r)$. (a), (b), (c)はモデル実験[1]. (d)はX線回折による水銀の場合. モデル実験では, (a)→(b)→(c)の順に系の体積は小さくなっている. V_0 は最密充てんのときの体積

$$\int\cdots\int n_N^{(h)}(\boldsymbol{r}_1, \boldsymbol{r}_2, \cdots, \boldsymbol{r}_h)\mathrm{d}\boldsymbol{r}_1\mathrm{d}\boldsymbol{r}_2\cdots\mathrm{d}\boldsymbol{r}_h = \frac{N!}{(N-h)!} \qquad (3.1.4)$$

であることはすぐにたしかめられる．

系の温度が非常に高い場合や粒子濃度が非常に希薄で相互作用が無視できるような場合，すなわち $\beta\Phi_N\to 0$，では話は簡単である．このときは，

$$n_N^{(h)}(\boldsymbol{r}_1, \boldsymbol{r}_2, \cdots, \boldsymbol{r}_h) = \frac{1}{V^h}\frac{N!}{(N-h)!}$$

$$= n^h\frac{N!}{N^h(N-h)!} \qquad \left(n = \frac{N}{V}\right) \qquad (3.1.5)$$

であり，h 個の粒子は系の体積 V 中に完全にランダムにばらまかれていると考えられる．粒子間の相互作用が無視できなくなると，簡単な形のポテンシャルを仮定しても(3.1.1)の積分を正確に行うことはほとんど不可能になる．議論においては，しばしば相関関数(correlation function)という量が用いられる．h 体相関関数 $g_N^{(h)}(\boldsymbol{r}_1, \boldsymbol{r}_2, \cdots, \boldsymbol{r}_h)$ は

$$n_N^{(h)}(\boldsymbol{r}_1, \boldsymbol{r}_2, \cdots, \boldsymbol{r}_h) = \left(\prod_{i=1}^{h} n_N^{(1)}(\boldsymbol{r}_i)\right)g_N^{(h)}(\boldsymbol{r}_1, \boldsymbol{r}_2, \cdots, \boldsymbol{r}_h) \qquad (3.1.6)$$

によって定義される．この量は次元なしの量であり，h 個の分子の相関を表わすのに便利である．

一般に h 体分布関数，h 体相関関数を定義したが，われわれが特に興味があるのは，$h=1, 2$ の場合である．正準平均

$$\langle A\rangle = \frac{\int\cdots\int Ae^{-\beta\Phi_N}\mathrm{d}\boldsymbol{r}_1\mathrm{d}\boldsymbol{r}_2\cdots\mathrm{d}\boldsymbol{r}_N}{\int\cdots\int e^{-\beta\Phi_N}\mathrm{d}\boldsymbol{r}_1\mathrm{d}\boldsymbol{r}_2\cdots\mathrm{d}\boldsymbol{r}_N} \qquad (3.1.7)$$

と Dirac の δ 関数を使えば，(3.1.1)の代りに

$$n_N^{(1)}(\boldsymbol{r}) = \left\langle\sum_{i=1}^{N}\delta(\boldsymbol{r}_i-\boldsymbol{r})\right\rangle \qquad (3.1.8)$$

$$n_N^{(2)}(\boldsymbol{r}, \boldsymbol{r}') = \left\langle\sum_{i\neq j}\delta(\boldsymbol{r}_i-\boldsymbol{r})\delta(\boldsymbol{r}_j-\boldsymbol{r}')\right\rangle \qquad (3.1.8')$$

とも書ける．(3.1.3)の下で述べたような解釈は(3.1.8)，(3.1.8′)のように書いた方がはっきりするであろう．結晶では $n_N^{(1)}(\boldsymbol{r}_1)$ は格子点で鋭い山を持つが，外力のない液体では $n_N^{(1)}(\boldsymbol{r}_1)$ は一定で液体の平均分子(数)密度 n を与える．

$$n_N^{(1)}(\boldsymbol{r}_1) = n \qquad \left(n = \frac{N}{V}\right) \qquad (3.1.9)$$

また一様な液体では，$n_N^{(2)}(r_1, r_2)$ は $\boldsymbol{r}_{12}=\boldsymbol{r}_1-\boldsymbol{r}_2$ の絶対値 r_{12} だけに依ると考えられる．

$$n_N^{(2)}(\boldsymbol{r}_1, \boldsymbol{r}_2) = n_N^{(2)}(r_{12}) \tag{3.1.9$'$}$$

(3.1.9), (3.1.9′)に対応して，一様な液体では

$$g_N^{(1)}(\boldsymbol{r}_1) = 1 \tag{3.1.10}$$

$$\begin{aligned} g_N^{(2)}(\boldsymbol{r}_1, \boldsymbol{r}_2) &= g_N^{(2)}(r_{12}) \\ &= \frac{1}{n^2} n_N^{(2)}(r_{12}) \end{aligned} \tag{3.1.10$'$}$$

である．特に $g_N^{(2)}(r_{12})$ は動径分布関数(radial distribution function)と呼ばれ，第1章のX線回折の議論で用いられた．これから後は，混乱のおそれのないかぎり，$n_N^{(1)}(r)$ は $n(r)$，$n_N^{(2)}(r_{12})$ は $n_2(r_{12})$，$g_N^{(2)}(r_{12})$ は $g(r_{12})$ と書くことにする．すなわち

$$n_N^2(r) = n^2 g(r) \tag{3.1.11}$$

(3.1.1)と(3.1.3)により，$N \gg 1$ として

$$g(r) = \frac{V^2 \int \cdots \int e^{-\beta \Phi_N} \mathrm{d}\boldsymbol{r}_3 \mathrm{d}\boldsymbol{r}_4 \cdots \mathrm{d}\boldsymbol{r}_N}{\int \cdots \int e^{-\beta \Phi_N} \mathrm{d}\boldsymbol{r}_1 \mathrm{d}\boldsymbol{r}_2 \cdots \mathrm{d}\boldsymbol{r}_N} \qquad (r_{12} = r) \tag{3.1.12}$$

と書ける．

また一方で分子1をとめておいたとき，分子2に働く力は $-\mathrm{d}\Phi_N/\mathrm{d}r$ であり，その平均は

$$K(r) = \frac{-\int \cdots \int \frac{\mathrm{d}\Phi_N}{\mathrm{d}r} e^{-\beta \Phi_N} \mathrm{d}\boldsymbol{r}_3 \mathrm{d}\boldsymbol{r}_4 \cdots \mathrm{d}\boldsymbol{r}_N}{\int \cdots \int e^{-\beta \Phi_N} \mathrm{d}\boldsymbol{r}_3 \mathrm{d}\boldsymbol{r}_4 \cdots \mathrm{d}\boldsymbol{r}_N} \tag{3.1.13}$$

したがって

$$K(r) = \frac{1}{\beta} \frac{\mathrm{d} \log g(r)}{\mathrm{d}r}$$

の関係がある．平均力 $K(r)$ のポテンシャルを

$$W(r) = -\int_\infty^r K(r) \mathrm{d}r \tag{3.1.14}$$

とすれば，

$$g(r) = e^{-\beta W(r)} \qquad \left(\beta = \frac{1}{kT}\right) \tag{3.1.15}$$

である.

動径分布関数 $g(r)$ は2つの分子が距離 r にいるときの相関をあらわす. 結晶の場合には, 1つの分子の位置に対して, 他の分子の位置はどんなに遠くても決まっているが, 液体の場合には r が大きければ相関はなくなる. したがって

$$\lim_{r\to\infty} g(r) = 1$$

である. 分子があまり近寄ると, 分子間の斥力によってある距離以内には近づきにくくなる. たとえば分子を直径 σ の剛体球と考えるならば, 距離 σ 以内には近寄ることができない. したがって,

$$\lim_{r\to 0} g(r) = 0$$

でなければならない. 図3.1に示したように, モデル実験やX線回折から求めた $g(r)$ もこのような振舞いをしている.

ゆらぎをふくめて議論する場合には, **大きな正準集合**(grand canonical ensemble)で考えた方が都合がよい. (3.1.1)に対応して, 大きな正準集合では, h 体分布関数を

$$n^{(h)}(\boldsymbol{r}_1, \boldsymbol{r}_2, \cdots, \boldsymbol{r}_h) = \frac{1}{\Xi}\sum_{N=h}^{\infty} z^N Q_N n_N^{(h)}(\boldsymbol{r}_1, \boldsymbol{r}_2, \cdots, \boldsymbol{r}_h) \quad (3.1.16)$$

で定義する. ここで, z は**逃散能**(fugacity)であり, 化学ポテンシャル μ とは

$$z = \left(\frac{2\pi m}{\beta h^2}\right)^{3/2} e^{\beta\mu} \quad (3.1.17)$$

の関係にある[2]. 大きな正準集合での分配関数 Ξ は,

$$\Xi = \sum_{N=0}^{\infty} z^N Q_N \quad (3.1.18)$$

で与えられる. (3.1.1)を代入すれば, (3.1.16)は

$$n^{(h)}(\boldsymbol{r}_1, \boldsymbol{r}_2, \cdots, \boldsymbol{r}_h) = \frac{1}{\Xi}\sum_{n=h}^{\infty} \frac{z^N}{(N-h)!}\int\cdots\int e^{-\beta\Phi_N} \mathrm{d}\boldsymbol{r}_{h+1}\cdots\mathrm{d}\boldsymbol{r}_N \quad (3.1.19)$$

である. (3.1.16)に, (3.1.4)を用いれば,

$$\int\cdots\int n^{(h)}(\boldsymbol{r}_1, \boldsymbol{r}_2, \cdots, \boldsymbol{r}_h)\mathrm{d}\boldsymbol{r}_1\mathrm{d}\boldsymbol{r}_2\cdots\mathrm{d}\boldsymbol{r}_h = \frac{1}{\Xi}\sum_{N=h}^{\infty} z^N Q_N \frac{N!}{(N-h)!}$$
$$= \left\langle\frac{N!}{(N-h)!}\right\rangle \quad (3.1.20)$$

2) 逃散能を用いた2体分布関数, 状態方程式, ゆらぎの扱いについては, M. Toda: *J. Phys Soc. Japan*, **19** (1964). 1550.

を得る．特に $h=2$ に対し，$N!/(N-2)!=N^2-N$ から得られる

$$\iint n^{(2)}(\boldsymbol{r}_1, \boldsymbol{r}_2)\mathrm{d}\boldsymbol{r}_1\mathrm{d}\boldsymbol{r}_2 = \langle N^2\rangle - \langle N\rangle \tag{3.1.21}$$

という関係は重要である．

h 体相関関数は，(3.1.6) と同じように，

$$n^{(h)}(\boldsymbol{r}_1, \boldsymbol{r}_2, \cdots, \boldsymbol{r}_h) = \left(\prod_{i=1}^{h} n^{(1)}(\boldsymbol{r}_i)\right) g^{(h)}(\boldsymbol{r}_1, \boldsymbol{r}_2, \cdots, \boldsymbol{r}_h) \tag{3.1.22}$$

で定義される．一様な液体では，再び(3.1.10), (3.1.10′)が成り立つ．しかし，この場合は $n=\langle N\rangle/V$ である．熱力学の極限 ($\langle N\rangle\to\infty$, $V\to\infty$, $\langle N\rangle/V=n=$ 有限) では，正準集合による方法と大きな正準集合による方法とは同じ結果を与えるので，その場合により使いやすい方を用いていくことにする．

動径分布関数 $g(r)$ を用いると，熱力学的量を簡単な形に書くことができる．

内部エネルギー 内部エネルギー U は自由エネルギー F または分配関数 Z_N から

$$U = -T^2\frac{\partial}{\partial T}\left(\frac{F}{T}\right), \qquad F = -kT\log Z_N \tag{3.1.23}$$

によって求められる．古典的な系を考えているので，運動量部分の計算を独立に行うことができる．

$$\begin{aligned} Z_N &= \frac{1}{N!h^{3N}} \\ &\quad\times\int\cdots\int \exp\left(-\beta\left\{\sum_{i=1}^{N}\frac{\boldsymbol{p}_i^2}{2m}+\Phi_N\right\}\right)\mathrm{d}\boldsymbol{p}_1\mathrm{d}\boldsymbol{p}_2\cdots\mathrm{d}\boldsymbol{p}_N\mathrm{d}\boldsymbol{r}_1\mathrm{d}\boldsymbol{r}_2\cdots\mathrm{d}\boldsymbol{r}_N \\ &= \left(\frac{2\pi mkT}{h^2}\right)^{3N/2}\frac{1}{N!}\int\cdots\int e^{-\beta\Phi_N}\mathrm{d}\boldsymbol{r}_1\mathrm{d}\boldsymbol{r}_2\cdots\mathrm{d}\boldsymbol{r}_N \\ &= \left(\frac{2\pi mkT}{h^2}\right)^{3N/2} Q_N \end{aligned} \tag{3.1.24}$$

(3.1.24) を (3.1.23) に代入すれば，

$$U = \frac{3}{2}NkT + \frac{\displaystyle\int\cdots\int \Phi_N e^{-\beta\Phi_N}\mathrm{d}\boldsymbol{r}_1\mathrm{d}\boldsymbol{r}_2\cdots\mathrm{d}\boldsymbol{r}_N}{\displaystyle\int\cdots\int e^{-\beta\Phi_N}\mathrm{d}\boldsymbol{r}_1\mathrm{d}\boldsymbol{r}_2\cdots\mathrm{d}\boldsymbol{r}_N} \tag{3.1.25}$$

が得られる．系全体のポテンシャルエネルギー Φ_N は (3.1.2) で表わされるとすると，(3.1.25) の分子の積分は，$N(N-1)/2$ 個の同形の積分の和である．

$$U=\frac{3}{2}NkT+\frac{N(N-1)}{2}\frac{\int\cdots\int\phi(\boldsymbol{r}_1,\boldsymbol{r}_2)e^{-\beta\Phi_N}\mathrm{d}\boldsymbol{r}_1\mathrm{d}\boldsymbol{r}_2\cdots\mathrm{d}\boldsymbol{r}_N}{\int\cdots\int e^{-\beta\Phi_N}\mathrm{d}\boldsymbol{r}_1\mathrm{d}\boldsymbol{r}_2\cdots\mathrm{d}\boldsymbol{r}_N}$$

$$=\frac{3}{2}NkT+\frac{1}{2}\frac{N!}{(N-2)!}\frac{\iint\phi(\boldsymbol{r}_1,\boldsymbol{r}_2)\mathrm{d}\boldsymbol{r}_1\mathrm{d}\boldsymbol{r}_2\int\cdots\int e^{-\beta\Phi_N}\mathrm{d}\boldsymbol{r}_3\mathrm{d}\boldsymbol{r}_4\cdots\mathrm{d}\boldsymbol{r}_N}{N!Q_N} \tag{3.1.26}$$

したがって，(3.1.1)を用いると，

$$U=\frac{3}{2}NkT+\frac{1}{2}\iint\mathrm{d}\boldsymbol{r}_1\mathrm{d}\boldsymbol{r}_2\phi(\boldsymbol{r}_1,\boldsymbol{r}_2)n_2(\boldsymbol{r}_1,\boldsymbol{r}_2) \tag{3.1.27}$$

となる．さらに，(3.1.2)と(3.1.10′)を使うと，

$$U=\frac{3}{2}NkT+\frac{N^2}{2V}\int_0^\infty\phi(r)g(r)4\pi r^2\mathrm{d}r \tag{3.1.28}$$

を得る．第1項は熱運動エネルギー，第2項はポテンシャルエネルギーをあらわしているのがわかる．この式により，もし $\phi(r)$ と $g(r)$ がわかれば，液体の内部エネルギーを計算できる．定積比熱 C_V は，(3.1.28)から

$$C_V=\left(\frac{\partial U}{\partial T}\right)_V=\frac{3}{2}Nk+\frac{N^2}{2V}\int_0^\infty\phi(r)\frac{\partial g(r)}{\partial T}4\pi r^2\mathrm{d}r \tag{3.1.29}$$

である．

状態方程式 圧力は

$$P=-\left(\frac{\partial F}{\partial V}\right)_T=kT\left(\frac{\partial\log Q_N}{\partial V}\right)_T \tag{3.1.30}$$

から計算される．したがって，

$$Q_N=\frac{1}{N!}\int_V\int_V\cdots\int_V\exp\{-\beta\Phi_N(\boldsymbol{r}_1,\boldsymbol{r}_2,\cdots,\boldsymbol{r}_N)\}\mathrm{d}\boldsymbol{r}_1\mathrm{d}\boldsymbol{r}_2\cdots\mathrm{d}\boldsymbol{r}_N \tag{3.1.3}$$

を V で微分しなければならない．N 重積分の積分領域を微分するという操作は非常にめんどくさいが，次に述べるような方法(Toda-Born-Green の方法[3-6]という)で避けることができる．われわれの考えている系は非常に大きく，

---

3) 戸田盛和：ヴィリアル定理に就いて(落合麒一郎・山内恭彦編：最近物理学の諸問題，岩波書店(1948)，p. 93)．

4) 戸田盛和：液体構造論，共立出版(1947)．

5) M. Toda: *J. Phys. Soc. Japan*, **10** (1955), 512.

6) M. Born and H. S. Green: *Proc. Roy. Soc.* (*London*), **A188** (1946), 10.

特に変な形の容器を考えない限り，圧力 P は容器の形にはよらない．したがって，N 個の分子は1辺の長さ $V^{1/3}$ の立方体に入っているとする．積分の変数 $\boldsymbol{r}$ を

$$\boldsymbol{r} = V^{1/3}\boldsymbol{r}' \tag{3.1.31}$$

で定義される次元なしの変数 $\boldsymbol{r}'$ に変換すると

$$Q_N = \frac{V^N}{N!}\int_0^1\cdots\int_0^1 \exp\{-\beta\Phi_N(V^{1/3}\boldsymbol{r}_1', \cdots, V^{1/3}\boldsymbol{r}_N')\}\mathrm{d}\boldsymbol{r}_1'\mathrm{d}\boldsymbol{r}_2'\cdots\mathrm{d}\boldsymbol{r}_N' \tag{3.1.32}$$

となる．積分領域は V によって変わらないようになったが，その代りに，ポテンシャルは V に依っている．

$$\left(\frac{\partial Q_N}{\partial V}\right)_T = \frac{N}{V}Q_N - \frac{1}{kT}\frac{V^N}{N!}\int_0^1\cdots\int_0^1 \frac{\partial\Phi_N(V^{1/3}\boldsymbol{r}_1', \cdots, V^{1/3}\boldsymbol{r}_N')}{\partial V}$$
$$\times \exp\{-\beta\Phi_N(V^{1/3}\boldsymbol{r}_1', \cdots, V^{1/3}\boldsymbol{r}_N')\}\mathrm{d}\boldsymbol{r}_1'\mathrm{d}\boldsymbol{r}_2'\cdots\mathrm{d}\boldsymbol{r}_N' \tag{3.1.33}$$

ここで，

$$\frac{\partial\Phi_N(V^{1/3}\boldsymbol{r}_1', \cdots, V^{1/3}\boldsymbol{r}_N')}{\partial V} = \sum_{i=1}^N \frac{\partial\boldsymbol{r}_i}{\partial V}\cdot\nabla_i\Phi_N(\boldsymbol{r}_1, \boldsymbol{r}_2, \cdots, \boldsymbol{r}_N)$$
$$= \frac{1}{3V}\sum_{i=1}^N \boldsymbol{r}_i\cdot\nabla_i\Phi_N(\boldsymbol{r}_1, \boldsymbol{r}_2, \cdots, \boldsymbol{r}_N) \tag{3.1.34}$$

したがって，再び(3.1.2)を仮定すると，

$$\left(\frac{\partial Q_N}{\partial V}\right)_T = \frac{N}{V}Q_N - \frac{1}{kT}\frac{1}{N!}\frac{1}{3V}\int_V\cdots\int\sum_{i=1}^N \boldsymbol{r}_i\cdot\nabla_i\Phi_N(\boldsymbol{r}_1, \boldsymbol{r}_2, \cdots, \boldsymbol{r}_N)$$
$$\times\exp\{-\beta\Phi_N(\boldsymbol{r}_1, \boldsymbol{r}_2, \cdots, \boldsymbol{r}_N)\}\mathrm{d}\boldsymbol{r}_1\mathrm{d}\boldsymbol{r}_2\cdots\mathrm{d}\boldsymbol{r}_N$$
$$= \frac{N}{V}Q_N - \frac{1}{kT}\frac{1}{N!}\frac{1}{3V}\int_V\cdots\int\sum_{i>j} r_{ij}\frac{\mathrm{d}\phi(r_{ij})}{\mathrm{d}r_{ij}}e^{-\beta\Phi_N}\mathrm{d}\boldsymbol{r}_1\mathrm{d}\boldsymbol{r}_2\cdots\mathrm{d}\boldsymbol{r}_N$$
$$= \frac{N}{V}Q_N - \frac{1}{3kTV}\frac{1}{N!}\frac{N(N-1)}{2}\int_V\cdots\int r_{12}\frac{\mathrm{d}\phi(r_{12})}{\mathrm{d}r_{12}}e^{-\beta\Phi_N}\mathrm{d}\boldsymbol{r}_1\cdots\mathrm{d}\boldsymbol{r}_N$$
$$= \frac{N}{V}Q_N - \frac{1}{6kTV}Q_N N(N-1)$$
$$\times\frac{\iint r_{12}\frac{\mathrm{d}\phi(r_{12})}{\mathrm{d}r_{12}}\mathrm{d}\boldsymbol{r}_1\mathrm{d}\boldsymbol{r}_2\int\cdots\int e^{-\beta\Phi_N}\mathrm{d}\boldsymbol{r}_3\cdots\mathrm{d}\boldsymbol{r}_N}{N!Q_N} \tag{3.1.35}$$

となる．したがって，(3. 1. 1)，(3. 1. 10′)を使えば，

$$\left(\frac{\partial Q_N}{\partial V}\right)_T = Q_N\left[\frac{N}{V}-\frac{1}{6kTV}\iint r_{12}\frac{\mathrm{d}\phi(r_{12})}{\mathrm{d}r_{12}}n_2(\boldsymbol{r}_1, \boldsymbol{r}_2)\mathrm{d}\boldsymbol{r}_1\mathrm{d}\boldsymbol{r}_2\right]$$
$$= Q_N\left[\frac{N}{V}-\frac{V}{6kTV}\frac{N^2}{V^2}\int_0^\infty r_{12}\frac{\mathrm{d}\phi(r_{12})}{\mathrm{d}r_{12}}g(r_{12})4\pi r_{12}^2\mathrm{d}r_{12}\right] \tag{3.1.36}$$

これを(3. 1. 30)に代入すれば，状態方程式

$$P = \frac{NkT}{V}\left[1-\frac{4\pi N}{6kTV}\int_0^\infty \frac{\mathrm{d}\phi(r_{12})}{\mathrm{d}r_{12}}g(r_{12})r_{12}^3\mathrm{d}r_{12}\right]$$

または

$$\frac{PV}{NkT} = 1-\frac{2\pi N}{3kTV}\int_0^\infty \frac{\mathrm{d}\phi(r)}{\mathrm{d}r}g(r)r^3\mathrm{d}r \tag{3.1.37}$$

が得られる．この式をビリアル方程式(virial equation)と呼ぶ．$\phi(r)$ と $g(r)$ がわかれば(3. 1. 37)から状態方程式が求められる．

剛体球分子では，$r \cong \sigma$(分子直径)で $\phi(r)$ は ∞ から 0 へ急に変化している．そこで $\delta \ll \sigma$ として

$$\phi(r) = \begin{cases} \phi(r) \gg kT & (r \leqq \sigma-\delta) \\ \phi(r) & (\sigma-\delta \leqq r \leqq \sigma) \\ 0 & (\sigma < r) \end{cases}$$

とおこう．$r=\sigma$ における $g(r)$ を $g(\sigma)$ と書けば

$$g(r) = \begin{cases} 0 & (r \leqq \sigma-\delta) \\ g(\sigma)e^{-\phi(r)/kT} & (\sigma-\delta \leqq r \leqq \sigma) \end{cases}$$

$$\frac{\mathrm{d}\phi}{\mathrm{d}r} = 0 \qquad (\sigma < r)$$

である．$\delta \to 0$ の極限で

$$\int_0^\infty \frac{\mathrm{d}\phi(r)}{\mathrm{d}r}g(r)r^3\mathrm{d}r = g(\sigma)\int_{\sigma-\delta}^{\sigma} \frac{\mathrm{d}\phi(r)}{\mathrm{d}r}e^{-\phi(r)/kT}r^3\mathrm{d}r$$
$$= -kTg(\sigma)\sigma^3$$

したがって状態方程式は剛体球分子からなる体系に対し

$$\frac{PV}{NkT} = 1+\frac{2\pi N}{3V}\sigma^3 g(\sigma) \tag{3.1.38}$$

圧縮率 ここで，等温圧縮率(isothermal compressibility)と動径分布関数

の関係を求めておこう．(3.1.21)から

$$\iint [n^{(2)}(\boldsymbol{r}_1, \boldsymbol{r}_2)-n^{(1)}(\boldsymbol{r}_1)n^{(1)}(\boldsymbol{r}_2)]\mathrm{d}\boldsymbol{r}_1\mathrm{d}\boldsymbol{r}_2 = \langle N^2\rangle-\langle N\rangle^2-\langle N\rangle \tag{3.1.39}$$

である．これは動径分布関数(3.1.11)を使って

$$nV\left[n\int_0^\infty \{g(r)-1\}\mathrm{d}r+1\right] = \langle N^2\rangle-\langle N\rangle^2 = \langle(N-\langle N\rangle)^2\rangle \tag{3.1.39$'$}$$

と書くこともできる．この式の右辺は体積 V 内の分子数 N のゆらぎを与える．一方，大きな正準集合での分配関数 Ξ，(3.1.18)から

$$\langle N\rangle = \frac{1}{\Xi}\sum_{N=0}^{\infty} Nz^N Q_N = \frac{\partial \log \Xi}{\partial \log z} \tag{3.1.40}$$

$$\langle N^2\rangle = \frac{1}{\Xi}\sum_{N=0}^{\infty} N^2 z^N Q_N = \frac{1}{\Xi}\frac{\partial^2 \Xi}{\partial \log z^2} \tag{3.1.40$'$}$$

であり，この2つの式から

$$\langle N^2\rangle-\langle N\rangle^2 = \frac{\partial\langle N\rangle}{\partial \log z} = kT\left(\frac{\partial\langle N\rangle}{\partial\mu}\right)_{T,V} \tag{3.1.41}$$

が得られる．大きな正準集合での状態方程式は

$$PV = kT\log\Xi \tag{3.1.42}$$

から求まる．したがって，

$$\left(\frac{\partial P}{\partial\mu}\right)_{V,T} = \frac{kT}{V}\frac{1}{kT}\frac{\partial\log\Xi}{\partial\log z} = \frac{\langle N\rangle}{V} = n \tag{3.1.43}$$

$$\left(\frac{\partial^2 P}{\partial\mu^2}\right)_T = \left(\frac{\partial n}{\partial\mu}\right)_T = \left(\frac{\partial n}{\partial P}\right)_T\left(\frac{\partial P}{\partial\mu}\right)_T = n^2\kappa_T \tag{3.1.44}$$

ここで，κ_T は等温圧縮率

$$\kappa_T = \frac{1}{n}\left(\frac{\partial n}{\partial P}\right)_T = -\frac{1}{V}\left(\frac{\partial V}{\partial P}\right)_T \tag{3.1.45}$$

である．こうして，(3.1.41)，(3.1.44)から，

$$VkT\left(\frac{\partial^2 P}{\partial \mu^2}\right)_T = \langle N^2\rangle - \langle N\rangle^2 = n^2\kappa_T VkT \tag{3.1.46}$$

となる．この式と(3.1.39)から

$$\iint [n^{(2)}(\boldsymbol{r}_1, \boldsymbol{r}_2) - n^{(1)}(\boldsymbol{r}_1)n^{(1)}(\boldsymbol{r}_2)]\mathrm{d}\boldsymbol{r}_1\mathrm{d}\boldsymbol{r}_2 = n^2\kappa_T VkT - nV \tag{3.1.47}$$

が求まる．一様な液体では，(3.1.39′)を使って

$$n\int_0^\infty (g(r)-1)4\pi r^2\mathrm{d}r = n\kappa_T kT - 1 \tag{3.1.48}$$

または，

$$\kappa_T = \frac{1}{nkT}\left\{1 + n\int_0^\infty (g(r)-1)4\pi r^2\mathrm{d}r\right\} \tag{3.1.49}$$

と表わされる．この式は，**Ornstein-Zernike の関係式**とも呼ばれ，液体-気体の相転移の議論などによく用いられる*．転移点では等温圧縮率は発散する．(3.1.49)によれば，このことは，r が大きくなるとき $g(r)$ が極めてゆっくりと1に近づく**からであると説明される．

動径分布関数を使って表わされた式(3.1.28)，(3.1.29)，(3.1.37)，(3.1.49)は液体に対して厳密に成り立つ式である．前にも述べたように，動径分布関数はX線回折の実験から求まり，原理的にはこれらの式を使って求める量を計算することができる．一方，理論的な立場から見れば，上に行なったことは単なる書き換えにしかすぎず，動径分布関数をどのように計算するかという問題が残る．このことは，§3.2，§3.3 で議論することにする．

表面張力 動径分布関数の1つの応用として，表面張力の統計力学を考えてみよう[7-10]．表面張力は，液体の表面の単位長さの直線を通して液面が双方から引き合う力であり，液面を拡げるのに要する力として測られる．熱力学的にいえば，表面張力は“等温的に”液体の表面を拡げる際の“仕事”として定義

* この式も，古典力学に限らず，量子力学でも成立する．これを示すには(3.1.18)，(3.1.39)，(3.1.40)，(3.1.40′)で Q_N として量子力学的な状態和を用いればよい．

** 遠距離秩序(long range order)という．

7) J. G. Kirkwood and F. P. Buff: *J. Chem. Phys.*, **17** (1949), 338.

8) A. Harashima: *J. Phys. Soc. Japan*, 8 (1953), 343.

9) 戸田盛和：液体論(岩波講座 現代物理学)，岩波書店(1955)，p. 24-30.

10) S. Ono and S. Kondo: *Molecular Theory of Surface Tension in Liquids* (*Handbuch der Physik* Bd. 10, *Struktur der Flüssigkeiten*), Springer (1960), p. 134-280.

される．等温可逆変化の際になす仕事は自由エネルギーの変化に等しいから，表面張力は表面があるために増加する自由エネルギーの単位面積についての値である．Harashima の議論に従って考えてみよう．

1辺 a の立方体の容器には N 個の分子が入っているとする．図3.2に示すように，系は，xy 面に平行な液体の膜と，膜の上部空間と下部空間を占める蒸気から成っている．液体の膜の厚さ d は1辺の長さ a よりは非常に小さいが，膜内では液体の性質が巨視的な性質と同じであるとみなせるほど十分に大きいとする．系の自由エネルギー F は

$$e^{-F/kT}=\frac{1}{N!}\left(\frac{2\pi mkT}{h^2}\right)^{3N/2}\int_V\int_V\cdots\int_V e^{-\Phi_N/kT}\mathrm{d}\boldsymbol{r}_1\mathrm{d}\boldsymbol{r}_2\cdots\mathrm{d}\boldsymbol{r}_N \tag{3.1.50}$$

である．系のポテンシャルは

$$\Phi_N=\sum_{i>j}\phi(r_{ij}),\qquad r_{ij}=|\boldsymbol{r}_i-\boldsymbol{r}_j| \tag{3.1.51}$$

の形に表わされているとする．

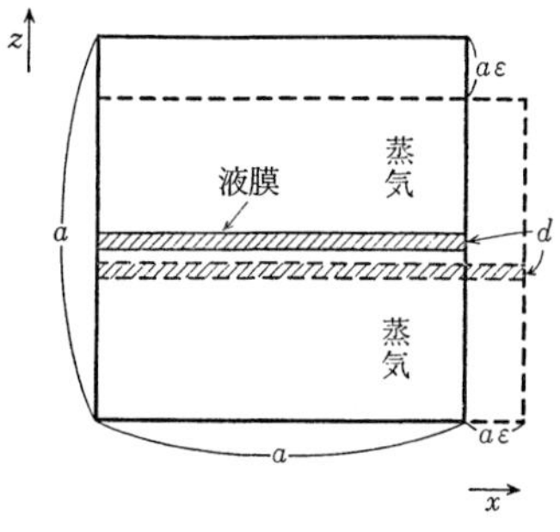

図 3.2 表面張力の思考実験

温度を一定に保ちながら x 方向に $a\varepsilon$ だけ容器をのばし，z 方向には同時に $a\varepsilon$ だけ容器を縮める．このとき液面は上下の面とも $a^2\varepsilon$ だけ増加する(図3.2参照)．しかし容器全体の体積(蒸気の部分の体積)や液体や蒸気が容器と接する面積の変化は，それぞれ $a^3\varepsilon^2, a\varepsilon d$ および $a^2\varepsilon^2$ の程度で，ε と d/a とが十分に小さければ無視できる．したがって自由エネルギーの変化は，液体の表面積の増加によるものだけになる．このように容器を変形させたときの自由エネルギー F' は

$$e^{-F'/kT}=\frac{1}{N!}\left(\frac{2\pi mkT}{h^2}\right)^{3N/2}\int_{V'}\int_{V'}\cdots\int_{V'}e^{-\Phi_N/kT}\mathrm{d}\boldsymbol{r}_1\mathrm{d}\boldsymbol{r}_2\cdots\mathrm{d}\boldsymbol{r}_N \tag{3.1.52}$$

である．ここで，(3.1.50)においては $\boldsymbol{r}_i=a\boldsymbol{\theta}_i$，また(3.1.52)においては $x_i=a(1+\varepsilon)\theta_{ix}$，$y_i=a\theta_{iy}$，$z_i=a(1-\varepsilon)\theta_{iz}$ と変数変換する．(3.1.50)と(3.1.52)は，おのおの

$$e^{-F/kT}=\frac{a^{3N}}{N!}\left(\frac{2\pi mkT}{h^2}\right)^{3N/2}\iint\cdots\int e^{-\Phi/kT}\mathrm{d}\boldsymbol{\theta}_1\mathrm{d}\boldsymbol{\theta}_2\cdots\mathrm{d}\boldsymbol{\theta}_N \tag{3.1.53}$$

$$e^{-F'/kT}=\frac{a^{3N}}{N!}\left(\frac{2\pi mkT}{h^2}\right)^{3N/2}\iint\cdots\int e^{-\Phi'/kT}\mathrm{d}\boldsymbol{\theta}_1\mathrm{d}\boldsymbol{\theta}_2\cdots\mathrm{d}\boldsymbol{\theta}_N \tag{3.1.54}$$

となる．変数変換によって積分領域は同じになったが，同じ $\boldsymbol{\theta}_i$ に対するポテンシャルの値，Φ と Φ'，は同じではない．容器を変形させる前の i 分子と j 分子の距離を $r_{ij}=\sqrt{x_{ij}^2+y_{ij}^2+z_{ij}^2}$ とするならば，容器を変形させた後の距離は

$$\sqrt{x_{ij}^2(1+\varepsilon)^2+y_{ij}^2+z_{ij}^2(1-\varepsilon)^2}=r_{ij}+\varepsilon\frac{x_{ij}^2-z_{ij}^2}{r_{ij}} \tag{3.1.55}$$

であるから，

$$e^{-\Phi'/kT}=e^{-\Phi/kT}\left[1-\frac{1}{kT}\sum\frac{\mathrm{d}\phi_{ij}}{\mathrm{d}r_{ij}}\varepsilon\frac{x_{ij}^2-z_{ij}^2}{r_{ij}}\right] \tag{3.1.56}$$

となる．したがって，

$$\begin{aligned}e^{-(F'-F)/kT}&=\frac{\displaystyle\iint\cdots\int e^{-\Phi/kT}\left[1-\frac{1}{kT}\sum\frac{\mathrm{d}\phi_{ij}}{\mathrm{d}r_{ij}}\varepsilon\frac{x_{ij}^2-z_{ij}^2}{r_{ij}}\right]\mathrm{d}\boldsymbol{\theta}_1\mathrm{d}\boldsymbol{\theta}_2\cdots\mathrm{d}\boldsymbol{\theta}_N}{\displaystyle\iint\cdots\int e^{-\Phi/kT}\mathrm{d}\boldsymbol{\theta}_1\mathrm{d}\boldsymbol{\theta}_2\cdots\mathrm{d}\boldsymbol{\theta}_N}\\&=1-\frac{\varepsilon a^2}{2kT}\int\mathrm{d}z_1\int\mathrm{d}\boldsymbol{r}_{12}\frac{\mathrm{d}\phi_{12}}{\mathrm{d}r_{12}}\frac{x_{12}^2-z_{12}^2}{r_{12}}n_2(z_1,\boldsymbol{r}_{12})\end{aligned} \tag{3.1.57}$$

となる．ここで $n_2(z_1,\boldsymbol{r}_{12})=n_2(\boldsymbol{r}_1,\boldsymbol{r}_2)$ は(3.1.1)で定義された2体分布関数である．z_1 についての積分は液膜の内部から上方(または下方)だけをとるのであるが，$n_2(z_1,\boldsymbol{r}_{12})$ は $|z_1|$ が大きくなると速やかに0になるので，$-\infty$ から $+\infty$ の積分としてよい．こうして，表面張力 γ は

$$\gamma=\frac{F'-F}{a^2\varepsilon}=\frac{1}{2}\int_{-\infty}^{\infty}dz_1\int\mathrm{d}\boldsymbol{r}_{12}\frac{\mathrm{d}\phi_{12}}{\mathrm{d}r_{12}}\frac{x_{12}^2-z_{12}^2}{r_{12}}n_2(z_1,\boldsymbol{r}_{12}) \tag{3.1.58}$$

または

$$\gamma=\frac{F'-F}{a^2\varepsilon}=\frac{1}{2}\int_{-\infty}^{\infty}\mathrm{d}z_1\int\mathrm{d}\boldsymbol{r}_{12}\frac{\mathrm{d}\phi_{12}}{\mathrm{d}r_{12}}\frac{x_{12}^2-z_{12}^2}{r_{12}}n(z_1)n(z_2)g(z_1,\boldsymbol{r}_{12}) \tag{3.1.58'}$$

となる．$z_1=\pm\infty$ は液体の内部と外部とする．$g(z_1, \boldsymbol{r}_{12})$ は液面近くでの相関関数である．(3.1.58′)は正確であるが，取り扱いにくいので普通

$$\left.\begin{aligned} g(z_1,\boldsymbol{r}_{12}) &= g(r_{12}) && (z_1\leqq 0)\\ &=0 && (z_1>0)\\ n(z_1) &= n && (z_1\leqq 0)\\ &=0 && (z_1>0)\end{aligned}\right\} \tag{3.1.59}$$

と近似する．すなわち，液面がはっきり定義され，蒸気の密度は無視できるとする．この近似のもとでは，極座標

$$x_{12}=r_{12}\sin\theta\cos\phi,\qquad z_{12}=r_{12}\cos\theta$$

を使い，$r_{12}=r$，$z_1=z$ とおくと

$$\begin{aligned}\gamma&=\frac{n^2}{2}\\ &\quad\times\int_{-\infty}^{0}\mathrm{d}z\int_{\cos^{-1}(-z/r)}^{\pi}\sin\theta\mathrm{d}\theta\int_0^{2\pi}\mathrm{d}\phi(\sin^2\theta\cos^2\phi-\cos^2\theta)\int_z^{\infty}r^3\frac{\mathrm{d}\phi}{\mathrm{d}r}g(r)\mathrm{d}r\\ &=\frac{n^2}{2}\\ &\quad\times\int_0^{\infty}\mathrm{d}z\int_{\cos^{-1}(z/r)}^{\pi}\sin\theta\mathrm{d}\theta\int_0^{2\pi}\mathrm{d}\phi(\sin^2\theta\cos^2\phi-\cos^2\theta)\int_z^{\infty}r^3\frac{\mathrm{d}\phi}{\mathrm{d}r}g(r)\mathrm{d}r\\ &=\frac{\pi n^2}{2}\int_0^{\infty}z\mathrm{d}z\int_z^{\infty}(r^2-z^2)\frac{\mathrm{d}\phi}{\mathrm{d}r}g(r)\mathrm{d}r\end{aligned} \tag{3.1.60}$$

となる．部分積分してから変数 z を r と書きなおせば，

$$\gamma=\frac{\pi}{8}n^2\int_0^{\infty}r^4\frac{\mathrm{d}\phi(r)}{\mathrm{d}r}g(r)\mathrm{d}r \tag{3.1.61}$$

となる．この近似式は Fowler によって得られた式である[11]．

実験から得られた $g(r)$ の値と，Lennard-Jones のポテンシャル

$$\phi(r)=4\epsilon\left\{\left(\frac{\sigma}{r}\right)^{12}-\left(\frac{\sigma}{r}\right)^{6}\right\} \tag{3.1.62}$$

11) R.H. Fowler: *Proc. Roy. Soc.* (*London*), **A159** (1937), 229.

表 3.1　Fowler の式(3.1.61)から計算した表面張力 γ と実験値[12]

	T(K)	L-J ポテンシャルのパラメタ σ(Å)	ϵ/k(K)	実験値 (dyn・cm^{-1})	理論値 (dyn・cm^{-1})
Ar	84.3	3.255	147.23	13.2	15.06
Kr	117	3.599	168.51	16.1	17.09
	133	3.592	168.90		15.71
	153	3.537	178.96		13.88
Xe	161.5	3.750	296.40	19.3	24.47
Ne	33.1	2.761	34.44	2.7	4.49
	39.4	2.763	35.54		3.52

を使って，Shoemaker ら[12]は(3.1.61)の数値計算をしている(表 3.1)．数値的にかなりよい一致がみられる．また，Berry ら[13]は(3.1.59)のかわりに，

$$\left.\begin{aligned} g(z_1, \boldsymbol{r}_{12}) &= g(r_{12}) \\ n(z) &= n\left(1-\frac{\exp(z/L)}{2}\right) \qquad (z<0) \\ &= \frac{n}{2}\exp\left(-\frac{z}{L}\right) \qquad (z>0) \end{aligned}\right\} \tag{3.1.63}$$

とおき

$$\gamma = \frac{\pi n^2 L^4}{8} \times \int_0^\infty \mathrm{d}r g(r)\frac{\mathrm{d}\phi(r)}{\mathrm{d}r}\left\{\frac{r^4}{L^4}-\frac{8r^2}{L^2}+72-\exp\left(-\frac{r}{L}\right)\left(\frac{4r^3}{L^3}+\frac{28r^2}{L^2}+\frac{72r}{L}+72\right)\right\} \tag{3.1.64}$$

を導いた．$L=0$ では Fowler の(3.1.61)になる．長さ L は，液体から蒸気に移る厚さを表わしており，$L=1\sim3$Å にとると実験とよりよい一致がみられる．

§3.2　クラスター展開

Ursell[14]，Mayer[15]，de Boer[16] らによって発展された分布関数のクラスタ

12) P. D. Shoemaker, G. W. Paul and L. E. Marc De Chazal: *J. Chem. Phys.*, **52** (1970), 491.

13) M. V. Berry, R. F. Durrans and R. Evans: *J. Phys.*, **A5** (1972), 166.

14) H. D. Ursell: *Proc. Cambridge Phil. Soc.*, **23** (1927), 685.

15) J. E. Mayer and E. Montroll: *J. Chem. Phys.*, **9** (1941), 2.

16) J. de Boer: *Rep. Prog. Phys.*, **12** (1949), 305.

ー展開の理論は，汎関数微分(functional derivative)の方法をつかって一般的に定式化されている[17]. この節では，グラフの分類を行ないながら，どのようにクラスター展開がまとめられていくかを考えていくことにする．分布関数の密度展開は，流体(液体，気体)の統計力学の議論には基本的な考えである．分布関数に対する現代的な積分方程式である hyper-netted chain 方程式や Percus-Yevick 方程式も，グラフの考察から簡単に導くことができる．

正準集合と大きな正準集合での 2 体分布関数は，おのおの

$$n_N^{(2)}(r) = \frac{N(N-1)}{N!Q_N}\int\cdots\int \mathrm{d}\boldsymbol{r}_3\cdots\mathrm{d}\boldsymbol{r}_N \exp(-\beta\Phi_N) \qquad (3.2.1)$$

$$n^{(2)}(r) = \frac{1}{\Xi}\sum_{N=2}^{\infty} z^N Q_N n_N^{(2)}(r) \qquad (3.2.2)$$

$$r = r_{12} = |\boldsymbol{r}_1 - \boldsymbol{r}_2| \qquad (3.2.3)$$

で定義される．これからの議論においては，以下のことを仮定しておく．

(i)　全ポテンシャルエネルギー Φ_N は，2 体間の距離だけによる 2 体ポテンシャルの和として表わされる：

$$\Phi_N = \sum_{i<j}^{N} \phi(r_{ij}) = \sum_{i<j}^{N} \phi_{ij} \qquad (3.2.4)$$

(ii)　ポテンシャル ϕ_{ij} は，$r_{ij}\to\infty$ の時，r_{ij}^{-3} より速く 0 になる．

(iii)　$N\to\infty$, $V\to\infty$ (数密度 $n=N/V$ は有限)の熱力学の極限を考える．したがって，得られた展開公式は，$o(1/N)$ で正しい．

(1)　逃散能展開(fugacity expansion)

(3.2.1)においては，積分は $\boldsymbol{r}_3, \boldsymbol{r}_4, \cdots, \boldsymbol{r}_N$ について行なうので，$e^{-\beta\phi_{12}}$ は積分記号の外へ出しておく．Mayer の f 関数

$$f_{ij} = \exp(-\beta\phi_{ij}) - 1 \qquad (3.2.5)$$

を用いれば，(3.2.1)は

$$n_N^{(2)} = \frac{1}{(N-2)!Q_N} e^{-\beta\phi(r)} \int\cdots\int \prod_{i<j}^{N} (1+f_{ij})\mathrm{d}\boldsymbol{r}_3\cdots\mathrm{d}\boldsymbol{r}_N \qquad (3.2.6)$$

となる．上の式の被積分項は，いろいろな項をふくみ，ダイヤグラムをつかって議論するのがわかりやすい．f_{ij} は，2 点 i, j を結ぶ線であらわす．これを

17)　G. Stell: in *The Equilibrium Theory of Classical Fluid* (edited by H. L. Frisch and J. L. Lebowitz), Benjamin (1964).

f ボンド(f-bond)と呼ぶ．N 個の点のうち，点1と点2は特別であり(積分されない)，基点(root point)と呼び，白丸で表わす．あとの $N-2$ 個の点は，場の点(field point)と呼び黒丸で表わす．

f ボンドのグラフは次の2種類に分けられる(図3.3)．

(a)　基点が，“分離した” グラフ(“separated” graph)にある．

(b)　基点が同じグラフ，すなわち，“結ばれた” グラフ(“jointed” graph)にある．

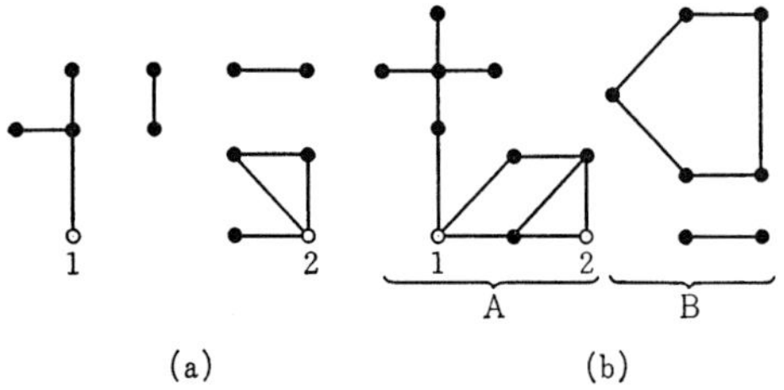

図 3.3　(a)“分離した” グラフ．基点 1, 2 は同じグラフにない．(b)“結ばれた” グラフ．基点 1, 2 は同じグラフにある

まず “分離した” グラフを考えよう(図3.3(a))．基点1, 2は同じクラスターにないので，場の点についての積分は，距離 r には依らない量となる．各クラスターの積分は，クラスター積分 b_l,

$$b_l=\frac{1}{Vl!}\int\cdots\int\sum\prod f_{ij}\mathrm{d}\boldsymbol{r}_1\mathrm{d}\boldsymbol{r}_2\cdots\mathrm{d}\boldsymbol{r}_l \tag{3.2.7}$$

を使って表わされる．点1は l 個の粒子を含むグラフに，点2は m 個の粒子を含むグラフにあり，他の粒子は t 個の粒子を含む S_t 個のグラフに分配されているとする．このグラフからの寄与は，

$$(l+1)!b_{l+1}(m+1)!b_{m+1}\frac{(N-2)!}{l!m!}\sum\prod\frac{(t!Vb_t)^{S_t}}{(t!)^{S_t}S_t!} \tag{3.2.8}$$

である．ここで，和は $\sum_t tS_t=N-l-m-2$ の条件のもとで行なわれる．すべての可能なグラフをたし合わせると，“分離した” グラフの寄与，$n_{N,S}^{(2)}(r)$ は，

$$\begin{aligned}n_{N,S}^{(2)}(r)&=\frac{e^{-\beta\Phi(r)}}{(N-2)!Q_N}\\&\quad\times\sum_{l=0}^{N-2}\sum_{m=0}^{N-l-2}(l+1)!b_{l+1}(m+1)!b_{m+1}\frac{(N-2)!}{l!m!}\sum\prod\frac{(t!Vb_t)^{S_t}}{(t!)^{S_t}S_t!}\\&=\frac{e^{-\beta\phi(r)}}{Q_N}\sum_{l=0}^{N-2}\sum_{m=0}^{N-l-2}(l+1)b_{l+1}(m+1)b_{m+1}\sum\prod\frac{(Vb_t)^{S_t}}{S_t!}\end{aligned} \tag{3.2.9}$$

これを，大きな正準集合での式(3.2.2)に代入する．

$$n_S^{(2)}(r)=\frac{e^{-\beta\phi(r)}}{\Xi}\sum_{N=2}^{\infty}\sum_{l=0}^{N-2}\sum_{m=0}^{N-l-2}(l+1)b_{l+1}z^{l+1}(m+1)b_{m+1}z^{m+1}\sum\prod\frac{(Vb_tz^t)^{S_t}}{S_t!}$$

$$=\frac{e^{-\beta\phi(r)}}{\Xi}\sum_{l=0}^{\infty}\sum_{m=0}^{\infty}\sum_{N=l+m+2}^{\infty}(l+1)b_{l+1}z^{l+1}(m+1)b_{m+1}z^{m+1}$$

$$\times\frac{1}{2\pi i}\oint\frac{\exp\left(V\sum_{t=1}^{\infty}b_tz^tw^t\right)}{w^{N-l-m-1}}\mathrm{d}w \qquad (3.2.10)$$

和の制限は，Cauchy の積分を使って

$$\sum_{\Sigma tS_t=N-l-m-2}\prod\frac{(Vb_tz^t)^{S_t}}{S_t!}=\frac{1}{2\pi i}\oint\frac{\exp\left(V\sum_{t=1}^{\infty}b_tz^tw^t\right)}{w^{N-l-m-1}}\mathrm{d}w$$

(3.2.11)

と表わした．ここで，$\sum_{N=l+m+2}^{\infty}\frac{1}{w^{N-l-m-1}}=\frac{1}{w-1}$ を用いると，

$$n_S^{(2)}(r)=\frac{e^{-\beta\phi(r)}}{\Xi}\sum_{l=0}^{\infty}(l+1)b_{l+1}z^{l+1}\sum_{m=0}^{\infty}(m+1)b_{m+1}z^{m+1}$$

$$\times\frac{1}{2\pi i}\oint\frac{\exp\left(V\sum_{t=1}^{\infty}b_tz^tw^t\right)}{w-1}\mathrm{d}w$$

$$=\frac{e^{-\beta\phi(r)}}{\Xi}\left[\sum_{l=0}^{\infty}(l+1)b_{l+1}z^{l+1}\right]^2\exp\left(V\sum_{t=1}^{\infty}b_tz^t\right) \qquad (3.2.12)$$

となる．大きな分配関数のクラスター展開から

$$\log\Xi=V\sum_{t=1}^{\infty}b_tz^t \qquad (3.2.13)$$

であり*，数密度 n は

$$n=\frac{N}{V}=\frac{1}{V}\frac{\partial\log\Xi}{\partial\log z}$$

$$=\sum_{t=1}^{\infty}tb_tz^t \qquad (3.2.14)$$

と表わされることを知っているので，結局，“分離した”グラフの寄与は，

$$n_S^{(2)}(r)=n^2\exp(-\beta\phi(r)) \qquad (3.2.15)$$

となる．

---

* (3.2.13)の証明ははぶく．

次に“結ばれた”グラフを考えよう．“結ばれた”グラフは，図3.3(b)のAのような連結部分(connected part)と，Bのような不連結部分(disconnected part)を持っている．基点1,2は同じクラスターにあるため，連結部分は距離 $\boldsymbol{r}=|\boldsymbol{r}_1-\boldsymbol{r}_2|$ の関数となり，1-2連結クラスター積分(1-2 connected cluster integral) $b_{l+2}(r)$,

$$b_{l+2}(r)=\frac{1}{l!}\int\cdots\int \mathrm{d}\boldsymbol{r}_3\cdots\mathrm{d}\boldsymbol{r}_{l+2}\sum\prod f_{ij} \tag{3.2.16}$$

を使って表わされる．基点1,2は，l 個の場の点をもったグラフ(連結部分)に含まれ，他の点は t 個の粒子を含んだ S_t 個のグラフ(不連結部分)にあるとしよう．このグラフの寄与は，

$$l!b_{l+2}(r)\frac{(N-2)!}{l!}\sum\prod\frac{(t!Vb_t)^{S_t}}{(t!)^{S_t}S_t!} \tag{3.2.17}$$

である．ここで，$l\geqq 1$ であることに注意する．f_{12} ボンドはすでに積分の外に出してあるので，連結部分には少なくとも1つの場の点が必要である．したがって，“結ばれた”グラフの寄与は

$$n_{N,J}^{(2)}(r)=\frac{e^{-\beta\phi(r)}}{Q_N}\sum_{l=1}^{N-2}b_{l+2}(r)\sum\prod\frac{(Vb_t)^{S_t}}{S_t!} \tag{3.2.18}$$

である．この式での和は，$\sum tS_t=N-l-2$ という条件のもとで行なわれる．これを大きな正準集合での式(3.2.2)に代入すると，

$$\begin{aligned}
n_J^{(2)}(r)&=\frac{e^{-\beta\phi(r)}}{\Xi}\sum_{N=2}^{\infty}\sum_{l=1}^{N-2}b_{l+2}(r)z^{l+2}\sum\prod\frac{(Vb_tz^t)^{S_t}}{S_t!}\\
&=\frac{e^{-\beta\phi(r)}}{\Xi}\sum_{l=1}^{\infty}\sum_{N=l+2}^{\infty}b_{l+2}(r)z^{l+2}\frac{1}{2\pi i}\oint\frac{\exp\left(V\sum_{t=1}^{\infty}b_tz^tw^t\right)}{w^{N-l-m-1}}\mathrm{d}w\\
&=\frac{e^{-\beta\phi(r)}}{\Xi}\sum_{l=1}^{\infty}b_{l+2}(r)z^{l+2}\frac{1}{2\pi i}\oint\frac{\exp\left(V\sum_{t=1}^{\infty}b_tz^tw^t\right)}{w-1}\mathrm{d}w\\
&=e^{-\beta\phi(r)}\sum_{l=1}^{\infty}b_{l+2}(r)z^{l+2}
\end{aligned} \tag{3.2.19}$$

となる．こうして，(3.2.15)，(3.2.19)から，

$$\begin{aligned}
n_2(r)&=n_S^{(2)}(r)+n_J^{(2)}(r)\\
&=e^{-\beta\phi(r)}\left[n^2+\sum_{l=1}^{\infty}b_{l+2}(r)z^{l+2}\right]
\end{aligned} \tag{3.2.20}$$

を得る．この式は，2体分布関数を逃散能で展開したものである．展開係数 $b_{l+2}(r)$ は，1-2 連結クラスター積分である．物理的な議論に用いるには，逃散能による展開ではなく密度展開であることが望ましい．次に，公式(3.2.20)がどのように密度展開に書き直されるかを考えてみよう．

（2） **密度展開**(density expansion)[15,18]

連結グラフを，既約(irreducible)と可約(reducible)の2つのクラスに分類する．この分類は，グラフが"連接点"(articulation point)を持っているかどうかによって判定される．連接点は，その点で連結グラフを切ったとき，グラフの主体部分(基点1, 2を含む)と付属部分に分れる点をいう(図3.4)．基点自身も連接点になりうることに注意しておく．

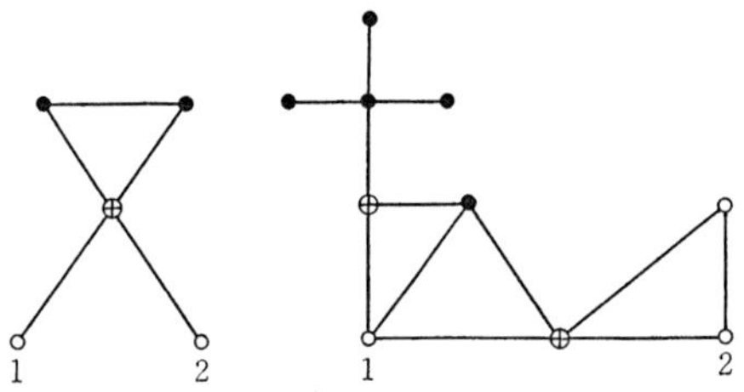

図 3.4 可約(reducible)グラフと連接点(articulation point)．連接点は ⊕ で示してある

ある連結グラフを考えよう．連接点は i 個あり，各連接点には m_i 個の粒子からなる付属部分がついているとする．連接点の性質からわかるように，付属部分の積分は連接点の座標を残して積分ができる．その値は $(m_i+1)!b_{m_i+1}$ である．このように連接点の付属部分の積分を行なった後に残った k 個の連結点と2個の基点から成るグラフを 1-2 既約クラスター(1-2 irreducible cluster)と呼び，$\gamma_k(r)$ で表わす．各 l に対して，すべての可能なグラフをたしあわせると，

$$b_{l+2}(r)z^{l+2}=\frac{z^{l+2}}{l!}\sum_{k=1}^{l}\sum\frac{(l-k)!}{\prod_i m_i}\binom{l}{k}\prod_i[(m_i+1)!b_{m_i+1}]k!\gamma_k(r)$$

$$=\sum_{k=1}^{l}\sum\prod_i[(m_i+1)b_{m_i+1}z^{m_i+1}]\gamma_k(r) \qquad (3.2.21)$$

を得る．添字 i は1から $k+2$ まで動き，和 $\sum$ は $\sum m_i=l-k$ の条件で行なわれる．この式を，(3.2.20)に代入すると，

18) E. E. Salpeter: *Ann. Phys.*, **5** (1958), 183.

$$n_2(r)=e^{-\beta\phi(r)}\left[n^2+\sum_{l=1}^{\infty}\sum_{k=1}^{l}\sum\prod_i\{(m_i+1)b_{m_i+1}z^{m_i+1}\}\gamma_k(r)\right]$$

$$=e^{-\beta\phi(r)}\left[n^2+\sum_{k=1}^{\infty}\sum_{l=k}^{\infty}\sum\prod_i\{(m_i+1)b_{m_i+1}z^{m_i+1}\}\gamma_k(r)\right]$$

$$=e^{-\beta\phi(r)}\left[n^2+\sum_{k=1}^{\infty}\prod_{i=1}^{k+2}\sum_{m_i=0}^{\infty}\{(m_i+1)b_{m_i+1}z^{m_i+1}\}\gamma_k(r)\right]$$

$$=n^2e^{-\beta\phi(r)}\left[1+\sum_{k=1}^{\infty}n^k\gamma_k(r)\right] \tag{3.2.22}$$

となる．ここで(3.2.14)を用いた．または，

$$g(r)=e^{-\beta\phi(r)}\left[1+\sum_{k=1}^{\infty}n^k\gamma_k(r)\right] \tag{3.2.23}$$

である．この式がよく知られた2体分布関数(または動径分布関数)の密度展開の式である．密度展開の係数は1-2既約クラスターである．

$$\gamma_k(r)=\frac{1}{k!}\int\cdots\int \mathrm{d}\boldsymbol{r}_3\cdots\mathrm{d}\boldsymbol{r}_{k+2}\sum\prod f_{ij} \tag{3.2.24}$$

(3)　単純(simple)グラフと合成(composite)グラフ[15,18,19]

場の点が1個(k=1)と2個(k=2)の場合の1-2既約クラスターを図3.5に示してある．

ここで，k=2の同図(d)のグラフは，

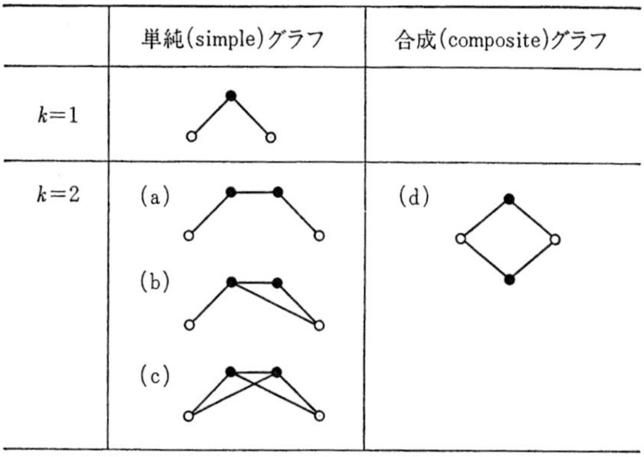

図 3.5　1-2既約クラスター．k=1, k=2の場合

19)　J. M. J. Van Leeuwen, J. Groeneveld and J. de Boer: *Physica*, **25** (1959), 792.

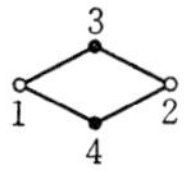

$$= \iint f_{14} f_{42} f_{13} f_{32} \mathrm{d}\boldsymbol{r}_3 \mathrm{d}\boldsymbol{r}_4 = \left[\int f_{13} f_{32} \mathrm{d}\boldsymbol{r}_3\right]^2 = \left[\quad\right]^2$$

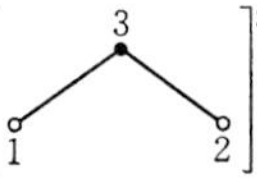

と簡単化されるのに気がつく．ここで，単純(simple)グラフと合成(composite)グラフを定義する．基点1,2をとりはずしたとき，2つ以上の独立なグラフが得られるものを合成グラフと呼ぶ．単純グラフはそのような分割が行なわれないものである．図3.6は $k=3$ の場合の合成グラフである．基点1,2については積分を行なわないので，合成グラフはより少ない場の点をもった単純グラフの積で表わされる．

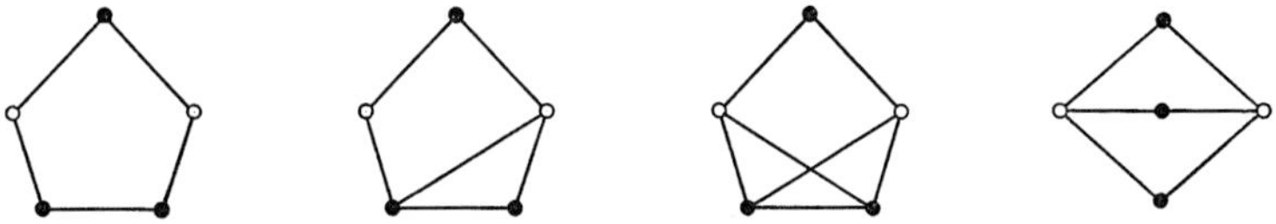

図 3.6　場の点が3個($k=3$)の場合の合成グラフ

l 個の場の点をもった1-2単純既約クラスター $\beta_l(r)$ は，(3.2.24)と同じように

$$\beta_l(r) = \frac{1}{l!}\int\cdots\int \mathrm{d}r_3\cdots\mathrm{d}r_{l+2} \sum \prod f_{ij} \tag{3.2.25}$$

と定義する．場の点の数が少ない場合の $\gamma_k(r)$ と $\beta_k(r)$ の関係は，図3.5と図3.6から

$$\gamma_1(r) = \beta_1(r)$$

$$\gamma_2(r) = \beta_2(r) + \frac{1}{2!}\beta_1{}^2(r)$$

$$\gamma_3(r) = \beta_3(r) + \frac{2}{2!}\beta_2(r)\beta_1(r) + \frac{1}{3!}\beta_1{}^3(r)$$

であることが簡単にたしかめられる．一般に，k 個の場の点をもった既約クラスター $\gamma_k(r)$ が，l 個の場の点をもった m_l 個の単純クラスターにわけられるとする．各単純クラスターからの寄与は，グラフの数え方と場の点の分配の仕方を考慮して

$$\frac{1}{k!}\prod [l!\beta_l(r)]^{m_l} \frac{k!}{(l!)^{m_l} m_l!} = \prod [\beta_l(r)]^{m_l} \frac{1}{m_l!}$$

である．したがって，すべての可能なグラフをたし合わせると

$$\gamma_k(r) = \sum \prod_l [\beta_l(r)]^{m_l} \frac{1}{m_l!} \tag{3.2.26}$$

となる．和は $\sum lm_l=k$ の条件で行なわれる．これを(3.2.23)に代入して

$$g(r)=e^{-\beta\phi(r)}\left[1+\sum_{k=1}^{\infty}n^k\sum\prod_l[\beta_l(r)]^{m_l}\frac{1}{m_l!}\right]$$
$$=e^{-\beta\phi(r)}\left[1+\sum\prod_l[\beta_l(r)n^l]^{m_l}\frac{1}{m_l!}\right]$$
$$=\exp[-\beta\phi(r)+S(r)] \tag{3.2.27}$$

ここで，

$$S(r)=\sum_{l=1}^{\infty}\beta_l(r)n^l \tag{3.2.28}$$

が得られる．動径分布関数は

$$\left.\begin{aligned} g(r)&=e^{-\beta W(r)}\\ W(r)&=\phi(r)-\frac{1}{\beta}S(r)\end{aligned}\right\} \tag{3.2.29}$$

の形をしており，$W(r)$ は分子1と2の間に働く“平均力のポテンシャル”と呼ばれる．

(4)　節点(nodal)**グラフと基本**(elementary)**グラフ**

さらに，節点(node または bridge point ともいう)という概念を導入することによってグラフを分類することができる．節点とは，グラフにおいて，基点1から基点2に行くすべての路(path)が通らなければならない点である．節点のあるグラフを節点(nodal)グラフ，節点のないグラフを基本(elementary または fundamental)グラフと呼ぶ(図3.7)．単純グラフの集まり $S(r)$

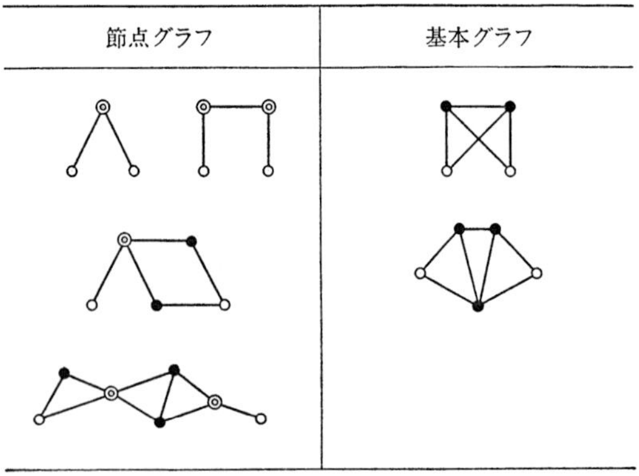

図 3.7　節点グラフと基本グラフ．節点は◎で示す

は，節点グラフの集まり $N(r)$ と基本グラフの集まり $E(r)$ の和として表わされる．

$$S(r)=N(r)+E(r) \tag{3.2.30}$$

したがって

$$g(r)=\exp[-\beta\phi(r)+N(r)+E(r)] \tag{3.2.31}$$

任意の数の節点をもった節点グラフを考え，基点1にもっとも近い節点を点3とする．点3と点2の間には，$g(r)$ に含まれるどんなグラフが来てもよいが，少なくとも何らかのグラフ(f ボンドも含めて)がこなくてはならないので，(3.2.31)の展開項から生ずる1を引いておく．

$$G(r)=g(r)-1 \tag{3.2.32}$$

点1と点3の間には，点3の定義から明らかなように，節点グラフはない．したがって，直接相関関数(direct correlation function) $C(r)$ を

$$C(r)=G(r)-N(r) \tag{3.2.33}$$

と定義すると，節点グラフの集まり $N(r)$ は

$$N(r_{12})=n\int C(r_{13})G(r_{32})\mathrm{d}\boldsymbol{r}_3 \tag{3.2.34}$$

と表わされる．積分の前に数密度 n が必要なのは，点3が固定された場の点だからである．(3.2.34)は，(3.2.33)を使って

$$G(r_{12})=C(r_{12})+n\int C(r_{13})G(r_{32})\mathrm{d}\boldsymbol{r}_3 \tag{3.2.35}$$

とも書ける．この式は Ornstein-Zernike の式と呼ばれる．この式を導くのには，どんなグラフも省いていないので厳密な式である．直接相関関数はこの式によって定義されるものと見なすこともできる．

§3.3 積分方程式

分布関数を求めるには，原理的には前節で述べたように，クラスター展開を行ない，その各項を出来るだけ多く計算すればよい．すべてのグラフを取り入れれば，正確な分布関数が得られるはずである．実際にはそのような方法より分布関数が満たす近似的な積分方程式を導くのが普通である．液体論でよく用いられる積分方程式には，Kirkwood 方程式，Yvon-Born-Green 方程式，

hyper-netted chain 方程式, Percus-Yevick 方程式がある. 歴史的には, Kirkwood 方程式と Yvon-Born-Green 方程式の方が古いが, ここでは, hyper-netted chain 方程式と Percus-Yevick 方程式の方を先に導くことにする.

(1) hyper-netted chain 方程式と Percus-Yevick 方程式

Ornstein-Zernike の式(3.2.35)は, 厳密な式であるが, 閉じていない. 直接相関関数 $C(r)$ を知ろうとするには, 結局は $G(r)$ と $N(r)$ がわかっていなければならないからである. したがって, $C(r)$ と $G(r)$ を結びつける近似が必要となる. よく知られた近似として, hyper-netted chain (HNC) 近似*と Percus-Yevick (PY) 近似がある.

HNC 近似[19,20]では, 基本グラフをすべて無視する.

$$E(r)=0 \tag{3.3.1}$$

したがって,

$$S(r)=N(r) \tag{3.3.2}$$

$$C(r)=g(r)-1-\log g(r)-\beta\phi(r) \tag{3.3.3}$$

となる. (3.3.3)を(3.2.35)に代入すると,

$$\log g(r_{12})=-\beta\phi(r_{12})+n\int[g(r_{13})-1-\log g(r_{13})-\beta\phi(r_{13})][g(r_{32})-1]\mathrm{d}\boldsymbol{r}_3 \tag{3.3.4}$$

が得られる. この式を HNC 方程式と呼ぶ. PY 近似は

$$N(r)=e^{S(r)}-1 \tag{3.3.5}$$

とおいたものである. したがって, 直接相関関数 $C(r)$ は

$$\begin{aligned}C(r)&=g(r)-e^{S(r)}\\&=g(r)[1-e^{\beta\phi(r)}]\end{aligned} \tag{3.3.6}$$

であり, これを(3.2.35)に代入すると,

$$g(r_{12})e^{\beta\phi(r_{12})}=1+n\int g(r_{13})[1-e^{\beta\phi(r_{13})}][g(r_{32})-1]\mathrm{d}\boldsymbol{r}_3 \tag{3.3.7}$$

---

* convolution 近似とも呼ばれる.

20) T. Morita and K. Hiroike: *Progr. Theoret. Phys.* (*Kyoto*), **23** (1960), 1003. E. Meeron: *J. Math. Phys.*, **1** (1960), 192. M. S. Green: *J. Chem. Phys.*, **33** (1960), 1403. G. S. Rushrooke: *Physica*, **26** (1960), 259. L. Verlet: *Nuovo cimento*, **18** (1960), 77.

を得る．これを PY 方程式[21]と呼ぶ．PY 近似では，動径分布関数は

$$g(r) = \exp(-\beta\phi(r))\cdot[1+N(r)] \tag{3.3.8}$$

であり，HNC 近似では

$$g(r) = \exp(-\beta\phi(r))\cdot\exp N(r) \tag{3.3.9}$$

である．したがって，HNC 近似の方がより多くのグラフを取り入れていることがわかる．しかし，一概には HNC 方程式の方が PY 方程式よりまさっているとはいえない．なぜならば，HNC に含まれていない項と HNC には含まれているが PY には含まれていない項とが打消し合うこともあるからである．

PY 方程式が注目をあびるようになった理由の1つは，剛体球の場合，解析的に解けたことである[22]．詳細な計算は省くが，得られた状態方程式は，圧力の式(3.1.37)を使って

$$P = nkT\frac{1+2\eta+3\eta^2}{(1-\eta)^2} \tag{3.3.10}$$

等温圧縮率の式(3.1.49)を使って

$$P = nkT\frac{1+\eta+\eta^2}{(1-\eta)^3} \tag{3.3.11}$$

である．ここで，$\eta=\pi\sigma^3 n/6$ (σ は剛体球の直径)とおいた．これを，充てん率(packing fraction)という．圧力の式を使って計算した状態方程式と，等温圧縮率の式を使って計算した状態方程式とが異なっているのは，近似の入った2体分布関数を使ったためである．もちろん，正確な2体分布関数を用いれば両者の値は一致するはずである．PY 方程式から得られた状態方程式についてもう1つ不満な点は，剛体球系での相転移が示されていないことである．圧力 P の特異点は，(3.3.10)，(3.3.11)とも $\eta=1$ だけである．この密度は最密充てんの時の値 $\eta=0.74$ より大きく，実際には実現されない．

HNC 方程式や PY 方程式を改良する試み[23]も数多くあり，液体の統計力学

21) J. K. Percus and G. J. Yevick: *Phys. Rev.*, **110** (1958), 1. Percus と Yevick の原論文では集団座標の方法を使って導いている．

22) M. S. Wertheim: *Phys. Rev. Letters*, **10** (1963), 321; *J. Math. Phys.*, **5** (1964), 643. E. Thiele: *J. Chem. Phys.*, **38** (1963), 1959; *ibid.*, **39** (1963), 474.

23) L. Verlet: *Physica*, **30** (1964), 95; *ibid.*, **31** (1965), 959. L. Verlet and P. Levesque: *Physica*, **36** (1967), 254. R. J. Baxter: *Ann. Phys.*, **46** (1968), 509. M. S. Wertheim: *J. Math. Phys.*, 8 (1967), 927. N. F. Carnahan and K. E. Starling: *J. Chem. Phys.*, **51** (1969), 635.

的研究の重要な問題の１つとなっている．

(2) Yvon-Born-Green 方程式と Kirkwood 方程式

２体分布関数に対するクラスター展開とダイヤグラムの考察から，近似として HNC 方程式や PY 方程式が得られることを述べた．ここでは，異なった観点から問題を考え直してみよう．

まず h 体分布関数の定義(3.1.1)から出発する．この式の両辺をある分子の座標，たとえば $\boldsymbol{r}_1$，で微分する．

$$-kT\nabla_1 n^{(h)} = \frac{1}{(n-h)!}\frac{1}{Q_N}\int\cdots\int\nabla_1\Phi_N e^{-\beta\Phi_N}\mathrm{d}\boldsymbol{r}_{h+1}\cdots\mathrm{d}\boldsymbol{r}_N$$

$$= \sum_{i=2}^{h}\nabla_1\phi(\boldsymbol{r}_1, \boldsymbol{r}_i)\cdot n^{(h)} + \int\nabla_1\phi(\boldsymbol{r}_1, \boldsymbol{r}_{h+1})n^{(h+1)}\mathrm{d}\boldsymbol{r}_{h+1} \tag{3.3.12}$$

こうして，h 体分布関数は $h+1$ 体分布関数を使ってあらわされる．この式を実際に適用しようとするならば，２体分布関数を求めるには３体分布関数がわかっていなくてはならず，３体分布関数を求めるには４体分布関数，…と連鎖(hierachy)の方程式を解いていかなくてはならない．この操作は不可能であり，普通は連鎖をどこかで打ち切り閉じた式を書く．２体分布関数に対する式 $(h=2)$ を書いてみよう．

$$-kT\nabla_1 n^{(2)} = \nabla_1\phi(\boldsymbol{r}_1, \boldsymbol{r}_2)\cdot n^{(2)} + \int\nabla_1\phi(\boldsymbol{r}_1, \boldsymbol{r}_3)n^{(3)}\mathrm{d}\boldsymbol{r}_3 \tag{3.3.13}$$

よく用いられる近似として，Kirkwood の "重ね合わせの近似(superposition approximation)" と呼ばれるものがある．この近似では，

$$n^3 n^{(3)}(\boldsymbol{r}_1, \boldsymbol{r}_2, \boldsymbol{r}_3) = n^{(2)}(\boldsymbol{r}_1, \boldsymbol{r}_2)n^{(2)}(\boldsymbol{r}_1, \boldsymbol{r}_3)n^{(2)}(\boldsymbol{r}_2, \boldsymbol{r}_3) \tag{3.3.14}$$

を仮定する．(3.3.14)を(3.3.13)に代入すると，

$$-kT\nabla_1\log n^{(2)}(\boldsymbol{r}_1, \boldsymbol{r}_2) = \nabla_1\phi(\boldsymbol{r}_1, \boldsymbol{r}_2) + n^{-3}\int\nabla_1\phi(\boldsymbol{r}_1, \boldsymbol{r}_3)n^{(2)}(\boldsymbol{r}_1, \boldsymbol{r}_3)n^{(2)}(\boldsymbol{r}_2, \boldsymbol{r}_3)\mathrm{d}\boldsymbol{r}_3 \tag{3.3.15}$$

または動径分布関数を使って

$$-kT\nabla_1\log g(\boldsymbol{r}_1, \boldsymbol{r}_2) = \nabla_1\phi(\boldsymbol{r}_1, \boldsymbol{r}_2) + n\int\nabla_1\phi(\boldsymbol{r}_1, \boldsymbol{r}_3)g(\boldsymbol{r}_1, \boldsymbol{r}_3)g(\boldsymbol{r}_2, \boldsymbol{r}_3)\mathrm{d}\boldsymbol{r}_3 \tag{3.3.16}$$

が得られる．これらの式は，Yvon[24] や Born と Green[6] によって導かれたので YBG 方程式と呼ばれる．“重ね合わせの近似” はあくまで近似であり，3体の相関関数は厳密には

$$g^{(3)}(\boldsymbol{r}_1, \boldsymbol{r}_2, \boldsymbol{r}_3) = g^{(2)}(\boldsymbol{r}_1, \boldsymbol{r}_2) g^{(2)}(\boldsymbol{r}_1, \boldsymbol{r}_3) g^{(2)}(\boldsymbol{r}_2, \boldsymbol{r}_3) \exp\left[\sum_{l=1}^{\infty} n^l \delta_{l+3}(\boldsymbol{r}_1, \boldsymbol{r}_2, \boldsymbol{r}_3)\right] \tag{3.3.17}$$

のように密度展開で表わされる．密度 n に比例する第1の近似項は

$$\delta_4(\boldsymbol{r}_1, \boldsymbol{r}_2, \boldsymbol{r}_3) = \int \mathrm{d}\boldsymbol{r}_4 f_{14} f_{24} f_{34} = \tag{3.3.18}$$

によって与えられる．この項を(3.3.16)に代入すると，積分の項には密度 n がかかっているために，$g(\boldsymbol{r}_1, \boldsymbol{r}_2)$ については n^2 のオーダーの寄与を与える．したがって，“重ね合わせの近似” によって得られた動径分布関数は n のオーダーでは厳密である．圧力の式

$$P = nkT - \frac{2\pi}{3} n^2 \int_0^{\infty} \frac{\mathrm{d}\phi(r)}{\mathrm{d}r} g(r) r^3 \mathrm{d}r \tag{3.1.37$'$}$$

に代入すれば，状態方程式は n^3 のオーダー，すなわち3次のビリアル係数まで正しいことがわかる．一方，“重ね合わせの近似” では，あるクラスのダイヤグラムを密度についてすべてのオーダーまで足し合わせている．この近似がよいかどうかということは，実際に計算してみるより他ない．YBG 方程式を改良するには，(3.3.17)を用いる[25]か，連鎖を4体の相関関数で打ち切る[26]などの方法が考えられる．

動径分布関数に対する積分方程式を導く方法として，Kirkwood による結合パラメタ(coupling parameter)の方法と呼ばれるものがある．ある分子，たとえば分子1，と他の分子との相互作用が ξ 倍になった仮想的な系を考える．その系の全ポテンシャルは，

$$\Phi_N(\xi) = \xi \sum_{i=2}^{N} \phi(\boldsymbol{r}_1, \boldsymbol{r}_i) + \sum_{2=i<j}^{N} \phi(\boldsymbol{r}_i, \boldsymbol{r}_j) \tag{3.3.19}$$

---

24) J. Yvon: *Actualités Cientifiques et Industrielles*, No. 203, Herman et Cie. (1935).
25) J.S. Rowlinson: *Mol. Phys.*, **6** (1963), 517.
26) I.Z. Fisher: *Soviet Phys.-Uspekhi* (English transl.), **5** (1962), 239; *Usp. Fiz. Nauk*, **76** (1962), 499.

である．結合パラメタ ξ は，$0 \leqq \xi \leqq 1$ とする．$\xi=0$ は分子1が他の分子とは相互作用しない系を表わしており，$\xi=1$ が実際に求めたい系である．(3.3.19)に対応して，分布関数，配置分配関数を

$$n^{(h)}(\boldsymbol{r}_1, \boldsymbol{r}_2, \cdots, \boldsymbol{r}_h ; \xi) = \frac{1}{(N-h)!Q_N(\xi)} \int \cdots \int e^{-\beta\Phi_N(\xi)} \mathrm{d}\boldsymbol{r}_{h+1} \mathrm{d}\boldsymbol{r}_{h+2} \mathrm{d}\boldsymbol{r}_N \tag{3.3.20}$$

$$Q_N(\xi) = \frac{1}{N!} \int \cdots \int e^{-\beta\Phi_N(\xi)} \mathrm{d}\boldsymbol{r}_1 \mathrm{d}\boldsymbol{r}_2 \cdots \mathrm{d}\boldsymbol{r}_N \tag{3.3.21}$$

と書く．(3.3.20)の両辺を ξ で微分する．

$$\begin{aligned}\left(\frac{\partial n^{(h)}}{\partial \xi}\right)_{V,T} &= -\frac{n^{(h)}}{Q_N(\xi)} \left(\frac{\partial Q_N(\xi)}{\partial \xi}\right)_{V,T} \\ &\quad - \frac{\beta}{(N-h)!Q_N(\xi)} \int \cdots \int \sum_{i=2}^{N} \phi(\boldsymbol{r}_1, \boldsymbol{r}_i) e^{-\beta\Phi_N(\xi)} \mathrm{d}\boldsymbol{r}_{h+1} \cdots \mathrm{d}\boldsymbol{r}_N\end{aligned} \tag{3.3.22}$$

(3.3.22)の右辺の第1項は，

$$\begin{aligned}&\frac{n^{(h)}}{Q_N(\xi)} \frac{\beta}{N!} \int \cdots \int \sum_{i=2}^{N} \phi(\boldsymbol{r}_1, \boldsymbol{r}_i) e^{-\beta\Phi_N(\xi)} \mathrm{d}\boldsymbol{r}_1 \mathrm{d}\boldsymbol{r}_2 \cdots \mathrm{d}\boldsymbol{r}_N \\ &= n^{(h)} \frac{\beta}{N} \iint \phi(\boldsymbol{r}_1, \boldsymbol{r}_2) n^{(2)}(\boldsymbol{r}_1, \boldsymbol{r}_2 ; \xi) \mathrm{d}\boldsymbol{r}_1 \mathrm{d}\boldsymbol{r}_2\end{aligned} \tag{3.3.23}$$

(3.3.22)の右辺の第2項は，

$$\begin{aligned}&-\frac{\beta}{Q_N(\xi)} \frac{1}{(N-h)!} \int \cdots \int \sum_{i=2}^{h} \phi(\boldsymbol{r}_1, \boldsymbol{r}_i) e^{-\beta\Phi_N(\xi)} \mathrm{d}\boldsymbol{r}_{h+1} \cdots \mathrm{d}\boldsymbol{r}_N \\ &-\frac{\beta}{Q_N(\xi)} \frac{1}{(N-h)!} \int \cdots \int \sum_{i=h+1}^{N} \phi(\boldsymbol{r}_1, \boldsymbol{r}_i) e^{-\beta\Phi_N(\xi)} \mathrm{d}\boldsymbol{r}_{h+1} \cdots \mathrm{d}\boldsymbol{r}_N \\ &= -\beta \sum_{i=2}^{h} \phi(\boldsymbol{r}_1, \boldsymbol{r}_i) \cdot n^{(h)} - \beta \int \phi(\boldsymbol{r}_1, \boldsymbol{r}_{h+1}) n^{(h+1)} \mathrm{d}\boldsymbol{r}_{h+1}\end{aligned} \tag{3.3.24}$$

であるから，

$$\begin{aligned}-kT\left(\frac{\partial \log n^{(h)}}{\partial \xi}\right) &= \sum_{i=2}^{h} \phi(\boldsymbol{r}_1, \boldsymbol{r}_i) - \frac{1}{N} \iint \phi(\boldsymbol{r}_1, \boldsymbol{r}_2) n^{(2)}(\boldsymbol{r}_1, \boldsymbol{r}_2 ; \xi) \mathrm{d}\boldsymbol{r}_1 \mathrm{d}\boldsymbol{r}_2 \\ &\quad + \frac{1}{n^{(h)}} \int \phi(\boldsymbol{r}_1, \boldsymbol{r}_{h+1}) n^{(h+1)} \mathrm{d}\boldsymbol{r}_{h+1}\end{aligned} \tag{3.3.25}$$

となる．ふたたび，h 体分布関数は，$h+1$ 体分布関数を使って表わされている．$h=2$ の場合には，

$$-kT\left(\frac{\partial \log n^{(2)}(\boldsymbol{r}_1, \boldsymbol{r}_2; \xi)}{\partial \xi}\right) = \phi(\boldsymbol{r}_1, \boldsymbol{r}_2) - \frac{1}{N}\int\int \phi(\boldsymbol{r}_1, \boldsymbol{r}_2) n^{(2)}(\boldsymbol{r}_1, \boldsymbol{r}_2; \xi) \mathrm{d}\boldsymbol{r}_1 \mathrm{d}\boldsymbol{r}_2 + \frac{1}{n^{(2)}(\boldsymbol{r}_1, \boldsymbol{r}_2; \xi)}\int \phi(\boldsymbol{r}_1, \boldsymbol{r}_3) n^{(3)}(\boldsymbol{r}_1, \boldsymbol{r}_2, \boldsymbol{r}_3; \xi) \mathrm{d}\boldsymbol{r}_3 \tag{3.3.26}$$

であり，これは(3.3.13)と同じく厳密な式である．動径分布関数は

$$n^{(2)}(\boldsymbol{r}_1, \boldsymbol{r}_2; \xi) = n^2 g(\boldsymbol{r}_1, \boldsymbol{r}_2; \xi) \tag{3.3.27}$$

ここで“重ね合わせの近似”として

$$n^3 n^{(3)}(\boldsymbol{r}_1, \boldsymbol{r}_2, \boldsymbol{r}_3; \xi) = n^{(2)}(\boldsymbol{r}_1, \boldsymbol{r}_2; \xi) n^{(2)}(\boldsymbol{r}_1, \boldsymbol{r}_3; \xi) n^{(2)}(\boldsymbol{r}_2, \boldsymbol{r}_3) = n^4 n^{(2)}(\boldsymbol{r}_1, \boldsymbol{r}_2; \xi) g(\boldsymbol{r}_1, \boldsymbol{r}_3; \xi) g(\boldsymbol{r}_2, \boldsymbol{r}_3) \tag{3.3.28}$$

を代入すれば，

$$-kT\left(\frac{\partial \log g(\boldsymbol{r}_1, \boldsymbol{r}_2; \xi)}{\partial \xi}\right)_{V,T} = \phi(\boldsymbol{r}_1, \boldsymbol{r}_2) + n\int \phi(\boldsymbol{r}_1, \boldsymbol{r}_3) g(\boldsymbol{r}_1, \boldsymbol{r}_3; \xi)[g(\boldsymbol{r}_2, \boldsymbol{r}_3) - 1] \mathrm{d}\boldsymbol{r}_3 \tag{3.3.29}$$

が得られる．両辺を ξ で積分すると

$$-kT \log g(\boldsymbol{r}_1, \boldsymbol{r}_2; \xi) = \xi \phi(\boldsymbol{r}_1, \boldsymbol{r}_2) + n\int_0^{\xi}\int \phi(\boldsymbol{r}_1, \boldsymbol{r}_3) g(\boldsymbol{r}_1, \boldsymbol{r}_3; \xi)[g(\boldsymbol{r}_2, \boldsymbol{r}_3) - 1] \mathrm{d}\boldsymbol{r}_3 \mathrm{d}\xi \tag{3.3.30}$$

であり，この式を Kirkwood 方程式(K 方程式)という[27]．YBG 方程式と K 方程式の相違は，“重ね合わせ近似”の導入のしかた，(3.3.14)と(3.3.28)，から生じているのである．

Alder[28] は，剛体球系に対して分子運動法の計算機実験から直接 $g^{(2)}$ と $g^{(3)}$ を求め，“重ね合わせ近似”の検討を行なっている．表 3.2 の第1列目は $g^{(2)}(r_{12})$ の正しい数値である．第2列目は，“重ね合わせ近似”を使って $g^{(3)}$ からもとめた値である．$g^{(3)}$ で $r_{12}=r_{23}=r_{31}=r$ としたものを $g^{(3)}(r)$ と書く．重ね合わせ近似(SA)は

$$g^{(2)}_{\mathrm{SA}}(r_{12}) = [g^{(3)}(r_{12})]^{1/3} \tag{3.3.31}$$

この表から，剛体球の場合には，“重ね合わせ近似”が驚くべき程よく成り立っているのがわかる．このことは必ずしも YBG 方程式がよい近似を示すこととは同値ではない．表の第3列目は YBG 方程式の数値解[29]である．YBG 方程式は“重ね合わせ近似”に

27) J. G. Kirkwood: *J. Chem. Phys.*, **3** (1935), 300. J. G. Kirkwood and E. M. Boggs: *J. Chem. Phys.*, **10** (1942), 394.

28) B. J. Alder: *Phys. Rev. Letters*, **12** (1964), 317.

29) J. G. Kirkwood, E. K. Maun and B. J. Alder: *J. Chem. Phys.*, **18** (1950), 1040 による．

表 3.2 剛体球の場合の“重ね合わせ近似”の検討[28]. $v/v_0=1.60$ (v_0 は最密充てんの時の体積)

r_{12}	$g^{(2)}(r_{12})$	$g_{SA}^{(2)}(r_{12})$	YBG	PY
1.000	4.95	4.85†	2.78	4.27
1.088	2.72	2.72	2.35	2.79
1.253	1.12	1.18	1.59	1.18
1.399	0.73	0.74	1.11	0.66
1.531	0.64	0.61	0.81	0.60
1.652	0.71	0.69	0.69	0.73
1.764	0.88	0.94	0.67	0.89
1.870	1.08	1.15	0.73	1.06
1.970	1.24	1.24	0.88	1.24

† 外插値

伴う誤差を増幅するようになっている．また，$g_{SA}^{(2)}(r_{12})$ は，かなりよい近似である PY 方程式から求めた $g^{(2)}(r_{12})$ より，正しい $g^{(2)}(r_{12})$ に近くなっている．

§3.4 積分方程式の数値解

前節までに我々は動径分布関数 $g(r)$ に対する 4 つの方程式，すなわち，Kirkwood (K) 方程式，Yvon-Born-Green (YBG) 方程式，hyper-netted chain (HNC) 方程式，Percus-Yevick (PY) 方程式を導いた．これらの方程式は近似の式であり，実際に計算することによってどの方程式の近似がよいかを決めなければならない．各方程式は複雑な非線形の積分方程式であり，特別な場合(剛体球の場合の PY 方程式)を除いては解析的に解くことができない．したがって数値積分にたよらなくてはならない．この節ではまず初めに，理想化された実験ともいうべき“計算機実験”(第5章参照)との比較を行なう．それは剛体球分子のように現実にないポテンシャルについても理論を吟味できること，また実際の液体について実験から推定された2体ポテンシャルはいくらかのあいまいさを含むことなどのために，理論の検討には，計算機実験との比較の方が適している点が多いからである．そして最後に実際の実験から得られた結果との比較を行なう．

(1) 計算機実験との比較

剛体球ポテンシャル 2体間に働くポテンシャルを

$$\left.\begin{aligned}\phi(r) &= \infty \qquad (r<\sigma)\\ &= 0 \qquad (r \geqq \sigma)\end{aligned}\right\} \tag{3.4.1}$$

とする．このポテンシャルは直径 σ の剛体球の相互作用を表わす．

まず低密度の領域を考えてみよう．状態方程式を密度 $n(\equiv N/V)$ の展開で表わせば

$$\frac{P}{nkT} = 1+Bn+Cn^2+Dn^3+En^4+\cdots \tag{3.4.2}$$

ここに係数 $B, C, D, E, \cdots$ は，それぞれ2次，3次，4次，5次，… のビリアル係数である．剛体球分子についてはビリアル係数は温度によらない定数であり，7次まで正確に求められている[30]．それに対して，各積分方程式から求めた $g(r)$ を使って，(3.1.37)，(3.1.49)から状態方程式を求め，各近似によるビリアル係数を定めることができる．PY 方程式の厳密解(3.3.10)，(3.3.11)のところで触れたように，この2つの式を使って求めた結果は一致しない(これを consistency(首尾一貫性)の問題と呼ぶ)．圧力の式(3.1.37)から求めたものは添字 p を，等温圧縮率の式(3.1.49)から求めたものには添字 c をつける．剛体球についてはどの近似でもビリアル係数は定数である．表3.3からわかるように，どの近似式も4次以上のビリアル係数を正しく与えない．しかし，圧力の式から求めた値と等温圧縮率の式から求めた値の間に厳密値はおさまっている．数値的には PY 方程式が最も良く，K 方程式が最も劣るように見える．また，consistency からいっても PY 方程式が良さそうである．しかし，ビリ

表 3.3　剛体球に対する厳密なビリアル係数と近似理論によって計算したビリアル係数[31]．単位は B, C, D, E についてそれぞれ $b=2\pi\sigma^3/3, b^2, b^3, b^4$．添字 p は圧力の式，添字 c は等温圧縮率の式から求めたことを示す

	$B_p(b)$	$B_c(b)$	$C_p(b^2)$	$C_c(b^2)$	$D_p(b^3)$	$D_c(b^3)$	$E_p(b^4)$	$E_c(b^4)$
厳密	1	1	5/8	5/8	0.2869	0.2869	0.1103	0.1103
YBG	1	1	5/8	5/8	0.2252	0.3424	0.0475	0.1335
K	1	1	5/8	5/8	0.1400	0.4418		
HNC	1	1	5/8	5/8	0.4453	0.2092	0.1447	0.0493
PY	1	1	5/8	5/8	0.2500	0.2969	0.0859	0.121

30)　F. H. Ree and W. G. Hoover: *J. Chem. Phys.*, **40** (1964), 939; *ibid.*, **46** (1967), 4181.

31)　S. T. Rice and P. Gray: *The Statistical Mechanics of Simple Liquids*, Interscience (1965).

アル展開との比較は，高密度における理論の判定にはほとんど役立たないことが知られている[32]．

次に高密度の領域を考えてみよう．密度が高くなるにつれてビリアル展開の各項は同等の重要さを持つようになる．すなわち複雑なグラフをもはや無視できない．前節で導いた4つの積分方程式は近似式ながらも，すべてのオーダーのグラフを取り入れている．図3.8は各積分方程式を使って求めた剛体球系の状態方程式である．実線は分子運動法を使って計算機実験から求めたものである．計算機実験の結果は，高密度領域で固体-流体(液体，気体)の相転移を示し，各相を表わす曲線の間には密度の飛びがある(Alder転移)．流体状態の状態方程式に話を限るならば，4つの積分方程式はどれも完全には正しい値を与えていないが，PY方程式が最も近似がよいことに気がつく．PY方程式は，相転移が起こる密度より上でも，計算機実験の流体部分をかなりよく再現している．

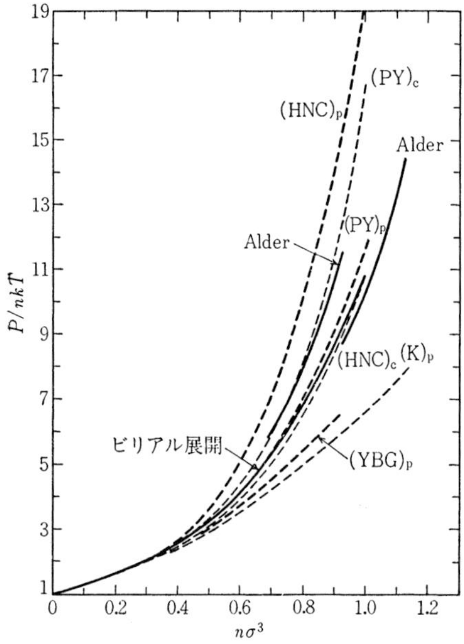

図 3.8 剛体球系の状態方程式[31]．実線(Alder)は分子運動法による．添字 p, c は状態方程式を求める際に，圧力の式，等温圧縮率の式を用いたことを示している．ビリアル展開は5次のビリアル係数まで取り入れたものである．

K方程式とYBG方程式は剛体球系の相転移に関して歴史的な役割を果した．Kirkwood と Boggs (Monroe) は，方程式の数値解から次のようなことを見

32) W. G. Hoover and J. C. Poirier: *J. Chem. Phys.*, **37** (1962), 1041.

出した．密度 n がある値を越えると，$r^2[g(r)-1]$ の積分が有限であるような解は存在しない．そのような密度は，K 方程式では $n_0/n=1.24$，YBG 方程式では $n_0/n=1.48$ である(ここで n_0 は最密充てんの密度 $n_0\sigma^3=\sqrt{2}$)．Kirkwood らは，この密度以上では流体状態は不安定になり，結晶相が安定になるであろうと予想した．この予想は後に計算機実験で確かめられたのである．Alder 転移の詳しい性質の解明はまだ未解決の問題であるが，流体状態のあまりよい近似ではない K 方程式と YBG 方程式が相転移を予言し，よい近似である PY 方程式と HNC 方程式が相転移を予言しないことは非常に興味深いことである．

Lennard-Jones ポテンシャル　ここでは，剛体球よりはより現実のポテンシャルに近いと考えられる Lennard-Jones ポテンシャル

$$\phi(r) = 4\varepsilon\left[\left(\frac{\sigma}{r}\right)^{12}-\left(\frac{\sigma}{r}\right)^{6}\right] \tag{3.4.3}$$

を例にとる．

Wood と Parker[33] は，温度を $kT=2.74\varepsilon$ にとりモンテカルロ(MC)法を使って計算機実験を行なった．その結果と，YBG 方程式，HNC 方程式，PY 方程式から得られる結果を比較してみよう．図 3.9 は密度が $n\sigma^3=10/9$ のときの動径分布関数 $g(r)$ である．g_{PY} が最も g_{MC} に近く，次に g_{HNC} が良く，g_{YBG} が最も近似が悪い．この密度では，g_{YBG} の第 1 極大は小さすぎ，極小は r が大きすぎるところにある．g_{HNC} では第 1 極大が近くに来すぎる傾向がある．

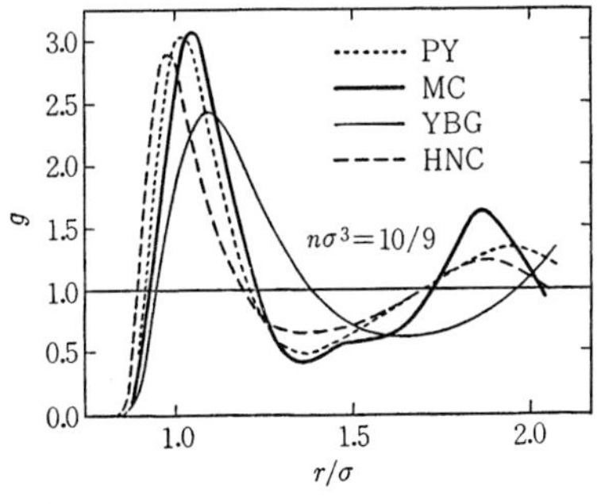

図 3.9　温度 $kT=2.74\varepsilon$，密度 $n\sigma^3=10/9$ のときの動径分布関数[34] (Lennard-Jonesのポテンシャル)

図 3.10，3.11 は $kT=2.74\varepsilon$ のときの状態方程式を示している．モンテカル

33)　W. W. Wood and F. R. Parker: *J. Chem. Phys.*, **27** (1957), 720.

34)　A. A. Broyles, S. U. Chung and H. L. Sahlin: *J. Chem. Phys.*, **37** (1962), 2462.

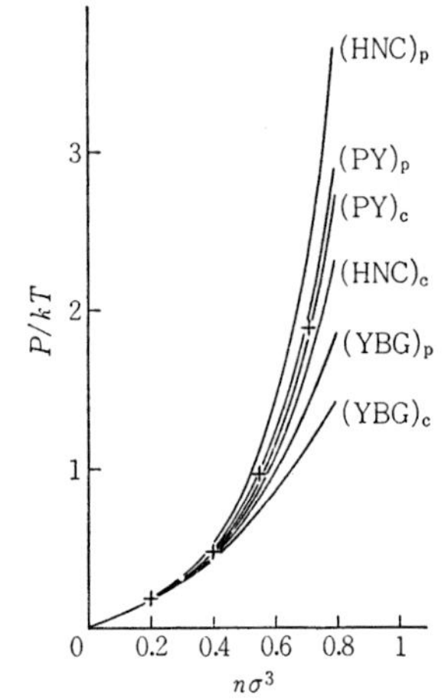

図 3.10 Lennard-Jones ポテンシャルの状態方程式[35] ($kT=2.74\varepsilon$). ＋印は Wood と Parker による計算機実験(モンテカルロ法)の結果

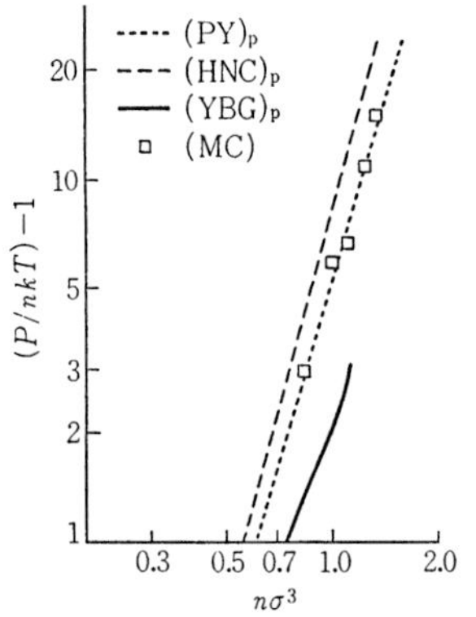

図 3.11 高密度領域での Lennard-Jones ポテンシャル系の状態方程式[34] ($kT=2.74\varepsilon$)

ロ計算では $n\sigma^3 \gtrsim 1.0$ で，液体-固体の相転移が現われている．PY 方程式から求めた状態方程式は相転移を示さないが，計算機実験と非常によく一致している．HNC 方程式から求めた曲線は密度が高くなるとあまり合わなくなる．YBG 方程式は HNC 方程式より悪い．圧力の式と等温圧縮率の式の一致(consistency)も，PY 方程式が一番よい．$kT=2.74\varepsilon$ は臨界点より高い温度であり，液体-気体の相転移はない．図 3.12 は内部エネルギーを示している．PY, HNC, YBG は求めた動径分布関数 $g(r)$ と(3.1.28)を使って計算したものであ

35) D. Levesque: *Physica*, **32** (1966), 1985.

る．モンテカルロ計算はふたたび相転移の飛びを示している．ここでも，PY 方程式が最もよい結果を与えている．

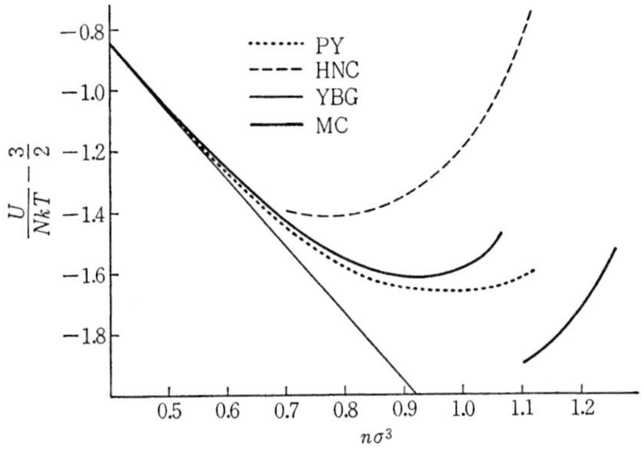

図 3.12　Lennard-Jones ポテンシャル系の内部エネルギー[34]（$kT=2.74\varepsilon$）

以上に述べた2つの例，剛体球ポテンシャルと高温での Lennard-Jones ポテンシャル，では PY 方程式が最も計算機実験に近い値を与えた．しかし，密度がますにつれてどの方程式も誤差をますようである．引力が重要な系では，HNC 方程式の方が PY 方程式より良いという報告もある．

（2）　実際の液体との比較

単原子分子から成る液体の解析には，Lennard-Jones ポテンシャル(3.4.3)がよく用いられる．ポテンシャルは，近距離の斥力と van der Waals の引力の和として表わされている．2つのパラメタ ε と σ を含み，それぞれは相互作用の強さと分子の大きさの目安を与えている．実験データからの分子間ポテンシャルの決定は，いくらかの不確かさを持っている(第2章参照)．分子間に働く力が2体力だけで表わされると仮定しても，(3.4.3)のような関数形で記述されるという保証はない[36]．

アルゴンの場合 Michels ら[37]は，第2ビリアル係数 B が実験とよく合うパラメタとして，

36)　例えば，E. A. Guggenheim and M. L. McGlashan: *Proc. Roy. Soc.* (*London*), **A265** (1960), 456.

37)　A. Michels, H. Wijker and H. K. Wijker: *Physica*, **15** (1945), 627.

$$\frac{\varepsilon}{k}=119.8\,\mathrm{K},\qquad \sigma=3.405\,\text{Å}\qquad（アルゴン）\qquad (3.4.4)$$

を選んだ．このパラメタの組は高温では実験から得られた B の値をよく説明するが，低温では ε/k の値を小さくし，σ の値を大きくした方がよい結果を与えるようである．すなわち，あらゆる温度領域にわたってよい結果を与えるパ

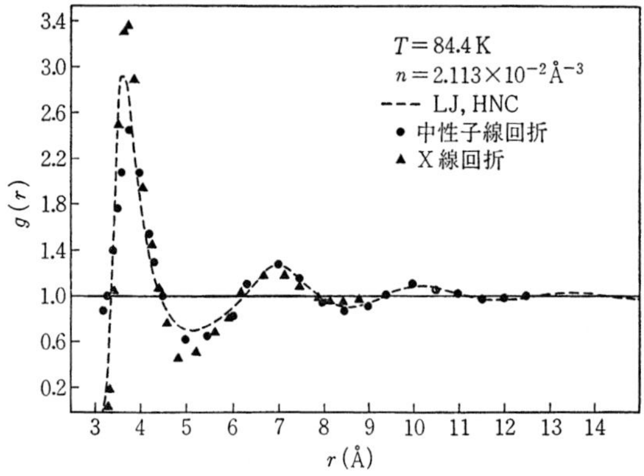

図 3.13　動径分布関数(液体アルゴン)[38]．破線は Lennard-Jones ポテンシャル(ε/k=119.8 K，σ=3.405 Å)を使って HNC 方程式より求めた．●印は中性子線回折，▲印はX線回折の実験より求めた

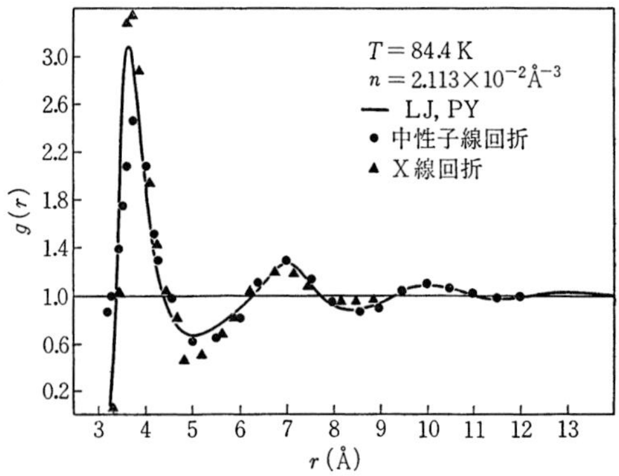

図 3.14　動径分布関数(液体アルゴン)[38]．実線は Lennard-Jones ポテンシャル(ε/k=119.8 K，σ=3.405 Å)を使って PY 方程式より求めた　●印は中性子線回折，▲印はX線回折の実験より求めた

---

38)　A. A　Khan: *J. Chem. Phys.*, **134** (1964). A 367

ラメタの組はない．また，分子間に働く実質的な2体力が密度によって変わることも考えられる．したがって，(3.4.3)を仮定しての実験の解析は，それ自身にも検討の余地があることに注意しておこう．

図3.13, 3.14は，HNC方程式とPY方程式から求めた動径分布関数と，アルゴン(Ar)の動径分布関数の比較である[38]．X線回折の実験はEisensteinとGingrich[39]により，中性子線回折の実験はHenshaw[40]による(詳しくいえば，中性子線回折の実験は，84Kの液体アルゴンに対して行なわれた)．実験の条件が少し違うとはいうものの，中性子線回折とX線回折の結果は完全には一致していない．実験と理論の一致はかなりよいといっていいであろう．

図3.15は，クリプトン(Kr)に対する解析である[41]．温度は臨界温度(T_c=209.4K)より低く，密度は臨界密度($n_c=6.53\times10^{-3}$ Å^{-3})より大きい範囲にある．中性子線回折の実験は，ClaytonとHeatonによる[42]．温度が下るにつれて，第1極大の山がより鋭くなり，動径分布関数の構造がはっきりしていく様子がわかる．$T=133$Kのグラフでは実験値の第1極大は，HNCの山より大きく，PYの山より小さい．それ以外では，HNC曲線は実験値に近い．$T=153$Kのグラフでは，HNC曲線は実験値とよく一致している．PY曲線では，第1極大の山が高すぎる．実験値の第1極大は，理論値より右へずれているようである．この傾向は$T=183$Kの場合に，よりはっきりする．実験値では，第1極大は4Åにあるが，HNCとPYでは3.9Åである．いずれの温度でも，実験では，第1極小付近に構造が見えるようであるが，理論曲線では説明されていない．

次に状態方程式を調べてみよう(図3.16)．参考のために，Lennard-Jonesポテンシャルを使ったモンテカルロ法による計算機実験の結果も図示する．計算機実験はポテンシャルを指定した以外は厳密であるので，理想実験ともみなせる．図3.10では，高温$T=2.74\varepsilon/k=328.3$KでのPY曲線と計算機実験のよい一致をみた．図3.16はそれよりも低温の場合(161.7K)である．モンテカルロ計算と実験値のかなりよい一致は，この物理条件では，アルゴンの平衡状

39) A. Eisenstein and W.S. Gingrich: *Phys. Rev.*, **62** (1942), 261.
40) D.G. Henshaw: *Phys. Rev.*, **105** (1957), 976.
41) A.K. Khan: *J. Chem. Phys.*, **136** (1964), A 1260.
42) G.T. Clayton and L. Heaton: *Phys. Rev.*, **121** (1961), 649.

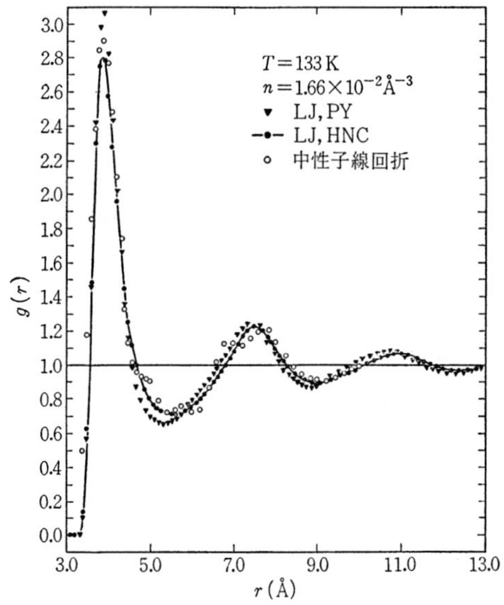
$T = 133$ K
$n = 1.66 \times 10^{-2}$ Å^{-3}
LJ, PY
LJ, HNC
中性子線回折
$g(r)$
r (Å)
3.0
5.0
7.0
9.0
11.0
13.0
0.0
0.2
0.4
0.6
0.8
1.0
1.2
1.4
1.6
1.8
2.0
2.2
2.4
2.6
2.8
3.0

(a)

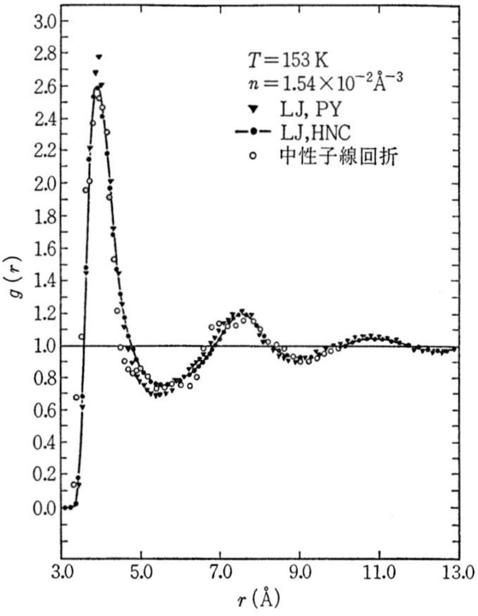
$T = 153$ K
$n = 1.54 \times 10^{-2}$ Å^{-3}
LJ, PY
LJ, HNC
中性子線回折
$g(r)$
r (Å)
3.0
5.0
7.0
9.0
11.0
13.0
0.0
0.2
0.4
0.6
0.8
1.0
1.2
1.4
1.6
1.8
2.0
2.2
2.4
2.6
2.8
3.0

(b)

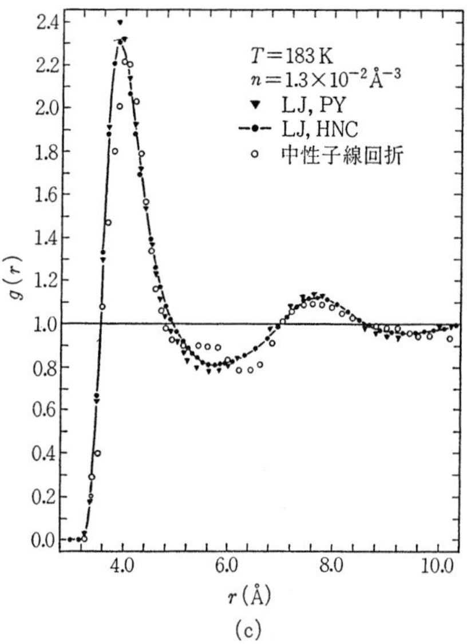

図 3.15　動径分布関数(液体クリプトン)[41]. Lennard-Jones ポテンシャル(ε/k=172.70 K, σ=3.591 Å)を使って，PY 方程式と HNC 方程式から求めた理論値と中性子線回折の実験結果の比較．(a) T=133 K, $n=1.66\times10^{-2}$ Å^{-3}, (b) T=153 K, $n=1.54\times10^{-2}$ Å^{-3}, (c) T=183 K, $n=1.3\times10^{-2}$ Å^{-3}

態での性質は Lennard-Jones ポテンシャルによって記述できることを示している．PY 方程式と HNC 方程式はほとんど似た振舞いを示すが，PY 方程式の方が実験値に近い．理論値と実験値の差は密度が高くなるにつれて大きくな

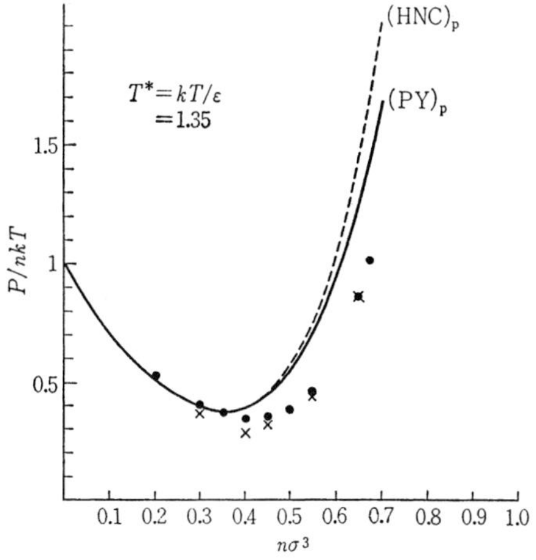

図 3.16　状態方程式(アルゴン)．実線は PY 方程式，破線は HNC 方程式による結果[35]．計算では，Lennard-Jones ポテンシャル(ε/k=119.8 K, σ=3.405 Å)を使っている．黒丸は実験値である[43]．× 印は Lennard-Jones ポテンシャルを使ったモンテカルロ計算[44]．

43) J. M. H. Levelt: *Physica*, **26** (1960), 361.
44) L. Verlet and D. Levesque: *Physica*, **36** (1967), 254.

っている.

液相と気相の境界は，2相での圧力と化学ポテンシャルを等しくおくことによって決められる．表3.4は，HNC方程式による結果と実験値の比較である．2相平衡の圧力の誤差は，たかだか5%であるが，液体の密度は10〜20%ほど実験値と違っている．これらのデータから外插によって，臨界定数が決められる(表3.5)．理論値と実験値はよく一致している．参考として，Lennard-

表 3.4　2相領域の境界(アルゴン)[44]

T(K)	圧力(atm) HNC	圧力(atm) 実験	密度(g·cm^{-3}) d_l(HNC)	d_g(HNC)	d_l(実験)	d_g(実験)
148	45.4	43.2	0.617	0.392	0.775	0.31
143	37	35.3	0.696	0.235	0.89	0.21
138	29	28.8	0.757	0.156	0.96	0.15
84	1.2	0.8	1.24	0.007	1.40	0.0049

表 3.5　臨界定数(アルゴン)[44]．第3行目のLJDはLennard-JonesとDevonshireの細胞理論より求めたもの

	T_c(K)	P_c(atm)	d_c(g·cm^{-3})
実　験	150.66	48.3	0.536
HNC	150±0.5	49.5±1	0.522±0.02
LJD	155	173	0.309

表 3.6　いろいろな方法によって計算した臨界定数と実験値の比較[35]．添字p, cはおのおの圧力の式，等温圧縮率の式から計算したことを示す．表では，温度の単位はε/k，密度の単位はσ^3に取ってある

	T_c^*	n_c^*	$\dfrac{P_c^*}{n_c^* T_c^*}$
(YBG)$_p$	1.45±0.03	0.40±0.05	0.44±0.04
(YBG)$_c$	1.58±0.02	0.40±0.03	0.48±0.03
(HNC)$_p$	1.25±0.02	0.26±0.03	0.35±0.03
(HNC)$_c$	1.39±0.02	0.28±0.03	0.38±0.04
(PY)$_p$	1.25±0.02	0.29±0.03	0.30±0.02
(PY)$_c$	1.32±0.02	0.28±0.03	0.36±0.02
実　験	1.26	0.316	0.297

Jones と Devonshire の細胞理論による結果も掲げておいた．表3.6は，さらにいろいろな方法によって計算された臨界定数と実験の比較を示してある．温度の単位は ε/k，密度の単位は σ^3 に選んである．HNC と PY はほとんど同じような結果を与えているが，$(\mathrm{PY})_\mathrm{P}$ が最も実験に近いようである．YBG はあまりよい近似になっていない．

一般に，動径分布関数を使っての計算では，圧力よりは内部エネルギーやエントロピーの方が正確に求まるようである．特に低温ではその傾向が著しい．表3.7は，内部エネルギーとエントロピーの理論値と実験値を示している．HNC による値と実験値の一致はかなりよい．この表からも，HNC 方程式や PY 方程式などの新しい近似理論が，YBG 方程式や K 方程式などの古典的な近似理論を改良していることがわかる．現在では，HNC 方程式や PY 方程式を補正，改良する仕事が盛んに行なわれ，さらによい実験との一致をみるようになっている．しかしいぜんとして，液体の性質を正確に記述するには到っていない．特に，液体-固体の相転移を定量的に説明できるような理論の出現が望まれる．

表 3.7　液体アルゴンの内部エネルギー U とエントロピー S に対する理論値と実験値の比較[44]．内部エネルギーとエントロピーの数値は，理想気体の寄与を引いてある

T(K)	密度 ($\mathrm{g\cdot cm^{-3}}$)	U_K	U_HNC ($\mathrm{cal\cdot mol^{-1}}$)	$U_{実験}$	S_HNC ($\mathrm{cal\cdot mol^{-1}\cdot K^{-1}}$)	$S_{実験}$
273	1.12	−1155	−916	−911	−3.02	−3.38
273	0.609	− 588	−536	−516	−1.61	−1.53
153	0.522	—	−554	−555	−1.82	−1.86
153	0.696	—	−693	−688	−2.31	−2.30
143	1.044	—	−996	−978	−3.90	−3.70

分布関数による液体の研究はこのように精密化を深めているのであるが，物理的直観に欠けるのが難点である．特に得られた積分方程式が複雑な形をしているために，数値計算によらなくてはならないからである．しかし，2体間のポテンシャルというミクロな量から，液体の性質というマクロな量を説明するには，最も正攻法な道であることには疑いがない．特に剛体球に対して得られた PY 方程式の解は液体の解析には非常に役立っている．

最近注目を集めだした方法として，摂動法がある(§5.2参照)．摂動法自身

はそう新しいものではない[45]．系の全相互作用を基準系(reference system)の相互作用と摂動の相互作用にわけ，基準系からのずれを計算して行く．基準系としては剛体球系を取る場合が多い．摂動の各項は温度の逆数として展開されるので，高温では良いが低温になると使えないと思われていた．Barker と Henderson[46] は，剛体球の直径の選び方と高次の項の扱い方を工夫すれば液体領域でも非常によい結果が得られることを示した．こうした方法の根底には，斥力ポテンシャルの寄与が重要だとする考え方がある．ポテンシャルの引力部分は単に系を凝縮させる働きをするだけで，液体の構造はほとんど斥力部分によって説明できると考える[47]．また計算機実験によって発見された斥力系での固体-液体の1次転移は実際に観測される転移をよく説明する[48]．このように分子間の斥力の役割が明確になったことは近年の液体論の成果の1つである．

§3.5 模型理論[49]

§3.1～§3.4は分布関数による液体の統計力学を取扱った．もう1つの重要な考え方として模型(モデル)による理論がある．この両者は液体の統計力学の2つの柱をなしている．ほぼ同じ頃始まった2つの理論のうち，先に定量化されたのは模型理論であるが，その後本質的な改良を得ないままに今日に到った．現在では，HNC 方程式や PY 方程式等の発見やそれを数値的に解く計算機の発達により，分布関数による理論が多く用いられている．しかし液体を“物理的”に把握するという点においては模型理論の重要性は失われていない．物理学の進歩は，多かれ少なかれ，よりよい模型の発見によって推進されてきたからである．最近新しい模型理論も提出され，再び模型理論は活発になってきた．

気体や固体に対しては，我々は非常に明確な模型を持っている．気体状態においては，分子はほとんど自由に容器内を飛びまわると考える．固体(結晶)状態においては，分子は決まった格子をつくり，その格子点を中心に振動してい

45) R. W. Zwanzig: *J. Chem. Phys.*, **22** (1954), 1420.

46) J. A. Barker and D. Henderson: *J. Chem. Phys.*, **47** (1967), 2856; *ibid.*, **47** (1967), 4714.

47) D. Chandler and J. D. Weeks: *Phys. Rev. Letters*, **25** (1970), 149.

48) H. C. Loguet-Higgins and B. Widom: *Mol. Phys.*, **8** (1964), 549.

49) 模型理論の詳細な議論は，J. A. Barker: *Lattice Theories of the Liquid State*, Pergamon Press (1963) にまとめられている．

ると考える．これらの簡単な模型は，それぞれ実際の気体や固体の性質をよく説明するのである．

それでは，液体に対しては，簡単な模型を設定することは可能であろうか*．また可能ならば，どのようなものを考えればよいのであろうか．これから，いくつかの模型を紹介して行く．その際には，得られた結果と実験値との比較はもちろん重要な仕事であるが，考えている模型がどれだけ現実の液体と似ているかということを念頭においておかなければならないであろう．

（1） 細胞模型

液体の模型理論でよく知られ，また基本的なものに細胞模型(cell model)がある．細胞模型では，液体を構成するおのおのの分子は，ほとんどの時間，その周囲の分子によってつくられる"制限された領域"にとどまっているとする．その"制限された領域"を細胞(cell)またはかご(cage)と呼ぶ．X線回折の実験から明らかにされたように，液体には分子の短距離規則性があるので，細胞を仮定することはあまり無理なことではないが，明らかに固体との類似性を強調している見方である．細胞を仮定したときの問題は，細胞がどれだけ分子を拘束できるかということである．実際の計算では，分子は完全に1つの細胞内にとどまるか，細胞から細胞へ自由に動きまわるとしてしまう．これらは両極端の考えであり，現実の液体ではその中間であるはずである．細胞模型はしばしば，鳥と鳥かごでたとえられる．注目する分子を鳥とするならば，周囲の分子がつくる細胞は鳥かごである．

厳密な定式化は，すぐ後で述べるとして，簡単な例について考えてみよう．液体をつくっている分子の数を N とし，体積 V の容器内にあるとする．細胞模型の考えにしたがって液体分子は体積 v_f の細胞内にいやすく，細胞内の分子には一定のポテンシャル ϕ_0 が働いているとする．おのおのの分子の運動はたがいに独立であり，また，分子は1つの細胞から他の細胞へ移ることを許すと仮定すると，配置分配関数は，

$$Q(N, T, V) = \frac{1}{N!}(Nv_f)^N e^{-N\phi_0/kT} \tag{3.5.1}$$

$$= e^N v_f{}^N e^{-N\phi_0/kT} \tag{3.5.2}$$

* その一例として，既に第1章で述べた格子模型(第5章でまた詳しく考察する)がある．

となる*. したがって，分配関数は

$$Z=\left(\frac{2\pi mkT}{h^2}\right)^{3N/2}e^N{v_f}^N e^{-N\phi_0/kT} \tag{3.5.3}$$

であり，この式から Helmholtz の自由エネルギー

$$F=-kT\log Z=-NkT\left\{\log\left[\left(\frac{2\pi mkT}{h^2}\right)^{3/2}ev_f\right]-\frac{\phi_0}{kT}\right\} \tag{3.5.4}$$

化学ポテンシャル

$$\mu=\left(\frac{\partial F}{\partial N}\right)_{T,V}=-kT\log\left[\left(\frac{2\pi mkT}{h^2}\right)^{3/2}ev_f\right]+\phi_0 \tag{3.5.5}$$

内部エネルギー

$$U=-T^2\frac{\partial}{\partial T}\left(\frac{F}{T}\right)=\frac{3}{2}NkT+N\phi_0 \tag{3.5.6}$$

などが計算できる.

この模型を使って，蒸発熱を計算してみよう．液体と蒸気のつりあいの条件は，2相の化学ポテンシャルを等しいとおいて求められる．簡単化のために，蒸気を理想気体と考えると，その化学ポテンシャルは

$$\mu_G=-kT\log\left[\left(\frac{2\pi mkT}{h^2}\right)^{3/2}\frac{V}{N}\right] \tag{3.5.7}$$

内部エネルギーは

$$U_G=\frac{3}{2}NkT \tag{3.5.8}$$

である．(3.5.5)と(3.5.7)を等しいとおくと

$$\phi_0-kT\log(ev_f)=-kT\log\frac{kT}{P} \tag{3.5.9}$$

となる．蒸発熱は

$$Q=U_g-U_l+P(V_g-V_l) \tag{3.5.10}$$

であるが，$P(V_g-V_l)\approx NkT$ とすると，(3.5.6)と(3.5.8)から

$$Q=-N\phi_0+NkT \tag{3.5.11}$$

となる．この式に，(3.5.9)を代入すると

$$Q=NkT\log\frac{kT}{Pv_f} \tag{3.5.12}$$

という式が得られる．したがって，細胞の大きさ v_f がわかれば，圧力 P を1気圧，N を1モルの分子数とおくことによって1モル当りの蒸発熱の評価をすることができる.

* Stirling の公式 $N!=N^Ne^{-N}\ (N\gg1)$ を用いた.

球状の細胞を考え，その半径を r_{f} とすると，その大きさの程度はX線回折から求めることができるので，

$$v_{\mathrm{f}} = \frac{4\pi}{3} r_{\mathrm{f}}^3 \tag{3.5.13}$$

によって細胞の大きさが求まる．表 3.8 はこのように計算して得られた結果と実験値との比較である．

表 3.8 簡単な細胞模型から計算した蒸発熱と測定値の比較[50)]

液体	T_{B}(K)(沸点)	r_{f}(Å)	Q計算(kJ·mol^{-1})	Q測定
Li	>1200	1.10	103	(170)
Na	1153	0.93	104	105
K	1033	1.11	87	84
Al	2073	0.67	213	225
Mg	594	0.53	58	59
Sn	5233	1.16	230	325
Zn	1180	0.72	114	99
Cd	1040	0.58	105	107

我々は配置分配関数，(3.5.2)を導くときに，分子は1つの細胞から他の細胞へ移れるとした．しかし，これはあまりにも細胞の拘束性を無視してしまっている．今度は，分子は細胞からは絶対に出られないとしよう．N 個の細胞に N 個の分子を分配する方法は $N!$ だけあるから，

$$\begin{aligned} Q(N,T,V) &= \frac{1}{N!} N! v_{\mathrm{f}}^N e^{-N\phi_0/kT} \\ &= v_{\mathrm{f}}^N e^{-N\phi_0/kT} \end{aligned} \tag{3.5.14}$$

となる．この式と(3.5.2)の違いは，e^N という因子であることに気がつく．この因子は分子数 N だけによるので，状態方程式は変らないが，エントロピーなどを変えてしまう．エントロピーは

$$S = -\left(\frac{\partial F}{\partial T}\right)_V \tag{3.5.15}$$

であるので，(3.5.2)から計算したエントロピーは，(3.5.14)から計算したものより Nk だけ大きい．この問題を共有(communal)エントロピーの問題といい，細胞模型に伴う1つの困難である．この共有エントロピーだけで，固体から液体への融解を説明するという考えが以前にはあったが，それは正しくない．

50) 原島鮮：熱力学統計力学，培風館(1966)，第15章.

Lennard-Jones と Devonshire(しばしば，LJD と省略して呼ぶ)は，細胞模型を使って，より詳しい液体の研究を行なった[51]．出発点として次のことを仮定する．

（i）　各細胞は同等であり，おのおの1個の分子を含む．

（ii）　細胞はその中心が規則格子を作るように並べられている．

（iii）　分子は各細胞で独立に運動する．

この仮定の妥当性は，§3.6で述べる Kirkwood の理論で議論するが，第1の仮定が共有エントロピーの問題をもたらすことは，すぐ上で見たとおりである．

すべての細胞は同等であり，分子は各細胞で独立に運動すると仮定したのであるから，系全体のポテンシャルエネルギー Ψ は，

$$\Psi=\Psi_0+\sum_i[\phi(\boldsymbol{r}_i)-\phi(0)] \tag{3.5.16}$$

と書ける．ここで，Ψ_0 はすべての分子がそれを含む細胞の中心にある時のポテンシャルエネルギーを示す．また，$[\phi(\boldsymbol{r}_i)-\phi(0)]$ は，i 番目の分子が細胞の中心から $\boldsymbol{r}_i$ だけ動いたときに格子点に固定したまわりの粒子から働くポテンシャルを表わしている．このとき，配置分配関数は

$$Q(N,T,V)=\exp\left(\frac{-\Psi_0}{kT}\right)v_{\mathrm{f}}{}^N \tag{3.5.17}$$

で与えられる．“自由体積”(free volume) v_{f} は，

$$v_{\mathrm{f}}=\int_{\text{細胞}}\exp\left\{-\frac{\phi(\boldsymbol{r})-\phi(0)}{kT}\right\}\mathrm{d}\boldsymbol{r} \tag{3.5.18}$$

で定義され，その積分は細胞の内部だけで行なう．細胞の形は多くの場合，球で近似することが多い．

細胞内のポテンシャル $[\phi(\boldsymbol{r})-\phi(0)]$ は分子間ポテンシャル $\phi(r)$ が与えられれば厳密に計算できる．しかし，Lennard-Jones と Devonshire は次のような近似を行ない球対称のポテンシャルを求めた．

細胞の中心は面心立方格子を作るとし，$z_1=12$ 個の最近接分子からだけの寄与を考える．これらの12個の分子は半径 a_1 (a_1 は最近接分子間の距離)の球面上に分布しているとする．そして，点Aにいる最近接分子と点Pにいる注目

51)　J. E. Lennard-Jones and A. F. Devonshire: *Proc. Roy. Soc.* (*London*), **A 163** (1937), 53; *ibid.*, **A 165** (1938), 1.

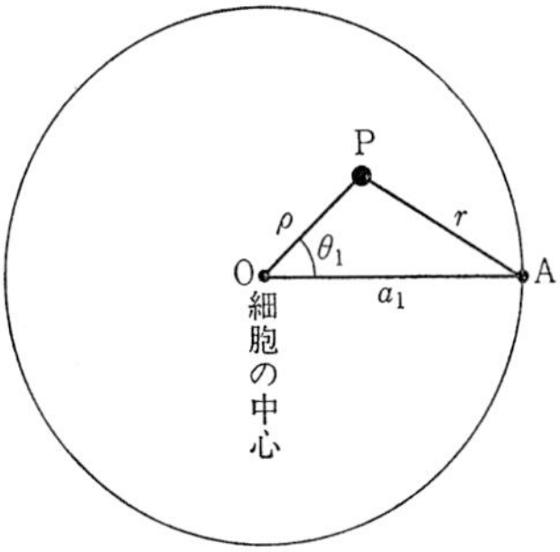

図 3.17 細胞内のポテンシャルの計算

する分子の間のポテンシャルを半径 $\overline{\mathrm{OP}}=\rho$ の球面上で平均する(図 3.17)．すなわち

$$\psi(\rho)-\psi(0) = \frac{z_1}{4\pi}\int_0^{\pi}[\phi(\sqrt{a_1{}^2+\rho^2-2\rho a_1\cos\theta_1})-\phi(a_1)]2\pi\sin\theta_1 d\theta_1 \tag{3.5.19}$$

である．この操作は，最近接分子 z_1 個を半径 a_1 の球面上に一様にぬりつぶしたのと同等であり，ぬりつぶし(smearing)の近似と呼ばれる．$\phi(r)$ として，Lennard-Jones ポテンシャル

$$\phi(r) = 4\varepsilon\left[\left(\frac{\sigma}{r}\right)^{12}-\left(\frac{\sigma}{r}\right)^{6}\right] \tag{3.5.20}$$

をとるならば，

$$\psi(\rho)-\psi(0) = 4z_1\varepsilon\left[\left(\frac{\sigma}{a_1}\right)^{12}l(y)-\left(\frac{\sigma}{a_1}\right)^{6}m(y)\right] \tag{3.5.21}$$

と計算される．ここで，

$$l(y) = (1+12y+25.2y^2+12y^3+y^4)(1-y)^{-10}-1 \tag{3.5.22}$$

$$m(y) = (1+y)(1-y)^{-4}-1$$

$$y = \left(\frac{\rho}{a_1}\right)^2 \tag{3.5.23}$$

である．いま，面心立方格子を考えているので，1分子当りの体積は，

$$\frac{V}{N} = \frac{1}{4}(\sqrt{2}a_1)^3 = \frac{a_1{}^3}{\sqrt{2}} \tag{3.5.24}$$

であり，

$$\left(\frac{\sigma}{a_1}\right)^3 = \frac{N\sigma^3}{\sqrt{2}V} = \frac{1}{\sqrt{2}}\frac{V_0}{V}, \qquad V_0 = N\sigma^3 \tag{3.5.25}$$

と書き直せる．したがって

$$\phi(\rho)-\phi(0) = z_1\varepsilon\left[\left(\frac{V_0}{V}\right)^4 l(y)-2\left(\frac{V_0}{V}\right)^2 m(y)\right] \qquad (3.5.26)$$

となる．このポテンシャルが細胞内の分子に働くポテンシャルとなっている．ポテンシャルの形は，系の密度に依存している(図 3.18)．密度が底いとき(曲線(1)と(2))には格子の中心にポテンシャルの山がある．この山は，V/V_0 が 1.60 あたりで消える．密度が高くなるにつれて(曲線(3))，ポテンシャルは調和振動子のような放物線の形になっていく．

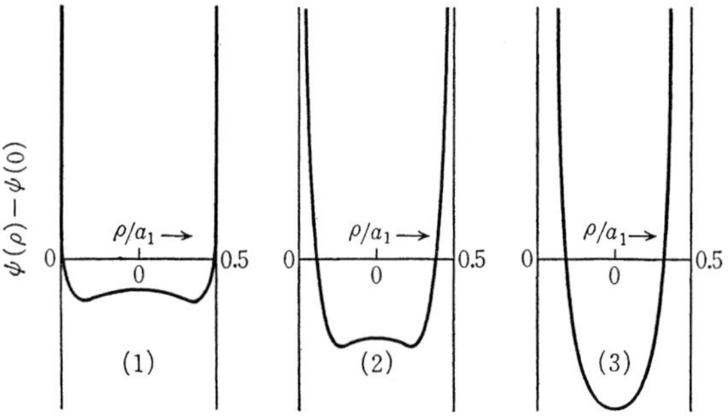

図 3.18　細胞内のポテンシャルの密度変化[51]．(1) $V/V_0=3.16$，(2) $V/V_0=1.83$，(3) $V/V_0=1.20$

(3.5.26)を導く際には，最近接分子だけの寄与を考えたが，もっと遠くの分子の寄与まで含むように拡張するのは簡単である．n 番目の近接の分子の数を z_n，その距離を a_n とするならば，

$$\phi(\rho)-\phi(0) = z_1\varepsilon\left[\left(\frac{V_0}{V}\right)^4 L(y)-2\left(\frac{V_0}{V}\right)^2 M(y)\right] \qquad (3.5.27)$$

$$L(y) = \sum_n \left(\frac{z_n}{z_1}\right)\left(\frac{a_1}{a_n}\right)^{12} l\left(y\frac{a_1^2}{a_n^2}\right) \qquad (3.5.28)$$

$$M(y) = \sum_n \left(\frac{z_n}{z_1}\right)\left(\frac{a_1}{a_n}\right)^{6} m\left(y\frac{a_1^2}{a_n^2}\right) \qquad (3.5.29)$$

となる．面心立方格子の場合の，z_n と a_n の値は表 3.9 にある．Wentorf らの計算では，$n=3$ までの寄与を考慮している[52]．

自由体積 v_f は，(3.5.26)またはよりよい近似として(3.5.27)～(3.5.29)を

52)　R. H. Wentorf Jr., R. J. Buehler, J. O. Hirshfelder and C. F. Curties: *J. Chem. Phys.*, **18** (1950), 1484.

表 3.9　面心立方格子での近接分子の数と距離

殻番号 n	1	2	3	4	5	6
距　離 a_n	a_1	$\sqrt{2}\,a_1$	$\sqrt{3}\,a_1$	$\sqrt{4}\,a_1$	$\sqrt{5}\,a_1$	$\sqrt{6}\,a_1$
分子数 z_n	12	6	24	12	24	8

(3.5.18)に代入することによって求まる．細胞の形は球形であるとする．

$$v_{\mathrm{f}} = \int_0^{\rho_{\max}} \exp\left\{-\frac{1}{kT}[\psi(\rho)-\psi(0)]\right\} 4\pi\rho^2 \mathrm{d}\rho \tag{3.5.30}$$

$$= 2\pi a_1{}^3 G = 2\sqrt{2}\,\pi\left(\frac{V}{N}\right)G \tag{3.5.31}$$

ただし，

$$G = \int_0^{y_{\max}} y^{1/2} \exp\left\{-\frac{1}{kT}[\psi(\rho)-\psi(0)]\right\} \mathrm{d}y \tag{3.5.32}$$

(3.5.30)，(3.5.32)の積分の上限として，Lennard-Jones と Devonshire は $\rho_{\max}=a_1/2$, $y_{\max}=1/4$, Wentorf らは $\rho_{\max}=0.55267a_1$, $y_{\max}=0.30544$ とした*.

格子エネルギー Ψ_0 は，すべての分子が格子点上にいるときのポテンシャルエネルギーである．

$$\Psi_0 = \frac{1}{2}N\sum_{n=1}^{\infty} z_n\phi(a_n) = \frac{1}{2}N\sum_{n=1}^{\infty} z_n 4\varepsilon\left\{\left(\frac{\sigma}{a_n}\right)^{12} - \left(\frac{\sigma}{a_n}\right)^{6}\right\} \tag{3.5.33}$$

Lennard-Jones と Ingham によれば[53]，

$$\Psi_0 = 6N\varepsilon\left[\left(\frac{V_0}{V}\right)^4 - 2.4\left(\frac{V_0}{V}\right)^2\right] \tag{3.5.34}$$

である．

以上の結果を使って熱力学的な考察を行なう．全系の分配関数は

$$Z = \left(\frac{2\pi mkT}{h^2}\right)^{3N/2} \exp\left(-\frac{\Psi_0}{kT}\right) v_{\mathrm{f}}{}^N \tag{3.5.35}$$

---

*　面心立方格子では，a_1 を最近接分子間の距離とすると，1つの分子当りの体積は $a_1{}^3/\sqrt{2}$ である．これに等しい体積の球の半径を $\rho_{\max}$ とすれば，$(4\pi/3)\rho_{\max}^3 = a_1{}^3/\sqrt{2}$ から $\rho_{\max}=0.55267a_1$ となる．

53)　J. E. Lennard-Jones and A. E. Ingham: *Proc. Roy. Soc. (London)*, **A 107** (1925), 636. より詳しい値は $\Psi_0=6N\varepsilon[1.0109(V_0/V)^4-2.4090(V_0/V)^2]$

となるので，Helmholtz の自由エネルギーは，

$$F = -kT\log Z$$
$$= -NkT\left[\log\left(\frac{2\pi mkT}{h^2}\right)^{3/2} - \frac{1}{2}\frac{z_1\varepsilon}{kT}\left\{\left(\frac{V_0}{V}\right)^4 - 2.4\left(\frac{V_0}{V}\right)^2\right\} + \log v_{\mathrm{f}}\right] \tag{3.5.36}$$

である．したがって，他の熱力学的関数はすぐに計算できる．状態方程式は

$$P = \frac{NkT}{V}\left[1 + \frac{2z_1\varepsilon}{kT}\left\{\left(\frac{V_0}{V}\right)^4 - 1.2\left(\frac{V_0}{V}\right)^2\right\}\right.$$
$$\left. + \frac{4z_1\varepsilon}{kT}\left\{\left(\frac{V_0}{V}\right)^4\frac{g_L}{G} - \left(\frac{V_0}{V}\right)^2\frac{g_M}{G}\right\}\right] \tag{3.5.37}$$

内部エネルギーは

$$U = NkT\left[\frac{3}{2} + \frac{z_1\varepsilon}{2kT}\left\{\left(\frac{V_0}{V}\right)^4 - 2.4\left(\frac{V_0}{V}\right)^2\right\}\right.$$
$$\left. + \frac{z_1\varepsilon}{kT}\left\{\left(\frac{V_0}{V}\right)^4\frac{g_L}{G} - 2\left(\frac{V_0}{V}\right)^2\frac{g_M}{G}\right\}\right] \tag{3.5.38}$$

エントロピーは

$$S = Nk\left[\frac{3}{2} + \log\left(\frac{2\pi mkT}{h^2}\right)^{3/2} + \log\left\{2\sqrt{2}\pi\left(\frac{V}{N}\right)G\right\}\right.$$
$$\left. + \frac{z_1\varepsilon}{kT}\left\{\left(\frac{V_0}{V}\right)^4\frac{g_L}{G} - \left(\frac{V_0}{V}\right)^2\frac{g_M}{G}\right\}\right] \tag{3.5.39}$$

ただし，

$$g_L = \int_0^{y_{\max}} y^{1/2}L(y)\exp\left\{-\frac{z_1\varepsilon}{kT}\left[\left(\frac{V_0}{V}\right)^4 L(y) - 2\left(\frac{V_0}{V}\right)^2 M(y)\right]\right\}\mathrm{d}y \tag{3.5.40}$$

$$g_M = \int_0^{y_{\max}} y^{1/2}M(y)\exp\left\{-\frac{z_1\varepsilon}{kT}\left[\left(\frac{V_0}{V}\right)^4 L(y) - 2\left(\frac{V_0}{V}\right)^2 M(y)\right]\right\}\mathrm{d}y \tag{3.5.41}$$

となる．したがって，V_0/V と kT/ε の関数として，g_L, g_M, G を数値計算すれば，熱力学的関数が求まる．Lennard-Jones と Devonshire[51)]，Hill[54)]，Prigogine と Garikian[55)] は最近接分子までの効果，Wentorf ら[52)] は3番目の殻までの効果を考慮して計算をしている．

---

54)　T. J. Hill: *J. Phys. Chem.*, **51** (1947), 1219.

55)　I. Prigogine and G. Garikian: *J. Chem. Phys.*, **45** (1948), 273.

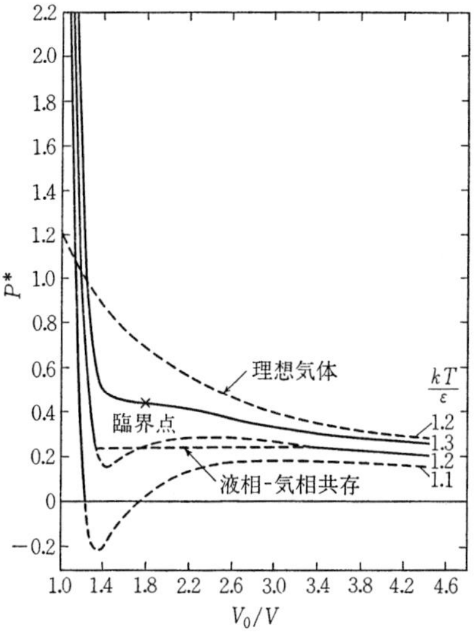

図 3.19 Lennard-Jones と Devonshire の理論から求めた状態方程式[52]．各曲線は等温曲線であり，還元した温度の値が書かれている

図 3.19 は，Wentorf らが計算した状態方程式である．この図の縦軸は，$P^*=(PV/NkT)\cdot(kT/\varepsilon)\cdot(V_0/V)$，横軸は V_0/V である．十分低温では，理論から求めた等温曲線は van der Waals 方程式のようにS字形のループを持つようになる．臨界温度，臨界圧力，臨界体積はおのおの

$$T_c = 1.30\frac{\varepsilon}{k}, \qquad P_c = 0.434\frac{N\varepsilon}{V_0}, \qquad V_c = 1.768V_0 \quad (3.5.42)$$

である．実験との比較は，表 3.10 にある．実験値は，Lennard-Jones と Ingham[53] によって気体の粘性から決められたものである．臨界温度は実験値とかなりよく合っているが，体積と圧力はほとんど合っていない．2つのパラメタ ε と σ を持った Lennard-Jones ポテンシャルの系では対応状態の原理(第

表 3.10 臨界定数の比較[52]．Lennard-Jones ポテンシャルの定数 ε/k と σ の値は，気体の粘性から決めたものである[53]

気　体	ε/k(K)	σ(Å)	kT_c/ε	V_c/V_0	$P_cV_0/N\varepsilon$	P_cV_c/NkT_c
H_2	33.3	2.968	1.00	4.13	0.074	0.305
He	6.03	2.70	0.87	4.87	0.054	0.302
N_2	91.46	3.680	1.38	3.00	0.134	0.292
Ar	124.0	3.418	1.22	3.13	0.113	0.291
Ne	35.7	2.80	1.24	3.15	0.117	0.296
理論値(LJD)			1.30	1.768	0.434	0.591

1章参照)によって，P_cV_c/NkT_c は物質によらず一定になるはずである．実験値は約 0.3 であり，対応状態の原理が成り立っていることを示している．それに対して，理論値は 0.591 と大きすぎる値になっている．Wentorf らは更に，PV/NkT，内部エネルギー，比熱，エントロピーを計算し，窒素とアルゴンに対する実験値と比べてみた．そして，密度の高いところでその差が小さくなることを見出した．

de Boer[56] は，Lennard-Jones と Devonshire の理論の修正として次の2つの可能性を調べてみた．第1は，(3.5.2)と(3.5.14)の比較で述べたような，e^N という因子の問題である．すなわち，(3.5.17)を

$$Q(N,T,V)=\sigma^N\exp\left(-\frac{\Psi_0}{kT}\right)v_f{}^N \tag{3.5.43}$$

と書いて，$\sigma^N=1$ と $\sigma^N=e^N$ の2つの場合を調べてみた．蒸気圧の曲線は図3.20(曲線2と4)のようになる．その差は単に理論曲線を平行移動させるだけであり，本質的な直線の傾きはいぜんとして改良されない．第2は，最近接分子の数の問題である．面心立方構造を仮定して，$z_1=12$ という値を用いたが，液体状態ではもっと小さい値であるはずである．曲線3は $z_1=10$ としたとき

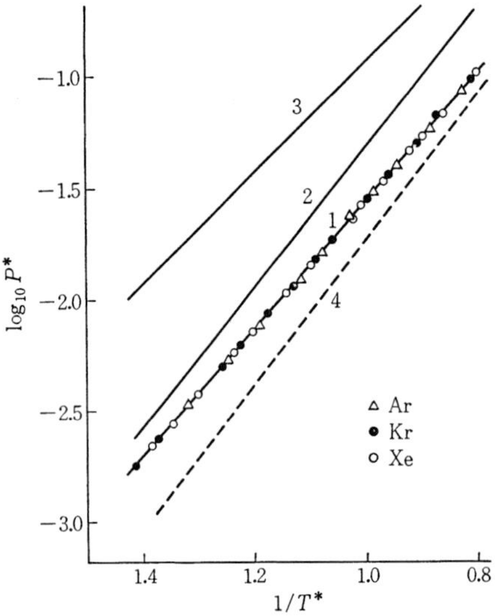

図 3.20　希ガス(アルゴン，クリプトン，クセノン)の還元した蒸気圧．1：実験値，2：Lennard-Jones と Devonshire の理論．$\sigma^N=1$，$z=12$，3：$\sigma^N=1$，$z=10$，4：$\sigma^N=e^N$，$z=12$[56]

56)　J. de Boer: *Proc. Roy. Soc.* (*London*), **A 215** (1952), 4.

の結果である．実験との一致はむしろ悪くなってしまう．$z_1=10$ とした方が，より現実の液体に近いはずであるのに，このような結果を得たことは細胞模型の基本的な考え自身に問題があるといえるであろう．

この小節のはじめで，細胞模型は固体との類似性を強調していることを注意しておいた．それ以後に用いた仮定(1)～(3)もすべて固体論からの借りものであることに気がつく．したがって，Lennard-Jones と Devonshire の理論を高密度で計算するならば，固体領域を説明するのではないかと推論できる．図 3.21 は，まさにこの推論が正しいことを示している．液体の細胞理論は，固体の Einstein 模型の液体状態への外插ともいってよいであろう．

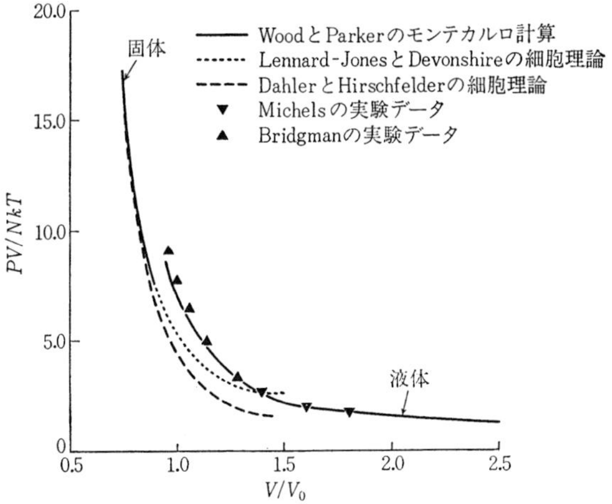

図 3.21 Lennard-Jones ポテンシャルの状態方程式($kT/\varepsilon=2.74$)[49]

(2) 細胞模型の基礎づけ

Lennard-Jones と Devonshire の理論は完全ではないにしても，液体状態の1つの模型を与え，熱力学的な量を簡単に計算できるようにした．細胞理論をさらに改良して行くには，Lennard-Jones と Devonshire の理論がどのように統計力学の根本原理から導かれるかを知る必要がある．この仕事は，Kirkwood によってなされた[57,58]．

57) J. G. Kirkwood: *J. Chem. Phys.*, **18** (1950), 380.

58) A. Münster の解説がわかりやすい．A. Münster: in *Physics of High Pressures and the Condensed Phase* (ed. by A. Van Itterbeek), North-Holland (1965).

体積 V の容器に N 個の分子が入っているとする．全ポテンシャルエネルギーを Φ_N とすると，系の自由エネルギー F は

$$F = -kT\log\left[\left(\frac{2\pi mkT}{h^2}\right)^{3N/2}\frac{1}{N!}Q_\tau\right] \tag{3.5.44}$$

$$Q_\tau = \int_V\int_V\cdots\int_V e^{-\Phi_N/kT}\mathrm{d}\boldsymbol{r}_1\mathrm{d}\boldsymbol{r}_2\cdots\mathrm{d}\boldsymbol{r}_N \tag{3.5.45}$$

$$\Phi_N = \frac{1}{2}\sum_{i>j}\phi_{ij} \tag{3.5.46}$$

によって求められる．ここで，体積 V を N 個の細胞に分け，i 番目の細胞体積を Δ_i とする．体積 V にわたる各座標についての積分を，細胞ごとの積分の和として表わす．

$$Q_\tau = \sum_{l_1=1}^{N}\sum_{l_2=1}^{N}\cdots\sum_{l_N=1}^{N}\int^{\Delta_{l_1}}\int^{\Delta_{l_2}}\cdots\int^{\Delta_{l_N}} e^{-\beta\Phi_N}\mathrm{d}\boldsymbol{r}_1\mathrm{d}\boldsymbol{r}_2\cdots\mathrm{d}\boldsymbol{r}_N \tag{3.5.47}$$

どんな種類の格子をとるかは全く任意である．また，細胞の数を分子の数に等しくとる必要もないが，ここでは等しいとする．(3.5.47)の積分は全部で N^N 個ある．そのなかで，細胞 Δ_1 に m_1 個の分子，Δ_2 に m_2 個の分子，…，Δ_N に m_N 個の分子が入っている積分を $Q_\tau^{(m_1m_2\cdots m_N)}$ とすると，

$$Q_\tau = \sum_{\substack{m_1,m_2,\cdots,m_N\\ \Sigma m_S=N}}\left(\frac{N!}{\prod_{S=1}^{N} m_S!}\right)Q_\tau^{(m_1m_2\cdots m_N)} \tag{3.5.48}$$

である．細胞 S に m_S 個の分子があるように並べる方法は $N!/\prod m_S!$ であるので，(3.5.48)はいぜんとして厳密な式である．

各細胞に1つの分子がある場合を考えてみよう．定義から，

$$Q_\tau^{(1\,1\cdots1)} = \int^{\Delta_1}\int^{\Delta_2}\cdots\int^{\Delta_N} e^{-\beta\Phi_N}\mathrm{d}\boldsymbol{r}_1\mathrm{d}\boldsymbol{r}_2\cdots\mathrm{d}\boldsymbol{r}_N \tag{3.5.49}$$

である．ここで，σ^N という量を

$$\sigma^N = \sum_{\substack{m_1,m_2,\cdots,m_N\\ \Sigma m_S=N}}\frac{1}{\prod_S m_S!}\frac{Q_\tau}{Q_\tau^{(1\,1\cdots1)}} \tag{3.5.50}$$

で定義すると，(3.5.48)は，

$$\frac{Q_\tau}{N!} = \sigma^N Q_\tau^{(1\,1\cdots1)} \tag{3.5.51}$$

となる．σ^N の定義からわかるように，一般には σ^N は状態変数 N, T, V の関数である．(3.5.51)を(3.5.44)に代入すると，

$$F = -kT\log\left(\frac{2\pi mkT}{h^2}\right)^{3N/2} - kT\log Q_\tau^{(1\,1\cdots1)} - NkT\log\sigma \tag{3.5.52}$$

であり，エントロピーは

$$S = k\log\left[\left(\frac{2\pi mkT}{h^2}\right)^{3N/2} Q_\tau^{(1\,1\cdots1)}\right] + \left(\frac{3N}{2}k + kT\frac{\partial}{\partial T}\log Q_\tau^{(1\,1\cdots1)}\right)$$
$$+Nk\left(\log\sigma + T\frac{\partial}{\partial T}\log\sigma\right) \tag{3.5.53}$$

と書ける．(3.5.52)と(3.5.53)にあらわれた σ をふくむ最後の項を，それぞれ，共有自由エネルギー，共有エントロピーと呼ぶ．すなわち，共有エントロピー

$$S_{\text{共有}} = Nk\left(\log\sigma + T\frac{\partial}{\partial T}\log\sigma\right) \tag{3.5.54}$$

は，厳密なエントロピーと，各細胞に1つの分子がいるという制限をつけたことによって得られるエントロピーとの差として定義される．σ を定義式(3.5.50)から求めることは，問題を完全に解くことと同じであり，特別な極限を除いては計算できない．高密度と低密度の極限では，それぞれ

$$\begin{aligned} \sigma^N &= 1 && \text{(高密度の極限)} \\ &= \frac{1}{N!}N^N = e^N && \text{(低密度の極限)} \end{aligned} \tag{3.5.55}$$

である．

(3.5.51)までは細胞の数と分子の数が等しいと仮定した以外は，単なる式の書き変えであって，厳密な式である．Kirkwood は，(3.5.51)から次のような仮定によって，Lennard-Jones と Devonshire の模型が得られることを示した．

(a) 因子 σ^N は定数であり，1か e^N にとる．

(b) 積分 $Q_\tau^{(1\,1\cdots1)}$ の N 体問題を1体問題にしてしまう．すなわち，Kirkwood の定式化に従えば，各細胞に1つの分子があるとするとき，その各分子がそれぞれある配置をとる確率

$$P_N^{(1)} = \frac{1}{Q_\tau^{(1\,1\cdots1)}}\exp\left[-\Phi_N(\boldsymbol{r}_1, \boldsymbol{r}_2, \cdots, \boldsymbol{r}_N)\frac{1}{kT}\right] \tag{3.5.56}$$

は，

$$P_N^{(1)} = \prod_{s=1}^{N} p(\boldsymbol{r}_s), \qquad \int^{\Delta} p(\boldsymbol{r}_s)\mathrm{d}\boldsymbol{r}_s = 1 \tag{3.5.57}$$

のように書けるとする．ここで，$p(\boldsymbol{r}_s)$ は s 番目の分子がその細胞内の $\boldsymbol{r}_s$ にいる確率である．

（c） 関数 $p(\boldsymbol{r}_s)$ は，自由エネルギーを極小にするように決めるべきであるが，デルタ関数 $\delta(\boldsymbol{r})$ で近似する．

$$p(\boldsymbol{r}) = \delta(\boldsymbol{r}) \tag{3.5.58}$$

（d） 細胞内のポテンシャル $\psi(\boldsymbol{r}_i)$ を計算するときに，格子についての和を積分で置き換える．

実際に，（a）～（d）の仮定を(3.5.51)に使うと，Lennard-Jones と Devonshire の用いた式(3.5.17)と(3.5.18)が得られる．

次に，これらの仮定の検討をしてみよう．仮定（a）は明らかに議論を簡単化しすぎている．$\sigma^N=1$ とするならば，各細胞に1個の分子が入る仮定だけを考えている．このことは，局所的な密度の揺ぎを無視していることに相当する．$\sigma^N=e^N$ としても何ら理論が改良されないことは，de Boer の計算で見た通りである．$Q_\tau^{(1\,1\cdots1)}$ 以外の $Q_N^{(m_1 m_2\cdots m_N)}$ を計算する試みもあるが成功しているとはいえない．仮定（b）では，異なる細胞に属する分子間の相関を無視してしまっている．したがって，細胞内の分子の運動は全く独立である．仮定（c）は，細胞内のポテンシャルを計算するとき，他の分子を格子点に固定したことと同じである．したがって，ポテンシャルの熱的な揺ぎは考慮されないことになる．仮定（d）は，ぬりつぶしの近似である．この近似がもたらす誤差はあまり本質的ではないようである．

このようにして得られた Lennard-Jones と Devonshire の模型は，局所的な密度のゆらぎや異なる細胞に属する分子間の相関を無視しているため，非常に秩序がある構造を記述してしまっている．これらの問題を改良して行こうとするのが，de Boer らによる細胞クラスター(cell cluster)理論である[59)]．これは形式的には厳密な理論であるが，実際の計算はむずかしく，今のところ，

---

59) J. de Boer: *Physica*, **20** (1954), 655. E. G. D. Cohen, J. de Boer and Z. W. Salsberg: *Physica*, **21** (1955), 137; *ibid.*, **23** (1957), 389.

あまりよい結果は得られていない[60].

(3) 空孔模型

細胞模型をより現実の液体に類似させるためには，分子配置のでたらめさや局所的な密度のゆらぎを考慮する必要があることがわかった．多くの物質では融解するとき，密度や最近接分子の数は減少する．そして，液体の温度を上げていくと，密度と最近接分子の数はさらに減少する．細胞模型を改良してこれらの効果を取り入れようとするのが，空孔模型(hole model)である[61]．細胞の数 L が分子の数 N より多いとするならば，$L-N$ 個の細胞には分子は含まれない．その空いた細胞を空孔(hole)と呼ぶ．空孔の存在は明らかに密度のゆらぎを大きくし，よりよい模型を与えそうである．また，空孔は液体の非平衡な性質(液体の粘性や液体中の拡散)を考える上にも都合がよい(第4章参照).

細胞模型では，液体の熱膨張は細胞の大きさが増大することによって説明される．一方，空孔理論では，細胞の大きさを一定とするならば，空孔の数の増加が熱膨張を与える．しかし，細胞の大きさと空孔の数の両方が変わるとすることも可能である．その場合には，自由エネルギーが極小になるように細胞の大きさを選ぶ方法がとられる．

分子の数を N とし，全体積 V は L 個の細胞に分けられているとする．細胞の数 L は分子の数 N より大きいか等しく，温度と密度によって変わるものである．これからの議論では，各細胞の大きさ V/L は，次のような条件を満たしているとする．隣同士の細胞にある分子間の相互作用しか効かない程度に大きいが，2つ以上の分子が1つの細胞に入れない程度に小さい．全系のポテンシャルエネルギーを Ψ とすれば，配置分配関数 Q は

$$Q = \sum \iint \cdots \int e^{-\Psi/kT} \mathrm{d}\boldsymbol{r}_1 \mathrm{d}\boldsymbol{r}_2 \cdots \mathrm{d}\boldsymbol{r}_N \tag{3.5.59}$$

で与えられる．ここで，和の記号は，1つの細胞には1つの分子しか入れないという条件で，N 個の分子を L 個の細胞に分ける配置のすべてを考えるという意味である．

Lennard-Jones と Devonshire の理論の仮定と同じように，細胞内での分子の運動は互いに独立であるとする．また，細胞内のポテンシャルエネルギーを計算するときには，ぬりつぶしの近似を使うことを仮定しておく．細胞 i に

---

60) M. Weissman and R.M. Maro: *J. Chem. Phys.*, **37** (1962), 2930.
61) F. Cernuschi and H. Eyring: *J. Chem. Phys.*, **7** (1939), 547.

隣り合う細胞が空孔である割合を ω_i と表わすならば，系のポテンシャルエネルギー Ψ は次のように表わされる．

$$\Psi = \Psi_0 + \sum_i (1-\omega_i)[\varphi(\boldsymbol{r}_i)-\varphi(0)] \tag{3.5.60}$$

$$\Psi_0 = \frac{z}{2}\sum_{i=1}^{N}(1-\omega_i)E(0)$$
$$= \frac{z}{2}(N-X)E(0), \qquad X = \sum_i \omega_i \tag{3.5.61}$$

ここでは，最近接細胞間の相互作用だけを考えることにした．また隣り合う格子点上にある2つの分子間の相互作用は $E(0)$ と表わした((3.5.33)の $\phi(a_1)$ に相当する)．(3.5.60)と(3.5.61)を(3.5.59)に代入すれば

$$Q = \sum \exp\left\{-\frac{z(N-X)E(0)}{2kT}\right\}\prod_i j(\omega_i) \tag{3.5.62}$$

$$j(\omega_i) = \int_{\text{細胞}} \exp\{-(1-\omega_i)[\varphi(\boldsymbol{r}_i)-\varphi(0)]\}\mathrm{d}\boldsymbol{r}_i \tag{3.5.63}$$

が得られる．もし i 番目の分子のまわりの細胞がすべて分子を含んでいるならば $\omega_i=0$ であり，$j(0)$ は(3.5.18)の自由体積と同じになる．また，すべてが空孔であるならば $\omega_i=1$ であり，$j(1)$ は細胞の体積を与える．したがって，$j(\omega)$ は自由体積の一般化と考えられる．(3.5.63)の $\varphi(\boldsymbol{r}_i)-\varphi(0)$ はぬりつぶしの近似によって計算されるとしたのであるが，特に空孔の数が多いときには疑問である．空孔が多いときには細胞内のポテンシャルは球対称ではないし，空孔の数だけではなく配置にもよるはずである．

関数 $j(\omega)$ は ω の簡単な関数でないので，(3.5.62)の和を計算することができない．普通，$\log j(\omega)$ は ω の1次関数であるという近似が用いられる．

$$\log j(\omega) = \omega \log j_1 + (1-\omega)\log j_0 \tag{3.5.64}$$

j_0 と j_1 は定数であり，(3.5.64)は単なる近似式であるので，おのおの $j(0)$ と $j(1)$ に取る必要はない．

式(3.5.64)を仮定すると，配置分配関数(3.5.62)での配置についての和は，$X=\sum_i \omega_i$ の値だけに依存する和として表わされる．

$$Q = j_0{}^N \exp\left\{-\frac{zNE(0)}{2kT}\right\}\sum_X G(N, L, X)\exp\left\{\frac{X\zeta}{kT}\right\} \tag{3.5.65}$$

$$\zeta = \frac{z}{2}E(0) + kT\log\left(\frac{j_1}{j_0}\right) \tag{3.5.66}$$

ここで，$G(N, L, X)$ は，空孔と分子を含む細胞の最近接の組が X 組であるように，L 個の格子点に N 個の分子を配置する方法の数を示す．(3.5.65)のような計算は AB 合金の理論でよく知られているように，厳密な計算をすることは難しい．Cernuschi らは合金で Bragg-Williams 近似と呼ばれる近似を用いたが，ここではもっとよい Bethe 近似[62]を用いて計算すると，

$$Q = \frac{L!}{N!(L-N)!} j_0^N \exp\left\{-\frac{NzE(0)}{2kT}\right\} \times \left[\frac{x(\beta+1-2x)}{(1-x)(\beta-1+2x)}\right]^{Nz/2} \left[\frac{(1-x)(\beta+1)}{(\beta+1-2x)}\right]^{Lz/2} \tag{3.5.67}$$

$$x = \frac{N}{L}, \qquad \beta^2 = 1-4x(1-x)\left[1-\exp\left(-\frac{2\zeta}{zkT}\right)\right] \tag{3.5.68}$$

となる．ω の平均値 $\bar{\omega}$ は，

$$\bar{\omega} = \frac{2(1-x)}{\beta+1} \tag{3.5.69}$$

で与えられる．

高密度の極限では，空孔の数は非常に小さくなると考えられる．すなわち，$x \to 1$，$L \to N$，$\bar{\omega} \to 0$ であり，(3.5.67)は Lennard-Jones と Devonshire の式と同等になる．

$$Q = j_0^N \exp\left\{-\frac{NzE(0)}{2kT}\right\} \qquad \text{(高密度の極限)} \tag{3.5.70}$$

一方，低密度の極限では，細胞の大きさを一定に保つならば，空孔の数は大きくなる．したがって $L \gg N$，$x \to 0$，$\bar{\omega} \to 1$ であるから，

$$Q = e^N \left(\frac{V}{N}\right)^N \qquad \text{(低密度の極限)} \tag{3.5.71}$$

となる．これは理想気体に対する正しい答である．低密度において e^N という因子が現われるという意味では，空孔模型は共有エントロピーの問題を解決している．

あとは，(3.5.67)～(3.5.69)を使って自由エネルギーや熱力学関数を計算するのであるが，そのためには，細胞の大きさや j_0, j_1 を決めなければならない．代表的なものとして，次のような4つの近似法がある．

(i) Cernuschi と Eyring の近似[61]．細胞の体積は一定にし，その値は温度と圧力が0のときの値をとる．また，j_0 と j_1 は

62) 擬化学的方法(quasi-chemical method)と同じ．R. H. Fowler and E. A. Guggenheim: *Statistical Thermodynamics*, Cambridge Univ. Press (1939)．この本の中で同じ大きさの分子からなる溶液(空孔はない)がこれと同様の方法で扱われている．戸田(文献4)はこれを分子と空孔の体系におきかえて，空孔理論を論じた．

$$j_0 = j_1 = j(0) = 2\pi a^3 G \tag{3.5.72}$$

とする．ここで，a は最近接の格子点間の距離である．G は(3.5.32)ですでに定義した．

(ii) Ono の近似[63]．細胞の大きさの選び方は(i)と同様にし，j_0 と j_1 は

$$j_0 = j(0) = 2\pi a^3 G, \qquad j_1 = j(1) = \frac{a^3}{\sqrt{2}} \tag{3.5.73}$$

とする．

(iii) Peek と Hill の近似[64]．細胞の大きさは自由エネルギーを極小にするように決める．j_0 と j_1 は，(3.5.69)で与えられる $\bar{\omega}$ を使って

$$j_0 = j_1 = j(\bar{\omega}) \tag{3.5.74}$$

とする．

(iv) Rowlinson と Curtiss の近似[65]．細胞の大きさの選び方は(iii)と同様にし，j_0 と j_1 は

$$\begin{aligned} \log j_0 &= \log j(\bar{\omega}) - \bar{\omega}\left[\frac{\partial \log j(\omega)}{\partial \omega}\right]_{\omega=\bar{\omega}} \\ \log j_1 &= \log j(\bar{\omega}) + (1-\bar{\omega})\left[\frac{\partial \log j(\omega)}{\partial \omega}\right]_{\omega=\bar{\omega}} \end{aligned} \tag{3.5.75}$$

とする．

表3.11は，臨界点についての近似(i)〜(iii)の結果と実験値(アルゴン)の比較である．近似(iv)については計算されていない．臨界温度に対しては Lennard-Jones と Devonshire の理論，圧力に対しては Ono の近似，体積

表 3.11 空孔理論と，Lennard-Jones と Devonshire の理論から計算した臨界定数と実験値(アルゴン)の比較[49]

	P_cV_c/RT_c	kT_c/ε	$P_cV_0/N\varepsilon$	V_c/V_0
実験値(アルゴン)	0.292	1.26	0.116	3.16
LJD	0.591	1.30	0.434	1.77
Cernuschi と Eyring	0.342	2.74	0.469	2.00
Ono	0.342	0.75	0.128	2.00
Peek と Hill	0.719	1.18	0.261	3.25

63) S. Ono: *Memoirs of the Faculty of Engineering, Kyushu University, Japan*, **10** (1947), No. 4, 190.

64) H. M. Peek and T. L. Hill: *J. Chem. Phys.*, **18** (1950), 1252.

65) J. S. Rowlinson and C. F. Curtiss: *J. Chem. Phys.*, **19** (1951), 1519.

に対しては Peek と Hill の近似，P_cV_c/RT_c の値に対しては Cernuschi と Eyring の近似と Ono の近似，が最もよい値を与えている．しかし，すべてを通して満足すべき理論は1つもない．図 3.22 は蒸気圧についての結果である．ここでも空孔理論は Lennard-Jones と Devonshire の理論より良い結果を与えていない．

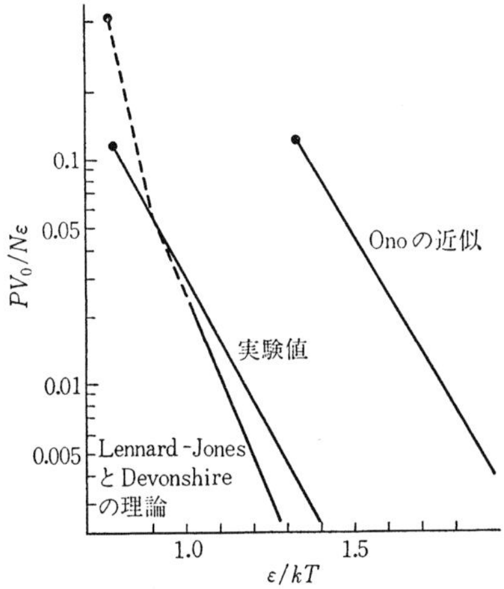

図 3.22 空孔理論(Ono の近似)から計算した蒸気圧と実験値[65]

空孔理論は，Lennard-Jones と Devonshire の細胞模型よりも現実に近い模型として導入されたはずであるのに，結果としては著しく改良しているようには思われない．低密度ではたしかに Lennard-Jones と Devonshire の理論(高密度でよいと期待される)を改良している．理想気体の極限(3.5.71)は正しく与えられるし，空孔理論から計算した第2ビリアル係数はかなり正確である*．しかし低密度での近似のよさが高密度での近似のよさとは一致しないことは分布関数の理論でも見たとおりである．近似(iii)と(iv)から決めた細胞の大きさは，初めに仮定した細胞の大きさとは矛盾することも指摘されている[49]．

(i)あるいは(ii)の近似は本質的に格子模型による空孔模型(第1章参照)と同等であり，液体(l)と，これに平衡する蒸気(g)の密度の和が一定であることが導かれる：

$$x_l + x_g = 一定 \tag{3.5.76}$$

* (3.5.37)からわかるように，Lennard-Jones と Devonshire の理論では第2ビリアル係数は恒等的に0である．

これは Cailletet-Mathias の法則に対する空孔模型の解釈である．このように空孔模型は液体の全般的な性質をおおまかに理解する上ではすぐれている．

表面張力に対して空孔模型を適用することもできる．液体の表面では，分子のたがいの束縛が比較的弱いから表面には空孔が多くできやすい．いいかえれば液体の表面は空孔を余分にとり込んで吸着した状態になっている．蒸気の方は液体に接するところで分子密度が少し大きくなっているはずである．これらの影響によって表面は余分のエントロピーを持つ．それと同時に余分のエネルギーを持つ．このエントロピーを s，エネルギーを ε_0 とすると，表面張力は表面の余分な自由エネルギーであるから熱力学的関係式により

$$\gamma=\varepsilon_0-sT \tag{3.5.77}$$

となる．ε_0, s を定数と仮定すれば，これは表面張力が温度のほぼ直線的な関数であるという Eötvös の法則と一致する．しかし実際に空孔模型を使って表面張力を計算してみると[66]，ε_0 と s とは温度によってやや複雑に変わるようである．

（4） その他の模型理論

Eyring ら[67]は，空孔模型の拡張として significant structure 模型を提唱している．液体は，その格子点が分子と分子の大きさを持った空孔によって占められた準格子(quasilattice)から成っているとする．ここで考える空孔は，空孔理論におけるように分子がない状態を示すのではなく，その中に飛び込んだ分子に気体的な性質を与える．また空孔は，固体的な分子が隣り合う空孔と位置を変えることができるという点において，固体的な構造の位置の縮退を与える．すなわち，液体にともなう3つの significant structure は，(a)固体的な自由度，(b)気体的な自由度，(c)固体的な構造での縮退にともなう自由度，である．系の配置分配関数は上にのべた3つの因子の積として表わされる．剛体球系での計算機実験との比較[68]，実験との比較[69]は非常によい結果を与えている．しかし，この模型がどこまで理論的に正当化されるかは疑問である．

---

66) 小野周：九州大学工学部紀要，**10** (1947)，195．大森・小野：化学物理学，共立出版 (1950)．

67) H. Eyring, T. Ree and N. Hirai: *Proc. Natl. Acad. Sci. U.S.*, **44** (1958), 683. H. Eyring and T. Ree: *Proc. Natl. Acad. Sci. U.S.*, **47** (1961), 526.

68) D. Henderson: *J. Chem. Phys.*, **39** (1963), 1857.

69) C. T. Tung, G. E. Duvall and W. Band: *J. Chem. Phys.*, **52** (1970), 5252.

細胞模型に少しでも現実に近い分子間の相関を取り入れようとする試みにトンネル(tunnel)模型[49]，sworm模型[70]がある．この模型では細胞の代りに，同じ長さの平行なトンネルを考える．異なるトンネルにいる分子間の運動は独立であるとする．同じトンネルでは，トンネルの軸に平行な分子の運動は分子間の相互作用 Φ' によって決まり，垂直な運動は隣り合うトンネルの分子によって作られる“自由面積”(free area)によって記述できるとする．トンネルの数を h，各トンネルに含まれる分子の数を M，トンネルの長さを lM，自由面積を a_{f} とすれば，配置分配関数は，

$$Q=\frac{1}{N!}\frac{N!}{(M!)^h}\left[\int_0^{lM}\cdots\int_0^{lM}e^{-\Phi'/kT}\mathrm{d}z_1\cdots\mathrm{d}z_M\right]^k a_{\mathrm{f}}{}^N \quad (3.5.78)$$

となる．(3.5.78)の[ ]内の多重積分は，1次元系の配置積分であり，この部分が計算しやすい形になっているのが利点である．得られた状態方程式は，Lennard-JonesとDevonshireの細胞理論が固体の方程式に近い値を与えたのに対し，トンネル理論では液体の方程式に近い結果を与えている．しかし，臨界定数やエントロピーの計算では細胞模型より良いとは言えない．

液体を微結晶の集まりと見る模型は，ガラス転移の説明に有利である(§6.2参照)．また，融点付近の液体は結晶に転位(dislocation)や空孔などの欠陥が極めて多く入った状態であると見ると，結晶成長のある種の現象を説明するのに便利である．特に，転位の働きを重要視するものは，転位模型[71]と呼ばれている．

Bernal[72]は，高密度気体の理論の拡張ともいえる分布関数による方法や，液体を欠陥のある固体または微結晶の集まりとしてみる考え方に対して，液体特有の幾何学的構造をとらえる模型(理想液体の模型)を提唱している．その研究は，乱雑最密充てん(random close packing)という概念や，統計幾何学(statistical geometry)という新しい分野をもたらした[73]．用語の定義などに

70) H.S. Chung and J.S. Dahler: *J. Chem. Phys.*, **40** (1964), 2868.

71) J. Rothstein: *J. Chem. Phys.*, **23** (1955), 218. S. Mizushima: *J. Phys. Soc. Japan*, **15** (1960), 70. A. Ookawa: *J. Phys. Soc. Japan*, **15** (1960), 2191. D. Kuhlmann-Wilsdorf: *Phys. Rev.*, **140** (1965), A1599.

72) J.D. Bernal: *Proc. Roy. Soc. (London)*, **A280** (1964), 299.

73) R. Collins: in *Phase Transitions and Critical Phenomena* (ed. by C. Domb and M. S. Green), Academic Press (1972). T. Ogawa and M. Tanemura: *Progr. Theoret. Phys. (Kyoto)*, **51** (1974), 399.

まだあいまいさを含んでいるが，分子配置の相関を重視する見方は，Alder 転移に通ずるともいえる．

以上述べたように，注目する物理量または現象に応じてちがう模型を使わなければならないのが現状である．

§3.6 相転移の一般論

ある温度(臨界温度)以下の気体を圧縮していくと，凝縮(condensation)を起こして液体になる．一方固体の温度をあげていくと，ある温度(融解温度)で融解(melting)して液体になる．これらの現象は日常でもよく経験することである．臨界温度以下での気体-液体の転移や，液体-固体の転移*では，物質の密度または体積は不連続に変わる．また，エネルギーも不連続に変わり，潜熱(latent heat)が存在する．このような転移を1次の相転移(first order phase transition)という．相転移の問題はまだ未解決な点が多く，物理における重要な問題の1つである．§3.6〜§3.8 では，相転移を議論することによって，液体をいままでとは少し違った角度から考えてみる．すなわち，固体や気体との関連において液体を見直してみようというわけである．

はじめに，相転移は統計力学を使ってどのように記述されるかを調べてみる[74,75]．全系のポテンシャル Φ_N は，2体ポテンシャルの和として与えられるとする．

$$\Phi_N = \sum_{i>j} \phi(r_{ij}) \tag{3.6.1}$$

このとき，大きな分配関数は逃散能 z と配置分配関数 Q_N を使って

$$\Xi(z, V) = \sum_{N=0}^{\infty} z^N Q_N(V) \tag{3.6.2}$$

$$Q_N(V) = \frac{1}{N!}\int_V\int_V\cdots\int_V e^{-\beta\Phi_N}\mathrm{d}\boldsymbol{r}_1\mathrm{d}\boldsymbol{r}_2\cdots\mathrm{d}\boldsymbol{r}_N \tag{3.6.3}$$

と表わされる．温度は一定にしておくので，必要なとき以外には書かない．状態方程式は(3.1.42)，(3.1.40)により

---

* 液体-固体の相転移には臨界温度はないと考えられている．

74) C. N. Yang and T. D. Lee: *Phys. Rev.*, **87** (1952), 404.

75) K. Huang: *Statistical Mechanics*, John Wiley & Sons (1963).

$$\beta P = \frac{1}{V}\log \Xi(z, V) \tag{3.6.4}$$

$$\frac{1}{v} = \frac{1}{V}\langle N\rangle = \frac{1}{V}\frac{\partial \log \Xi(z, V)}{\partial \log z} \tag{3.6.5}$$

から，z を消去することによって求められる．

分子間のポテンシャル $\phi(r)$ としては次のようなものを考える．

（1）　分子は剛体芯を持っている；$\phi(r)=+\infty$，$r\leqq a$．

（2）　ポテンシャルは有限な到達距離 b をもつ；$\phi(r)=0$，$r\geqq b$．

（3）　$\phi(r)$ は，すべての r に対して負の無限大にはならない．

原理的には，多体力や van der Waals 力のようにゆっくり減少する力を考えることも可能であるが，ここでは取り扱わない．

温度 T に保たれた体積 V の容器を考えると，分子は剛体芯をもっているので，その中に入ることができる分子の数には上限がある．それを $M(V)$ と書く．$N>M(V)$ ならば，少なくとも 2 つの分子は重なり合わなければならないので

$$Q_N(V) = 0, \qquad N > M(V) \tag{3.6.6}$$

であり，大きな分配関数は z についての M 次多項式になる．

$$\Xi(z, V) = 1+zQ_1(V)+z^2Q_2(V)+\cdots+z^MQ_M(V) \tag{3.6.7}$$

まず体積 V が有限な場合を考えてみよう．分子の数 $M(V)$ も有限である．$e^{-\beta\Phi_k}\geqq 0$ であるから(3.6.3)で定義される配置分配関数 $Q_k(V)$ の値は明らかに正の実数である．したがって，$\Xi=0$ の根のなかで正の実数になるものはない．もちろん，z を複素数にまで拡張すれば，M 個の根があり，複素数 z_k が根ならばその複素共役数 z_k^* も根である．物理的に考えれば z は正の実数であるが，数学的な議論をするためには複素数にまで拡張した方が便利である．(3.6.7)から分かるように，関数 Ξ は複素 z 平面で解析関数である．関数 $(1/V)\log\Xi$ は，$\Xi=0$ となる z 以外では解析関数である．しかし，$\Xi=0$ の根は正の実軸上にはないので，$(1/V)\log\Xi$ は正の実軸上で解析関数である．解析関数の微分もまた解析関数であるので，$(1/V)(\partial\log\Xi/\partial\log z)$ も正の実軸上で解析関数であるといえる．こうして，V が有限であるかぎり，いま考えている物理量には特異点は現われない．圧力 P を比容積 v の関数としてみた場合にも，P は複素 v 平面の実軸上で解析関数であることが示される．したがって，状態方程

式には特異点はない．

次に $V\to\infty$ となるときの系の振舞を考えてみよう．この極限では，状態方程式は

$$\beta P=\lim_{V\to\infty}\left[\frac{1}{V}\log \varXi(z,V)\right] \tag{3.6.8}$$

$$\frac{1}{v}=\lim_{V\to\infty}\left[\frac{1}{V}z\frac{\partial}{\partial z}\log \varXi(z,V)\right] \tag{3.6.9}$$

で与えられる．上の式で，極限 $V\to\infty$ は，[　]内の量を計算した後でとらなければならず，特に $\lim\limits_{V\to\infty}$ と $z(\partial/\partial z)$ の演算の順番は自由に変えることはできない．

体積 V が有限の場合には，関数 $\varXi$ の零点は正の実軸上にはなく，相転移のような特異な現象は期待されないことはすでに述べた．V が大きくなると，零点の数は増加し，複素 z 平面での零点の分布は変わってくる．そして，$V\to\infty$ ではいくつかの零点が正の実軸上にくるかもしれない．

複素 z 平面上で，正の実軸の一部を含み，すべての V に対して $\varXi$ の零点がない領域を R とする．このような領域 R は，1つの一様な相(phase)に対応している．もし，いくつもの重なり合わない領域 R があるならば，おのおのの領域は系のとりうる相に対応していると考えられる．相転移を研究するには，z が1つの領域 R_1 から他の領域 R_2 にうつるときの状態方程式(3.6.8)と(3.6.9)の振舞を調べればよい．

Yang と Lee は次の2つの定理から，その考察を行なった．

[定理Ⅰ]　すべての $z>0$ に対して，$\lim\limits_{V\to\infty}[V^{-1}\log \varXi(z,V)]$ は存在する．この極限の値は体積 V の形にはよらず，z について連続な増加関数である．

[定理Ⅱ]　複素 z 平面上で，正の実軸の一部を含み，どんな V に対しても $\varXi(z,V)=0$ の根がない領域を R とする．領域 R ではすべての z に対して，$V^{-1}\log \varXi(z,V)$ は $V\to\infty$ につれて，ある極限に一様に収束する．この極限の値は領域 R のすべての z に対して解析関数である．

これらの証明は，Yang と Lee の論文に書かれているので，ここではその結果だけを使うことにする．

定理Ⅱで定義されたようなある1つの領域 R に含まれる z に対して，1つ

の相があるとする.

$$F_\infty(z) \equiv \lim_{V\to\infty} \frac{1}{V} \log \Xi(z, V) \tag{3.6.10}$$

という関数を定義すると，1つの相では，$V\to\infty$ のとき $V^{-1}\log \Xi(z, V)$ は解析関数 $F_\infty(z)$ に一様に収束することがわかる．したがって，(3.6.9)では $\lim_{V\to\infty}$ と $z(\partial/\partial z)$ の演算の順序は交換でき，状態方程式(3.6.8)と(3.6.9)は

$$\beta P(z) = F_\infty(z) \tag{3.6.11}$$

$$\frac{1}{v(z)} = z\frac{\partial}{\partial z}F_\infty(z) \tag{3.6.12}$$

となる.

以上の結果から期待されるいくつかの例について考えてみよう.

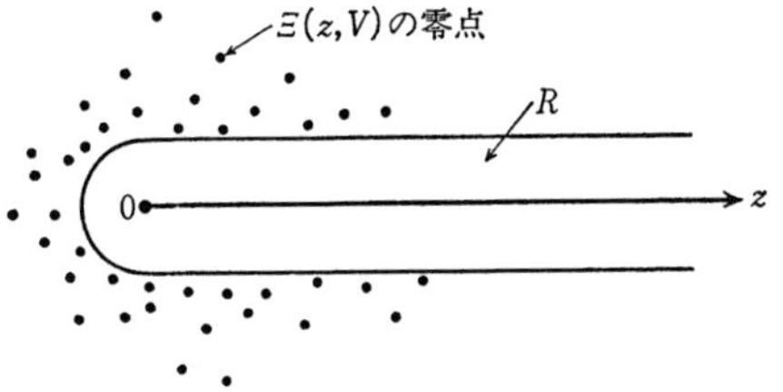

図 3.23　$\Xi(z, V)$ の零点がない領域 R

まず，図3.23のように領域 R が正の実軸全体を含んでいるとしよう．この系は常にある1つの相にある．P は z の増加関数であり，$1/v$ も z の増加関数である．また(3.6.5)，(3.1.41)から

$$\left(\frac{\partial P}{\partial v}\right)_T = \left(\frac{\partial P}{\partial z}\right)_T\left(\frac{\partial z}{\partial v}\right)_T = \frac{1}{vz(\partial v/\partial z)}$$

$$= -\frac{1}{Vv^4\langle(N-\langle N\rangle)^2\rangle} < 0 \tag{3.6.13}$$

であるから，図3.24を得る.

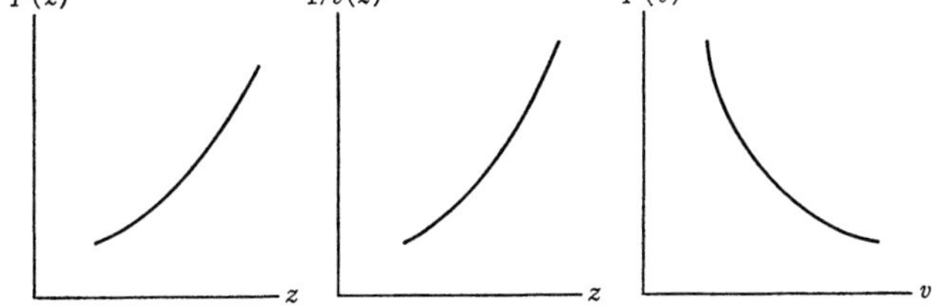

図 3.24　ただ1つの相しか持たないときの系の状態方程式

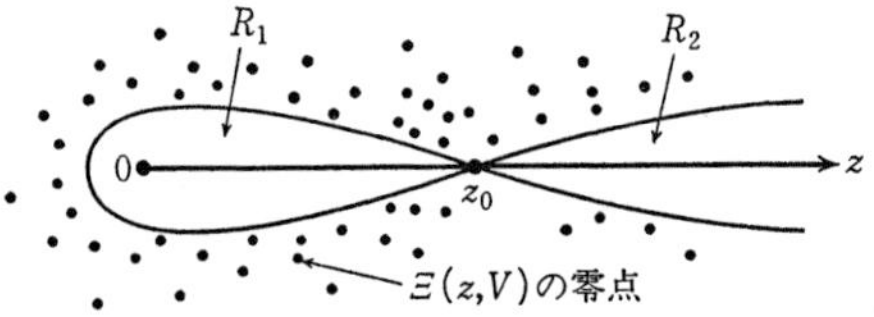

図 3.25 $\Xi(z, V)$ の零点がない2つの領域 R_1 と R_2

次に，$V\to\infty$ につれて $\Xi(z, V)$ の零点の1つが実軸上の点 z_0 に近づいたとしよう．図3.25にしめすように，定理IIがそれぞれ成り立つ2つの領域 R_1 と R_2 がある．前に述べたように各領域では $P(z)$ は増加関数であり，定理Iから $P(z)$ は $z=z_0$ で連続であることがわかる．しかし，その微分は不連続であるとしよう．系は，$z<z_0$ と $z>z_0$ に対応して2つの相を持っている．$z=z_0$ では，$1/v(z)$ は不連続である．z が z_0 を通り抜けるとき，$1/v(z)$ が増加することは次のように示すことができる．

$$z\frac{\partial}{\partial z}\left[\frac{1}{v(z)}\right]=\frac{1}{V^2}\langle(N-\langle N\rangle)^2\rangle>0 \qquad (3.6.14)$$

したがって z_2 が領域 R_2，z_1 が領域 R_1 にあり，$z_2>z_1$ ならば，$v^{-1}(z_2)>v^{-1}(z_1)$ である．こうして，2つの相の間の1次の相転移が得られた．その様子は図3.26に示す．状態方程式が v_a と v_b の間で水平になっているのは，$1/v(z)$ が点aと点bの間で垂直になっているのに対応している．

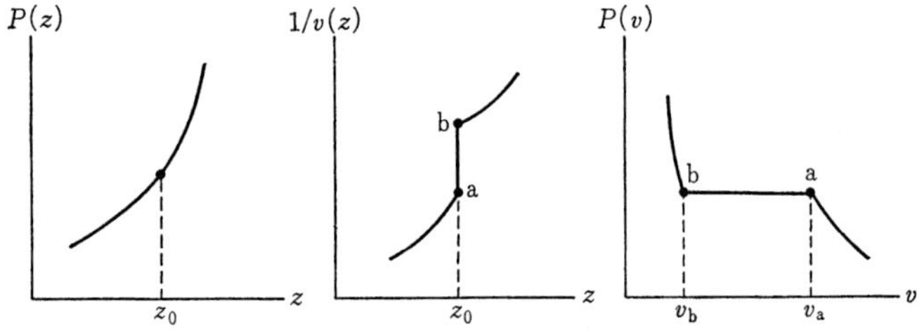

図 3.26 2相間の1次の相転移を示す状態方程式

この議論はいくつもの零点が正の実軸上にある場合でも全く同じである．また，$\mathrm{d}P(z)/\mathrm{d}z$ が $z=z_0$ で連続とし，$\mathrm{d}^2P(z)/\mathrm{d}z^2$ が不連続とするならば2次の相転移を示すことができる．

以上でわかったことは，状態方程式(3.6.8)と(3.6.9)によって相転移を記述できるということである．すなわち相転移の存在は統計力学の理論とは矛盾していない．また原理的には，$V\to\infty$ につれて $\Xi(z, V)=0$ の根が正の実軸に近づくかどうかを調べることによって，相転移の存在を判定できることがわかった．しかし実際の系で $\Xi(z, V)$ を厳密に計算するのは非常に難しい．幸いにも2次元の Ising 模型では厳密な計算ができるので，第5章で述べることにする．

Mayer[76] は状態方程式のビリアル展開を使って凝集の理論を考察した．Yang と Lee の理論からみると，Mayer の理論では初めから $V\to\infty$ の極限を考えていたことになる．したがって，Mayer の理論では気体は記述できたとしても，液体状態にまで議論を拡張できず，凝縮は説明できないのである．

§3.7　臨界点付近の現象[77]

この節では気体-液体転移の臨界点付近の現象を議論する．臨界点付近での等温曲線を模式的に図示したものが図 3.27 である．臨界温度 T_c 以下の温度で気体を等温的に圧縮すると気体は凝集して液体になる．臨界温度より低い温度から T_c に近づいていくと $(T\to T_c^-$ と表わす$)$，共存している液体と気体の密度の差 n_l-n_g は連続的に0に近づく．その時の系の密度 n_c と圧力 P_c によって，臨界点(critical point)が定まる．臨界温度の存在は1869年に Andrew が CO_2 において発見したものである．臨界温度より高い温度から T_c に近づいていくと $(T\to T_c^+$ と表わす$)$，等温曲線の臨界密度 n_c での傾きは順々に平らになる．そして臨界点では，等温圧縮率

$$\kappa_T = -\frac{1}{V}\left(\frac{\partial V}{\partial P}\right)_T = \frac{1}{n}\left(\frac{\partial n}{\partial P}\right)_T \tag{3.7.1}$$

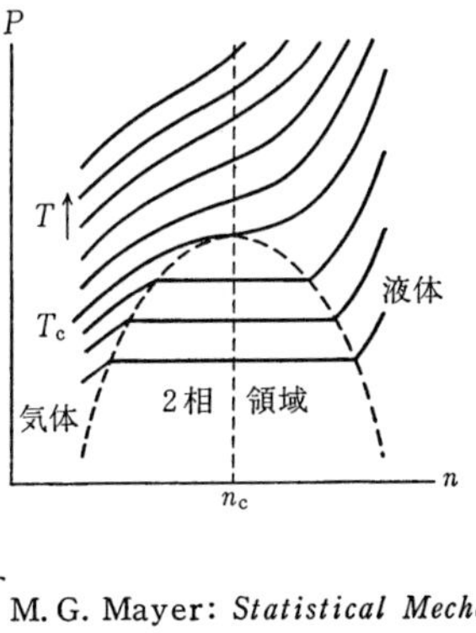

図 3.27　臨界領域での等温曲線の模式図

---

76) J. E. Mayer and M. G. Mayer: *Statistical Mechanics*, John Wiley & Sons (1940).
77) M. E. Fisher: *J. Math. Phys.*, **5** (1964), 944; *Rep. Progr. Phys.*, **30** (1967), 615.

は無限大に発散する．

（1）　臨界指数

1873 年に発表された van der Waals の方程式（a, b は定数）

$$P = \frac{kT}{v-b} - \frac{a}{v^2} \tag{3.7.2}$$

または，

$$P = \frac{nkT}{1-nb} - an^2, \qquad n = \frac{1}{v} = \frac{N}{V} \tag{3.7.2$'$}$$

は，液体と気体をつなぐ状態方程式としてよく知られている．圧力 P を縦軸に，v または n を横軸にとると，ある温度以下では等温曲線は横S字型になる．この部分を，熱力学の相平衡の条件から得られる Maxwell の等面積の規則 (equal area rule)

$$\int_{v_l}^{v_g} P\mathrm{d}v = P_0(v_g - v_l) \qquad (P_0：蒸気圧) \tag{3.7.3}$$

を使って水平な線に置き換えると，等温曲線は図 3.27 と同じような振舞いを示す．したがって，凝縮現象と臨界点付近の性質を定性的に説明できるのである．

臨界点は，(3.7.2′) において，

$$\left(\frac{\partial P}{\partial n}\right)_c = 0, \qquad \left(\frac{\partial^2 P}{\partial n^2}\right)_c = 0 \tag{3.7.4}$$

とおくことによって求まる．

$$n_c = \frac{1}{3b}, \qquad P_c = \frac{a}{27b^2}, \qquad kT_c = \frac{8a}{27b} \tag{3.7.5}$$

この結果から予想される

$$\frac{P_c}{n_c k T_c} = \frac{3}{8} = 0.375 \tag{3.7.6}$$

は不活性気体に対する実験値（$\sim$0.3）とは一致しない．臨界点付近の性質を調べるには，van der Waals の式を臨界点のまわりで展開すればよい．

$$\varDelta P = P - P_c, \qquad \varDelta n = n - n_c, \qquad \varDelta T = T - T_c \tag{3.7.7}$$

$$\varDelta P = a_1(\varDelta T) + a_2(\varDelta T \varDelta n) + a_3(\varDelta n)^3 + \cdots \tag{3.7.8}$$

展開の係数 a_1, a_2, a_3 が正であることは，実際に計算してみればたしかめられる．ここで，$(\varDelta n)$ の 1 次，2 次の項がないのは (3.7.4) のためである．また，$(\varDelta T)$

についての2次以上の項や$(\varDelta T)(\varDelta n)^2$の項などを省略したのは，$(\varDelta n)$と$(\varDelta T)$が独立に小さな値をとれるからである．臨界点の近くで，等面積の規則を用いると

$$(\varDelta n)_{\mathrm{g}} = -(\varDelta n)_{\mathrm{l}} \tag{3.7.9}$$

であることがわかる．この式と，相平衡での圧力のつりあい$P_{\mathrm{g}}=P_{\mathrm{l}}$から，$T_{\mathrm{c}}$より低い温度での共存曲線にそって，

$$(\varDelta n)_{\mathrm{g}}^2 = (\varDelta n)_{\mathrm{l}}^2 = \frac{a_2}{a_3}(T_{\mathrm{c}}-T)$$

または，

$$n_{\mathrm{g}} = n_{\mathrm{c}}-\left(\frac{a_2}{a_3}\right)^{1/2}(T_{\mathrm{c}}-T)^{1/2}$$

$$n_{\mathrm{l}} = n_{\mathrm{c}}+\left(\frac{a_2}{a_3}\right)^{1/2}(T_{\mathrm{c}}-T)^{1/2}$$

が求まる．したがって，

$$n_{\mathrm{l}}-n_{\mathrm{g}} \approx A(T_{\mathrm{c}}-T)^{1/2} \qquad (T\to T_{\mathrm{c}}^-) \tag{3.7.10}$$

である．臨界点の近くでの等温圧縮率は

$$\begin{aligned}\kappa_T &= \frac{1}{n}\left(\frac{\partial n}{\partial P}\right)_T \\ &= \frac{1}{n_{\mathrm{c}}}\frac{1}{a_2(\varDelta T)+3a_3(\varDelta n)^2}\end{aligned} \tag{3.7.11}$$

であるから，臨界等密度曲線(critical isochore)にそって

$$\kappa_T \approx \frac{B}{T-T_{\mathrm{c}}} \qquad (n = n_{\mathrm{c}},\ \ T\to T_{\mathrm{c}}^+) \tag{3.7.12}$$

となる．次に等積比熱を調べてみよう．自由エネルギー$f(T,v)$はPを積分することによって求まる．共存曲線(3.7.10)の上で$f(T,v)$は連続であるとすると，

$$\left.\begin{aligned}f(T,v) &= f_0(T,v) & (T \geqq T_{\mathrm{c}}) \\ &= f_0(T,v)-\frac{1}{4}\frac{a_2^2}{a_3}\frac{1}{n_{\mathrm{c}}^2}(T_{\mathrm{c}}-T)^2+\cdots & (T \leqq T_{\mathrm{c}})\end{aligned}\right\} \tag{3.7.13}$$

となる．等積比熱は

$$C_V = -T\frac{\partial^2 F}{\partial T^2} \tag{3.7.14}$$

で与えられるので，$f_0(T,v)$はTについてなめらかな関数であると仮定すると，

等積比熱は T_c で不連続になる.

$$C_V \approx C_c^{\pm} - D^{\pm}|T-T_c| \qquad (T \gtrless T_c) \qquad (3.7.15)$$

ここで, $C_c^- - C_c^+ = \Delta C > 0$ である. また, (3.7.8)から臨界等温曲線にそって

$$P - P_c \approx E(n-n_c)^3 \qquad (3.7.16)$$

となっていることもわかる.

われわれは van der Waals の式を使って以上の議論をしたが, 得た結果は van der Waals の式に特有なものではない. 臨界点付近で, 自由エネルギーや圧力が, 密度と温度の Taylor 展開として表わされるとしたことが本質的なことなのである. すなわち, 自由エネルギーや圧力を, 密度と温度の解析関数として扱うならば, 同じ結果が得られることになる.

実験によれば種々の物質の相転移において, 臨界温度 T_c に近づくにつれて, 物理量は一般に $|T-T_c|^{\mu}$ のように変化することが知られている. この係数 μ のように転移を特徴づける係数を臨界指数(critical exponent または critical index)と呼ぶ. 臨界指数 μ はその物理量に付随するものであり, 物質にはあまり依存しない.

臨界指数のなかで有名なものは "1/3 法則(one-third law)" である. すなわち, Ne, Ar, Kr, Xe, N_2, O_2 といった簡単な分子からなる物質において, 共存曲線は

$$n_l - n_g \propto (T_c - T)^{\beta} \qquad (T \to T_c{}^-) \qquad (3.7.17)$$

で表わされ, ここで β は

$$\beta = \frac{1}{3}$$

にきわめて近い[78]. クセノン(Xe)に対する実験結果を図 3.28 に示す. 一方, van der Waals 理論の結果, (3.7.10)では $\beta=1/2$ であった.

臨界点では等温圧縮率は発散するが, 臨界点近くの気体の等温圧縮率を精密に測定するのはむずかしい. 臨界等密度曲線で, その発散は

$$\kappa_T(T) \propto (T-T_c)^{-\gamma} \qquad (n = n_c,\ T \to T_c{}^+) \qquad (3.7.18)$$

のように書けるとする. 図 3.29 はクセノンに対する実験結果である. 破線は測定値を示し, 実線は $\gamma=5/4=1.25$ としたときの(3.7.18)を示している. 臨

78) E. A. Guggenheim: *J. Chem. Phys.*, **13** (1945), 253. (3.7.17)の形の式が液体の全領域についてよく成立することが古くから知られていて, Thiesen の実験式と呼ばれる.

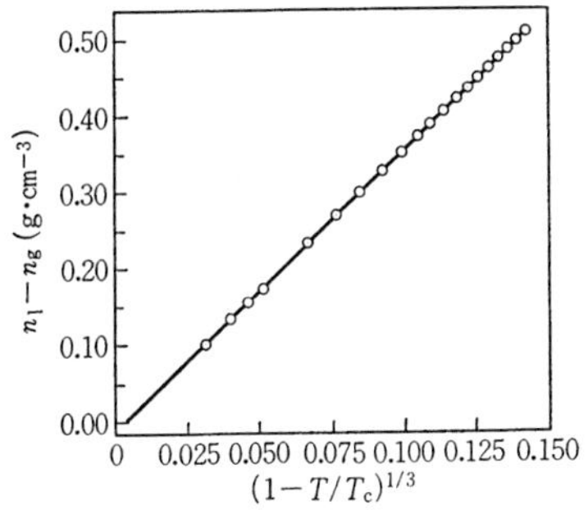

図 3.28 1/3 法則を示すクセノンの共存曲線[79]

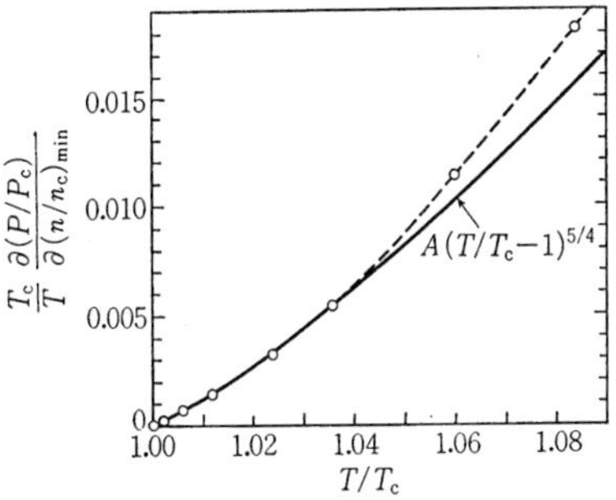

図 3.29 最大等温圧縮率の逆数の温度変化(クセノン)[80]

界点付近でのよい一致が見られる. van der Waals 理論(3.7.12)では $\gamma=1$ であったが, いろいろな実験結果はそれより激しい等温圧縮率の発散を示しており, 少なくとも $\gamma>1.1$ のようである.

等積比熱の問題は少し面倒である. 臨界点の近くで気体が"異常比熱"を示すことは昔からよく知られていたが, 関数形まではっきりとわかっていない. Bagatskii ら[81]は, 対数発散

$$C_V(T) \cong -A^{\pm}\log\left|1-\frac{T_c}{T}\right|+B^{\pm} \qquad (T \gtrless T_c) \qquad (3.7.19)$$

を仮定すると, 実験とよく合うとしている(図 3.30). 臨界指数を

$$\left.\begin{aligned} C_V(n=n_c, T) &\propto (T-T_c)^{-\alpha} && (T>T_c) \\ &\propto (T_c-T)^{-\alpha'} && (T<T_c) \end{aligned}\right\} \qquad (3.7.20)$$

とすると, アルゴンや窒素では α' は多分 0 より大きく, 0.1 よりは小さい. T_c

79) M. A. Weinberger and W. G. Schneider: *Can. J. Chem.*, **30** (1952), 422.
80) H. W. Habgood and W. G. Schneider: *Can. J. Chem.*, **32** (1954), 98.
81) M. I. Bagatskii, A. V. Voronel and B. G. Gusak: *Soviet Phys.-JETP*, **16** (1963), 517.

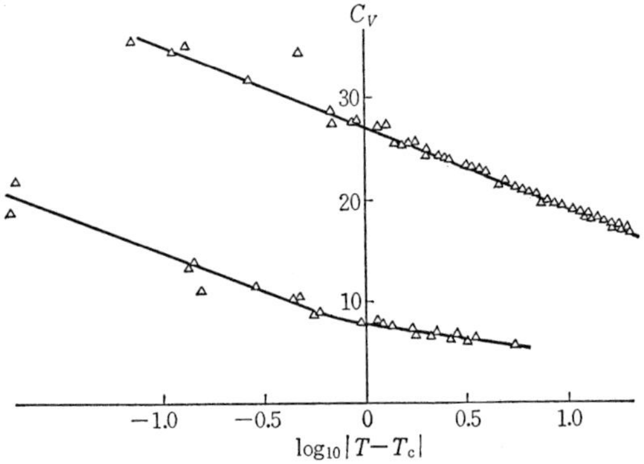

図 3.30 臨界等密度曲線にそっての等積比熱 C_V の温度変化(アルゴン，$T_c=150.5$ K)[81]

より上では実験結果はより不明であり，α は 0 に近く $\alpha \gtrsim 0$ である．対数発散では，

$$\log x = \lim_{\mu \to 0} \frac{1}{\mu}(x^{\mu}-1) \tag{3.7.21}$$

の等式から，臨界指数は 0 とも考えられる．対数発散を含んだ臨界指数の定義は，Fisher (1967)[77] によって導入されている．van der Waals 理論(3.7.15)では比熱の発散は起らない．

等温圧縮率は臨界点で発散し，等温曲線は $n=n_c$ で水平になる．その様子を記述するために，指数 δ を

$$P-P_c \propto \mathrm{sgn}\{n-n_c\}|n-n_c|^{\delta} \tag{3.7.22}$$

によって定義する．単純気体に対する Widom と Rice[82] の解析によれば，$\delta=4.2\pm0.2$ である．van der Waals 理論の予言(3.7.17)は $\delta=3$ であり，ここでも正しくない．

臨界指数を導入した考え方のもとには，臨界指数が物質や物理系の違いには依存せず，系の次元とか対称性といった基本的な量だけに依存するのではないかという期待がある．たとえば，強磁性体における臨界指数は，

$$\left.\begin{array}{l} \text{磁化 } M \text{ の変化} \longleftrightarrow \text{密度 } n \text{ の変化} \\ \text{磁場 } H \text{ の変化} \longleftrightarrow \text{圧力 } P \text{ の変化} \end{array}\right\} \tag{3.7.23}$$

82) B. Widom and O. K. Rice: *J. Chem. Phys.*, **23** (1955) 1250.

と対応させることによって，液体-気体の臨界指数とほとんど変わらないことが知られている(表 3.12)．現在では，いろいろな臨界指数が満たすべき不等式[83]や等式[84]を導く研究や臨界指数自身を計算しようとする研究[85]が盛んに行なわれているが，臨界指数という概念がどこまで普遍的なものであるかはまだよくわかっていない．

表 3.12 臨界指数($\Delta T=|T-T_c|$)[77]．van der Waals の方程式から導いた結果は分子場近似に相当する

指数		$T\to T_c^-$ (共存) α'	β	$T=T_c$ ($n\to n_c$) δ	$T\to T_c^+$ ($n=n_c$) α	γ
定義		(3.7.20)	(3.7.17)	(3.7.22)	(3.7.20)	(3.7.18)
理論	分子場近似	0(不連続)	1/2	3	0(不連続)	1
	Ising 系(2次元)	0(log)	1/8	15	0(log)	7/4
	Ising 系(3次元)	≈1/16	≈5/16	≈26/5	≈1/8	≈5/4
実験	気体-液体	≈0(log)	≈0.34	≈4.2	≳0	≳1.2
	磁性体	≈0(log)	≈0.33	≳4.2	≈0	≈1.35

(2) 臨界散乱(critical scattering)

われわれは(3.1.48)で，等温圧縮率 κ_T と動径分布関数 $g(r)$ の関係式

$$k_BT\left(\frac{\partial n}{\partial P}\right)_T = k_BTn\kappa_T = 1+n\int G(r)d\boldsymbol{r} \qquad (3.7.24)^*$$

$$G(r) \equiv g(r)-1 \qquad (3.7.25)$$

を導いた．この式から臨界点付近での κ_T の発散は $G(r)$ の積分の発散と密接に関係があることがわかる．すなわち，臨界点の近くでは，r が大きくなっても $G(r)$ は残ってゆっくり 0 に近づき，分子間の相関が遠距離にまで及んでいることを意味している．

前にも述べたように動径分布関数 $g(r)$ は光やX線や中性子の散乱から直接に観測できる．入射波と散乱波の波数ベクトルをそれぞれ $\boldsymbol{k}_0, \boldsymbol{k}'$ とし，散乱角(ベクトル $\boldsymbol{k}_0$ と $\boldsymbol{k}'$ の間の角)を θ とする．多重散乱を無視し(Born 近似)，入射波と系とのエネルギーのやりとりは小さいとするならば，相対散乱強度は((1.6.18)参照)

83) G.S. Rushbrooke: *J. Chem. Phys.*, **39** (1963), 842. R.B. Griffiths: *Phys. Rev.*, **136** (1964), A437.
84) L.P. Kadanoff: *Physics*, **2** (1966), 263.
85) K.G. Wilson: *Phys. Rev.*, **B4** (1971), 3174, 3184.
* 混乱を避けるために，この節では Boltzmann 定数を k_B と書く．

$$\chi(\boldsymbol{k}) = \frac{I(\boldsymbol{k})}{I_0(\boldsymbol{k})} = 1+n\int G(\boldsymbol{r})e^{i\boldsymbol{k}\cdot\boldsymbol{r}}\mathrm{d}\boldsymbol{r}$$
$$= 1+n\hat{G}(\boldsymbol{k}) \tag{3.7.26}$$

で与えられる．等方的な系に対しては,

$$\hat{G}(k) = \int_0^\infty \frac{\sin kr}{kr}G(r)4\pi r^2\mathrm{d}r \tag{3.7.27}$$

$$k = |\boldsymbol{k}| = |\boldsymbol{k}'-\boldsymbol{k}_0| = \frac{4\pi}{\lambda}\sin 2\theta$$

となる．ここで，$I_0(\boldsymbol{k})$ は分子間の相関がないときの散乱強度であり，λ は入射波の波長である．(3.7.24) と (3.7.26) を比較すれば,

$$\chi(0) = \lim_{k\to 0}\frac{I(k)}{I_0(k)}$$
$$= 1+n\hat{G}(0) = k_{\mathrm{B}}Tn\kappa_T \tag{3.7.28}$$

となり，散乱角を 0 に外插した相対散乱強度は等温圧縮率に比例する．したがって，臨界点に近づくにつれて κ_T が大きくなると，小角散乱の強度は大きくなるはずである．この異常臨界散乱は，可視光の領域では臨界たん白光(critical opalescence)として昔から知られていた．

Ornstein と Zernike[86] は，Ornstein-Zernike の式(3.2.35)

$$G(\boldsymbol{r}_1-\boldsymbol{r}_2) = C(\boldsymbol{r}_1-\boldsymbol{r}_2)+n\int C(\boldsymbol{r}_1-\boldsymbol{r}_2)G(\boldsymbol{r}_3-\boldsymbol{r}_2)\mathrm{d}\boldsymbol{r}_3 \tag{3.7.29}$$

を使って臨界散乱の考察を行なった．(3.7.29)の Fourier 変換

$$1+n\hat{G}(\boldsymbol{k}) = \frac{1}{1-n\hat{C}(\boldsymbol{k})} \tag{3.7.30}$$

を，(3.7.26) に代入すると

$$\frac{1}{\chi(\boldsymbol{k})} = 1-n\hat{C}(\boldsymbol{k}) \tag{3.7.31}$$

である．臨界点では，$\kappa_T = \chi(0)/nk_{\mathrm{B}}T$ が発散するので

$$1-n\hat{C}(0) = 1-n\int C(\boldsymbol{r})\mathrm{d}\boldsymbol{r} = 0 \tag{3.7.32}$$

を得る．(3.7.28) が発散し，$G(r)$ が遠距離範囲であるのに対し，(3.7.32) は，直接相関関数 $C(\boldsymbol{r})$ は短距離範囲であり，$G(\boldsymbol{r})$ より速く 0 になることを意味し

86) L. S. Ornstein and F. Zernike: *Proc. Acad. Sci. Amsterdam*, **17** (1914), 793; *Physik. Z.*, **19** (1918), 34; *ibid.*, **27** (1926), 761.

ている．したがって，$\hat{C}(\boldsymbol{k})=\int C(\boldsymbol{r})\exp(i\boldsymbol{k}\cdot\boldsymbol{r})\mathrm{d}\boldsymbol{r}$ は次のように k について展開できるだろう．

$$\hat{C}(\boldsymbol{k})=\hat{C}(0)-\frac{k^2}{2}\langle\cos^2\theta\rangle\int r^2C(\boldsymbol{r})\mathrm{d}\boldsymbol{r}+\cdots \qquad (3.7.33)$$

特に，2次のモーメント

$$R^2=\frac{1}{2}n\langle\cos^2\theta\rangle\int r^2C(\boldsymbol{r})\mathrm{d}\boldsymbol{r}, \qquad \langle\cos^2\theta\rangle=\frac{1}{3} \qquad (3.7.34)$$

は，臨界点ででも存在すると仮定しよう．(3.7.31)に(3.7.33)，(3.7.34)を代入すると，散乱公式

$$\chi(k)=1+n\hat{G}(k)\cong\frac{R^{-2}}{\mu^2+k^2} \qquad (k\to 0) \qquad (3.7.35)$$

を得る．ここで，μ は長さの逆数の次元をもち*，

$$\mu^2=\frac{1-n\hat{C}(0)}{R^2} \qquad (3.7.36)$$

で定義した．(3.7.35)を Fourier 逆変換すれば，r が大きいところでの $G(r)$ の振舞がわかる．

$$G(r)\cong\frac{1}{4\pi nR^2}\frac{e^{-\mu r}}{r} \qquad (r\to\infty) \qquad (3.7.37)$$

分子間の相関は指数関数的に減少し，μ^{-1} 程度の範囲をもっている．また，(3.7.35)を等温圧縮率の式(3.7.24)に代入すれば，κ_T と μ の関係が求まる．

$$\kappa_T=\frac{A}{\mu^2}, \qquad A\equiv\frac{1}{nk_{\mathrm{B}}TR^2} \qquad (T\to T_{\mathrm{c}}) \qquad (3.7.38)$$

比例係数 A は臨界領域で急激には変化しないとすると，臨界点での κ_T の発散は

$$\mu(T)\to 0 \qquad (T\to T_{\mathrm{c}}) \qquad (3.7.39)$$

を意味している．したがって，臨界点では相関は

$$G_{\mathrm{c}}(r)\cong\frac{D}{r} \qquad (r\to\infty,\ T=T_{\mathrm{c}}) \qquad (3.7.40)$$

のようにゆっくりと減少することが予言される．ここで新しい臨界指数 ν を定義する．

$$\mu(T)\propto|T_{\mathrm{c}}-T|^{\nu} \qquad (n=n_{\mathrm{c}},\ T\to T_{\mathrm{c}}^{+}) \qquad (3.7.41)$$

---

* 化学ポテンシャルと混同しないように．

関係式 $\kappa_T \sim 1/\mu^2$ が正しいならば，(3.7.18)の γ の定義から

$$\nu = \frac{1}{2}\gamma \tag{3.7.42}$$

であり，van der Waals 理論の結果を用いるならば $\nu=1/2$ となる．実験については後に述べるが，$\nu \approx 0.55 \sim 0.70$ となっているようである．

以上述べた結果は，密度のゆらぎと自由エネルギーの関係を使っても導くことができる[77,87]．系の自由エネルギーは，

$$F = F_0 + \int \left[\frac{a}{2}(n(\boldsymbol{r}) - \bar{n})^2 + \frac{b}{2}(\nabla n(\boldsymbol{r}))^2 \right] \mathrm{d}\boldsymbol{r} \tag{3.7.43}$$

と書けるとする．ここで，$n(\boldsymbol{r})$ は局所的な密度を表わし，その平均値 $\bar{n}$ からのずれを $\delta n(r)$ と書く．

$$\delta n(r) = n(\boldsymbol{r}) - \bar{n} \tag{3.7.44}$$

密度のゆらぎがゆっくりと変化しているとする(すなわち，$k \to 0$ の寄与が重要)ならば，(3.7.43)はよい近似となっている．密度のずれの Fourier 変換

$$\delta n_{\boldsymbol{k}} = V^{-1} \int e^{i\boldsymbol{k}\cdot\boldsymbol{r}} \delta n(\boldsymbol{r}) \mathrm{d}\boldsymbol{r} \tag{3.7.45}$$

を使うと，自由エネルギーの平均値からのゆらぎは

$$F - F_0 = \frac{V}{2} \sum_{\boldsymbol{k}} (a + bk^2) |\delta n_{\boldsymbol{k}}|^2 \tag{3.7.46}$$

である．この式では，各モードは単なる足し算になっており，モード間の相互作用はないことに注意する．$|\delta n_{\boldsymbol{k}}|^2$ をもつ確率は

$$\frac{\exp[-(a+bk^2)|\delta n_{\boldsymbol{k}}|^2/2Vk_{\mathrm{B}}T]}{\int \exp[-(a+bk^2)|\delta n_{\boldsymbol{k}}|^2/2Vk_{\mathrm{B}}T] \delta n_{\boldsymbol{k}}} \tag{3.7.47}$$

に比例するので

$$\langle |\delta n_{\boldsymbol{k}}|^2 \rangle = \frac{k_{\mathrm{B}}T}{V(a+bk^2)} \tag{3.7.48}$$

を得る．一方，(3.7.45)から

$$\langle |\delta n_{\boldsymbol{k}}|^2 \rangle = \langle \delta n_{\boldsymbol{k}} \delta n_{-\boldsymbol{k}} \rangle = V^{-1} \int e^{i\boldsymbol{k}\cdot\boldsymbol{r}} \langle \delta n(0) \delta n(\boldsymbol{r}) \rangle \mathrm{d}\boldsymbol{r} \tag{3.7.49}$$

であり，動径分布関数を導入すれば

$$\begin{aligned} \langle \delta n(0) \delta n(\boldsymbol{r}) \rangle &= \langle (\bar{n} + \delta n(0))(\bar{n} + \delta n(\boldsymbol{r})) \rangle - \bar{n}^2 \\ &= \bar{n} g(r) + \bar{n} \delta(r) - \bar{n}^2 \end{aligned} \tag{3.7.50}$$

と表わされるので，結局

---

87)　L. D. Landau and E. M. Lifshitz: *Statistical Physics*, Pergamon Press (1958) (小林秋男ほか訳：ランダウ-リフシッツ統計物理学(第2版)(上，下)，岩波書店(1966, 1967))．

$$\frac{V}{\bar{n}}\langle|\delta n_{\boldsymbol{k}}|^2\rangle = 1+n\hat{G}(\boldsymbol{k})$$
$$= \frac{k_{\mathrm{B}}T/\bar{n}}{a+bk^2} \qquad (k\to 0) \tag{3.7.51}$$

となる．この式は Ornstein と Zernike の得た式(3.7.35)と同じである．

Ornstein と Zernike の理論が正しいかどうかは，(3.7.35)と(3.7.39)から予想されること，すなわち，

（a） $1/\chi(k,T)$ 対 k^2 のグラフは，k が小さいところでは直線になる，

（b） $1/\chi(k,T)$ の $k^2=0$ での値は，$T\to T_c$ につれて 0 になる，

が実際に成り立っているかどうかをしらべてみればよい．相対散乱強度 $\chi(k)$ の逆数対 k^2 のグラフは，Ornstein-Zernike-Debye のプロットと呼ばれる．n-dodecane-β,β'-dichloroethyl-ether の混合溶液に対する実験で，Chu[88]

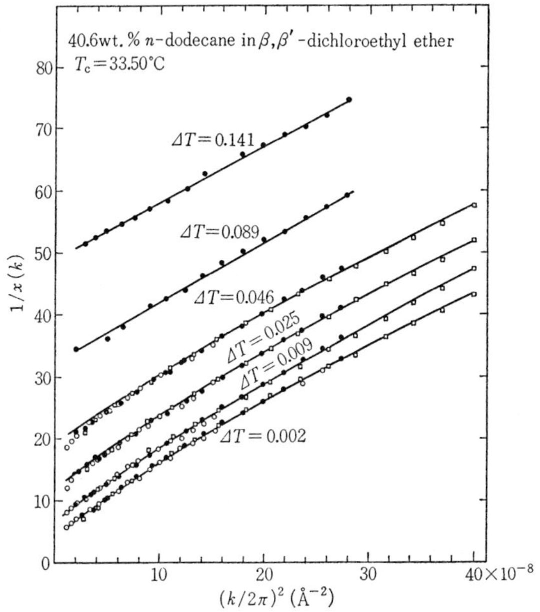

図 3.31 混合溶液 n-dodecane-β,β'-dichloroethyl-ether に対する Ornstein-Zernike-Debye プロット[88]．$\Delta T=T-T_c$，$k=(4\pi/\lambda)\sin(\theta/2)$．$\lambda$ の値はそれぞれ，□ 2516 Å，● 3023 Å，○ 4027 Å

88) 臨界現象の実験に関する解説，P. Heller: *Rep. Progr. Phys.*, **30** (1967), 731 を参照．

は，$T \to T_c$，$k \to 0$ につれて，Ornstein-Zernike-Debye のプロットが直線からはずれてくることを見出した(図 3.31)．Fisher は，臨界点付近での相関関数の漸近形は

$$G(r) = g(r) - 1 \sim \frac{e^{-\mu r}}{r^{1+\eta}} \qquad (r \to \infty,\ n = n_c,\ T \to T_c{}^+) \quad (3.7.52)$$

$$\mu(T) \propto (T - T_c)^{\nu}$$

で与えられるとして，Ornstein と Zernike の理論を拡張する式

$$\chi(k) \propto \frac{1}{(\mu^2 + k^2)^{1-\eta/2}} \qquad (3.7.53)$$

を導いた．このとき，(3.7.42)は，

$$\nu(2-\eta) = \gamma \qquad (3.7.54)$$

と拡張される．Chu の実験から η を求めると $\eta \cong 0.25$ であり，$\gamma \approx 1.2$(表 3.12)を用いれば，$\nu \approx 0.69$ となる．しかし，k が小さいところでの実験はむずかしく，あまりはっきりしたことはわかっていない．

§3.8　融解の理論

固体から液体への転移を融解(melting, あるいは fusion)，液体から固体への転移を凝固(freezing)と呼ぶが，固体-液体の相転移を総称して融解という場合も多いようである．

一般に，2つの相が平衡にある条件は，

(a)　2つの相の温度 T_1 と T_2 は等しい；$T_1 = T_2$,

(b)　2つの相の圧力 P_1 と P_2 は等しい；$P_1 = P_2$,

(c)　2つの相の化学ポテンシャル μ_1 と μ_2 は等しい(2つの相の互いに等しい温度と圧力をそれぞれ T と P とする)；

$$\mu_1(P, T) = \mu_2(P, T) \qquad (3.8.1)$$

である．

平衡の条件(3.8.1)を T で微分すれば，

$$\frac{\partial \mu_1}{\partial T} + \frac{\partial \mu_1}{\partial P}\frac{\mathrm{d}P}{\mathrm{d}T} = \frac{\partial \mu_2}{\partial T} + \frac{\partial \mu_2}{\partial P}\frac{\mathrm{d}P}{\mathrm{d}T} \qquad (3.8.2)$$

となり，

$$\mathrm{d}\mu = -s\mathrm{d}T + v\mathrm{d}P \qquad (s：1\text{分子あたりのエントロピー}) \quad (3.8.3)$$

を代入すれば,

$$\frac{\mathrm{d}P}{\mathrm{d}T} = \frac{s_1 - s_2}{v_1 - v_2} \tag{3.8.4}$$

が得られる.ここで,s_1, v_1 および s_2, v_2 はそれぞれ両相の1分子あたりのエントロピーと体積である.第1の相から第2の相への転移熱 q,

$$q = T(s_2 - s_1) \tag{3.8.5}$$

を使えば,有名な **Clausius-Clapeyron の式**

$$\frac{\mathrm{d}P}{\mathrm{d}T} = \frac{q}{T(v_1 - v_2)} \tag{3.8.6}$$

が得られる.この公式は温度が変化するときに,平衡にある2相の圧力がどう変わるかを決定する.また,実験的には,v_1 と v_2 をはかり,圧力とともに転移点がどう変るかを与える $\mathrm{d}P/\mathrm{d}T$ を知れば,転移熱 q を知ることができるので非常に便利な式である.

融解の理論の古典的なものに,Lindemann の理論,Herzfeld-Mayer の理論,Born の理論がある.これらの理論は,固体-液体の相転移を,固体の結晶格子の不安定性として議論したものである.

Lindemann[89] は,温度が高くなるにつれて固体の熱振動が激しくなり,その振幅が分子間距離の 10% 程度になると融解が起こると考えた.したがって,熱運動による変位の2乗平均を $\langle u^2 \rangle$,最近接分子間の距離を R_0 とすると,融解点においては

$$\frac{\langle u^2 \rangle}{R_0^2} = \delta^2 \tag{3.8.7}$$

は物質にはあまり依らない量となるはずである.この δ を Lindemann のパラメタとよぶ.例えば最近でも Shapiro[90] は,格子振動の理論を使って $\langle u^2 \rangle$ を計算し,δ を求めた(表 3.13).体心立方構造(bcc)をもった5つのアルカリ金属では $\delta=0.113$(平均),面心立方構造(fcc)の6つの金属では $\delta=0.071$(平均)となっている.この結果からみると,δ の値はすべての物質には共通でなく,格子構造によって違うようである.(3.8.7)は次元解析的な式で,この値が結合の力によってちがうのは当然である.

89) F. A. Lindemann: *Z. Physik*, **11** (1910), 609.
90) J. N. Shapiro: *Phys. Rev.*, **B1** (1970), 3982.

表 3.13 Lindemann のパラメタ[90]

	格子系	Lindemann のパラメタ δ		格子系	Lindemann のパラメタ δ
Li	bcc	0.116	Al	fcc	0.072
Na	bcc	0.111	Cu	fcc	0.068
K	bcc	0.112	Ag	fcc	0.071
Rb	bcc	0.115	Au	fcc	0.073
Cs	bcc	0.111	Pb	fcc	0.065
		平均 0.113	Ni	fcc	0.077
					平均 0.071

Herzfeld と Mayer[91] は，次のようにして固体の状態方程式を求めた．絶対零度でのエネルギーは，格子エネルギーと零点エネルギーの和であたえられる．

$$U = \frac{N\Phi}{2} + \frac{3}{2}Nh\bar{\nu} \tag{3.8.8}$$

ここで，平均振動数 $\bar{\nu}$ は，Debye の振動スペクトルの最大値 ν の 3/4 である．

$$U = \frac{N\Phi}{2} + \frac{3}{2}\frac{3}{4}Nh\nu \tag{3.8.9}$$

$$\nu = v_s\left(\frac{3N}{4\pi V}\right)^{1/3} \qquad (v_s：音速) \tag{3.8.10}$$

温度が 0 でないときの自由エネルギーは

$$F = U + F' \tag{3.8.11}$$

$$F' = \int_0^T C_V \mathrm{d}T - \int_0^T \frac{C_V}{T}\mathrm{d}T = -T\int_0^T \frac{\mathrm{d}T}{T^2}E \tag{3.8.12}$$

で与えられる．ここで，C_V は定積比熱，$E=\int_0^T C_V \mathrm{d}T$ である．圧力は，

$$P = -\left(\frac{\partial F}{\partial V}\right) \tag{3.8.13}$$

で与えられるから，

$$P = P_1 + P_2 + P_3 \tag{3.8.14}$$

P_1 は弾性張力を示し，

$$P_1 = -\frac{\partial}{\partial V}\frac{N\Phi}{2} \tag{3.8.15}$$

---

91) K. F. Herzfeld and M. G. Mayer: *Phys. Rev.*, **46** (1934), 995.

P_2 は零点圧力を示し

$$P_2 = -\frac{\partial}{\partial V}\left(\frac{9}{8}Nh\nu\right) \tag{3.8.16}$$

P_3 は熱的な圧力を示し,

$$P_3 = -\frac{\partial F'}{\partial V} = E\frac{\partial \log \nu}{\partial V} \tag{3.8.17}$$

となる. Kane[92] は, これらの式を使って希ガス固体の状態方程式を求めた. 体積を増していくと, 圧力は極小を示す(図 3.32). $\partial P/\partial V > 0$ は熱力学的に不安定な状態であり, 結晶は存在しない. したがって融解は

$$P = 0, \qquad \frac{\partial P}{\partial V} = 0 \tag{3.8.18}$$

となる温度で起こると考えられる. このようにして求めた温度は, クリプトンの場合 108 K であり, 実験値 116 K とよく一致している.

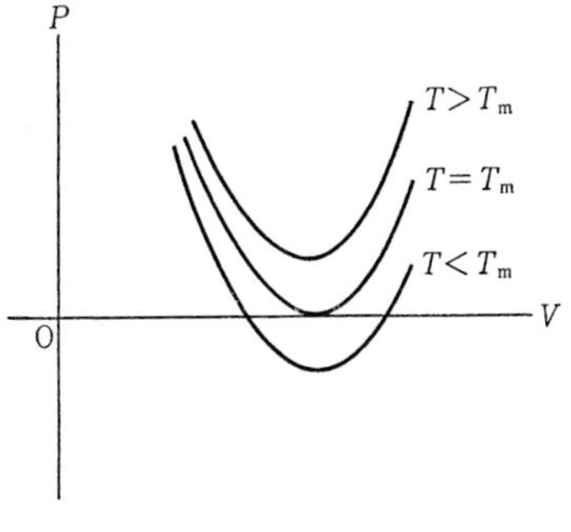

図 3.32 Herzfeld と Mayer の理論による状態方程式の模式図[92]

力学的にみた固体と液体の違いの 1 つは, ずれ(shearing)応力に対する安定性である. 固体はずれ応力を加えても元の形に戻るが, 液体にはそのような性質はない. Born[93] は, ずれ応力に対する安定性から融解を考察した. 立方晶系の単位細胞(1 辺の長さ a)の基本ベクトルを $\boldsymbol{a}_1, \boldsymbol{a}_2, \boldsymbol{a}_3$ とする. 独立なパラメタは,

$$\boldsymbol{a}_1^2,\ \boldsymbol{a}_2^2,\ \boldsymbol{a}_3^2,\ \boldsymbol{a}_1\cdot\boldsymbol{a}_2,\ \boldsymbol{a}_2\cdot\boldsymbol{a}_3,\ \boldsymbol{a}_3\cdot\boldsymbol{a}_1 \tag{3.8.19}$$

の 6 個であり, 以下の議論ではひずみの成分

---

92) G. Kane: *J. Chem. Phys.*, 7 (1939), 603.

93) M. Born: *J. Chem. Phys.*, 7 (1939), 591.

$$\left.\begin{aligned} 2x_x &= e_{11} = \frac{(\boldsymbol{a}_1^2-a^2)}{a^2}, & y_z &= e_{23} = \frac{\boldsymbol{a}_2\cdot\boldsymbol{a}_3}{a^2} \\ 2y_y &= e_{22} = \frac{(\boldsymbol{a}_2^2-a^2)}{a^2}, & z_x &= e_{31} = \frac{\boldsymbol{a}_3\cdot\boldsymbol{a}_1}{a^2} \\ 2z_z &= e_{33} = \frac{(\boldsymbol{a}_3^2-a^2)}{a^2}, & x_y &= e_{12} = \frac{\boldsymbol{a}_1\cdot\boldsymbol{a}_2}{a^2} \end{aligned}\right\} \tag{3.8.20}$$

を使うのが便利である．自由エネルギーは粒子数 N に比例するので，

$$F = Nf(T, a, x_x, y_y, z_z, y_z, z_x, x_y) \tag{3.8.21}$$

とおく．ひずみは小さいとして展開すると，

$$\begin{aligned} f &= f_0+f_1(x_x+y_y+z_z) \\ &\quad +\frac{1}{2}\{f_{11}(x_x^2+y_y^2+z_z^2)+2f_{12}(y_yz_z+z_zx_x+x_xy_y)+f_{44}(y_z^2+z_x^2+x_y^2)\} \\ &\quad +\cdots \end{aligned} \tag{3.8.22}$$

であるので，自由エネルギー密度は，1粒子当りの立方細胞 a^3 の数を γ とすると，

$$\begin{aligned} \frac{F}{V} = \frac{f}{\gamma a^3} &= \frac{f_0}{\gamma a^3}-p(x_x+y_y+z_z) \\ &\quad +\frac{1}{2}\{c_{11}(x_x^2+y_y^2+z_z^2)+2c_{12}(y_yz_z+z_zx_x+x_xy_y)+c_{44}(y_z^2+z_x^2+x_y^2)\} \\ &\quad +\cdots \end{aligned} \tag{3.8.23}$$

ここで，

$$-p = \frac{1}{\gamma a^3}f_1(a, T) \tag{3.8.24}$$

$$\left.\begin{aligned} c_{11} &= \frac{1}{\gamma a^3}f_{11}(a, T) \\ c_{12} &= \frac{1}{\gamma a^3}f_{12}(a, T) \\ c_{44} &= \frac{1}{\gamma a^3}f_{44}(a, T) \end{aligned}\right\} \tag{3.8.25}$$

となる．c_{11}, c_{12}, c_{44} は弾性定数である．結晶が安定であるためには，(3.8.23) の2次の項が常に正でなければならないので*,

* $x_x+y_y+z_z$ は体積変化 $\delta V/V=3\delta a/a$ を示すが，$\delta V=0$ とする．

$$c_{11}+2c_{12}>0, \qquad c_{11}-c_{12}>0, \qquad c_{44}>0 \qquad (3.8.26)$$

の条件を得る．不安定が起こるのは次の3つの場合である．

(i)　$c_{44}=0$．ずれ応力に対して不安定であり，融解に相当する．

(ii)　$c_{11}=c_{12}$．応力は液体でのように静水圧になるが，ずれに対しては安定である．ゲル状態と名づける．

(iii)　$c_{11}+2c_{12}>0$．格子は完全に不安定であり，昇華に相当すると考えられる．

Born は，Lennard-Jones ポテンシャルを使って，体心立方構造の計算をした．その場合には $c_{11}<c_{12}$ という不安定が起きてしまうが，かりに $c_{11}>c_{12}$ はいつも成り立っているとして $c_{44}=0$ となる条件を求めると実験とはあまり違わない結果が得られる．

以上の理論は固体の結晶格子が不安定になる条件を求めたと考えられるが，統計力学的に融解を議論するためには，固相と液相の平衡を論じなければならない．Lennard-Jones と Devonshire[94] は，分子配列の秩序無秩序と AB 合金との類似から次のような理論を考えた．NaCl のように交互に秩序正しく並んだ2つの部分格子，α 格子と β 格子，を考える．部分格子が面心立方構造ならば，全体の格子は単純立方格子を作っている(図 3.33)．部分格子はおのおの N 個の格子点を持っており，全部で $2N$ 個の格子点がある．この $2N$ 個の格子点に N 個の分子を配置する．この模型では，固体はほとんどすべての分子が一方の部分格子に位置する秩序状態に対応し，液体は分子が $2N$ 個の格子点にばらまかれる無秩序状態に対応する．すべての分子が一方の部分格子を占めているとき(秩序状態)の配置分配関数は，v_f を自由体積として

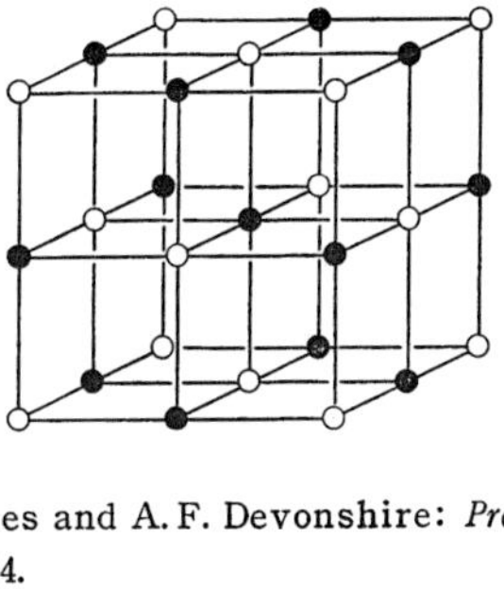

図 3.33　● α 格子，○ β 格子

94)　J. E. Lennard-Jones and A. F. Devonshire: *Proc. Roy. Soc.* (*London*), **A169** (1939), 317; *ibid.*, **A170** (1939), 464.

$$Q_0 = v_{\mathrm{f}}{}^N \exp\left(-\frac{\Phi_0}{kT}\right) \tag{3.8.27}$$

で与えられる．ここで，Φ_0 はすべての分子が一方の部分格子の格子点上にあるときのエネルギーである．この Q_0 を使うと，系の配置分配関数は

$$Q = \frac{Q_0}{N!}\sum_{\lambda}{}' \exp\left[-\frac{1}{kT}(\Phi_\lambda - \Phi_0)\right] \tag{3.8.28}$$

と書ける．和 $\sum_{\lambda}{}'$ は，$2N$ 個の格子点のおのおのに2個以上の分子がこない配置 λ のすべてを考えるという意味であり，Φ_λ は配置 λ をとるときのエネルギーである．

2つの分子が異なる部分格子の隣合う位置にいるときの相互作用を W'，同じ部分格子の隣合う位置にいる時の相互作用を W'' とする．(3.8.28)の和を計算するのに，ここでは Bragg-Williams の方法を用いよう．この方法では，注目する分子の周りにくる分子の数をその平均で置き代える．したがって

$$\Phi_\lambda = \frac{1}{2}N_\alpha\left(6\frac{N_\beta}{N}W' + 12\frac{N_\alpha}{N}W''\right) + \frac{1}{2}N_\beta\left(6\frac{N_\alpha}{N}W' + 12\frac{N_\beta}{N}W''\right) \tag{3.8.29}$$

となる．また

$$\Phi_0 = \frac{1}{2}N\cdot 12W' \tag{3.8.30}$$

であるから，

$$\Phi_\lambda - \Phi_0 = 6NW\frac{N_\alpha}{N}\left(1 - \frac{N_\alpha}{N}\right) \tag{3.8.31}$$

$$W = W' - 2W'' \tag{3.8.32}$$

となる．識別できない N 個の分子を α 格子に N_α 個，β 格子に N_β 個，分配する方法の数は

$$g = N!\left(\frac{N!}{N_\alpha!N_\beta!}\right)^2 \tag{3.8.33}$$

である．結局，配置分配関数(3.8.28)は

$$Q = Q_0\sum_{N_\alpha}\left(\frac{N!}{N_\alpha!N_\beta!}\right)^2 \exp\left[-\frac{1}{kT}x(1-x)6NW\right] \tag{3.8.34}$$

$$x \equiv \frac{N_\alpha}{N} \tag{3.8.35}$$

となる．(3.8.34)での N_α についての和を極大の項で置き代えても自由エネル

ギーの計算には大きな誤差をもたらさないことが知られている．極大を与える N_α(または x)の値は，

$$\frac{6W(2x-1)}{2kT} = \log\left(\frac{x}{1-x}\right) \tag{3.8.36}$$

である．この式で $x=1/2$ は常に解である．$6W/2kT \leqq 2$ の時は，$x=1/2$ だけが解であり，α 格子と β 格子には同じだけの分子が位置していることを示している．$6W/2kT>2$ の時は，$x=1/2$ は極小を与え，$x=x_0$ と $x=1-x_0(x_0>1/2)$ に2つの極大がある．したがって，N_α と N_β は等しくない．$x=1/2$ について対称な2つの解が現われるのは，α 格子と β 格子の対称性を反映している．

Helmholtz の(配置の)自由エネルギーは，

$$F^* = -kT\log Q = F'+F'' \tag{3.8.37}$$

$$\left.\begin{aligned} F' &= -kT\log Q_0 \\ F'' &= -6NWx(1-x)-2Nk+[x\log x+(1-x)\log(1-x)] \end{aligned}\right\} \tag{3.8.38}$$

で与えられる．(3.8.38)の x には，与えられた W/kT の値に対する(3.8.36)の解を代入する．

(3.8.32)で定義された相互作用 W は，格子パラメタ(したがって密度)の関数であり，ポテンシャルの斥力部分の寄与が大きいとする．12-6 型の Lennard-Jones ポテンシャルを考えるならば，

$$W = W_0\left(\frac{V_0}{V}\right)^4 \tag{3.8.39}$$

$$V_0 = N\sigma^3 \tag{3.8.40}$$

となる．

したがって，W_0 と完全な秩序状態での自由エネルギー F' がわかれば，系の自由エネルギー F^* を計算できる．Lennard-Jones と Devonshire は，F' とそれに対する圧力 $P'=-(\partial F'/\partial V)$ として，細胞模型(§3.5)の結果を用いた．こうして，W_0 の値を適当に決めると，

$$P = P'+P'' \tag{3.8.41}$$

$$P'' = -\frac{\partial F''}{\partial V} \tag{3.8.42}$$

から状態方程式を計算することができる(図3.34)．点 K では $6W/2kT=2$ で

ある．点Kより左では，$N_\alpha \fallingdotseq N_\beta$ であり固体相を表わしていると考えられる．一方，点Kより右では，$N_\alpha = N_\beta$ であり液体相を表わしていると考えられる．等温曲線は van der Waals の状態方程式のような不安定部分をもっており，平衡の圧力は等面積の規則を使うことによって求まる．

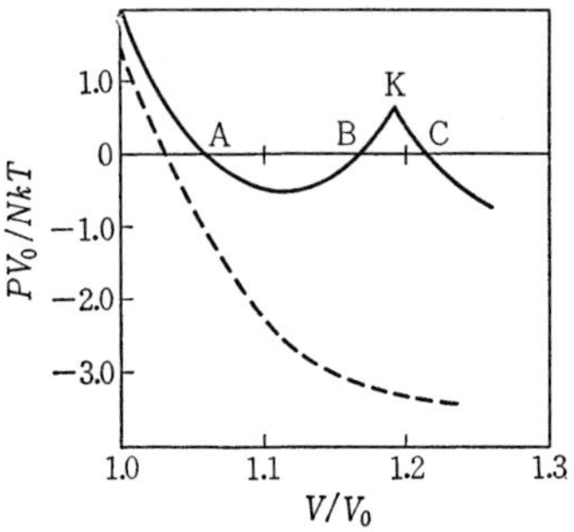

図 3.34 Lennard-Jones と Devonshire の融解理論から計算した状態方程式[94]．実線は全圧力 $P=P'+P''$，破線は秩序状態の圧力 P' を示す

Lennard-Jones と Devonshire は，圧力0での凝固点が実験値に合うように W_0 の値を決めた．アルゴン原子の相互作用の極小エネルギーを ϵ とすると，Bragg-Williams の近似を用いると $W_0=0.928\epsilon$，Bethe の近似を用いると $W_0=1.048\epsilon$ となる．この W_0 の値を使って，融解点でのアルゴンの性質を計算したのが表 3.14 である．理論値と実験値の一致はかなり良い．しかし，この理論にも不満足な点はある．その中で一番重大な欠点は，ある温度以上で融解が1次の相転移ではなくなってしまうことである．図 3.34 にみられるような P-V 等温曲線の極小は，約 $1.1\epsilon/k$ の臨界温度以上では消えてしまう．すなわち，この温度以上では，融解の際の体積変化，エントロピー変化はなくなり，

表 3.14 Lennard-Jones と Devonshire の融解の理論による融解点でのアルゴンの性質と実験値の比較[94]

	Bethe の近似	Bragg-Williams の近似	実験値
W_0/ϵ の値	1.048	0.928	−
圧力0のときの融解点(83.8 K)での体積変化	12.8%	13.5%	12%
圧力0のときの融解点(83.8 K)でのエントロピー変化	1.74k	1.70k	1.66k
90.3 K での融解の圧力 (dyn·cm^{-2})	294×10^6	286×10^6	291×10^6
液体の膨張係数 $(1/V)(\partial V/\partial T)$	0.0049	0.0040	0.0045

固体-液体の相転移は高次の相転移となる．現在までの実験や計算機実験からは，融解現象には臨界温度がないことが知られているので，Lennard-Jones と Devonshire の融解理論がどこまで融解現象の本質をとらえているかは疑問である．

上に述べた Lennard-Jones と Devonshire の理論は細胞模型の融解への応用であったが，今度は分布関数による理論を考えてみよう．固体と液体の違いは，1体分布関数が固体では周期的であるのに対し，液体では位置にはよらない一定の値になるということにある．Kirkwood と Monroe[95] は，1体分布関数に対する積分方程式の考察から融解を議論した．1体分布関数に対する積分方程式は(3.3.12)より，

$$kT\nabla_1 \log n^{(1)}(\boldsymbol{r}_1) = \int \nabla_2\phi(r_{12})g^{(2)}(\boldsymbol{r}_1, \boldsymbol{r}_{12})n^{(1)}(\boldsymbol{r}_2)\mathrm{d}\boldsymbol{r}_2 \qquad (3.8.43)$$

である．Kirkwood と Monroe は，2体動径分布関数 $g^{(2)}(\boldsymbol{r}_1, \boldsymbol{r}_{12})$ を液体の動径分布関数 $g(r_{12})$ で近似した．

$$g^{(2)}(\boldsymbol{r}_1, \boldsymbol{r}_{12}) = g(r_{12}), \qquad r_{12} = |\boldsymbol{r}_1 - \boldsymbol{r}_2| \qquad (3.8.44)$$

液体の動径分布関数は実験からわかっている量であるとする．(3.8.44)を(3.8.43)に代入し，積分すると，

$$kT\log\{\chi n^{(1)}(\boldsymbol{r}_1)\} = \int\left[\int_{r_{12}}^{\infty}\phi'(r)g(r)\mathrm{d}r\right]n^{(1)}(\boldsymbol{r}_2)\mathrm{d}\boldsymbol{r}_2 \qquad (3.8.45)$$

となる．χ は単位細胞 $\varDelta$ についての $n^{(1)}(\boldsymbol{r}_1)$ の積分が1であることから求まる．

$$\int_{\varDelta} n^{(1)}(\boldsymbol{r}_1)\mathrm{d}\boldsymbol{r}_1 = 1 \qquad \text{(規格化条件)} \qquad (3.8.46)$$

(3.8.45)は $n^{(1)}(\boldsymbol{r})$ に対する積分方程式であり，周期的な解があれば固体相，$n^{(1)}(\boldsymbol{r})=$一定 の解しかないならば液体相を表わすことになる．(3.8.45)の解を

$$n^{(1)}(\boldsymbol{r}) = \sum_{h} s(\boldsymbol{h})\exp(2\pi i\boldsymbol{h}\cdot\boldsymbol{r}) \qquad (3.8.47)$$

とおく．それに対応して，(3.8.45)の右辺の[ ]内を Fourier 積分で表わしておく．

$$\frac{1}{kT}\int_{r_{12}}^{\infty}\phi'(r)g(r)\mathrm{d}r = \int a(k)\exp(-2\pi i\boldsymbol{k}\cdot\boldsymbol{r}_{12})\mathrm{d}\boldsymbol{k} \qquad (3.8.48)$$

95) J. G. Kirkwood and E. Monroe: *J. Chem. Phys.*, 9 (1941), 514.

Fourier の逆変換から

$$a(h)=-\frac{4\pi}{(2\pi h)^3kT}\int_0^\infty g(r)\phi'(r)(2\pi hr\cos 2\pi hr-\sin 2\pi hr)\mathrm{d}r \quad (3.8.49)$$

である．(3.8.47)と(3.8.48)を，(3.8.45)に代入すると，

$$\log\{\chi n^{(1)}(\boldsymbol{r}_1)\}=\sum_h a(h)s(\boldsymbol{h})\exp(2\pi i\boldsymbol{h}\cdot\boldsymbol{r}_1) \quad (3.8.50)$$

となり，χ は規格化条件(3.8.46)から

$$\chi=\int_\Delta \exp\{\sum_h a(h)s(\boldsymbol{h})\exp(2\pi i\boldsymbol{h}\cdot\boldsymbol{r}_1)\}\mathrm{d}\boldsymbol{r}_1 \quad (3.8.51)$$

と表わされる．いま，χ を $s(-\boldsymbol{h})$ で微分すると，

$$\frac{\partial\chi}{\partial s(-\boldsymbol{h})}=a(h)\int_\Delta \exp(-2\pi i\boldsymbol{h}\cdot\boldsymbol{r})\cdot\exp\{\sum_h a(h)s(\boldsymbol{h})\exp(2\pi i\boldsymbol{h}\cdot\boldsymbol{r}_1)\}\mathrm{d}\boldsymbol{r}_1$$

$$(3.8.52)$$

であり，(3.8.50)を使うと，

$$\frac{\partial(\log\chi)}{\partial s(-\boldsymbol{h})}=a(h)\int_\Delta \exp(-2\pi i\boldsymbol{h}\cdot\boldsymbol{r}_1)n^{(1)}(\boldsymbol{r}_1)\mathrm{d}\boldsymbol{r}_1 \quad (3.8.53)$$

となる．この式に(3.8.47)を代入すると，結局

$$\frac{\partial(\log\chi)}{\partial s(-\boldsymbol{h})}=a(h)s(\boldsymbol{h}) \quad (3.8.54)$$

が得られる．χ は $s(\boldsymbol{h})$ の関数として，(3.8.51)から求まるので，(3.8.54)は $n^{(1)}(r)$ の係数 $s(\boldsymbol{h})$ を求める方程式である．

ベクトル $\boldsymbol{h}$ は，(3.8.47)からわかるように逆格子ベクトルである．面心立方格子*で考えることにする．おそらく $|h|$ の大きな $s(\boldsymbol{h})$ はあまり重要でないだろうから，$\boldsymbol{h}=0$ と $\boldsymbol{h}=(\pm 1/a_0, \pm 1/a_0, \pm 1/a_0)$ だけを考えればよいと仮定する．ここで，a_0 は単位細胞の稜の長さである．(3.8.47)を単位細胞の中で積分すれば，

$$\sigma_0=s(0,0,0)=\frac{1}{a_0{}^3} \quad (3.8.55)$$

また，(3.8.49)を使って

$$\alpha_0=a(0)=\frac{4\pi}{3}\frac{1}{kT}\int_0^\infty g(r)\phi'(r)r^3\mathrm{d}r \quad (3.8.56)$$

となる．ここで，

* 面心立方格子の逆格子は体心立方格子である．

$$\sigma \equiv s\left(\pm\frac{1}{a_0}, \pm\frac{1}{a_0}, \pm\frac{1}{a_0}\right), \qquad \alpha = a\left(\frac{\sqrt{3}}{a_0}\right) \tag{3.8.57}$$

とおけば，(3.8.50)は

$$\chi n^{(1)}(\boldsymbol{r}) = \exp\left\{\alpha_0\sigma_0 + 8\alpha\sigma\cos\left(\frac{2\pi x}{a_0}\right)\cos\left(\frac{2\pi y}{a_0}\right)\cos\left(\frac{2\pi z}{a_0}\right)\right\} \tag{3.8.58}$$

となる．この式を積分して，

$$\chi = a_0{}^3\exp(\alpha_0\sigma_0)\sum_{h=0}^{\infty}\{(2n)!\}^2(\alpha\sigma)^{2n}\frac{1}{(n!)^6} \tag{3.8.59}$$

を得る．(3.8.54)により，σ は

$$\frac{\partial(\log\chi)}{\partial\sigma} = 8\alpha\sigma \tag{3.8.60}$$

を解いて求められる．

$\alpha<0.973$ のときは $\sigma=0$ という解しか存在しない．$n^{(1)}(\boldsymbol{r})=$一定 ということで，液体に相当する．$\alpha>0.973$ のときは，σ に2つの解が出るが，そのうちの大きい方が安定な固体に対応している．

このように，σ が得られて $n^{(1)}(\boldsymbol{r}_1)$ が求まるならば，(3.8.44)を仮定したのであるから，固体相での熱力学量を計算できる．これらの値と液体相での値の比較から，融解点での性質を求めることができる(表3.15)．

表 3.15 Kirkwood と Monroe の理論による融解点での変化の計算値[95]

融解温度 T_m(K)	エントロピー変化 $\Delta S/R$ 計算値	実験値	体積変化 Δv ($cm^3\cdot mol^{-1}$) 計算値	実験値
83.9	1.74	1.68	3.25	3.53
119.7	0.70	1.10	0.62	1.88
183.2	0.48	0.71	0.33	0.92

Kirkwood[96] は，さらに，分布関数の小さな摂動に対する液体相の安定性に話を限るならば，(3.8.44)を仮定せずに議論ができることを示した．ここでは，2体ポテンシャルの他に外力のポテンシャル $\phi_0(\boldsymbol{r})$ も存在するとする．(3.8.43)は，$\beta\equiv 1/kT$ として，

96) J. G. Kirkwood: in *Phase Transformation in Solids* (ed. by R. Smoluchowski, J. E. Mayer and W. A. Weyl), John Wiley & Sons (1951).

$$\nabla_1 \log n^{(1)}(\boldsymbol{r}_1) = -\beta\nabla_1\phi_0(\boldsymbol{r}_1)+\beta\int \nabla_2\phi(r_{12})g^{(2)}(\boldsymbol{r}_1, \boldsymbol{r}_{12})n^{(1)}(\boldsymbol{r}_2)\mathrm{d}\boldsymbol{r}_2 \tag{3.8.61}$$

と書き直される．液体相での密度を n_l，動径分布関数を $g_l^{(2)}(r_{12})$ として，

$$n^{(1)}(\boldsymbol{r}_1) = n_l[1+\psi(\boldsymbol{r}_1)] \tag{3.8.62}$$

$$g^{(2)}(\boldsymbol{r}_1, \boldsymbol{r}_{12}) = g_l^{(2)}(r_{12})+\chi(\boldsymbol{r}_1, \boldsymbol{r}_{12}) \tag{3.8.63}$$

とおく．これらを(3.8.61)に代入して，摂動 ψ と χ について線形化をすると，次のような微分積分方程式が得られる．

$$\nabla_1\psi(\boldsymbol{r}_1) = \Delta(\boldsymbol{r}_1)+\int \boldsymbol{r}_{12}K_0(r_{12})\psi(\boldsymbol{r}_2)\mathrm{d}\boldsymbol{r}_2 \tag{3.8.64}$$

$$\Delta(\boldsymbol{r}_1) = -\beta\nabla_1\phi_0(\boldsymbol{r}_1)+\beta n_l\int \nabla_2\phi(r_{12})\chi(\boldsymbol{r}_1, \boldsymbol{r}_{12})\mathrm{d}\boldsymbol{r}_2 \tag{3.8.65}$$

$$K_0(r_{12}) = -\beta n_l\phi'(r_{12})g_l^{(2)}(r_{12})\frac{1}{r_{12}} \tag{3.8.66}$$

この式は，Fourier 変換を使って解くことができる．

$$F(\boldsymbol{k}) = \frac{M(\boldsymbol{k})}{1-G(k)} \tag{3.8.67}$$

ここで，

$$F(\boldsymbol{k}) = \int \psi(\boldsymbol{r}_1)e^{i\boldsymbol{k}\cdot\boldsymbol{r}_1}\mathrm{d}\boldsymbol{r}_1 \tag{3.8.68}$$

$$G(k) = -\frac{4\pi\beta n_l}{k^3}\int_0^\infty [kr\cos kr-\sin kr]\frac{\mathrm{d}\phi}{\mathrm{d}r}g_l^{(2)}(r)\mathrm{d}r \tag{3.8.69}$$

$$M(\boldsymbol{k}) = -\frac{i}{k^2}\int \boldsymbol{k}\cdot\Delta(\boldsymbol{r}_1)e^{i\boldsymbol{k}\cdot\boldsymbol{r}_1}\mathrm{d}\boldsymbol{r}_1 \tag{3.8.70}$$

もし，関数 $1-G(k)$ が実軸上で 0 をもたないならば，$F(\boldsymbol{k})$ の Fourier 変換は存在し液体相は安定である．関数 $1-G(k)$ が実軸上で 0 をもつならば，Fourier 変換は発散し液体相は不安定になると考えられる．これを，Kirkwood instability とよぶ．零点の 1 つを $k=k_c$ とする．

$$1+\frac{4\pi\beta n_l}{k_c^3}\int_0^\infty \{k_cr\cos k_cr-\sin k_cr\}\phi'(r)g_l^{(2)}(r, \beta, n_l)\mathrm{d}r = 0 \tag{3.8.71}$$

直径 σ の剛体球ポテンシャルを例にとると，上の条件は

$$1-\frac{\lambda_c}{Z^3}[Z\cos Z-\sin Z] = 0 \tag{3.8.72}$$

$$\lambda_c = 4\pi\sigma^3 n_1 g_1^{(2)}(\sigma) \tag{3.8.73}$$

$$Z = k_c\sigma \tag{3.8.74}$$

となる．(3.8.72)の最初の零点は

$$\lambda_c = 34.8 \tag{3.8.75}$$

$$Z_c = 5.76 \tag{3.8.76}$$

で起きる．したがって，$\lambda<\lambda_c$ では液体相は安定であるが，$\lambda\geqq\lambda_c$ では不安定になる．

Kunkin と Frisch[97] は，このようにして導いた臨界密度が計算機実験で発見された Alder 転移の密度より大きいこと，また 1 次元でも不安定が起きること[98]を理由に，Kirkwood の議論を批判している．Kirkwood instability が実際の固体-液体の相転移に対応するものかどうかについてはまだわかっていない．

最近の融解現象の研究では，Alder 転移の立場から実験を解析したものが多い．その詳しい議論は §5.3 で述べられるが，ポテンシャルの斥力部分の役割が融解では本質的であるということは明らかになったようである．Mori, Okamoto らは[99]，空孔理論の 1 つの拡張である可変格子模型(expandable lattice model)[64] を使って融解の理論を発展させた．この模型では，細胞の体積は温度と密度の関数として，Helmholtz の自由エネルギーを極小にするように決められる．最近接格子点間の短距離秩序度のみを取り入れるという簡単な近似で物質の 3 相をはじめ，臨界点や 3 重点についてもよい結果を得ている．

融解の理論は，高圧下の融点降下[100]や液晶(§6.3)，ガラス状態(§6.2)とも関連して最近注目を集めている分野である．

［補注 1］ 量子力学的な状態方程式と表面張力の式

量子力学的には，状態和として(3.1.24)の代りに

97) W. Kunkin and H. L. Frisch: *J. Chem. Phys.*, **50** (1969), 81.

98) 1 次元の剛体球系では相転移がないことは証明されている．たとえば，L. Van Hove: in *Classical Fluids* (ed. by H. L. Frisch and J. L. Lebowitz), W. A. Benjamin (1964).

99) H. Mori et al.: *Progr. Theoret. Phys.* (*Kyoto*), **47** (1972), 1087; *ibid.*, **48** (1972), 1474. H. Okamoto et al.: *Progr. Theoret. Phys.* (*Kyoto*), **48** (1972), 731; *ibid.*, **50** (1973), 1248.

100) N. Kawai and Y. Inokuti: *Japan J. Appl. Phys.*, **7** (1968), 989.

$$Z_N=\sum\exp\left(-\frac{E_j}{kT}\right) \tag{3. A. 1}$$

を用いなければならない．ここに E_j は体系のエネルギー固有値である．容器を上と同様に変形した場合，E_j の変化は

$$-\frac{\mathrm{d}E_j}{\mathrm{d}V}=\frac{2}{3V}\int\cdots\int\psi_j^*(\boldsymbol{r}_1,\boldsymbol{r}_2,\cdots,\boldsymbol{r}_N)(\mathcal{K}-\mathcal{V})\psi_j(\boldsymbol{r}_1,\boldsymbol{r}_2,\cdots,\boldsymbol{r}_N)\mathrm{d}\boldsymbol{r}_1\mathrm{d}\boldsymbol{r}_2\cdots\mathrm{d}\boldsymbol{r}_N \tag{3. A. 2}$$

で与えられる[3]．ここで ψ_j は固有値 E_j に属する固有関数，$\mathcal{K}$ は運動エネルギー演算子

$$\mathcal{K}=-\frac{1}{2}\frac{\hbar^2}{2m}\sum_{i=1}^{N}\left(\frac{\partial^2}{\partial x_i^2}+\frac{\partial^2}{\partial y_i^2}+\frac{\partial^2}{\partial z_i^2}\right) \tag{3. A. 3}$$

$\mathcal{V}$ はビリアルと呼ばれる量の演算子で

$$\begin{aligned}\mathcal{V}&=\frac{1}{2}\sum_{j=1}^{N}\left(x_j\frac{\partial\Phi_N}{\partial x_j}+y_j\frac{\partial\Phi_N}{\partial y_j}+z_j\frac{\partial\Phi_N}{\partial z_j}\right)\\&=\frac{1}{2}\sum_{(ij)}r_{ij}\frac{\partial\phi(r_{ij})}{\partial r_{ij}}\end{aligned} \tag{3. A. 4}$$

(和は分子対 (ij) について加える) を意味する．密度行列

$$\rho(\boldsymbol{r},\boldsymbol{r}')=\sum_j\psi_j(\boldsymbol{r}_1,\boldsymbol{r}_2,\cdots,\boldsymbol{r}_N)e^{-\beta E_j}\psi_j{}^*(\boldsymbol{r}_1',\boldsymbol{r}_2',\cdots,\boldsymbol{r}_N') \tag{3. A. 5}$$

を用いれば，$-\mathrm{d}E_j/\mathrm{d}V$ の平均値，すなわち圧力 P として

$$P=\frac{2}{3V}\frac{\mathrm{Tr}\{(\mathcal{K}-\mathcal{V})\rho\}}{\mathrm{Tr}\,\rho} \tag{3. A. 6}$$

を得る．この式の第2項は(3. 1. 37)の第2項と同じ表現を与える．しかし第1項は一般に NkT/V に等しくはなく，量子効果が現われ得る．

表面張力を量子論的に扱うと(3. 1. 58)に，運動量による寄与が付け加わる．すなわち，密度行列を ρ とするとき，量子効果として

$$\gamma'=-\frac{1}{A}\frac{\hbar^2}{2m}\frac{\mathrm{Tr}\left\{\sum_{j=1}^{N}\left(\frac{\partial^2}{\partial z_j^2}-\frac{\partial^2}{\partial x_j^2}\right)\rho\right\}}{\mathrm{Tr}\,\rho} \tag{3. A. 7}$$

を(3. 1. 58)に加えたものが表面張力を与える[101]．γ' は z 方向の運動エネルギ

101)　$\mathrm{Tr}\{(\mathcal{K}-\mathcal{V})\rho\}$ と同様な式が $F'-F$ に現われることを考慮して，上と同じような容器の変形をすれば証明される．本章文献 5), 10) 参照．理想気体に対する表面効果については K. Husimi: *Proc. Phys. Math. Soc. Japan*, **21** (1939), 759.

$-(-\hbar^2/2m)\partial^2/\partial z^2$ と x 方向の運動エネルギー $(-\hbar^2/2m)\partial^2/\partial x^2$ との差の形をしている．古典統計ではエネルギー等分配の法則から，この差は 0 であり，$\gamma'=0$ である．しかし液体ヘリウムや液体水素では γ' の寄与があるものと思われる．自由な表面では，z 方向の運動は制限が少ないから運動エネルギーも小さく，$\gamma'<0$ であると思われる．

［補注 2］ 1次元物質の相転移

1次元物質は一般に相転移をしないことを示しておこう[102]．

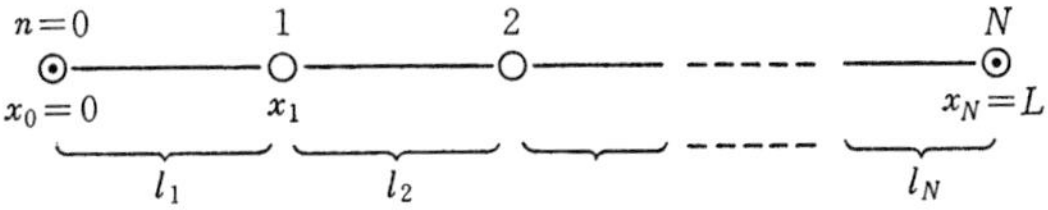

図 3.35

$N+1$ 個の分子が1次元上に並んでいるとし，これらに番号 $n=0,1,2,\cdots,N$ をつける．分子 $n=0$ は原点 $x=0$ に固定され，分子 $n=N$ は $x=L$ に固定されているとすると分配関数は

$$\left.\begin{aligned} Q(T,L) &= \int\cdots\int e^{-U/kT}\mathrm{d}x_1\cdots\mathrm{d}x_N \\ L &= x_N > x_{N-1} > \cdots > x_1 > 0 \end{aligned}\right\} \tag{3. A. 8}$$

である．ここで相互作用を最隣接分子間に限ると

$$U=\sum_{n=1}^{N}\phi(x_n-x_{n-1}) \qquad (x_0=0,\ \ x_N=L) \tag{3. A. 9}$$

となる．配置空間に関する熱力学ポテンシャル $G(T,P)$ は，P を圧力として

$$e^{-G/kT}=\int_0^\infty e^{-PL/kT}\mathrm{d}LQ(T,L) \tag{3. A. 10}$$

と書ける．変数を x_n から $l_n=x_n-x_{n-1}$ $(n=1,\cdots,N)$ に移すと，変換のヤコビアンは

$$J\equiv\frac{\partial(x_1,\cdots,x_N)}{\partial(l_1,\cdots,l_N)}=\begin{vmatrix} \dfrac{\partial x_1}{\partial l_1} & \dfrac{\partial x_1}{\partial l_2} & \cdots \\ \dfrac{\partial x_2}{\partial l_1} & \dfrac{\partial x_2}{\partial l_2} & \cdots \\ \cdots & \cdots & \cdots \end{vmatrix}=\begin{vmatrix} 1 & 0 & \cdots & \cdots & \cdots \\ 1 & 1 & 0 & \cdots & \cdots \\ 1 & 1 & 1 & 0 & \cdots \\ \cdots & \cdots & \cdots & \cdots & \cdots \end{vmatrix}=1 \tag{3. A. 11}$$

---

102) H. Takahashi: *Proc. Phys. Math. Soc. Japan*, **24** (1942), 60 参照.

したがって $L=l_1+l_2+\cdots+l_N$ を考慮すれば

$$e^{-G/kT}=\int_0^\infty\cdots\int_0^\infty \exp\left\{-\sum_{n=1}^{N}\frac{1}{kT}(\phi(l_n)+Pl_n)\right\}J\mathrm{d}l_1\cdots\mathrm{d}l_N$$

$$=\left[\int_0^\infty e^{-(\phi(l)+Pl)/kT}\mathrm{d}l\right]^N \tag{3. A. 12}$$

あるいは

$$G=-NkT\log\int_0^\infty e^{-(\phi(l)+Pl)/kT}\mathrm{d}l \tag{3. A. 13}$$

したがって，圧力 P の下におけるこの物質の長さは

$$L=\frac{\partial G}{\partial P}=N\langle l\rangle \tag{3. A. 14}$$

ただし

$$\langle l\rangle=\frac{\displaystyle\int_0^\infty le^{-(\phi(l)+Pl)/kT}\mathrm{d}l}{\displaystyle\int_0^\infty e^{-(\phi(l)+Pl)/kT}\mathrm{d}l} \tag{3. A. 15}$$

である．$\langle l\rangle$ は分子間の距離の平均である．

P の値をきめると，体系の長さ L は一義的に定まる．長さ L は P の1価関数であるから，凝縮などの相変化は起こらない．

簡単な計算で示せるように

$$\frac{\partial}{\partial P}\langle l\rangle=-\langle(l-\langle l\rangle)^2\rangle<0 \tag{3. A. 16}$$

したがって $\langle l\rangle$ あるいは L は P の単調減少関数である．

このように一般に1次元物質は相変化を示さないわけであるが，相互作用の形によっては P-L 曲線に非常に平らな部分ができて事実上相変化が起こったように見える場合はあり得る．

また，上の議論では，相互作用が最隣接分子だけにしか及ばないとした．この部分はもっと拡張でき，一般に有限の隣接分子と相互作用をしていても，1次元物質には相転移が起こらないことが示される[103)]．

103)　戸田盛和・久保亮五編：統計物理学(岩波講座現代物理学の基礎 6)，岩波書店(1972)．

第4章　時間を含む問題

§4.1　巨視的な輸送方程式

自然に放置された状態では，液体内の運動のちがいは，次第に平均化され，また熱は高温から低温へ流れて温度も一様化する．これらの現象は不可逆現象である．粘性係数，熱伝導率などの輸送係数は，液体の巨視的な法則に現われる．まず液体の連続方程式，粘性流体の運動方程式，エネルギー方程式等を巨視的に導いておこう[1)].

液体内の任意の部分を考え，その領域の体積を V，それをかこむ面を S とする．単位体積に対する任意の物理量を α としよう．体積 V の中の α の総量は

$$A=\int_V \alpha \mathrm{d}V \tag{4.1.1}$$

である．A の時間変化の割合は(スカラー積を・で表わす)

$$\begin{aligned}\frac{\mathrm{d}A}{\mathrm{d}t}&=\int\frac{\partial\alpha}{\partial t}\mathrm{d}V\\&=-\int \boldsymbol{j}_\alpha\cdot\mathrm{d}\boldsymbol{S}+\int_V \Phi_\alpha\mathrm{d}V\end{aligned} \tag{4.1.2}$$

と書ける．ここに $\boldsymbol{j}_\alpha$ は表面 S の単位面積を通して流れ出る α の流量であり，Φ_α は体積 V の中で発生する α の湧出量である．Gauss の積分定理により

$$\int \boldsymbol{j}_\alpha\cdot\mathrm{d}\boldsymbol{S}=\int\frac{\partial}{\partial\boldsymbol{r}}\cdot\boldsymbol{j}_\alpha\mathrm{d}V$$

と書ける．したがって

$$\int_V\left[\frac{\partial\alpha}{\partial t}+\frac{\partial}{\partial\boldsymbol{r}}\cdot\boldsymbol{j}_\alpha-\Phi_\alpha\right]\mathrm{d}V=0 \tag{4.1.3}$$

これは任意の体積 V で成り立つから，

$$\frac{\partial\alpha}{\partial t}+\frac{\partial}{\partial\boldsymbol{r}}\cdot\boldsymbol{j}_\alpha-\Phi_\alpha=0 \tag{4.1.4}$$

物理量 A が質量であるときは α は密度 ρ であり，物質不滅により $\Phi_\alpha=0$,

---

1)　J.H. Irving and J.G. Kirkwood: *J. Chem. Phys.*, **18** (1950), 817.

質量の流れは運動量 $\boldsymbol{j}=\rho\boldsymbol{u}$($\boldsymbol{u}$ は流速)である．したがって

$$\frac{\partial\rho}{\partial t}+\frac{\partial}{\partial\boldsymbol{r}}\cdot(\rho\boldsymbol{u})=0 \tag{4.1.5}$$

これは質量保存，あるいは**連続の方程式**である．

A が運動量であるときは，$\alpha=\rho\boldsymbol{u}$．外力 $\boldsymbol{f}$(単位体積)は単位時間の運動量の変化に等しいから $\Phi_{\boldsymbol{u}}=\boldsymbol{f}$ である．一般に

$$\boldsymbol{j}'_\alpha=\rho\alpha\boldsymbol{u}$$

は流速 $\boldsymbol{u}$ によって α が運ばれる流れを意味する．$\alpha=\rho\boldsymbol{u}$ に対して(一般に $\boldsymbol{a},\boldsymbol{b}$ をベクトルとするときテンソル $\boldsymbol{ab}$ を $(\boldsymbol{ab})_{xy}=a_xb_y$ などで定義する)

$$\boldsymbol{j}'_u=\rho\boldsymbol{uu}$$

は運動量 $\rho\boldsymbol{u}$ の流れである．この他に流れに勾配があるときは面 S を通して応力による運動量の変化が V の中に生じる．応力テンソルを $\boldsymbol{\sigma}$ とすると，これは

$$\boldsymbol{j}''_u=-\boldsymbol{\sigma}$$

によって表わされる．よって運動量の方程式は

$$\frac{\partial}{\partial t}(\rho\boldsymbol{u})+\frac{\partial}{\partial\boldsymbol{r}}\cdot(\rho\boldsymbol{uu})=\boldsymbol{f}+\frac{\partial}{\partial\boldsymbol{r}}\cdot\boldsymbol{\sigma} \tag{4.1.6}$$

これは運動方程式である．連続の方程式を用いるとこれは次のようにかける．

$$\rho\frac{\mathrm{D}\boldsymbol{u}}{\mathrm{D}t}=\boldsymbol{f}+\frac{\partial}{\partial\boldsymbol{r}}\cdot\boldsymbol{\sigma} \tag{4.1.7}$$

ここで $\mathrm{D}/\mathrm{D}t$ は流れに乗って変化を見たときの微分である．すなわち，任意の量 $F(\boldsymbol{r},t)$ の微分は

$$\Delta F=\Delta t\frac{\partial F}{\partial t}+\left(\Delta\boldsymbol{r}\cdot\frac{\partial}{\partial\boldsymbol{r}}\right)F$$

であるが，流れに乗って見るときは $\Delta\boldsymbol{r}/\Delta t=\boldsymbol{u}$ であり，このときの $\Delta F/\Delta t$ を $\mathrm{D}/\mathrm{D}t$ と書けば

$$\frac{\mathrm{D}F}{\mathrm{D}t}=\frac{\partial F}{\partial t}+\left(\boldsymbol{u}\cdot\frac{\partial}{\partial\boldsymbol{r}}\right)F$$

A をエネルギーとするには $\alpha=(e+u^2/2)\rho$ とおけばよい．ここに e は単位質量の内部エネルギーである．外力 $\boldsymbol{f}$ は $\boldsymbol{f}\cdot\boldsymbol{u}$ だけの仕事をし，これがエネルギーの増加をきたす．応力による仕事は単位面に対して $\boldsymbol{\sigma}\cdot\boldsymbol{u}$ である．さらに熱の

流れを $\boldsymbol{q}$ で表わすと

$$\frac{\partial}{\partial t}\left(\rho\left[e+\frac{1}{2}u^2\right]\right)+\frac{\partial}{\partial \boldsymbol{r}}\cdot\left(\rho\boldsymbol{u}\left[e+\frac{1}{2}u^2\right]\right)=\boldsymbol{f}\cdot\boldsymbol{u}+\frac{\partial}{\partial \boldsymbol{r}}\cdot(\boldsymbol{\sigma}\cdot\boldsymbol{u})-\frac{\partial}{\partial \boldsymbol{r}}\cdot\boldsymbol{q} \tag{4.1.8}$$

連続の方程式と運動方程式とを用いれば，これは

$$\rho\frac{\mathrm{D}e}{\mathrm{D}t}=\boldsymbol{\sigma}:\frac{\partial}{\partial \boldsymbol{r}}\boldsymbol{u}-\frac{\partial}{\partial \boldsymbol{r}}\cdot\boldsymbol{q} \tag{4.1.9}$$

と書ける($\boldsymbol{A}, \boldsymbol{B}$ をテンソルとするとき $\boldsymbol{A}:\boldsymbol{B}=\sum_i\sum_j A_{ij}B_{ji}$)．単位体積の内部エネルギーを

$$E=\rho e \tag{4.1.10}$$

と書くと，エネルギー方程式は

$$\frac{\partial E}{\partial t}+\frac{\partial}{\partial \boldsymbol{r}}\cdot(\boldsymbol{u}E)=\boldsymbol{\sigma}:\frac{\partial}{\partial \boldsymbol{r}}\boldsymbol{u}-\frac{\partial}{\partial \boldsymbol{r}}\cdot\boldsymbol{q} \tag{4.1.11}$$

と書くこともできる．

以上は保存則であって，何の近似も用いていないし，不可逆現象についても何もいっていない．しかし，たとえば運動方程式を解こうと思っても，密度 ρ が何らかの形で与えられ，また応力 $\boldsymbol{\sigma}$ が流速 $\boldsymbol{u}$ などの関数として与えられなければ，解くことはできない．連続の方程式とエネルギー方程式とを考慮しても，解くことはできない．上の方程式の集りは閉じていないのである．密度 ρ は状態方程式により，温度と圧力で与えられるが，これは，内部エネルギー e と圧力 P との関数とみてもよい．次に，応力 $\boldsymbol{\sigma}$ は，簡単な液体では静的な圧力 P の項と，ひずみ(shear)の速度 $\boldsymbol{\varepsilon}$ による粘性率 η の項と，体積変化速度 $(\partial/\partial\boldsymbol{r})\cdot\boldsymbol{u}=\partial u_x/\partial x+\partial u_y/\partial y+\partial u_z/\partial z$ による体積粘性(bulk viscosity)率$(-\varphi)$の項との和として表わされると考える．すなわち次の速度成分について1次までとった線形近似を仮定する：

$$\boldsymbol{\sigma}=-P\mathbf{1}+2\eta\boldsymbol{\varepsilon}-\varphi\left(\frac{\partial}{\partial \boldsymbol{r}}\cdot\boldsymbol{u}\right)\mathbf{1} \tag{4.1.12}$$

ここに，$\mathbf{1}$ は対角線要素が1で，他の要素は0のテンソル(単位テンソル)であり，$\boldsymbol{\varepsilon}$ は純粋の速度勾配を表わすテンソルで，ひずみの速さ(rate of strain) $(1/2)(\partial u_i/\partial x_j+\partial u_j/\partial x_i)$ から対角線要素の和(trace)をとり去ったもの，すなわち

$$\varepsilon_{ij}=\frac{1}{2}\left(\frac{\partial u_i}{\partial x_j}+\frac{\partial u_j}{\partial x_i}\right)-\frac{1}{3}\left(\frac{\partial}{\partial \boldsymbol{r}}\cdot\boldsymbol{u}\right)\delta_{ij} \tag{4.1.13}$$

である．例えば

$$\left.\begin{aligned}\varepsilon_{xx}&=\frac{2}{3}\frac{\partial u_x}{\partial x}-\frac{1}{3}\left(\frac{\partial u_y}{\partial y}+\frac{\partial u_z}{\partial z}\right)\\ \varepsilon_{xy}&=\frac{1}{2}\left(\frac{\partial u_x}{\partial y}+\frac{\partial u_y}{\partial x}\right)\end{aligned}\right\} \tag{4.1.13$'$}$$

であり，$\mathrm{Tr}\,\boldsymbol{\varepsilon}\equiv\varepsilon_{xx}+\varepsilon_{yy}+\varepsilon_{zz}=0$ である．

このような線形近似のもとで，運動方程式は $\left(\dfrac{\partial}{\partial \boldsymbol{r}}\cdot\boldsymbol{\varepsilon}=\dfrac{1}{2}\nabla^2\boldsymbol{u}+\dfrac{1}{6}\dfrac{\partial}{\partial \boldsymbol{r}}\left(\dfrac{\partial}{\partial \boldsymbol{r}}\cdot\boldsymbol{u}\right)\right.$ を用いて$\Big)$

$$\rho\frac{\mathrm{D}\boldsymbol{u}}{\mathrm{D}t}=-\frac{\partial}{\partial \boldsymbol{r}}P+\left(\frac{1}{3}\eta-\varphi\right)\frac{\partial}{\partial \boldsymbol{r}}\left(\frac{\partial}{\partial \boldsymbol{r}}\cdot\boldsymbol{u}\right)+\eta\nabla^2\boldsymbol{u}+\boldsymbol{f} \tag{4.1.14}$$

となる．これは **Navier-Stokes 方程式**とよばれる流体力学の基礎的な方程式である．

熱流 $\boldsymbol{q}$ に対する線形近似は，$\boldsymbol{q}$ が温度勾配 $(\partial/\partial\boldsymbol{r})\cdot T$ に比例するという Fourier の法則であり，

$$\boldsymbol{q}=-\kappa\frac{\partial}{\partial \boldsymbol{r}}T \tag{4.1.15}$$

と書ける．ここに κ は熱伝導率である．密度と流れが一様ならば，(4.1.11), (4.1.10)から

$$\rho C_V\frac{\mathrm{D}T}{\mathrm{D}t}=\kappa\nabla^2 T \tag{4.1.16}$$

を得る．ただし，κ は一定であるとし，内部エネルギーを $e=e(\rho,T)$ とし，等積比熱

$$C_V=\left(\frac{\partial e}{\partial T}\right)_\rho \tag{4.1.17}$$

を用いた．

§4.2　Liouville の定理

単原子分子からなる体系を考える．i 番目の分子の位置座標を $\boldsymbol{r}_i(x_i,y_i,z_i)$ とし，その運動量を $\boldsymbol{p}_i(p_{xi},p_{yi},p_{zi})$ とする．N 個の分子からなる体系がある時刻 t において位相空間 $(x_1,y_1,z_1,\cdots,z_N,p_{x_1},p_{y_1},p_{z_1},\cdots,p_{z_N})$ の素体積

$$d\tau = dx_1 dy_1 dz_1 \cdots dz_N dp_{x_1} dp_{y_1} dp_{z_1} \cdots dp_{z_N} \tag{4.2.1}$$

の中に体系の状態(代表点)$(\boldsymbol{r}_1, \boldsymbol{r}_2, \cdots, \boldsymbol{r}_N, \boldsymbol{p}_1, \boldsymbol{p}_2, \cdots, \boldsymbol{p}_N)$ がある確率を

$$f^{(N)} d\tau = f^{(N)}(\boldsymbol{r}_1, \boldsymbol{r}_2, \cdots, \boldsymbol{r}_N, \boldsymbol{p}_1, \boldsymbol{p}_2, \cdots, \boldsymbol{p}_N ; t) d\tau \tag{4.2.2}$$

で表わす．同形の体系の代表点の集合の規格化した分布密度である：

$$\int f^{(N)} d\tau = 1 \tag{4.2.2$'$}$$

$f^{(N)}$ は時間 t につれて，分子の運動による分子の位置の変化と，分子間力や外力による運動量の変化とのために変化する．位相空間で x_1 軸を垂直に切る単位面積を ∂t 時間によぎる分子の数は $\dot{x}_1 \cdot \partial t \cdot f^{(N)}$ である($\dot{x}_1 = dx_1/dt$)． x_1 と $x_1 + dx_1$ の 2 つの面の間にはさまれる素体積 $d\tau$ 中の分子の数はこの流れのために ∂t 時間内に

$$\{[\dot{x}f^{(N)}]_{x_1} - [\dot{x}f^{(N)}]_{x_1+dx_1}\}\partial t \cdot dy_1 dz_1 \cdots dz_N dp_{x_1} \cdots dp_{z_N} = -\frac{\partial}{\partial x_1}(\dot{x}f^{(N)})\partial t d\tau$$

だけ増加する．y_1, z_1 についても同様であるから，分子 1 の座標が変化するために $f^{(N)}$ の変化する割合いは

$$-\left\{\frac{\partial}{\partial x_1}(\dot{x}_1 f^{(N)}) + \frac{\partial}{\partial y_1}(\dot{y}_1 f^{(N)}) + \frac{\partial}{\partial z_1}(\dot{z}_1 f^{(N)})\right\} \equiv -\frac{\partial}{\partial \boldsymbol{r}_1} \cdot (\dot{\boldsymbol{r}}_1 f^{(N)})$$

である．この式の右辺はベクトル記号による表わし方を示している．このような変化はすべての位置座標について同様であり，またすべての運動量座標についても同様である．これらをすべてとり上げることにより，$f^{(N)}$ の時間変化として(スカラー積の・は xyz 成分についての和を表わす)

$$\frac{\partial f^{(N)}}{\partial t} = -\sum_{i=1}^{N}\left\{\frac{\partial}{\partial \boldsymbol{r}_i} \cdot (\dot{\boldsymbol{r}}_i f^{(N)}) + \frac{\partial}{\partial \boldsymbol{p}_i} \cdot (\dot{\boldsymbol{p}}_i f^{(N)})\right\} \tag{4.2.3}$$

を得る．

一般には Hamilton 関数を H とするとき，正準運動方程式は

$$\dot{\boldsymbol{r}}_i = \frac{\partial H}{\partial \boldsymbol{p}_i}, \qquad \dot{\boldsymbol{p}}_i = -\frac{\partial H}{\partial \boldsymbol{r}_i}$$

ゆえに $\partial \dot{\boldsymbol{r}}_i / \partial \boldsymbol{p}_i + \partial \dot{\boldsymbol{p}}_i / \partial \boldsymbol{r}_i = 0$. したがって

$$\frac{Df^{(N)}}{Dt} \equiv \frac{\partial f^{(N)}}{\partial t} + \sum_{i=1}^{N}\left\{\dot{\boldsymbol{r}}_i \cdot \frac{\partial f^{(N)}}{\partial \boldsymbol{r}_i} + \dot{\boldsymbol{p}}_i \cdot \frac{\partial f^{(N)}}{\partial \boldsymbol{p}_i}\right\} = 0$$

これは位相空間における代表点の集まりは縮まない流体として振舞うことを表わす．これを **Liouville の定理**という．

分子の質量が等しく，m であれば，速度と運動量との関係は

$$\dot{\boldsymbol{r}}_i = \frac{\boldsymbol{p}_i}{m} \tag{4.2.4}$$

で与えられる．磁場による力はないとすると分子 i に働く力 $\boldsymbol{F}_i$ は $\boldsymbol{p}_i$ に依存しない．一般に

$$\dot{\boldsymbol{p}}_i = \boldsymbol{F}_i \tag{4.2.5}$$

である．これらを用いれば，上式は

$$\frac{\partial f^{(N)}}{\partial t} + \sum_{i=1}^{N}\left(\frac{\boldsymbol{p}_i}{m}\cdot\frac{\partial}{\partial \boldsymbol{r}_i}f^{(N)} + \frac{\partial}{\partial \boldsymbol{p}_i}\cdot\boldsymbol{F}_i f^{(N)}\right) = 0 \tag{4.2.6}$$

これは Liouville 方程式の1つの表現である．$\boldsymbol{F}_i$ は $\boldsymbol{p}_i$ によらないとすれば，最後の項は $\boldsymbol{F}_i\cdot\partial f^{(N)}/\partial \boldsymbol{p}_i$ と書いてもよい．また，中の項も $\partial/\partial \boldsymbol{r}_i\cdot(\boldsymbol{p}_i f^{(N)}/m)$ と書ける．

さて，任意の量 $\hat{\alpha}(\boldsymbol{r}_1, \cdots, \boldsymbol{r}_N, \boldsymbol{p}_1, \cdots, \boldsymbol{p}_N)$ の平均を

$$\alpha = \int f^{(N)}\hat{\alpha}\mathrm{d}\tau \tag{4.2.7}$$

で定義する．ただし $f^{(N)}$ は

$$\int f^{(N)}\mathrm{d}\tau = 1 \tag{4.2.8}$$

に規格化されているとする．$\hat{\alpha}$ が時間を陽に含まないとすれば，その時間的変化は

$$\begin{aligned}\frac{\partial}{\partial t}\alpha &= \int \hat{\alpha}\frac{\partial f^{(N)}}{\partial t}\mathrm{d}\tau \\ &= -\sum_{i=1}^{N}\int \hat{\alpha}\left\{\frac{\partial}{\partial \boldsymbol{r}_i}\cdot\left(\frac{\boldsymbol{p}_i}{m}f^{(N)}\right) + \frac{\partial}{\partial \boldsymbol{p}_i}\cdot(\boldsymbol{F}_i f^{(N)})\right\}\mathrm{d}\tau\end{aligned} \tag{4.2.9}$$

で与えられるが，Gauss の積分定理を使うとこれは

$$\frac{\partial \alpha}{\partial t} = \sum_{i=1}^{N}\left\langle\frac{\boldsymbol{p}_i}{m}\cdot\frac{\partial \hat{\alpha}}{\partial \boldsymbol{r}_i} + \boldsymbol{F}_i\cdot\frac{\partial \hat{\alpha}}{\partial \boldsymbol{p}_i}\right\rangle \tag{4.2.10}$$

と書ける．ここで右辺の〈　〉は $f^{(N)}$ を掛けて積分したものである．

§4.3　運動論と巨視的方程式

まず

$$\hat{\alpha} = \sum_{i=1}^{N} m\delta(\boldsymbol{r}_i - \boldsymbol{r}) \tag{4.3.1}$$

とおくと α は $\boldsymbol{r}$ における密度

$$\rho(\boldsymbol{r})=\left\langle\sum_{i=1}^{N} m\delta(\boldsymbol{r}_i-\boldsymbol{r})\right\rangle \tag{4.3.2}$$

である．(4.2.10)は

$$\frac{\partial\rho}{\partial t}=\sum_{i=1}^{N}\left\langle\frac{\partial}{\partial\boldsymbol{r}}\cdot\boldsymbol{p}_i\delta(\boldsymbol{r}_i-\boldsymbol{r})\right\rangle \tag{4.3.3}$$

となるが，

$$\frac{\partial}{\partial\boldsymbol{r}_i}\delta(\boldsymbol{r}_i-\boldsymbol{r})=-\frac{\partial}{\partial\boldsymbol{r}}\delta(\boldsymbol{r}_i-\boldsymbol{r})$$

であり，また．流れの速度 $\boldsymbol{u}(\boldsymbol{r},t)$ は

$$\rho\boldsymbol{u}=\left\langle\sum\boldsymbol{p}_i\delta(\boldsymbol{r}_i-\boldsymbol{r})\right\rangle \tag{4.3.4}$$

で定義できるから，

$$\frac{\partial\rho}{\partial t}=-\frac{\partial}{\partial\boldsymbol{r}}\cdot(\rho\boldsymbol{u}) \tag{4.3.5}$$

となる．これは連続の方程式である．

次に

$$\hat{\alpha}=\sum_{i=1}^{N}\boldsymbol{p}_i\delta(\boldsymbol{r}_i-\boldsymbol{r}) \tag{4.3.6}$$

とおくと $\alpha=\rho\boldsymbol{u}$ であり，(4.2.8)は書き直して

$$\frac{\partial(\rho\boldsymbol{u})}{\partial t}+\frac{\partial}{\partial\boldsymbol{r}}\cdot\sum_{i=1}^{N}\left\langle\frac{\boldsymbol{p}_i\boldsymbol{p}_i}{m}\right\rangle=\sum_{i=1}^{N}\left\langle\boldsymbol{F}_i\delta(\boldsymbol{r}_i-\boldsymbol{r})\right\rangle$$

を得る．ここで

$$\begin{aligned}&\sum_{i=1}^{N} m\left\langle\left(\frac{\boldsymbol{p}_i}{m}-\boldsymbol{u}\right)\left(\frac{\boldsymbol{p}_i}{m}-\boldsymbol{u}\right)\delta(\boldsymbol{r}_i-\boldsymbol{r})\right\rangle\\&\quad=\sum_{i=1}^{N}\left\langle\frac{\boldsymbol{p}_i\boldsymbol{p}_i}{m}\delta(\boldsymbol{r}_i-\boldsymbol{r})\right\rangle-2\sum_{i=1}^{N}\left\langle\boldsymbol{p}_i\delta(\boldsymbol{r}_i-\boldsymbol{r})\right\rangle\boldsymbol{u}+m\boldsymbol{u}\boldsymbol{u}\sum_{i=1}^{N}\left\langle\delta(\boldsymbol{r}_i-\boldsymbol{r})\right\rangle\\&\quad=\sum_{i=1}^{N}\left\langle\frac{\boldsymbol{p}_i\boldsymbol{p}_i}{m}\delta(\boldsymbol{r}_i-\boldsymbol{r})\right\rangle-\rho\boldsymbol{u}\boldsymbol{u}\end{aligned}$$

に注意する．また $\boldsymbol{F}_i$ は外力 $\boldsymbol{f}_i$ と分子間の力 $\partial\phi(r_{ik})/\partial\boldsymbol{r}_i$ の和とからなり（$r_{ik}=|\boldsymbol{r}_i-\boldsymbol{r}_k|=r_{ki}$），

$$\boldsymbol{F}_i=\boldsymbol{f}_i-\frac{\partial}{\partial\boldsymbol{r}_i}\sum_{k(\neq i)}\phi(r_{ik}) \tag{4.3.7}$$

と書ける．ここで

$$\boldsymbol{f}(\boldsymbol{r})=\sum_{i=1}^{N}\boldsymbol{f}_i\delta(\boldsymbol{r}_i-\boldsymbol{r}) \tag{4.3.7'}$$

は単位体積に働く外力である．また

$$\frac{\partial}{\partial \boldsymbol{r}_i}\phi(r_{ik})=\frac{\partial}{\partial \boldsymbol{r}_{ik}}\phi(r_{ik})=\frac{\boldsymbol{r}_{ik}}{r_{ik}}\phi'(r_{ik}) \tag{4.3.8}$$

これに $\delta(\boldsymbol{r}_i-\boldsymbol{r})$ を掛け，

$$\frac{\partial}{\partial \boldsymbol{r}_k}\phi(r_{ki})=\frac{\boldsymbol{r}_{ki}}{r_{k\imath}}\phi'(r_{ki})=-\frac{\boldsymbol{r}_{ik}}{r_{ik}}\phi'(r_{ik}) \tag{4.3.8'}$$

に $\delta(\boldsymbol{r}_k-\boldsymbol{r})$ を掛けて $\imath, k$ について加えて 2 で割ると，

$$\sum_{i\neq k}\sum\frac{\partial}{\partial \boldsymbol{r}_i}\phi(r_{ik})\delta(\boldsymbol{r}_i-\boldsymbol{r})=\frac{1}{2}\sum\sum\frac{\boldsymbol{r}_{ik}}{r_{ik}}\phi'(r_{ik})\{\delta(\boldsymbol{r}_i-\boldsymbol{r})-\delta(\boldsymbol{r}_k-\boldsymbol{r})\} \tag{4.3.8''}$$

となる．$\delta(\boldsymbol{r}_k-\boldsymbol{r})$ を $\boldsymbol{r}_i$ の付近で展開すれば

$$\delta(\boldsymbol{r}_k-\boldsymbol{r})=\left(1-\boldsymbol{r}_{ki}\cdot\frac{\partial}{\partial \boldsymbol{r}_i}+\cdots\right)\delta(\boldsymbol{r}_i-\boldsymbol{r})$$

$$=\left(1-\boldsymbol{r}_{ik}\cdot\frac{\partial}{\partial \boldsymbol{r}}+\cdots\right)\delta(\boldsymbol{r}_i-\boldsymbol{r})$$

であるから

$$\delta(\boldsymbol{r}_i-\boldsymbol{r})-\delta(\boldsymbol{r}_k-\boldsymbol{r})=-\frac{\partial}{\partial \boldsymbol{r}}\cdot\boldsymbol{r}_{ik}\sum_{n=0}^{\infty}\frac{1}{(n+1)!}\left(\boldsymbol{r}_{ik}\frac{\partial}{\partial \boldsymbol{r}}\right)^n\delta(\boldsymbol{r}_i-\boldsymbol{r}) \tag{4.3.9}$$

と書ける．

したがって運動方程式は

$$\frac{\partial(\rho\boldsymbol{u})}{\partial t}+\frac{\partial}{\partial \boldsymbol{r}}\cdot(\rho\boldsymbol{u}\boldsymbol{u})=\boldsymbol{f}+\nabla\cdot\boldsymbol{\sigma} \tag{4.3.10}$$

ここで応力テンソルは運動量部分 $\boldsymbol{\sigma}_{\mathrm{k}}$ と相互作用部分 $\boldsymbol{\sigma}_{\phi}$ とからなり

$$\boldsymbol{\sigma}=\boldsymbol{\sigma}_{\mathrm{k}}+\boldsymbol{\sigma}_{\phi} \tag{4.3.11}$$

ただし

$$\boldsymbol{\sigma}_{\mathrm{k}}=-\frac{1}{m}\left\langle\sum_{i=1}^{N}(\boldsymbol{p}_i-m\boldsymbol{u})(\boldsymbol{p}_i-m\boldsymbol{u})\delta(\boldsymbol{r}_i-\boldsymbol{r})\right\rangle \tag{4.3.12}$$

$$\boldsymbol{\sigma}_{\phi}=\frac{1}{2}\left\langle\sum_{i\neq k}\sum\frac{\boldsymbol{r}_{ik}\boldsymbol{r}_{ik}}{\boldsymbol{r}_{ik}}\phi'(r_{ik})\delta(\boldsymbol{r}_i-\boldsymbol{r})\right\rangle$$

$$+\frac{1}{4}\frac{\partial}{\partial \boldsymbol{r}}\cdot\left\langle\sum_{i\neq k}\sum\frac{\boldsymbol{r}_{ik}\boldsymbol{r}_{ik}\boldsymbol{r}_{ik}}{r_{ik}}\phi'(r_{ik})\delta(\boldsymbol{r}_i-\boldsymbol{r})\right\rangle+\cdots \tag{4.3.12'}$$

である．よほどの不均一さがない限り $\boldsymbol{\sigma}_\phi$ の第2項以下は無視できる．

$\boldsymbol{\sigma}_{\mathrm{k}}$ は1分子密度 $f^{(1)}$ で表わせる：

$$\boldsymbol{\sigma}_{\mathrm{k}} = -N\int\left(\frac{\boldsymbol{pp}}{m}-m\boldsymbol{uu}\right)f^{(1)}(\boldsymbol{r},\boldsymbol{p})\mathrm{d}\boldsymbol{p} \tag{4.3.13}$$

ただし

$$f^{(1)}(\boldsymbol{r},\boldsymbol{p}) = \int\delta(\boldsymbol{r}_1-\boldsymbol{r})\delta(\boldsymbol{p}_1-\boldsymbol{p})f^{(N)}\mathrm{d}\tau$$

また $\boldsymbol{\sigma}_\phi$ は相互作用に関するものだから，2分子密度 $f^{(2)}$ あるいは $n^{(2)}(\boldsymbol{r}_1,\boldsymbol{r}_2)$（第3章参照）によって表わされる．(4.3.12′)の第1項だけをとると

$$\boldsymbol{\sigma}_\phi = \frac{1}{2}\int\frac{\boldsymbol{RR}}{R}\phi'(R)n^{(2)}(\boldsymbol{r},\boldsymbol{r}+\boldsymbol{R})\mathrm{d}\boldsymbol{R} \tag{4.3.14}$$

である．

平衡状態では $n^{(2)}(\boldsymbol{r},\boldsymbol{r}')=n^2g(|\boldsymbol{r}'-\boldsymbol{r}|)$．ただし $n=N/V$ である．また平衡状態では液体は均一なので $\boldsymbol{\sigma}_\phi$ の第2項以下はいらない．この場合 $\boldsymbol{\sigma}$ は対角線的で，要素はすべて等しく，

$$\begin{aligned} P &= -\frac{1}{3}\,\mathrm{Tr}\,\boldsymbol{\sigma} = -\frac{1}{3}(\sigma_{xx}+\sigma_{yy}+\sigma_{zz}) \\ &= nkT-\frac{2\pi}{3}n^2\int R^3\phi'(R)g(R)\mathrm{d}R \end{aligned} \tag{4.3.15}$$

は圧力で，これは周知の状態方程式である．ここで温度は

$$\frac{3}{2}nkT = \frac{m}{2}N\int\left|\frac{\boldsymbol{p}}{m}-\boldsymbol{u}\right|^2 f^{(1)}\mathrm{d}\boldsymbol{p} \tag{4.3.16}$$

によって与えられる．

最後にエネルギー密度は

$$E(\boldsymbol{r},t) = \left\langle\left\{\sum_{i=1}^{N}\frac{\boldsymbol{p}_i^2}{2m}+\sum_{i=1}^{N}\varphi_i(\boldsymbol{r}_i)+\frac{1}{2}\sum_{i\neq k}\sum\phi_{ik}\right\}\delta(\boldsymbol{r}_i-\boldsymbol{r})\right\rangle \tag{4.3.17}$$

によって与えられる．ただし $\varphi_i(\boldsymbol{r}_i)$ は外力のポテンシャル（$\boldsymbol{f}_i=-\partial\varphi_i(\boldsymbol{r}_i)/\partial\boldsymbol{r}_i$）である．(4.2.10)によって時間変化の式を作れば，エネルギー輸送の式として

$$\frac{\partial E}{\partial t}+\frac{\partial}{\partial\boldsymbol{r}}\cdot[E\boldsymbol{u}+\boldsymbol{q}-\boldsymbol{u}\cdot\boldsymbol{\sigma}] = 0 \tag{4.3.18}$$

を得る．ここに $\boldsymbol{q}$ は熱流密度であって，

$$\boldsymbol{q} = \boldsymbol{q}_{\mathrm{k}}+\boldsymbol{q}_\phi \tag{4.3.19}$$

の形に書ける．応力の場合と同様の計算により

$$\boldsymbol{q}_{\mathrm{k}} = \left\langle \sum_{i=1}^{N} \frac{1}{2m^2} |\boldsymbol{p}_i - m\boldsymbol{u}|^2 (\boldsymbol{p}_i - m\boldsymbol{u}) \delta(\boldsymbol{r}_i - \boldsymbol{r}) \right\rangle \tag{4.3.20}$$

$$\boldsymbol{q}_{\phi} = \frac{1}{2} \int \left\{ \phi(R)\mathbf{1} - \frac{\boldsymbol{R}\boldsymbol{R}}{R} \phi'(R) \right\} \cdot \{ \boldsymbol{j}^{(2)}(\boldsymbol{r}, \boldsymbol{r}+\boldsymbol{R}; t) - \boldsymbol{u}(\boldsymbol{r}, t) n^{(2)}(\boldsymbol{r}, \boldsymbol{r}+\boldsymbol{R}; t) \} \mathrm{d}\boldsymbol{R} \tag{4.3.21}$$

を得る．ただしここに

$$\boldsymbol{j}^{(2)}(\boldsymbol{r}, \boldsymbol{r}'t) = \left\langle \sum_{i \neq k} \sum \frac{\boldsymbol{p}_i}{m} \delta(\boldsymbol{r}_i - \boldsymbol{r}) \delta(\boldsymbol{r}_k - \boldsymbol{r}') \right\rangle \tag{4.3.22}$$

は，$\boldsymbol{r}'$ に粒子があるときの，$\boldsymbol{r}$ における粒子の流れをあらわす2粒子速度である．

以上はいわば Liouville 方程式の変形であって，少々の近似はあるが，ほとんど厳密な式である．しかし，まだ分子分布関数 $f^{(N)}$ の形が与えられていない．応力も熱流も，流れの勾配や温度勾配と関係づけられていない．粘性率や熱伝導率を計算するには，もっと立ち入った扱いが必要なわけである．

§4.4 粘性率と熱伝導率

応力の運動量部分 $\boldsymbol{\sigma}_{\mathrm{k}}$ や熱流の運動量部分の計算では1個の分子に対する分布関数が必要である．これは N 体分布密度 $f^{(N)}$ を2番目以下の分子の変数について積分したもので

$$f^{(1)}(\boldsymbol{r}, \boldsymbol{p}, t) = \int \cdots \int f^{(N)}(\boldsymbol{r}, \boldsymbol{r}_2, \boldsymbol{r}_3, \cdots, \boldsymbol{p}, \boldsymbol{p}_2, \boldsymbol{p}_3, \cdots; t) \mathrm{d}\boldsymbol{r}_2 \mathrm{d}\boldsymbol{r}_3 \cdots \mathrm{d}\boldsymbol{p}_2 \mathrm{d}\boldsymbol{p}_3 \cdots \tag{4.4.1}$$

で与えられる．時間変化 $\partial f^{(1)}/\partial t$ を求めようとして Liouville 方程式に上の積分をほどこすと2体分布関数 $f^{(2)}$ を含む方程式を得る．$\partial f^{(2)}/\partial t$ の式は3体分布関数 $f^{(3)}$ を含むことになり，このような連立方程式(階級方程式)は $f^{(N)}$ までいかないと閉じない．

厳密な取扱いを離れ，やや直観的な考察を進めてみよう．着目する分子1の周りの流体の流れの速度を $\boldsymbol{u}$ とすると，分子は流れに対し相対的に $(\boldsymbol{p}/m) - \boldsymbol{u}$ の速さで動いている．このため分子には抵抗が働く．この力を $-\zeta\{(\boldsymbol{p}/m) - \boldsymbol{u}\}$ としよう．ζ を抵抗係数という．そのほかに分子には外力 $\boldsymbol{F}$ とゆらぎの力 $\boldsymbol{G}$

とが働く．そこで分子の運動方程式は

$$\dot{\boldsymbol{p}} = -\zeta\left(\frac{\boldsymbol{p}}{m}-\boldsymbol{u}\right)+\boldsymbol{F}+\boldsymbol{G} \tag{4.4.2}$$

となる[2)]．この式は **Langevin 方程式**とよばれている．

Liouville 方程式，あるいはこれから導かれる階級方程式の代りに，直観的に次の方程式を仮定しよう．

$$\frac{\partial f^{(1)}}{\partial t}+\frac{\boldsymbol{p}}{m}\cdot\frac{\partial}{\partial \boldsymbol{r}}f^{(1)}+\frac{\partial}{\partial \boldsymbol{p}}\cdot(\dot{\boldsymbol{p}}f^{(1)}) = 0 \tag{4.4.3}$$

これに Langevin 方程式を代入すると

$$\frac{\partial f^{(1)}}{\partial t}+\frac{\boldsymbol{p}}{m}\cdot\frac{\partial}{\partial \boldsymbol{r}}f^{(1)}+\frac{\partial}{\partial \boldsymbol{p}}\cdot(\boldsymbol{F}f^{(1)}) = \frac{\partial}{\partial \boldsymbol{p}}\cdot\left\{\zeta\left(\frac{\boldsymbol{p}}{m}-\boldsymbol{u}\right)f^{(1)}-\boldsymbol{G}f^{(1)}\right\} \tag{4.4.4}$$

を得る．ここで右辺の第2項は変動する力 $\boldsymbol{G}$ によって分布 $f^{(1)}$ が変化する効果を表わしている．不規則力 $\boldsymbol{G}$ の効果は分子の運動量の不規則な変動のため，分布 $f^{(1)}$ が運動量空間で $f^{(1)}$ の勾配に比例する流れ，すなわち運動量空間での拡散を与えるであろう．したがって $\boldsymbol{G}$ の変動を短い時間内で平均すれば，右辺は

$$\frac{\partial}{\partial \boldsymbol{p}}\cdot\left\{\zeta\left(\frac{\boldsymbol{p}}{m}-\boldsymbol{u}\right)f^{(1)}+\beta\frac{\partial}{\partial \boldsymbol{p}}f^{(1)}\right\} \tag{4.4.5}$$

と書けるだろう．β は運動量空間での拡散係数を意味する．

平衡状態では抵抗による運動の減衰とゆらぎの力による励起とがつり合って，分子はその温度 T における分布

$$f_0^{(1)} = \exp\left\{-\frac{(\boldsymbol{p}-m\boldsymbol{u})^2}{2mkT}\right\} \tag{4.4.6}$$

を保っている．これは揺動散逸の定理である．この $f_0^{(1)}$ を $f^{(1)}$ に用いたとき，(4.4.5)は0にならなければならない．これから

$$\beta = kT\zeta \tag{4.4.7}$$

の関係があることがわかる．これはふつうの空間での拡散係数 D に対する Einstein の関係式 $D=kT/\zeta$ に相当するものである．

1分子分布関数に対する方程式は，こうして

---

2)　J. G. Kirkwood: *J. Chem. Phys.*, **14** (1946), 180; *ibid.*, **15** (1947), 72. J. G. Kirkwood, F. P. Buff and M. S. Green: *J. Chem Phys.*, **17** (1949) 988.

$$\frac{\partial f^{(1)}}{\partial t}+\frac{\boldsymbol{p}}{m}\cdot\frac{\partial}{\partial \boldsymbol{r}}f^{(1)}+\frac{\partial}{\partial \boldsymbol{p}}\cdot(\boldsymbol{F}f^{(1)})=\frac{\partial}{\partial \boldsymbol{p}}\cdot\zeta\left\{\left(\frac{\boldsymbol{p}}{m}-\boldsymbol{u}\right)f^{(1)}+kT\frac{\partial}{\partial \boldsymbol{p}}f^{(1)}\right\} \tag{4.4.8}$$

となる．Kirkwood は Liouville 方程式から出発してこの式を導き，ζ の分子論的表示を与えた．$f^{(2)}$ についても同様な式を考え，これを用いて輸送係数を導いている．

流れに速度勾配があるときは $f^{(1)}$ は平衡値 $f_0^{(1)}$ からはずれる．これを

$$f^{(1)}=f_0^{(1)}+f_1^{(1)} \tag{4.4.9}$$

とし，$f_1^{(1)}$ として速度勾配に比例する項だけをとれば線形近似となるわけである．

計算は省略するが(4.4.9)を(4.4.8)に代入し，両辺に $(\boldsymbol{p}-m\boldsymbol{u})(\boldsymbol{p}-m\boldsymbol{u})$ を掛けて運動量空間で積分し，変形して Green の積分定理を使うと，$f_1^{(1)}$ を求めるまでもなく

$$\boldsymbol{\sigma}_{\mathrm{k}}=-nkT\mathbf{1}+\frac{nmkT}{\zeta}\boldsymbol{\varepsilon} \tag{4.4.10}$$

を得る．したがってひずみによる粘性率の運動量部分は

$$\eta_{\mathrm{k}}=\frac{nmkT}{2\zeta} \tag{4.4.11}$$

であり，体積粘性率は運動量部分をもたない．

$f^{(2)}$ の平衡からのずれの計算はさらに複雑である．しかし一般に2分子の相関関数 $g^{(2)}(\boldsymbol{R})$ は平衡の動径分布関数 $g_0^{(2)}(R)$ からずれて

$$g^{(2)}(\boldsymbol{R}_{12})=g_0^{(2)}(R_{12})+g_1^{(2)}(\boldsymbol{R}_{12}) \tag{4.4.12}$$

と書ける．液体内の流れが一様でない場合，線形の近似で，$g_1^{(2)}$ は速度勾配に比例することになる．$g_1^{(2)}$ は座標軸のとり方によらない．これから速度勾配があるときは

$$g_1^{(2)}=\frac{\boldsymbol{R}_{12}\boldsymbol{\varepsilon}\boldsymbol{R}_{12}}{R_{12}^2}\nu(R_{12})+\frac{1}{3}\left(\frac{\partial}{\partial \boldsymbol{r}}\cdot\boldsymbol{u}\right)\nu_0(R_{12}) \tag{4.4.13}$$

の形をもつはずであることが証明される．ν, ν_0 は $R_{12}=|\boldsymbol{R}_{12}|$ の関数である．

$$\nu(R)=\frac{\zeta}{2kT}\psi_2(R)g_0^{(2)}(R) \tag{4.4.14}$$

$$\nu_0(R)=\frac{\zeta}{2kT}\psi_0(R)g_0^{(2)}(R) \tag{4.4.14$'$}$$

とおけば，ψ_2, ψ_0 は微分方程式 ($n=N/V$)

$$\frac{\mathrm{d}}{\mathrm{d}R}\left(R^2 g_0^{(2)}\frac{\mathrm{d}\psi_2}{\mathrm{d}R}\right)-6g_0^{(2)}\psi_2 = R^3\frac{\mathrm{d}g_0^{(2)}(R)}{\mathrm{d}R} \tag{4.4.15}$$

$$\frac{\mathrm{d}}{\mathrm{d}R}\left(R^2 g_0^{(2)}\frac{\mathrm{d}\psi}{\mathrm{d}R}\right) = R^3\frac{\mathrm{d}g_0^{(2)}(R)}{\mathrm{d}R}-3R^2\frac{\partial g_0^{(2)}(R)}{\partial \log n} \tag{4.4.15$'$}$$

と $R\to 0, \infty$ における境界条件とによって与えられることを Kirkwood らは示した．粘性率，体積粘性率は

$$\eta = \eta_{\mathrm{k}}+\eta_{\phi} \tag{4.4.16}$$

$$\varphi = \varphi_{\mathrm{k}}+\varphi_{\phi} \tag{4.4.16$'$}$$

と書けるが，$\varphi_{\mathrm{k}}=0$ であり，液体では $\eta_{\mathrm{k}} \ll \eta_{\phi}$ であり，Kirkwood らによれば

$$\eta \cong \eta_{\phi} = \frac{2\pi}{15}\int \nu(R)R\phi'(R)\mathrm{d}R \tag{4.4.17}$$

$$\varphi = \varphi_{\phi} = 2\pi\int \nu_0(R)R\phi'(R)\mathrm{d}R \tag{4.4.17$'$}$$

である．

熱伝導率の表式も同様にして Kirkwood らによって得られているが，ここでは省略する．κ は ζ に反比例することだけを付記しておこう．

Kirkwood らの計算の一例では，分子間力のポテンシャルを

$$\phi(r) = 4\varepsilon\left[\left(\frac{\sigma}{R}\right)^{12}-\left(\frac{\sigma}{R}\right)^{6}\right] \tag{4.4.18}$$

とおき，$g_0(R)$ としては理論的に求めたものに少し修正を加えたものを用いて計算し，アルゴンの沸点において

$$\eta = 0.0784\frac{\zeta}{\sigma}$$

を得ている．ζ は分子が液体中を一様な速度で進むときの抵抗として求められるはずのもので，Kirkwood らによれば，アルゴンの沸点で

$$\zeta = 9.27\left(\frac{m\varepsilon}{\sigma^2}\right)^{1/2} = 2.85\times 10^{-10} \quad (\mathrm{g\cdot s^{-1}})$$

である．これから $\eta=0.73\times 10^{-3}$(P) となるが，実測値は $\eta=2.39\times 10^{-3}$(P) でいくらか大きい．

同様の計算で，Kirkwood らの計算値はアルゴンの熱伝導率について $\kappa=4.1\times 10^{-4}$($\mathrm{cal\cdot g^{-1}\cdot s^{-1}}$) (実測値 2.9×10^{-4} $\mathrm{cal\cdot g^{-1}\cdot s^{-1}}$) であった．

$\zeta=\beta/kT$ と書くと，β は運動量空間での拡散率である．拡散率の定義によれば，衝突間の時間を τ，衝突による運動量の変化を $\varDelta p$ とすれば

$$\beta \cong \frac{(\varDelta p)^2}{\tau}$$

の関係がある．程度としては $\varDelta p\cong p\cong\sqrt{2\pi mkT}$ であるから

$$\zeta \cong \frac{2\pi m}{\tau} \tag{4.4.19}$$

となる．液体内の分子振動に対し $\tau\sim10^{-12}$(s) とし，アルゴンに対し $m\cong0.4\times10^{-22}$(g) とすれば $\zeta\cong2.5\times10^{-10}$(CGS) となる．また分子半径の有効値として分子間の距離 $a\cong(V/N)^{1/3}$ を用い，抵抗係数が Stokes の式 $\zeta=6\pi a\eta$ で与えられるとすると

$$\eta=\frac{\zeta}{6\pi a}\cong\frac{m}{3a\tau}$$

ここで τ として分子の振動数の逆数の半分をとると $\tau\cong1/2\nu$ であるから

$$\eta=\frac{2}{3}\frac{m\nu}{a} \tag{4.4.20}$$

となる．この式は Andrade が模型的方法で与えた式で実験とよく一致することが知られている．

Rice と Kirkwood は近似として，分子間力による部分の式として次のものを与えている[3]．

$$\eta_\phi=\frac{n^2}{30\zeta}\int r^2\left[\frac{\partial^2\phi(r)}{\partial r^2}+\frac{4}{r}\frac{\partial\phi(r)}{\partial r}\right]g(r)\mathrm{d}\boldsymbol{r} \tag{4.4.21}$$

$$\varphi_\phi=\frac{n^2}{18\zeta}\int r^2\left[\frac{\partial^2\phi(r)}{\partial r^2}+\frac{1}{r}\frac{\partial\phi(r)}{\partial r}\right]g(r)\mathrm{d}\boldsymbol{r} \tag{4.4.22}$$

$$\kappa_\phi=-\frac{kT}{12\zeta m}\frac{\partial}{\partial T}\left[n^2\int r^2\nabla^2\phi(r)\cdot g(r)\mathrm{d}\boldsymbol{r}\right] \tag{4.4.23}$$

Rice と Allnatt[4] は分子間の相互作用の中で，近距離で働く斥力と，遠距離で働く引力と効果を区別しなければならないことを示している．これによれば斥力の効果は分子の剛体球模型に対する Chapman-Enskog の理論が使われる．引力部分については上記の理論が成り立つ．例えば自己拡散係数 D と

3) S. A. Rice and J. G. Kirkwood: *J. Chem. Phys.*, **31** (1959), 901.
4) S. A. Rice and A. R. Allnatt: *J. Chem. Phys.*, **34** (1961), 2144.

抵抗係数 ζ の関係は一般に Einstein の関係式(194 ページ参照)

$$D=\frac{kT}{\zeta} \tag{4.4.24}$$

であるが，抵抗係数は剛体斥力による部分 ζ_{H} と遠距離力による部分 ζ_{S} とに分けられ

$$\zeta=\zeta_{\mathrm{H}}+\zeta_{\mathrm{S}} \tag{4.4.25}$$

となる．Chapman-Enskog の式は

$$\zeta_{\mathrm{H}}=\frac{8}{3}ng(\sigma)\sigma^2(\pi mkT)^{1/2} \tag{4.4.26}$$

と書ける．ここに σ は分子直径である．これはよく知られた稀薄気体に対する分子運動論の Chapman の式 $\zeta_{\mathrm{H}}=(8/3)n\sigma^2(\pi mkT)^{1/2}$ を修正した式で，分子衝突の頻度が $r=\sigma$ における動径分布関数 $g(\sigma)$ に比例することを考慮したものである．ビリアル定理(3.1.38)によれば，

$$g(\sigma)=\frac{3}{2\pi\sigma^3 n}\left(\frac{PV}{NkT}-1\right)$$

によって圧力と関係づけられる．

ζ_{S} の評価はいくつかの方法が考えられているが，決定的ではない．Rice と Gray は一定の速さで動く分子を考えて

$$\zeta_{\mathrm{S}}^2=\frac{1}{3}mn\int\nabla^2\phi_{\mathrm{S}}(R)g_0^{(2)}(R)\mathrm{d}\boldsymbol{R} \tag{4.4.27}$$

を出している．ここで ϕ_{S} は Lennard-Jones ポテンシャルを $R=\sigma$ で切ったポテンシャル

$$\phi_{\mathrm{S}}(R)=\begin{cases}0 & (R<\sigma)\\ 4\varepsilon\left\{\left(\dfrac{\sigma}{R}\right)^{12}-\left(\dfrac{\sigma}{R}\right)^{6}\right\} & (R\geqq\sigma)\end{cases} \tag{4.4.28}$$

である．この式を使ってアルゴンの 3 重点付近で

$$\frac{kT}{\zeta_{\mathrm{S}}}=2.60\times10^{-5}\quad(\mathrm{cm^2\cdot s^{-1}})$$

を得た．この温度で拡散係数の実測値は

$$D=\frac{kT}{\zeta}=2.06\times10^{-5}\quad(\mathrm{cm^2\cdot s^{-1}})$$

であって，一致はそう悪くない．ζ_{H} の寄与は無視できないと考えられる．

Ross や Helfand は揺動減衰理論の式

$$\zeta_S = \frac{1}{3kT}\int_0^\infty \langle F_1(t)\cdot F_1(t+s)\rangle \mathrm{d}s \tag{4.4.29}$$

を考えている．ここで F_1 は分子が一様に進んでいるときに，これに働く揺動力である．

しかし，ζ_S を直接に評価するのはむつかしい．(4.4.22)を用い，ζ_H の計算値を用いて，残りを ζ_S におしつけると，その値は表 4.1 のようになる．これによれば ζ_H は小さいが ζ_S に比べて決して無視できない．

表 4.1　液体アルゴンの ζ_H と ζ_S

T (K)	ρ (g·cm^{-3})	P (気圧)	$(kT/D)\times10^{10}$ (g·s^{-1})	$\zeta_H\times10^{10}$ (g·s^{-1})	$\zeta_S\times10^{10}$ (g·s^{-1})
90	1.38	1.3	5.11	0.64	4.47
128	1.12	50	2.94	0.94	2.00
133.5	1.12	100	3.13	1.00	2.13
185.5	1.12	500	3.20	1.52	1.68

§4.5　拡散係数と速度相関関数

液体中の拡散を考えよう．現象論的には，拡散は濃度勾配に比例して起こる．これを **Fick の法則**という．液体中で別の液体が拡散すると考え，拡散する方の分子の単位体積内の個数を c とし，濃度勾配が x 方向にあるとする．x に垂直な単位面積を単位時間に通る拡散分子の個数 j が拡散による流れを表わす．Fick の法則は

$$j = -D\frac{\partial c}{\partial x} \tag{4.5.1}$$

と書ける．D を**拡散係数**という．x における流れと $x+\mathrm{d}x$ における流れの差

$$j(x)-j(x+\mathrm{d}x) = -\frac{\partial j}{\partial x}\mathrm{d}x$$

によって，この領域中の拡散分子の変化が起こるから

$$\frac{\partial c}{\partial t} = -\frac{\partial j}{\partial x} \tag{4.5.2}$$

である．これは粒子数の保存，あるいは連続の式である．Fick の法則と組み合わせると

$$\frac{\partial c}{\partial t} = D\frac{\partial^2 c}{\partial x^2} \tag{4.5.3}$$

となる．これは**拡散方程式**である．

$t=0$ において拡散分子が $x=x_0$ に集中している初期条件を考えよう．この初期条件の下で拡散方程式の解は

$$c(x, t) = \frac{N}{\sqrt{4\pi Dt}}\exp\left\{-\frac{(x-x_0)^2}{2DT}\right\} \tag{4.5.4}$$

$t=0$ では

$$c(x, 0) = N\delta(x-x_0) \tag{4.5.5}$$

ここで，N は拡散分子の総数

$$N = \int c(x, t)\mathrm{d}x \tag{4.5.6}$$

である．

t 時間内の x 方向の変位の 2 乗の平均は

$$\begin{aligned}\langle(x-x_0)^2\rangle &= \frac{1}{\sqrt{4\pi Dt}}\int_{-\infty}^{\infty}(x-x_0)^2\exp\left\{-\frac{(x-x_0)^2}{2Dt}\right\}\mathrm{d}x \\ &= 2Dt\end{aligned} \tag{4.5.7}$$

である．この関係は Einstein によって見出された．

この結果は，拡散分子が不規則運動(random walk)をするという模型によって解釈することもできる．分子が長さ a(一定とする)の飛躍をしてから，その向きと全く別の方向へ a だけ進むということをくりかえすとする．i 番目の飛躍が x 軸となす角を θ_i とすると，飛躍によって $a\cos\theta_i$ だけ x 方向へ進む．したがって n 回の飛躍によって進んだ x 方向の距離は

$$x_n = a(\cos\theta_1 + \cos\theta_2 + \cdots + \cos\theta_n) \tag{4.5.8}$$

であり，その 2 乗の平均は

$$\langle x_n^2\rangle = \frac{1}{3}na^2 \tag{4.5.9}$$

である．ただしここで空間的な平均

$$\langle\cos^2\theta\rangle = \frac{1}{4\pi}\iint\cos^2\theta\sin\theta\,\mathrm{d}\theta\mathrm{d}\varphi = \frac{1}{3} \tag{4.5.10}$$

を用い，また，異なる飛躍は無関係であるとして

$$\langle\cos\theta_i\cos\theta_j\rangle = 0 \qquad (i \neq j) \tag{4.5.11}$$

を用いた．相つぐ飛躍の間の時間を τ とし $n\tau=t$，$x_n=x$ とおけば，(4.5.7)と(4.5.9)とから

$$D=\frac{\langle x^2\rangle}{2t}=\frac{a^2}{6\tau} \tag{4.5.12}$$

を得る．

なお，拡散分子のそれぞれに外力 F(一定とする)が x 方向に働いていたとすると，この力のために分子は速度をもつだろう．抵抗が大きいとすると，この速度は F に比例し，F/ζ あるいは βF と書ける．ζ は抵抗係数であり，$\beta=1/\zeta$ を**易動度**という．このための流れを加えると，拡散分子の流れは

$$j=c\beta F-D\frac{\partial c}{\partial x} \tag{4.5.13}$$

となり，拡散方程式は

$$\frac{\partial c}{\partial t}=\frac{\partial}{\partial x}\left(D\frac{\partial c}{\partial x}-\beta Fc\right) \tag{4.5.14}$$

となる．平衡状態では $j=0$ でなければならない．このときの分布を c_0 とすると，c_0 は外力のポテンシャル

$$U(x)=-Fx \tag{4.5.15}$$

に対する Boltzmann 分布(C は定数)

$$c_0(x)=Ce^{-U(x)/kT}=Ce^{Fx/kT} \tag{4.5.16}$$

で与えられるはずである．このとき

$$j=D\frac{\partial c_0}{\partial x}-\beta Fc_0=0 \tag{4.5.17}$$

したがって

$$D=\beta kT \tag{4.5.18}$$

が成り立つ．これを **Einstein の関係式**という．

1つの分子が時刻 t においてもつ速度を $\boldsymbol{v}(t)$ とし，その x 成分を $v_x(t)$ としよう．

$$z(\tau)=\langle v_x(0)v_x(t)\rangle \tag{4.5.19}$$

を**速度相関関数**(velocity autocorrelation function)という．平均〈 〉は平衡状態についての平均である．

分子の t 時間の変位の x 成分は

$$x=\int_0^t v(t)\mathrm{d}t \tag{4.5.20}$$

であるからこの2乗の平均は

$$\langle x^2\rangle=\int_0^t\int_0^t \langle v(t)v(t')\rangle \mathrm{d}t\mathrm{d}t' \tag{4.5.21}$$

変数 t' を $t'-t=\tau$ に変えて積分すると

$$\langle x^2\rangle=2t\int_0^\infty \langle v_x(0)v_x(\tau)\rangle\left(1-\frac{\tau}{t}\right)\mathrm{d}\tau \tag{4.5.22}$$

を得る．したがって十分大きな t に対し

$$\langle x^2\rangle=2t\int_0^\infty \langle v_x(0)v_x(\tau)\rangle \mathrm{d}\tau \tag{4.5.23}$$

あるいは

$$D=\int_0^\infty z(\tau)\mathrm{d}\tau=\int_0^\infty \langle v_x(0)v_x(\tau)\rangle \mathrm{d}\tau \tag{4.5.24}$$

である．

§4.6　輸送係数と相関関数

前節では非平衡状態における2体分布関数を計算して自己拡散係数，粘性率などを求めようとする試みについて述べた．これは Kirkwood およびその後継者によって押し進められてきたものであるが，まだ未完成である．

他方において輸送現象を平衡状態におけるゆらぎと関係づけることができる．この考え方にしたがえば，どのような非平衡状態も平衡状態におけるゆらぎによって生じたものであるとみなされる．エルゴード系ならばこれは当然なことである．大きなゆらぎから平均的な状態へ移る緩和現象の中に輸送現象が見出されるわけで，したがって輸送係数はゆらぎの緩和現象と関係づけられる．これを一般に**揺動散逸定理**(fluctuation-dissipation theorem)という．このような観点は前節で述べた拡散現象に対する Einstein の関係式にすでに見られる．ここでは前節の考察を押し進めて，粘性率の表式を求めよう[5]．

体系のミクロ状態を表わす位相空間内の代表点の集合を考え，その中から i 番目の分子の x 座標が $t=0$ で x'_{i0} にあり，その y 方向の運動量が p'_{iy0} である

5)　E. Helfand: *Phys. Rev.*, **119** (1960), 1. 一般的な取り扱いは［補注］参照．

ものを選んで部分集合をつくる．この部分集合の速度の平均 $\boldsymbol{u}$ の成分を u_y とし，位置 x，時刻 t における u_y の値を

$$u_y = u_y(x, t \mid x'_{i0}, p'_{iy0}) \tag{4.6.1}$$

と書く．これはマクロ的な粘性流体の式(4.1.14)において速度 u_y が x の関数であるときの運動方程式

$$\frac{\partial u_y}{\partial t} = \frac{\eta}{\rho}\frac{\partial^2 u_y}{\partial x^2} \tag{4.6.2}$$

を満たすであろう．ここに η は粘性率，ρ は流体の密度である．この式を仮定すると，これが拡散方程式と全く同形であることから，粘性率に対して，前節の拡散係数と同じような取扱いができるわけである．

$t=0$ で i 分子の速度の y 成分は p'_{iy0}/m (m は分子質量)であり，位置分布は $\delta(x_{i0}-x'_{i0})\mathrm{d}x$ であるが，区間 $x \sim x+\mathrm{d}x$ の間には $nA\mathrm{d}x$ 個の分子がある(n=平均分子数，A は x 軸に垂直な面積)．$\rho=nm$ であるから，$t=0$ における平均速度は

$$u_y(x, 0 \mid x'_{i0}, p'_{iy0}) = \frac{p'_{iy0}\delta(x-x'_{i0})}{\rho A} \tag{4.6.3}$$

と書ける．この初期条件の下に(4.6.2)の解は

$$u_y(x, t \mid x'_{i0}p'_{iy0}) = \frac{p'_{iy0}}{2A\sqrt{\pi\eta\rho t}}\exp\left\{-\frac{\rho(x-x'_{i0})^2}{4\eta t}\right\} \tag{4.6.4}$$

となる．したがって $x-x'_{i0}$ の2次のモーメントは

$$M \equiv \int_{-\infty}^{\infty}(x-x'_{i0})^2 u_y(x, t \mid x'_{i0}, p'_{iy0})\mathrm{d}x = \frac{2p'_{iy0}\eta t}{\rho^2 A} \tag{4.6.5}$$

である．これは運動量 p'_{iy0} に関係する．そこでこれに p'_{iy0} を掛けて平衡分布 (Maxwell 分布——1分子平衡分布を (1,0) で表わす)

$$f^{(1.0)}(x'_{i0}, p'_{iy0}) = \frac{1}{l_x\sqrt{2\pi mkT}}\exp\left\{-\frac{(p'_{iy0})^2}{2mkT}\right\} \tag{4.6.6}$$

(l_x は体系の x 方向の大きさ)で平均し，i について和をとると，$(p'_{iy0})^2$ の平均は mkT に等しいので

$$\begin{aligned} I &\equiv \sum_{i=1}^{N}\iint p'_{iy0}Mf^{(1.0)}(x'_{i0}, p'_{iy0})\mathrm{d}x'_{i0}\mathrm{d}p'_{iy0} \\ &= \frac{2kT\eta t}{\rho^2 A}mkTN = \frac{2kTl_x\eta t}{\rho} \end{aligned} \tag{4.6.7}$$

となる．ここで $N=nl_xA$, $\rho=nm$ を用いた．

これらの量をミクロ的に書くため，$t=0$ で i 分子の位置と運動量が x'_{i0}, p'_{iy0} にある部分集合の時刻 t における分布を

$$f^{(N)}(\boldsymbol{R}^N\boldsymbol{P}^N, t\,|\,x'_{i0}, p'_{iy0})\mathrm{d}\boldsymbol{R}^N\mathrm{d}\boldsymbol{P}^N$$

とする．u_y は $x\sim x+\mathrm{d}x$ 間の分子数 $nA\mathrm{d}x$ に対する全分子の x における速度の y 成分 $\sum(p_{jy}/m)\delta(x_j-x)\mathrm{d}x$ の平均であるから

$$u_y(x, t\,|\,x'_{i0}, p'_{iy0})$$
$$=\frac{1}{nA}\sum_{j=1}^{N}\iint\frac{p_{jy}}{m}\delta(x_j-x)f^{(N)}(\boldsymbol{R}^N, \boldsymbol{P}^N, t\,|\,x'_{i0}, p'_{iy0})\mathrm{d}\boldsymbol{R}^N\mathrm{d}\boldsymbol{P}^N \tag{4.6.8}$$

Liouville の定理により，位相空間において代表点の集合は縮まない流体として移動し，これは考えている部分集合についても成り立つ．したがって

$$\left.\begin{aligned} f^{(N)}(\boldsymbol{R}^N, \boldsymbol{P}^N, t\,|\,x'_{i0}, p'_{iy0}) &= f^{(N)}(\boldsymbol{R}_0{}^N, \boldsymbol{P}_0{}^N, 0\,|\,x'_{i0}, p'_{iy0}) \\ \mathrm{d}\boldsymbol{R}^N\mathrm{d}\boldsymbol{P}^N &= \mathrm{d}\boldsymbol{R}_0{}^N\mathrm{d}\boldsymbol{P}_0{}^N \end{aligned}\right\} \tag{4.6.9}$$

である．さらに $t=0$ においては平衡分布の中から i 分子の位置，座標が x'_{i0}, p'_{iy0} であるものを選び出して部分集合を作ったのであるから

$$f^{(N)}(\boldsymbol{R}_0^N, \boldsymbol{P}_0^N, 0\,|\,x'_{i0}, p'_{iy0}) = \delta(x_{i0}-x'_{i0})\delta(p_{iy0}-p'_{iy0})\frac{f^{(N,0)}(\boldsymbol{R}_0^N, \boldsymbol{P}_0^N)}{f^{(1,0)}(x'_{i0}, p'_{iy0})} \tag{4.6.10}$$

である．ただし $f^{(N,0)}$ は N 分子平衡分布であり，

$$f^{(1,0)}(x'_{i0}, p'_{iy0}) = \iint\delta(x_{i0}-x'_{i0})\delta(p_{iy0}-p'_{iy0})f^{(N,0)}(\boldsymbol{R}_0^N, \boldsymbol{P}_0^N)\mathrm{d}\boldsymbol{R}_0^N\mathrm{d}\boldsymbol{P}_0^N \tag{4.6.11}$$

に規格化してある．したがって(4.6.8)は

$$u_y = \frac{l_x}{Nm}$$
$$\times\sum_{j=1}^{N}\iint\left\{p_{iyt}\delta(x_{jt}-x)\delta(x_{i0}-x'_{i0})\delta(p_{iy0}-p'_{iy0})\frac{f^{(N,0)}(\boldsymbol{R}_0^N, \boldsymbol{P}_0^N)}{f^{(1,0)}(x'_{i0}, p'_{iy0})}\right\}\mathrm{d}\boldsymbol{R}_0^N\mathrm{d}\boldsymbol{P}_0^N \tag{4.6.12}$$

と書かれる．これを用いて

$$I = \sum_{i=1}^{N}\iiint p'_{iy0}f^{(1,0)}(x_{i0}, p'_{iy0})(x-x'_{i0})^2u_y(x, t\,|\,x'_{i0}, p'_{iy0})\mathrm{d}x\mathrm{d}x'_{i0}\mathrm{d}p'_{iy0} \tag{4.6.13}$$

を求めると,

$$\left.\begin{aligned}&(x-x'_{i0})^2\delta(x_{jt}-x)\delta(x_{i0}-x'_{i0})=(x_{jt}-x_{i0})^2\delta(x_{jt}-x)\delta(x_{i0}-x'_{i0})\\&p'_{iy0}\delta(p_{iy0}-p'_{iy0})=p_{iy0}\delta(p_{iy0}-p'_{iy0})\end{aligned}\right\}\tag{4.6.14}$$

により

$$\begin{aligned}I&=\frac{l_x}{Nm}\sum_{i,j=1}^{N}\iint p_{jyt}p_{iy0}(x_{jt}-x_{i0})^2f^{(N,0)}(\boldsymbol{R}_0^N,\boldsymbol{P}_0^N)\mathrm{d}\boldsymbol{R}_0^N\mathrm{d}\boldsymbol{P}_0^N\\&=\frac{l_x}{Nm}\left\langle\sum_{i,j=1}^{N}(x_{jt}-x_{i0})^2p_{jyt}p_{iy0}\right\rangle_0\end{aligned}\tag{4.6.15}$$

となる．ここで$\langle\ \rangle_0$は平衡分布$f^{(N,0)}$についての平均を表わす．

(4.6.7)と(4.6.15)とを比べ，$Nm=V\rho$ ($V=l_xA$ は全体積)を用いれば，粘性率の表現として

$$\eta=\frac{1}{2VkTt}\left\langle\sum_{i,j=1}^{N}(x_{jt}-x_{i0})^2p_{jyt}p_{iy0}\right\rangle_0\tag{4.6.16}$$

を得る．

ここで$\langle\ \rangle_0$の中を変形できる．これは

$$\left\langle\sum_{i,j=1}^{N}(x_{jt}^2-2x_{i0}x_{jt}+x_{i0}^2)p_{jyt}p_{iy0}\right\rangle_0$$

であるが，運動量の総和は保存されることなどを用いて

$$\begin{aligned}\left\langle\sum_j x_{jt}^2p_{jyt}\sum_i p_{iy0}\right\rangle_0&=\left\langle\sum_{i,j}x_{jt}^2p_{jyt}p_{iyt}\right\rangle_0=\left\langle\sum_{i,j}x_{j0}^2p_{jy0}p_{iy0}\right\rangle_0\\&=\langle\sum_i x_{i0}^2p_{iy0}^2\rangle_0\end{aligned}\tag{4.6.17}$$

同様に

$$\left\langle\sum_{i,j}x_{i0}^2p_{jyt}p_{iy0}\right\rangle_0=\left\langle\sum_i x_{i0}^2p_{iy0}^2\right\rangle_0\tag{4.6.18}$$

またこれらは

$$\begin{aligned}\left\langle\sum_i x_{i0}^2p_{iy0}^2\right\rangle_0&=\left\langle\sum_{i,j}x_{jt}x_{it}p_{jyt}p_{iyt}\right\rangle_0\\&=\left\langle\sum_{i,j}x_{j0}x_{i0}p_{jy0}p_{iy0}\right\rangle_0\end{aligned}\tag{4.6.19}$$

と書くこともできる．したがって

$$\langle\sum(x_{jt}-x_{i0})^2p_{jyt}p_{iy0}\rangle_0=\left\langle\left[\sum_{i=1}^{N}(x_{it}p_{iyt}-x_{i0}p_{iy0})\right]^2\right\rangle_0\tag{4.6.20}$$

と書いてもよい．ゆえに

$$\eta=\frac{1}{2VkTt}\left\langle\left[\sum_{i=1}^{N}(x_{it}p_{iyt}-x_{i0}p_{iy0})\right]^2\right\rangle_0 \tag{4.6.21}$$

を得る．したがって粘性率は

$$G_\eta=\sum_{i=1}^{N}x_ip_{iy}=m\sum_{i=1}^{N}x_i\dot{y}_i \tag{4.6.22}$$

の変化の2乗平均に比例することになる：

$$\eta=\frac{1}{2VkTt}\langle[G_\eta(t)-G_\eta(0)]^2\rangle_0 \tag{4.6.23}$$

さて一般に量 $G(t)$ に対して

$$G(t)-G(0)=\int_0^t\dot{G}\mathrm{d}t \tag{4.6.24}$$

$$\langle[G(t)-G(0)]^2\rangle_0=\int_0^t\int_0^t\langle\dot{G}(t)\dot{G}(t')\rangle_0\mathrm{d}t\mathrm{d}t' \tag{4.6.25}$$

平衡分布について $\dot{G}(t)$ が定常性を満すならば

$$\langle\dot{G}(t)\dot{G}(t')\rangle_0=\langle\dot{G}(t-t')\dot{G}(0)\rangle_0=\langle\dot{G}(t'-t)\dot{G}(0)\rangle_0 \tag{4.6.26}$$

よって

$$\langle[G(t)-G(0)]^2\rangle_0=2t\int_0^t\left(1-\frac{\sigma}{t}\right)\langle\dot{G}(0)\dot{G}(\tau)\rangle_0\mathrm{d}\tau \tag{4.6.27}$$

相関が十分早く消えるならば，十分大きな t に対して

$$\langle[G(t)-G(0)]^2\rangle_0=2t\int_0^\infty\langle\dot{G}(0)\dot{G}(\tau)\rangle_0\mathrm{d}\tau \tag{4.6.28}$$

が成立する．

したがって

$$\eta=\frac{1}{VkT}\int_0^\infty\langle\dot{G}_\eta(0)\dot{G}_\eta(\tau)\rangle_0\mathrm{d}\tau \tag{4.6.29}$$

である．さらに(4.6.22)から

$$J_{xy}\equiv-\dot{G}_\eta=-\sum_i\frac{p_{ix}p_{iy}}{m}-\sum_i x_iF_{iy} \tag{4.6.30}$$

ここで F_{iy} は分子 i に働く力の y 成分で，これは他分子 j との間の分子間力 $\phi(r_{ij})$ によるものであるから

$$F_{iy}=-\sum_{j(\neq i)}\frac{y_i-y_j}{r_{ij}}\phi'(r_{ij}) \tag{4.6.31}$$

である．分子間相互作用の対称性を考慮すれば

$$J_{xy}=\sum_i \frac{p_{ix}p_{iy}}{m}+\frac{1}{2}\sum_{i\neq j}\sum \frac{(x_i-x_j)(y_i-y_j)}{r_{ij}}\phi'(r_{ij}) \quad (4.6.32)$$

と書けるから，粘性率を相関関数で書いた式は

$$\eta=\frac{1}{VkT}\int_0^\infty \langle J_{xy}(0)J_{xy}(t)\rangle_0 \mathrm{d}t \quad (4.6.33)$$

となる．

熱伝導も拡散と同様な方程式を満たすから，同じような取扱いができる．結果として熱伝導率 κ は

$$\kappa=\frac{1}{3VkT^2}\int_0^\infty \langle J_E(0)J_E(\tau)\rangle_0 \mathrm{d}\tau \quad (4.6.34)$$

となる．ここに J_E は微視的な熱量である．

体積粘性率についても同様にして

$$\varphi=\frac{1}{VkT}\int_0^\infty \langle J_{xx}(0)J_{xx}(t)\rangle_0 \mathrm{d}\tau \quad (4.6.35)$$

を得る．ここに J_{xx} は J_{xy} と共に1つのテンソルを形成するものである．

ここでは粘性率などの輸送係数が平衡系のゆらぎの緩和とどのように結びつけられるかを示した．さらに一般化した取扱いは不可逆現象の統計熱力学として定式化されている[6]．なお[補注 1]を参照されたい．

§4.7 時空相関関数

分子の中心，あるいは原子核の運動を一般に考えよう．時刻 τ における粒子 j の位置を $\boldsymbol{r}_j(\tau)$ とする．この時刻における位置 $\boldsymbol{r}$ の数密度の微視的表現は

$$\hat{\rho}(\boldsymbol{r},\tau)=\sum_j \delta(\boldsymbol{r}-\boldsymbol{r}_j(\tau)) \quad (4.7.1)$$

である*．$n=\langle\hat{\rho}(\boldsymbol{r},\tau)\rangle$ は巨視的密度である．

時間・位置の相関関数は

$$G(\boldsymbol{r},\tau)=\frac{\langle\hat{\rho}(0,0)\hat{\rho}(\boldsymbol{r},\tau)\rangle}{n}$$

$$=\frac{1}{n}\sum_{j,k}\langle\delta(-\boldsymbol{r}_j(0))\delta(\boldsymbol{r}-\boldsymbol{r}_k(\tau))\rangle \quad (4.7.2)$$

---

6) R. Kubo: *J. Phys. Soc. Japan*, **12** (1957), 570, 1203.

* この節以後において，分子数密度(単位体積内の分子数)を ρ で表わすことが多い．

である．平均⟨　⟩は平衡状態に対する平均である．一様な液体では，原点を $\boldsymbol{r}-\boldsymbol{r}'$ だけずらして $\boldsymbol{r}'$ で分子分母を積分し $N=nV$ を全粒子数とすれば

$$
\begin{aligned}
G(\boldsymbol{r},\tau) &= \frac{1}{N}\left\langle \sum_{j,k}\int \mathrm{d}\boldsymbol{r}'\delta(\boldsymbol{r}'-\boldsymbol{r}-\boldsymbol{r}_j(0))\delta(\boldsymbol{r}'-\boldsymbol{r}_k(\tau))\right\rangle \\
&= \frac{1}{N}\left\langle \sum_{j,k}\int \mathrm{d}\boldsymbol{r}'\delta(\boldsymbol{r}+\boldsymbol{r}_j(0)-\boldsymbol{r}')\delta(\boldsymbol{r}'-\boldsymbol{r}_k(\tau))\right\rangle \\
&= \frac{1}{N}\left\langle \sum_{j,k}\delta(\boldsymbol{r}+\boldsymbol{r}_j(0)-\boldsymbol{r}_k(\tau))\right\rangle \qquad (4.7.3)
\end{aligned}
$$

と書ける．$G(\boldsymbol{r},\tau)$ を**時空相関関数**(space-time correlation function, time dependent correlation function)あるいは **van Hove の相関関数**という．

$\tau=0$ とおくと，$G(\boldsymbol{r},0)=\langle\hat{\rho}(0)\hat{\rho}(\boldsymbol{r})\rangle/n$，あるいは

$$G(\boldsymbol{r},0)=G(\boldsymbol{r})=\delta(\boldsymbol{r})+ng(r) \qquad (4.7.4)$$

である．ここに $\delta(\boldsymbol{r})$ は $j=k$，すなわち同じ粒子による分布であり，$ng(r)$ は $j\neq k$，すなわち異なる粒子による分布である．これは 2 体密度分布関数と

$$
\begin{aligned}
n^{(2)}(\boldsymbol{r},\boldsymbol{r}') &= \left\langle \sum_{j\neq k}\delta(\boldsymbol{r}_j-\boldsymbol{r})\delta(\boldsymbol{r}_k-\boldsymbol{r}')\right\rangle \\
&= n^2 g(|\boldsymbol{r}'-\boldsymbol{r}|) \qquad (4.7.5)
\end{aligned}
$$

の関係にある．

一般の τ に対して

$$G(\boldsymbol{r},\tau)=G_{\mathrm{s}}(\boldsymbol{r},\tau)+G_{\mathrm{d}}(\boldsymbol{r},\tau) \qquad (4.7.6)$$

と書ける．G_{s} は G の自己(self)部分 $(j=k)$，G_{d} は他の粒子による差異(distinct)部分 $(j\neq k)$ である．

$$
\left.\begin{aligned}
G_{\mathrm{s}}(\boldsymbol{r},\tau) &= \delta(\boldsymbol{r}) \\
G_{\mathrm{d}}(\boldsymbol{r},\tau) &= ng(r)
\end{aligned}\right\}\quad (\tau\rightarrow 0) \qquad (4.7.7)
$$

である．G_{s} は自己相関関数とよばれる．

$G(\boldsymbol{r},\tau)$ の Fourier 変換

$$S(Q,\omega)=\frac{1}{2\pi}\int_{-\infty}^{\infty}\mathrm{d}t\int \mathrm{d}\boldsymbol{r}G(\boldsymbol{r},t)e^{i(Q\cdot\boldsymbol{r}-\omega t)} \qquad (4.7.8)$$

を**動的構造因子**という．$S=S_{\mathrm{s}}+S_{\mathrm{d}}$ と書ける．その自己部分は

$$S_{\mathrm{s}}(Q,\omega)=\frac{1}{2\pi}\int_{-\infty}^{\infty}\mathrm{d}t\int \mathrm{d}\boldsymbol{r}G_{\mathrm{s}}(\boldsymbol{r},t)e^{i(Q\cdot\boldsymbol{r}-\omega t)} \qquad (4.7.9)$$

である．構造因子 $S(Q)$ との関係は

$$S(Q) = \int G(\boldsymbol{r}) e^{iQ\cdot r} \mathrm{d}\boldsymbol{r}$$
$$= \int_{-\infty}^{\infty} \mathrm{d}\omega S(Q, \omega) \tag{4.7.10}$$

である.

$G(\boldsymbol{r}, \tau)$ あるいは $S(\boldsymbol{r}, \tau)$ が実験的に知られれば，これは液体内の分子の運動状況を知るための大きな情報になるはずである．これは中性子の非弾性散乱の実験によって与えられる.

§4.8　中性子の非弾性散乱

中性子線を試料にあてると，中性子は原子核によって散乱される．原子核が中性子(還元質量 m)におよぼすポテンシャルを $(2\pi\hbar^2/m)b\delta(\boldsymbol{r})$ で表わすとき，b は原子核の散乱長である(§1.6).

エネルギー E，運動量 $\hbar\boldsymbol{k}$ の中性子が入射し，非弾性散乱をして，エネルギー $E+\hbar\omega$，運動量 $\hbar(\boldsymbol{k}+\boldsymbol{Q})$ になって散乱されるとする．散乱の向き (θ, φ) の微分立体角 $\mathrm{d}\Omega$ 中へ，単位エネルギー領域内で，散乱される微分断面積は(N は原子核の数)

$$\frac{\mathrm{d}^2\sigma}{\mathrm{d}\Omega\mathrm{d}\omega} = Nb^2 \frac{|\boldsymbol{k}+\boldsymbol{Q}|}{|\boldsymbol{k}|} S(Q, \omega) \tag{4.8.1}$$

で与えられる[7)]．$S(Q, \omega)$ は動的構造因子である．ここで

$$\hbar\omega = \frac{\hbar^2}{2m}\{(\boldsymbol{k}+\boldsymbol{Q})^2 - \boldsymbol{k}^2\}$$

実際には原子核は多くの同位体を含み，それぞれ散乱長 b が異なる．また同じ原子核でもスピン状態がちがえば b は異なる．しかし，van Hove が示したように，原子核が同位体，スピン状態に関して全く不規則に分布しているときは，次のように簡単なことが成立する.

微分断面積は2つの部分に分けられる：

$$\frac{\mathrm{d}^2\sigma}{\mathrm{d}\Omega\mathrm{d}\omega} = \left(\frac{\mathrm{d}^2\sigma}{\mathrm{d}\Omega\mathrm{d}\omega}\right)_{\mathrm{coh}} + \left(\frac{\mathrm{d}^2\sigma}{\mathrm{d}\Omega\mathrm{d}\omega}\right)_{\mathrm{inc}} \tag{4.8.2}$$

ここで

---

7) L. van Hove: *Phys. Rev.*, **95** (1954), 249. P. A. Egelstaff: *An Introduction to the Liquid State*, Academic Press (1967)(広池，守田訳：「液体論入門」，吉岡書店(1971)).

$$\left(\frac{\mathrm{d}^2\sigma}{\mathrm{d}\Omega\mathrm{d}\omega}\right)_{\mathrm{coh}} = N\langle b\rangle^2\frac{|\boldsymbol{k}+\boldsymbol{Q}|}{|\boldsymbol{k}|}S(Q,\omega) \tag{4.8.3}$$

これは干渉性(coherent)散乱を表わす.

$$\left(\frac{\mathrm{d}^2\sigma}{\mathrm{d}\Omega\mathrm{d}\omega}\right)_{\mathrm{inc}} = N\{\langle b^2\rangle-\langle b\rangle^2\}\frac{|\boldsymbol{k}+\boldsymbol{Q}|}{|\boldsymbol{k}|}S_{\mathrm{s}}(Q,\omega) \tag{4.8.4}$$

これは原子核にいろいろの同位体, スピン状態があるための非干渉性(incoherent)散乱であり, $S_{\mathrm{s}}(Q,\omega)$ は動的構造因子の自己部分である.

エネルギーの変化を問題にしないで散乱角の分布だけを測るならば

$$\frac{\mathrm{d}\sigma}{\mathrm{d}\Omega} = \int\mathrm{d}\omega\frac{\mathrm{d}^2\sigma}{\mathrm{d}\Omega\mathrm{d}\omega} \tag{4.8.5}$$

が得られる.

もしも, エネルギー変化の小さな散乱が多ければ, $|\boldsymbol{k}+\boldsymbol{Q}|\cong|\boldsymbol{k}|$ とおいて静的近似の式を得る. すなわち

$$\begin{aligned}\left(\frac{\mathrm{d}\sigma}{\mathrm{d}\Omega}\right)_{\mathrm{coh}} &\cong \frac{N\langle b\rangle^2}{2\pi}\int\mathrm{d}\omega e^{-i\omega t}\int\mathrm{d}\boldsymbol{r}e^{i\boldsymbol{Q}\cdot\boldsymbol{r}}G(\boldsymbol{r},t)\\ &= N\langle b\rangle^2\int\mathrm{d}\boldsymbol{r}e^{i\boldsymbol{Q}\cdot\boldsymbol{r}}G(\boldsymbol{r},0)\\ &= N\langle b\rangle^2S(Q)\end{aligned} \tag{4.8.6}$$

これは(1.6.23)の $S(Q)$, したがって散乱の方向に関係する. また同様の近似で

$$\left(\frac{\mathrm{d}\sigma}{\mathrm{d}\Omega}\right)_{\mathrm{inc}} = N\{\langle b^2\rangle-\langle b\rangle^2\} \tag{4.8.7}$$

となり, これは散乱の方向によらない.

[補注 1] 粘性率と相関関数

輸送係数は, 非平衡状態の統計力学で一般的に扱われる. ここでは具体的に古典的液体について述べよう[8].

Liouville 方程式は

$$\left(\frac{\partial}{\partial t}+i\mathcal{L}\right)f^{(N)} = 0 \tag{4.A.1}$$

と書ける. ここで $\mathcal{L}$ は Liouville 演算子

8) S. A. Rice and P. Gray: *Statistical Mechanics of Simple Liquids*. John Wiley & Sons (1965).

$$i\mathcal{L} = \sum_{j=1}^{N}\left(\frac{1}{m}\boldsymbol{p}_j\cdot\frac{\partial}{\partial \boldsymbol{r}_j}+\boldsymbol{F}_j\cdot\frac{\partial}{\partial \boldsymbol{p}_j}\right) \tag{4. A. 2}$$

である．ここで局所的平衡分布

$$f_0^{(N)} = \exp\left(\Psi - \int \beta\hat{\mathcal{E}}\mathrm{d}\boldsymbol{r}\right) \tag{4. A. 3}$$

を導入しよう．ただし $\hat{\mathcal{E}}$ は微視的なエネルギー密度で

$$\hat{\mathcal{E}} = \sum_{j=1}^{N}\frac{(\boldsymbol{p}_j-m\boldsymbol{u})^2}{2m}\delta(\boldsymbol{r}_j-\boldsymbol{r})+\frac{1}{2}\sum_{j\neq k}\sum \phi_{jk}\delta(\boldsymbol{r}_j-\boldsymbol{r}) \tag{4. A. 4}$$

であり，$\beta=1/kT$ とおくと $T(\boldsymbol{r}, t)$ は局所的温度である．Ψ は規格化の条件であって

$$\int f_0^{(N)}\mathrm{d}\tau = 1 \tag{4. A. 5}$$

できまる時間の関数である．分布密度を

$$f^{(N)} = f_0^{(N)}\exp\Theta \tag{4. A. 6}$$

とおく．Θ は平衡からのずれを表わす．Liouville 演算子は $\partial/\partial t, \partial/\partial\boldsymbol{r}_j, \partial/\partial\boldsymbol{p}_j$ について1次だから $\log f^{(N)}$ に演算してもよく，(4. A. 1)は

$$\left(\frac{\partial}{\partial t}+i\mathcal{L}\right)\Theta = -\left(\frac{\partial}{\partial t}+i\mathcal{L}\right)\log f_0^{(N)} \tag{4. A. 7}$$

となる．

$f_0^{(N)}$ は規格化されているから

$$\frac{\mathrm{d}}{\mathrm{d}t}\int\exp\left(\Psi-\int\beta\hat{\mathcal{E}}\mathrm{d}\boldsymbol{r}\right)\mathrm{d}\tau = 0 \tag{4. A. 8}$$

すなわち

$$\begin{aligned}\frac{\mathrm{d}\Psi}{\mathrm{d}t} &= \iint\frac{\partial}{\partial t}(\beta\hat{\mathcal{E}})f_0^{(N)}\mathrm{d}\tau\mathrm{d}\boldsymbol{r}\\ &= \int\frac{\partial}{\partial t}(\beta E_0)\mathrm{d}\boldsymbol{r}\end{aligned} \tag{4. A. 9}$$

となる．ここに E_0 は局所平衡状態のエネルギー密度で

$$E_0 = \int\hat{\mathcal{E}}f_0^{(N)}\mathrm{d}\tau = \langle\hat{\mathcal{E}}\rangle_0 \tag{4. A. 10}$$

を意味する．

さて，(4. A. 7)の右辺は $\mathrm{d}\Psi/\mathrm{d}t$ のみでなく，$\beta, \boldsymbol{u}$ の時間変化を含む．β や $\boldsymbol{u}$ はもともと本当の分布 $f^{(N)}$ の適当なモーメントとして与えられるものであり，

(4. A. 7)は，逐次近似で解ける性質のものである．第1近似として，この式の右辺では局所平衡 ($\Theta=0$)，したがって粘性や熱伝導のない方程式が β や $\boldsymbol{u}$ について成り立つとしてよい．平衡状態では応力は $\boldsymbol{\sigma}=-P\mathbf{1}$ であり，(4. A. 7)の右辺では(4. 1. 7)，(4. 1. 11)から導かれる式

$$\frac{\mathrm{D}\boldsymbol{u}}{\mathrm{D}t}=-\frac{1}{\rho}\frac{\partial}{\partial \boldsymbol{r}}\cdot\boldsymbol{u} \tag{4. A. 11}$$

と

$$\frac{\mathrm{D}\beta}{\mathrm{D}t}=0 \tag{4. A. 11'}$$

および $\left(\mathbf{1}:\frac{\partial}{\partial \boldsymbol{r}}\boldsymbol{u}=\frac{\partial}{\partial \boldsymbol{r}}\cdot\boldsymbol{u}\right)$

$$\frac{\partial E_0}{\partial t}+\frac{\partial}{\partial \boldsymbol{r}}(\boldsymbol{u}E_0)=-P\frac{\partial}{\partial \boldsymbol{r}}\cdot\boldsymbol{u} \tag{4. A. 11''}$$

を用いてよい．したがって

$$\frac{\mathrm{d}\Psi}{\mathrm{d}t}=-\int\beta P\frac{\partial}{\partial \boldsymbol{r}}\cdot\boldsymbol{u}\mathrm{d}\boldsymbol{r} \tag{4. A. 12}$$

内力だけの場合は $\boldsymbol{F}_j=-\sum_{k(\neq j)}\partial\phi(\boldsymbol{r}_{jk})/\partial\boldsymbol{r}_j$ であり

$$i\mathcal{L}\log f_0^{(N)}=-\int\mathrm{d}\boldsymbol{r}\beta\sum_j\left\{\frac{\boldsymbol{p}_j}{m}\cdot\frac{\partial}{\partial \boldsymbol{r}_j}-\sum_{k(\neq j)}\frac{\boldsymbol{r}_{jk}}{r_{jk}}\phi'(r_{jk})\cdot\frac{\partial}{\partial \boldsymbol{p}_j}\right\}\hat{\mathcal{E}} \tag{4. A. 13}$$

と書ける．$\hat{\mathcal{E}}$ は(4. A. 4)である．

簡単のため温度が一様(β=一定)としよう．

$$\frac{\partial}{\partial \boldsymbol{r}_j}\delta(\boldsymbol{r}_j-\boldsymbol{r})=-\frac{\partial}{\partial \boldsymbol{r}}\delta(\boldsymbol{r}_j-\boldsymbol{r})$$

を用い，$\boldsymbol{r}$ について部分積分を行なって，

$$i\mathcal{L}\log f_0^{(N)}=-\beta\int\left(\hat{\boldsymbol{\sigma}}:\frac{\partial}{\partial \boldsymbol{r}}\boldsymbol{u}\right)\mathrm{d}\boldsymbol{r} \tag{4. A. 14}$$

を得る．ここで $\hat{\boldsymbol{\sigma}}$ は $\boldsymbol{\sigma}$ の微視的表現で

$$\hat{\boldsymbol{\sigma}}=-\frac{1}{m}\sum_j(\boldsymbol{p}_j-m\boldsymbol{u})(\boldsymbol{p}_j-m\boldsymbol{u})\delta(\boldsymbol{r}_j-\boldsymbol{r})+\frac{1}{2}\sum_{j\neq k}\sum\frac{\boldsymbol{r}_{jk}\boldsymbol{r}_{jk}}{r_{jk}}\phi'_{jk}\delta(\boldsymbol{r}_j-\boldsymbol{r}) \tag{4. A. 15}$$

である ($\phi'_{jk}=\partial\phi(r_{jk})/\partial r_{jk}$)．

したがって

$$\left(\frac{\partial}{\partial t}+i\mathcal{L}\right)\Theta = g(\boldsymbol{r}_1, \boldsymbol{r}_2, \cdots, \boldsymbol{p}_1, \boldsymbol{p}_2, \cdots) \tag{4. A. 16}$$

ただし

$$g = -\beta\int\left[(\hat{\boldsymbol{\sigma}}+P\mathbf{1}):\frac{\partial}{\partial \boldsymbol{r}}\boldsymbol{u}\right]\mathrm{d}\boldsymbol{r} \tag{4. A. 17}$$

これを Θ について解くと ($t\to-\infty$ から相互作用を入れると考える)

$$\begin{aligned}\Theta(t) &= -\int_{-\infty}^{t}\mathrm{d}s e^{-i(t-s)\mathcal{L}}g \\ &= -\int_{-\infty}^{t}\mathrm{d}s g(s-t)\end{aligned} \tag{4. A. 18}$$

を得る．ここで

$$g(t) = e^{it\mathcal{L}}g \tag{4. A. 19}$$

とおいた．演算子 $e^{it\mathcal{L}}$ は摂動のない体系の自然運動を生じるプロパゲーターであり，

$$\frac{\partial}{\partial t}g = i\mathcal{L}g \tag{4. A. 20}$$

である．$g(t)$ は時間 t の後の g の値である．

さて，速度勾配のあるときの分布は $f_0^{(N)}e^{\Theta}$，あるいは第1近似で

$$f^{(N)} = f_0^{(N)}(1+\Theta(t)) \tag{4. A. 21}$$

である．$f_0^{(N)}$ による平均を

$$\langle\hat{\alpha}\rangle_0 = \int\hat{\alpha}f_0^{(N)}\mathrm{d}\tau \tag{4. A. 22}$$

で表わすと

$$\begin{aligned}\boldsymbol{\sigma} &= \langle(1+\Theta)\hat{\boldsymbol{\sigma}}\rangle_0 \\ &= \langle\hat{\boldsymbol{\sigma}}\rangle_0+\langle\Theta\hat{\boldsymbol{\sigma}}\rangle_0\end{aligned} \tag{4. A. 23}$$

ここに

$$\langle\hat{\boldsymbol{\sigma}}\rangle_0 = -P(\boldsymbol{r})\mathbf{1} \tag{4. A. 24}$$

$$\begin{aligned}\langle\Theta\hat{\boldsymbol{\sigma}}\rangle_0 &= -\int_{-\infty}^{t}\mathrm{d}s\langle\hat{\boldsymbol{\sigma}}g(t-s)\rangle_0 \\ &= \beta\int_{-\infty}^{t}\mathrm{d}s\int\mathrm{d}\boldsymbol{r}'\left\langle\hat{\boldsymbol{\sigma}}(\boldsymbol{r})\{\hat{\boldsymbol{\sigma}}(t-s,\boldsymbol{r}')+P(\boldsymbol{r}')\mathbf{1}\}:\frac{\partial}{\partial\boldsymbol{r}'}\boldsymbol{u}\right\rangle_0\end{aligned} \tag{4. A. 25}$$

ここで，流れの勾配がどこでも一定で，時間的変化がないとしよう．

$$\hat{\boldsymbol{J}} = \int \boldsymbol{\sigma} \mathrm{d}\boldsymbol{r} \tag{4. A. 26}$$

あるいは

$$\boldsymbol{J} = -\frac{1}{m}\sum_j (\boldsymbol{p}_j - m\boldsymbol{u})(\boldsymbol{p}_j - m\boldsymbol{u}) + \frac{1}{2}\sum_{j \neq k}\sum \frac{\boldsymbol{r}_{jk}\boldsymbol{r}_{jk}}{r_{jk}} \phi'_{jk} \tag{4. A. 27}$$

とおく．$\boldsymbol{J}$ の要素を J_{xy} などと書く．また時間 t 後の $\boldsymbol{J}$ の値は

$$e^{it\mathcal{L}}\boldsymbol{J} = \boldsymbol{J}(t) \tag{4. A 28}$$

さて例えば $\boldsymbol{\sigma}$ の xy 要素を計算すれば

$$\sigma_{xy} = \frac{\beta}{V}\int_0^\infty \mathrm{d}t \langle J_{xy}(0) J_{xy}(t)\rangle_0 \left(\frac{\partial u_x}{\partial y} + \frac{\partial u_y}{\partial x}\right) \tag{4. A. 29}$$

となる．一方で粘性率を η とすると

$$\sigma_{xy} = \eta\left(\frac{\partial u_x}{\partial y} + \frac{\partial u_y}{\partial x}\right) \tag{4. A. 30}$$

であるから，

$$\eta = \frac{1}{VkT}\int_0^\infty \mathrm{d}t \langle J_{xy}(0) J_{xy}(t)\rangle_0 \tag{4. A. 31}$$

［補注 2］ 動的構造因子と速度相関関数の関係

速度相関((4. 5. 19)参照)のスペクトル密度(ここでは平衡分布を〈 〉で表わす)

$$Z(\omega) = \frac{1}{2\pi}\int_{-\infty}^\infty \langle v_x(0) v_x(\tau)\rangle e^{-i\omega\tau} \mathrm{d}\tau \tag{4. A. 32}$$

を考えよう．ω で積分すれば，エネルギー等分配の法則により

$$\int_{-\infty}^\infty Z(\omega)\mathrm{d}\omega = \langle v_x(0)^2\rangle = \frac{kT}{m} \tag{4. A. 33}$$

である(m は分子の質量)．また(4. 5. 24)により

$$\lim_{\omega \to 0} Z(\omega) = \frac{D}{\pi}$$

さて，$\rho(\boldsymbol{r}, t) = \sum_j \delta(\boldsymbol{r}_j(t) - \boldsymbol{r})$ の Fourier 変換

$$\rho(Q, t) = \int e^{iQ\cdot r}\rho(\boldsymbol{r}, t) = \sum_{j=1}^N \exp\{i\boldsymbol{Q}\cdot\boldsymbol{r}_j(t)\} \tag{4. A. 34}$$

をつくり，さらに

$$I(Q,t)=\frac{1}{N}\langle\rho(-\boldsymbol{Q},0)\rho(\boldsymbol{Q},t)\rangle \tag{4. A. 35}$$

を定義しておこう．

$$\begin{aligned}I(Q,t)&=\frac{1}{N}\left\langle\sum_{j,k}\exp\{i\boldsymbol{Q}\cdot(\boldsymbol{r}_j(t)-\boldsymbol{r}_k(0))\}\right\rangle\\&=\int G(\boldsymbol{r},t)e^{i\boldsymbol{Q}\cdot\boldsymbol{r}}\mathrm{d}\boldsymbol{r}\\&=\int_{-\infty}^{\infty}S(Q,\omega)e^{i\omega t}\mathrm{d}\omega\end{aligned} \tag{4. A. 36}$$

の関係がある．$S(Q,\omega)$ は動的構造因子の Fourier 成分である．

最後の関係式から

$$2\int_0^{\infty}\omega^2S(Q,\omega)e^{i\omega t}\mathrm{d}\omega=-\frac{\partial^2I(Q,t)}{\partial t^2} \tag{4. A. 37}$$

ここで定常条件，すなわち

$$\langle\exp\{i\boldsymbol{Q}\cdot(\boldsymbol{r}_j(t+s)-\boldsymbol{r}_k(s))\}\rangle=\langle\exp\{iQ(x_j(t+s)-x_k(s))\}\rangle$$

が時刻 s によらないことを利用する．ただし上式で Q の方向を x 軸にとった．s で微分して 0 とおくと

$$\langle(\dot{x}_j(t+s)-\dot{x}_k(s))\exp\{iQ(x_j(t+s)-x_k(s))\}\rangle=0 \tag{4. A. 38}$$

これを t で微分すると，整理して

$$\begin{aligned}&\left\langle\frac{\partial^2}{\partial t^2}\exp\{iQ(x_j(t+s)-x_k(s))\}\right\rangle\\&\quad=-Q^2\langle\dot{x}_k(s)\dot{x}_j(t+s)\exp\{iQ(x_j(t+s)-x_k(s))\}\rangle\end{aligned} \tag{4. A. 39}$$

を得る．$t\to0$ として，$s\to0$ とすれば

$$\left[\frac{\partial^2I(Q,t)}{\partial t^2}\right]_{t\to0}=-\frac{Q^2}{N}\sum_{j,k}\langle\dot{x}_k\dot{x}_j\exp\{iQ(x_j-x_k)\}\rangle \tag{4. A. 40}$$

したがって $\dot{x}_j=v_{xj}$ と書くと

$$2\int_0^{\infty}\omega^2S(Q,\omega)\mathrm{d}\omega=\frac{Q^2}{N}\sum_{j,k}\langle v_{xj}v_{xk}\exp\{iQ(x_j-x_k)\}\rangle \tag{4. A. 41}$$

を得る．これは S の ω に関する2次のモーメントである．

さらに $j=k$ の項だけをとって

$$I_s(Q,t)=\frac{1}{N}\left\langle\sum_j\exp\{i\boldsymbol{Q}\cdot(\boldsymbol{r}_j(t)-\boldsymbol{r}_j(0))\}\right\rangle \tag{4. A. 42}$$

を定義し，同様の計算をすれば，動的構造因子の自己部分について

$$\int_{-\infty}^{\infty} \omega^2 S_s(Q, \omega) e^{i\omega t} \mathrm{d}\omega = Q^2 \langle v_x(0) v_x(t) e^{iQ(x(t)-x(0))} \rangle \qquad (4.\mathrm{A}.43)$$

この式の Fourier 逆変換を作って $Q \to 0$ とすれば

$$\omega^2 \left[\frac{S_s(Q, \omega)}{Q^2} \right]_{Q\to 0} = \frac{1}{2\pi} \int \langle v_x(0) v_x(t) \rangle e^{-i\omega t} \mathrm{d}t$$

$$= Z(\omega) \qquad (4.\mathrm{A}.44)$$

また $t \to 0$ とおけば

$$2\int_0^{\infty} \omega^2 S_s(Q, \omega) \mathrm{d}\omega = Q^2 \langle v_x^2 \rangle = \frac{Q^2 kT}{m} \qquad (4.\mathrm{A}.45)$$

(m は分子の質量)を得る．ここでエネルギー等分配の法則 $\langle v_x^2 \rangle = kT/m$ を使った．同様にして 4 次のモーメント $\int_0^{\infty} \omega^4 S(Q, \omega) \mathrm{d}\omega$ などを計算することができる．これらは $Z(\omega)$ などに関する情報を与える．

第5章　モデル物質

§5.1　Ising 模型と格子模型

Ising 模型は，最初強磁性体の相転移のモデルとして導入されたが，このモデルは2元合金の相転移，1成分系気体の凝集理論にも有効なモデルである．このモデルの発明者は W. Lenz[1] であるが，1次元格子は E. Ising[2] によって，2次元格子は L. Onsager[3] によって厳密に解かれた．また Ising 模型と格子気体模型とが数学的に同等であることが，Lee と Yang[4] によって示されたが，それを以下に述べよう．

いま空間を格子に分割し，粒子(n 個)はその格子点($N>n$)にのみ存在するものとする．同一格子点にはたかだか1個の粒子しか占め得ないものとする．この格子気体のハミルトニアンは

$$\mathscr{H}=\sum_{i<j} v_{ij}\sigma_i\sigma_j \tag{5.1.1}$$

によって与えられる．ここで，v_{ij} は格子点 i と j 上共に分子があったときの相互作用のエネルギーである．また σ_i は1または0の値をとる．すなわち

$$\sigma_i=\begin{cases}+1 & (i\text{ 番目の格子点に粒子がいるとき})\\ 0 & (\text{いないとき})\end{cases} \tag{5.1.2}$$

である．(5.1.1)の正準集合を作れば，格子気体の統計的性質が得られるが，その前に，ここで現実の気体との関係について少々触れておく．現実の気体では，粒子の運動は格子点上のみに束縛されているわけではない．理論的にいって格子定数の大きさをどんどん小さくしていけば，格子気体模型はいくらでも現実の気体に近づくはずであるが，その場合(5.1.1)の右辺は最近接格子点のみならず，第2，第3，… などの格子点からの寄与も考慮しなければならなくなって取扱いは非常に困難となり，それではかえって格子模型をとったことの利点が失われる．しかしながら，後に示すように，この格子気体模型は，最近接格子

1)　W. Lenz: *Physik. Z.*, **21** (1920), 613.
2)　E. Ising: *Z. Physik.*, **31** (1925), 253.
3)　L. Onsager: *Phys. Rev.*, **65** (1944), 117.
4)　T.D. Lee and C.N. Yang: *Phys. Rev.*, **87** (1952), 410.

点間の相互作用だけを考慮するというような簡単なものでも，気体-液体の相転移を示す．したがって，凝集現象の主要な様子は，格子気体模型によっても理解されるであろう．

さて格子気体ハミルトニアン(5.1.1)は次のように定義される演算子 S_i^z を導入することによって，Ising 模型のハミルトニアンと等価であることを証明することができる．

$$S_i^z = \frac{1}{2} - \sigma_i = \begin{cases} -\dfrac{1}{2} & (\sigma_i = 1 \text{ のとき}) \\ \dfrac{1}{2} & (\sigma_i = 0 \text{ のとき}) \end{cases} \tag{5.1.3}$$

S_i^z はスピン 1/2 の演算子であり，$\sigma_i=0$ つまり i 番目の格子点に粒子がいないことはスピンの上向きの状態に対応し，$\sigma_i=1$ つまりその格子点に粒子がいることは，スピンの下向きの状態に対応している．(5.1.1)～(5.1.3)より格子気体のハミルトニアンは

$$\mathcal{H} = \sum_{i<j} v_{ij}\left(\frac{1}{2} - S_i^z\right)\left(\frac{1}{2} - S_j^z\right) \tag{5.1.4}$$

$$= \mathcal{H}_{\text{spin}} + 2\gamma N - 2\gamma \boldsymbol{M} \tag{5.1.5}$$

となる．ただし，

$$\mathcal{H}_{\text{spin}} = \sum_{i<j} v_{ij}\left(S_i^z S_j^z - \frac{1}{4}\right) \tag{5.1.6}$$

$$\gamma = \frac{1}{8}\sum_j v_{ij} \tag{5.1.7}$$

$$\boldsymbol{M} = 2\sum_i S_i^z = -2n + N \tag{5.1.8}$$

である．なお $\mathcal{H}_{\text{spin}}$ は磁場がないときの Ising 模型のハミルトニアンであってスピンが同一方向に向いているときをエネルギーの原点に選んである．(5.1.4)または(5.1.5)から，大きな正準集合での配置分配関数(大配置分配関数，grand configurational partition function) Ξ_c は

$$\Xi_c = \exp\left(\frac{PV}{kT}\right) = \sum_{n=0}^{N} \exp\left(\frac{\mu n}{kT}\right) \mathrm{Tr}_n \exp\left[-\frac{\mathcal{H}}{kT}\right]$$
$$= \exp\left(-\frac{NH}{kT}\right) \mathrm{Tr} \exp\left\{-\frac{1}{kT}(\mathcal{H}_{\text{spin}} - H\boldsymbol{M})\right\} \tag{5.1.9}$$

で与えられる．ここに P は圧力，V は系の全体積，μ は化学ポテンシャル，T は温度(K)であり，磁場 H は

$$H = 2\gamma - \frac{\mu}{2} \tag{5.1.9'}$$

で定義されているものとする．

ところで，統計力学の定義により，(5.1.9)の2番目の因子は磁場 H 中での Ising スピン系の Helmholtz の自由エネルギー F を与えるから，結局

$$\Xi_c = \exp\left(\frac{PV}{kT}\right) = \exp\left\{-\frac{N}{kT}\left(H+\frac{F}{N}\right)\right\} \tag{5.1.10}$$

となる．いま簡単のために $V=N$ とし，スピン1個当りの Helmholtz 自由エネルギーを f とすれば，上式から

$$P = -H-f \tag{5.1.11}$$

となる．以上のように，格子気体の問題を解くことは数学的には磁場中での Ising スピン系の問題を解くことと全く等価であることがわかる．それらの対応関係を要約したものが表5.1である．これらの関係を用いると，スピン系の I-H 曲線を知れば，それから格子気体の P-v 曲線を作ることが出来る(図5.1参照)．(5.1.11)より $\mathrm{d}P=-\mathrm{d}H-\mathrm{d}f$，一方単位スピン当りの磁化を I とすれば $I=-(\partial f/\partial H)_T$ だから，$T=$一定 下で $\mathrm{d}P=-(1-I)\mathrm{d}H$ を得る．表5.1より，$v\to\infty(P\to 0)$ は $I\to L(H\to\infty)$ に対応していることを利用して

$$P = \int_0^P \mathrm{d}P = -\int_\infty^a (1-I)\mathrm{d}H = \text{面積 Pdb}$$

を得る．よく知られているようにスピン系は，Curie 温度 T_c より低温側($T<T_c$)で $H=0$ のところで I が不連続に変化する．従って格子気体に対しても臨

表 5.1

Ising 模型	格子気体
スピンの数 N	= 全体積 V
下向スピンの数	= 全粒子数 n
$2/(1-I)$*	= 比容積 v
$-f-H$	= 圧力 P

* I は1スピン当りの磁化 $I=M/N$．従って $v\equiv N/n$ とすれば，(5.1.8)より $v=2/(1-I)$ を得る．

界温度 T_c より低い温度では P-v 曲線に v のとびがあらわれる．これはちょうど気体-液体の1次相転移に相当している．

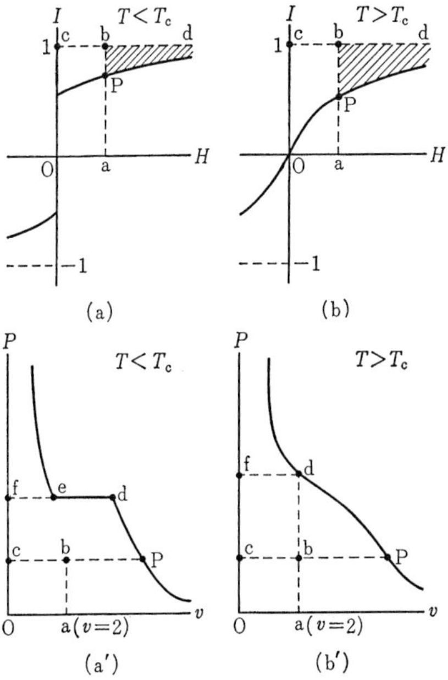

図 5.1 Ising 模型の I-H 曲線((a),(b))から対応する格子気体の P-v 曲線((a′),(b′))の作り方．I-H 曲線の点Pに相当する格子気体の密度は $\rho=(\overline{\mathrm{bP}}/2)$，圧力は $P=$(Pdbで囲まれる面積)，Helmholtz 自由エネルギーは $f=-$(OaPdc で囲まれる面積)によって与えられる．そのようにして得られた P-v 曲線の概略が(a′),(b′)である[4]

ここで具体的な例を調べてみよう．2次元正方格子で，$H=0$ でしかも相互作用に異方性がなく，最近接格子点だけを考慮する近似で(その間の相互作用を $-\varepsilon\,(\varepsilon>0)$ とする)，Ising 模型は厳密に解かれている[3,4]．今その結果と表5.1の対応関係から，気体(比容積 v_g)-液体(比容積 v_l)の共存線を求めると，

$$\left.\begin{aligned}
\frac{P}{kT} &= \log(1+x^2)+\frac{1}{2\pi}\int_0^{\pi}\log\left\{\frac{1}{2}[1+(1-k_1^2\sin^2\varphi)^{1/2}]\right\}d\varphi \\
v_g^{-1} &= \frac{1}{2}-\frac{1}{2}\left[\frac{(1+x^2)(1-6x^2+x^4)^{1/2}}{(1-x^2)^2}\right]^{1/4} \\
v_g^{-1}+v_l^{-1} &= 1 \\
k_1 &= 4x(1-x^2)(1+x^2)^{-2}
\end{aligned}\right\} \tag{5.1.12}$$

となる．ただし

$$x=e^{-\varepsilon/kT} \tag{5.1.13}$$

この結果をグラフに表わしたのが図5.2である．なお今の場合 T_c は

$$\exp\left(-\frac{\varepsilon}{kT_c}\right) = \sqrt{2}-1 \tag{5.1.14}$$

によって与えられる．

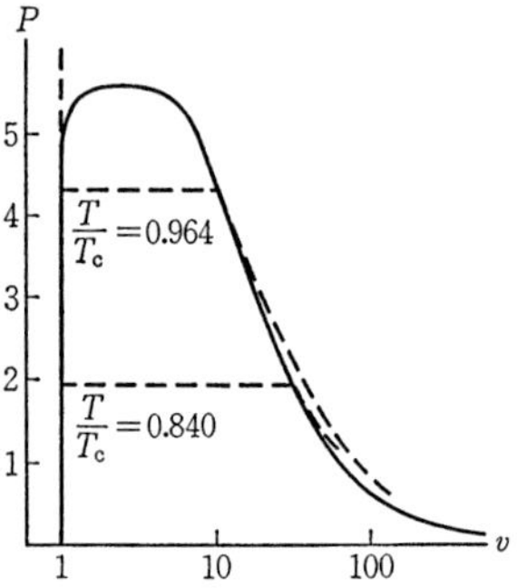

図 5.2　2次元格子気体模型から得られる2相共存曲線(実線)と等温曲線(破線)．T_c は(5.1.14)によって与えられる[4)]

このようにして，Ising 模型の厳密解の知見から，2次元格子気体の相転移を求めることができるわけであるが，3次元の場合には，今までのところ厳密解はなく，数値的に解かれている．ここではその話は省略する．

§3.6 で述べた2つの定理(Ⅰ,Ⅱ)は相転移に関する一般的な定理であるが，次に述べる定理Ⅲは，格子気体の大配置分配関数 Ξ_c の根の分布に関するものである[4)]．Ξ_c は(5.1.9)，(5.1.9′)を用いて

$$\left.\begin{aligned} \Xi_c &= \sum_{n=0}^{N} Q_n z^n \\ z &= e^{-2H/kT} \end{aligned}\right\} \tag{5.1.15}$$

のように z の多項式として書きあらわすことができる．分配関数の定義から容易に分るように係数 Q_n は次の性質をもっている．

$$\left.\begin{aligned} Q_0 &= Q_N = 1 \\ Q_n &= Q_{N-n} \end{aligned}\right\} \quad (Q_n \text{ は正の実数}) \tag{5.1.16}$$

これらの関係と代数の法則から次の定理を証明することができる[4)]．

〔定理Ⅲ〕　粒子間の相互作用 v_{ij} が

$$\left.\begin{aligned} v_{ij} &= +\infty \qquad (i=j \text{ のとき}) \\ v_{ij} &\leqq 0 \qquad (\text{その他のとき}) \end{aligned}\right\} \tag{5.1.17}$$

であるとき，多項式(5.1.15)の全ての根は複素 z 平面上の単位円周上にの

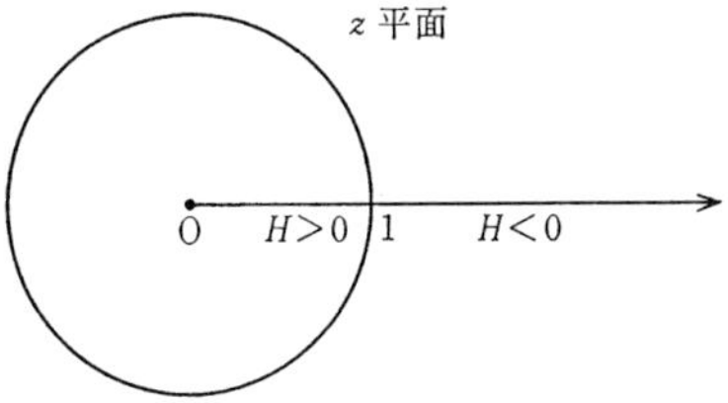

図 5.3 Ising 模型の分配関数の根の分布を概略的にあらわした図. (5.1.15)の根は全て z 平面上の単位円周上にあらわれる(定理III). $z=\exp(-2H/kT)$, 従って $z>1$ は $H<0$ に, $0<z<1$ は $H>0$ に対応する

み存在する(図5.3参照).

$N\to\infty$ のときは, 根の分布密度 $g(\theta)$ を導入すると便利である. いま $Ng(\theta)\mathrm{d}\theta$ を $z=e^{i\theta}$ と $z=e^{i(\theta+\mathrm{d}\theta)}$ の間に存在する根の数としよう. (5.1.15)において Q_n は実数ゆえ

$$g(\theta)=g(-\theta) \tag{5.1.18}$$

である. 従って, $g(\theta)$ の定義から

$$\int_0^\pi g(\theta)\mathrm{d}\theta=\frac{1}{2} \tag{5.1.19}$$

この $g(\theta)$ を用いて Ising 模型, 格子気体の熱力学的諸量をあらわすことができて, 例えば(5.1.10), (5,1.15)より Ising 模型に対して,

$$\begin{aligned}\frac{-f}{kT}&=\frac{H}{kT}+\int_0^{2\pi}g(\theta)\log(z-e^{i\theta})\mathrm{d}\theta\\&=\frac{H}{kT}+\int_0^{\pi}g(\theta)\log(z^2-2z\cos\theta+1)\mathrm{d}\theta\end{aligned} \tag{5.1.20}$$

$$I=-\left(\frac{\partial f}{\partial H}\right)_T=1-4z\int_0^\pi g(\theta)\frac{z-\cos\theta}{z^2-2z\cos\theta+1}\mathrm{d}\theta \tag{5.1.21}$$

を得る.

格子気体に対しては, 表5.1の対応関係を用いて,

$$\frac{P}{kT}=\int_0^\pi g(\theta)\log(z^2-2z\cos\theta+1)\mathrm{d}\theta \tag{5.1.22}$$

$$\frac{1}{v}=2z\int_0^\pi g(\theta)\frac{z-\cos\theta}{z^2-2z\cos\theta+1}\mathrm{d}\theta \tag{5.1.23}$$

を得る. $g(\theta)$ の具体的な例として, 1次元の Ising 模型を考えてみる. この問題は最近接間の相互作用だけを考慮するとき行列の方法を用いて厳密に解くことができる[5].

5) H. A. Kramers and G. H. Wannier: *Phys. Rev.*, **60** (1941), 252, 263.

それによれば分配関数の根を $z=e^{\pm i\theta_1}, e^{\pm i\theta_2}, \cdots$ として，θ_j は

$$\cos\theta_j = -x^2+(1-x^2)\cos\left(\frac{\pi(2j-1)}{N}\right) \qquad \left(j=1,2,\cdots;\ j \leqq \frac{1}{2}(N+1)\right) \tag{5.1.24}$$

で与えられる．従って $N\to\infty$ のとき，これらの根は単位円周上で次式で定義される z_1 の左側 ($\mathrm{Re}\,z \leqq \mathrm{Re}\,z_1$) に連続的に分布する．

$$z_1 = (1-2x^2)\pm i2x(1-x^2)^{1/2} \tag{5.1.25}$$

何故なら，(5.1.24)をみたす最小の角 θ_1 は，$N\to\infty$ のとき $\cos\theta_1=1-2x^2$，したがって $\sin\theta_1=\pm\sqrt{1-\cos^2\theta_1}=\pm 2x(1-x^2)^{1/2}$ であるから，$z_1=e^{\pm i\theta_1}=\cos\theta_1\pm i\sin\theta_1=(1-2x^2)\pm i2x(1-x^2)^{1/2}$ である．したがって $g(\theta)$ は次のようにして求まる．(5.1.25)より，$\cos\theta<1-2x^2$ のとき

$$\sin\theta\frac{\Delta\theta}{\Delta j} = (1-x^2)\sin\left[\frac{\pi(2j-1)}{N}\right]\frac{2\pi}{N}$$

一方 $g(\theta)$ の定義から

$$Ng(\theta)\Delta\theta = \Delta j$$

$$\therefore\quad g(\theta) = \frac{\Delta j}{N\Delta\theta} = \frac{\sin\theta}{2\pi(1-x^2)\sin[\pi(2j-1)/N]} = \frac{1}{2\pi}\frac{\sin(\theta/2)}{(\sin^2(\theta/2)-x^2)^{1/2}}$$

したがって

$$g(\theta) = \begin{cases} \dfrac{1}{2\pi}\dfrac{\sin(\theta/2)}{(\sin^2(\theta/2)-x^2)^{1/2}} & (\cos\theta < 1-2x^2 \text{ のとき}) \\ 0 & (\cos\theta > 1-2x^2 \text{ のとき}) \end{cases} \tag{5.1.26}$$

となる．(5.1.25)あるいは(5.1.26)から明らかなように，有限温度領域 ($0<x<1$) で根は正の実数軸上に存在しない．このことは定理II (§3.6)により，1次元 Ising 模型(あるいは，これと等価な格子気体)は相転移を示さないことを意味している．実際，(5.1.26)を(5.1.21)に代入すれば，

$$I = \left[\frac{z^2-2z+1}{z^2-2z(1-2x^2)+1}\right]^{1/2} \tag{5.1.27}$$

を得るが，これは(5.1.25)で定義されている2点以外では，全ての z について解析的である．

2次元以上では一般に相転移があらわれることは前にものべたとおりである．この場合は定理IIにより，$g(\theta=0)>0$ でなければならない．これは次のような考察によっても理解できる．磁化の強さ I，比容積 v を $g(\theta)$ を使ってあらわした式(5.1.21)，(5.1.23)から

$$\lim_{z\to1+} I - \lim_{z\to1-} I = -4\pi g(0) \tag{5.1.28}$$

$$\lim_{z\to1+} \frac{1}{v} - \lim_{z\to1-} \frac{1}{v} = 2\pi g(0) \tag{5.1.29}$$

を得る．実はこれらの関係式は，もっと一般に次のようにもかくことができる．

$$\lim_{r\to1+} (I)_{z=re^{i\theta}} - \lim_{r\to1-} (I)_{z=re^{i\theta}} = -4\pi g(\theta)$$

$$\lim_{r\to1+} \left(\frac{1}{v}\right)_{z=re^{i\theta}} - \lim_{r\to1-} \left(\frac{1}{v}\right)_{z=re^{i\theta}} = 2\pi g(\theta)$$

ところで，$T<T_c$ では $\lim_{z\to1-} I \equiv I(z=1)>0$ だから，上式より

$$I(z=1) = 2\pi g(0) > 0 \tag{5.1.30}$$

同様に $T<T_c$ では $\lim_{z\to1-} \frac{1}{v}=v_g^{-1}$，$\lim_{z\to1+} \frac{1}{v}=v_l^{-1}$ だから，(5.1.29)より

$$v_l^{-1} - v_g^{-1} = 2\pi g(0) \tag{5.1.31}$$

となる．2次元以上の場合，磁場のある中での Ising 模型の厳密解は求まっていないが，2次元の場合は，$H=0$ の場合に限って厳密解が求まっている．従ってこの結果を用いれば逆に(5.1.30)～(5.1.31)を用いて $g(0)$ に関する情報を得ることができるわけである．Onsager による厳密解によれば $H=0$ のとき，自由エネルギーは

$$f(z=1) = \frac{-kT}{2\pi^2} \int_0^\pi \int_0^\pi \log[1+2x(\cos\omega+\cos\omega')+2x^2 -2x^3(\cos\omega+\cos\omega')+x^4]d\omega d\omega' \tag{5.1.32}$$

また自発磁化の強さ I は

$$\left.\begin{aligned} I(z=1) &= \left[\frac{1+x^2}{(1-x^2)^2}(1-6x^2+x^4)^{1/2}\right]^{1/4} && (x \leqq \sqrt{2}-1 \text{ のとき}) \\ I(z=1) &= 0 && (x > \sqrt{2}-1 \text{ のとき}) \end{aligned}\right\} \tag{5.1.33}$$

従って(5.1.30)より

$$
\left.\begin{aligned}
g(0) &= \frac{1}{2\pi}\left[\frac{1+x^2}{(1-x^2)^2}(1-6x^2+x^4)^{1/2}\right]^{1/4} && (x \leqq \sqrt{2}-1 \text{ のとき}) \\
g(0) &= 0 && (x > \sqrt{2}-1 \text{ のとき})
\end{aligned}\right\}
\tag{5.1.34}
$$

となる.

表 5.2 臨界指数の定義

物理量	t	H*	臨界点近傍での振舞い
$\langle P\rangle$**	>0	0	$\langle P\rangle=0$
	<0	0	$\langle P\rangle\sim\pm\lvert t\rvert^{\beta}$
	0	$\neq 0$	$\sim\pm\lvert H\rvert^{1/\delta}$
$\chi=\partial\langle P\rangle/\partial H\rvert_t$***	>0	0	$\sim t^{-\gamma}$
	<0	0	$\sim\lvert t\rvert^{-\gamma'}$
$g(r,r')=\langle P_r P_{r'}\rangle-\langle P^2\rangle$	0	0	$\sim\lvert r-r'\rvert^{-d+2-\eta}$†
$\xi=g(r,r')$ の相関距離	>0	0	$\sim t^{-\nu}$
	<0	0	$\sim\lvert t\rvert^{-\nu'}$
比熱 C_m††	>0	0	$at^{-\alpha}+b$
	<0	0	$a'\lvert t\rvert^{-\alpha'}+b'$
	または >0	0	$A\log t^{-1}+B$
	<0	0	$A'\log\lvert t\rvert^{-1}+B'$

* スピン系では H=磁場, 格子気体では $H=P-P_c$.

** スピン系では $\langle P\rangle$=磁化の強さ I, 格子気体では $\langle P\rangle=\rho-\rho_c$ (ρ は密度).

*** スピン系では χ=等温磁化率, 格子気体では χ=等温圧縮率.

† d は次元数をあらわす. 1次元ならば $d=1$, 以下同様.

†† スピン系では m=磁場, 格子気体では m=体積または密度.

この厳密解を用いて, 臨界点 $(x=\sqrt{2}-1)$ 近傍の熱力学的性質をしらべることができる. 臨界点近くで種々の物理量は特異的な振舞を示すが, いま $t=(T-T_c)/T_c$ とし, 表 5.2 のように種々の物理量に相応した臨界指数 $\alpha, \beta, \gamma, \cdots$ などを定義する. 計算の詳細ははぶいて, 2次元厳密解および3次元の数値解から得られる臨界指数の結果を表 5.3 に示すことにしよう[6]. なおこの表で古典論の欄にあげた値は, 液体に対する van der Waals 理論, Landau の2次相転移論, 磁性体の分子場近似等から得られる値であって, これらの理論から得られる臨界指数は全て等しい. これに対して CO_2, Xe の臨界指数の実験値は表 5.4 に示す如くである. 表 5.3, 5.4 の比較から, 格子気体模型は, 簡単

6) L. P. Kadanoff, W. Götze, D. Hamblen, R. Hecht, E. A. S. Lewis, V. V. Palciauskas, M. Rayl and J. Swift: *Revs. Modern Phys.*, **39** (1967), 395.

表 5.3 Ising 模型(格子気体模型)の臨界指数の値[6)]

物理量	パラメタ	Ising 模型 2次元	Ising 模型 3次元	古典論
$\langle P\rangle$	β	1/8	0.313±0.004	1/2
	δ	15	5.2±0.15	3
χ	γ	7/4	1.250±0.001	1
	γ'	7/4	1.31±0.05	1
$g(r, r')$	η	1/4	0.056±0.008	0
ξ	ν	1	0.643±0.0025	1/2
	ν'	1	?	1/2
C_m	α	0 (log ∞)	$0.0\leqq\alpha\leqq 0.25$	0 (不連続)
	α'	0	0.066+0.16, −0.04	0

表 5.4 簡単な気体の臨界指数[6,7)]

気体	β	δ	γ	γ'	α	α'
Xe	0.350±0.015	4.4±0.4	1.3±0.2	1.2	0.04～0.06	<0.2±0.1
CO_2	0.344±0.01	4.2	1.37±0.2	1.0±0.3	0.04	<0.1±0.5

な気体の臨界点近傍の性質を比較的よく表わしていることが分る．

§5.2 計算機実験*

物質の3相の内で，気相や固相にはその状態を第0近似として正しくあらわすような‘理想気体’，‘理想固体’(格子点上の原子またはイオンなどが調和振動しているような固体を指す)というものが存在する．そして現実の気体，固体はこれら理想物質からあまり違わないか，あるいは違っていてもこれからの摂動として取り扱うことが許される．しかるに液体には今までのところ，これに相当するような概念は確立されていない．第3章にのべられている近似方法や幾つかのモデルが提唱されてきたが，その近似(§3.3参照)，モデルが液体の特徴を正しく取り入れているとはいい難いのが現状であろう．

ところで，物質の物性を制御しているものは，外的条件によってきまる圧力と温度を別にすれば，それを構成している粒子(原子，分子，イオンなど)の間に働く相互作用である(第2章参照)．構成粒子間に働く相互作用を仮定すれば，

7) H. E. Stanley: *Introduction to Phase Transitions and Critical Phenomena*, Oxford Univ. Press (1971), p. 47.

* 本節および§5.3では数密度 ($N/V=v^{-1}$) を ρ であらわす．

そのような物質(モデル物質と呼ぼう)の統計力学的性質は完全にきまるはずである．しかし液体の場合には与えられた2体相互作用(ここではこのような場合のみを考える)に従うモデル物質の統計熱力学的性質を充分な精度で理論的に計算することは事実上不可能であった．

しかし近年電子計算機を利用することによって，このことが始めて可能になってきた．最初の試みは，Alder と Wainwright[8)]，および Wood と Jacobson[9)] らによってなされた(M. N. および A. W. Rosenbluth[10)] はそれより少し前に行なっているが，この段階では計算機が未発達のため，あまり良い精度のものは得られていない)．前者は分子力学(molecular dynamics)の方法を用い，後者はモンテカルロの方法を用いて(これらの方法については[補注]を参照)，剛体球分子からなるモデル物質の状態方程式を求めた．その結果によれば，このような簡単な系でも，固相-液相(流動相)相転移をもつことが示されている．剛体球相転移は Alder 転移とも呼ばれているが，本節(1)で詳しく述べる．

その後多くの人達によって，いくつかのモデル物質の計算機実験が行なわれてきた．本節ではこれらのいくつかについてのべることにするが，その前に計算機実験に関する一般的な事柄についてのべよう．

計算機実験は，与えられた2体相互作用(必ずしも‘2体’である必要はないが，簡単のため2体相互作用が考察される)をもつ有限個の粒子系について，[補注]にのべた方法(分子力学法，モンテカルロ法)を用いてシミュレーションを行なうことから，モデル物質の物性的性質を正確に知ろうとするものである．その場合(i)量子効果は無視される，(ii)粒子数はそれほど多くなく，現在の計算機の容量と速さではたかだか1000個くらいまでが限度である，(iii)計算機実験で計算される時間は，相当する現実の物質の物理時間に換算するとオーダーとして 10^{-12}～10^{-11} 秒程度である，などの制約がつきまとう．(ii)は粒子数を変えることによって，問題にしている物理量がどの程度粒子数に依存するかを見積もることができる．これまでの結果によると，多くの物理量に対して，

8) B. J. Alder and T. E. Wainwright: *J. Chem. Phys.*, **27** (1957), 1208.
9) W. W. Wood and J. D. Jacobson: *J. Chem. Phys.*, **27** (1957), 1207.
10) M. N. Rosenbluth and A. W. Rosenbluth: *J. Chem. Phys.*, **22** (1954), 881.

たかだか数百個か，場合によっては数十個の粒子数で事実上無限大の系とそれほど違わないとされている．これは周期境界条件を用いることによるためであると考えられる．いま1辺の長さが L の立方体の中に N 個の粒子が入っているものとする．そこでこの箱の前後，左右および上下に分子の配置が全く同じ箱(虚箱)を考える．実箱内の粒子の運動方程式を解く際に，この虚箱の粒子から受ける力も考慮する．このようなやり方で有限個の粒子系のために生ずる壁の影響をできるだけ取り除こうというのである．

計算機実験の利点を要約すれば以下のようになろう．(i)与えられた相互作用をもつモデル物質の物性的性質が正確に分る．従ってこの結果と実験とを比較することから，現実物質の相互作用の形に関する知見を得ることができる，(ii)従来の近似理論では扱えないような系のミクロな性質に関する繊細な情報が得られる．例えばある物理量に対して2体相互作用のどの部分が主として効いているかなど，(iii)(i)と関連して，近似理論の検討，ひいてはその改良の手助けとなり得る，(iv)現実の物質の欠陥，不純物，余分な相互作用を除去した理想的な物質の性質を知り得る，(v)現実に実現できない高温，高圧などの極限状態の物性を知り得る，などである．これらは以下の考察によって理解されるであろう．

ところで最も古くからある液体のモデルといえば，van der Waals (1873)のそれであろう．van der Waals の液体に対する描像は，“液体の状態は理想気体に次の2つの点を考慮することによって得られる．つまり(i)各粒子の大きさの合計(Nb とする)に相当する体積は無視できないので，この分だけ有効体積は減ずる．(ii)粒子間の引力による効果は単にある大きさの凝集エネルギー($-aN/v$)として取り扱えばよい”というものであった．van der Waals はこの大胆な仮定の下に，有名な van der Waals の状態方程式

$$\frac{PV}{NkT}=\frac{v}{v-b}-\frac{a}{vkT} \tag{5.2.1}$$

を得た．この状態方程式(P-V 図形)は低温では横S字形のいわゆるループを描き，それに等面積の規則を適用すれば，気体-液体の相転移が得られる．またこの状態方程式には臨界温度が存在して，それより高い温度では，もはや気体-液体転移はない(§3.6, §5.1 参照)．(5.2.1)で PV/NkT は2つの項から成り

立っている．第1項は2体相互作用の斥力部分(この場合は剛体球)からの寄与を近似的に表わしたものである(後で述べる剛体球系の計算機実験はこの部分の正確な表現を与えるものである)．第2項は粒子が他の粒子から受ける引力ポテンシャルのために生じる圧力変化を表わしたものである．これよりずっと後になって，(5.2.1)は拡張されるとともにある種の条件をみたす斥力と引力をもつ2体相互作用の場合には，このような分離が厳密に正しいことが証明された[11]．これによって van der Waals 理論の分子論的基礎づけが始めて行なわれるに至った．従って van der Waals 理論のわく内での残された主要な問題点は，斥力だけをもつ2体相互作用の系に関する正しい状態方程式を得ることにある．後述する剛体球ポテンシャル，soft core ポテンシャルの計算機実験はこの点で非常に重要な役割をもつものである．そして後で見るように(§5.3)，斥力ポテンシャルを適当にとれば，この拡張された van der Waals 理論は現実の簡単な物質の液体によく適用し得ることが分る．

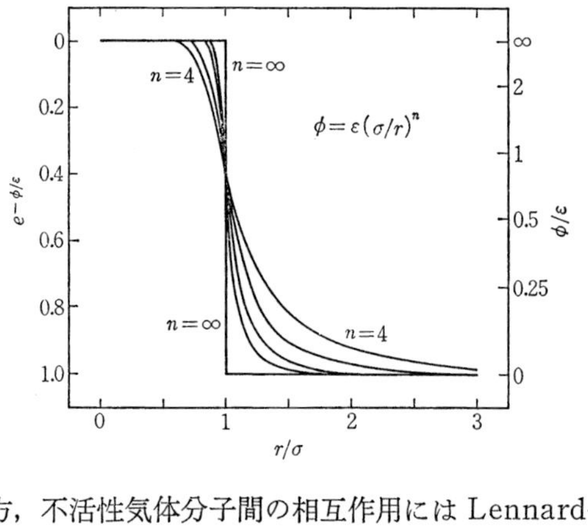

図 5.4 2体ポテンシャル $\phi=\varepsilon(\sigma/r)^n$．$n\to\infty$ のとき ϕ は剛体球ポテンシャル

一方，不活性気体分子間の相互作用には Lennard-Jones ポテンシャルがよく使われる．このモデル物質に関する計算機実験は Verlet らによっておこなわれ(これについては本節(4)で詳しくのべる)，当然予期されたように，このモデル物質は液体アルゴンなどに対して非常に良いモデルになっていることが確かめられた．このほかにもモデル液体の計算機実験がいくつかある(例えば§6.3の剛体楕円体モデルもその1つである．水の計算機実験は Rahman と

11) J. L. Lebowitz and O. Penrose: *J. Math. Phys.*, **7** (1966), 98.

Stillinger[12,13] によっておこなわれている). ここでは, 剛体球, soft core, Lennard-Jones モデルについて, この順にやや詳しくのべよう.

(1) 剛体球モデルの状態方程式

2粒子間の対ポテンシャル $\phi(r)$ は, σ を剛体球の直径とすると,

$$\left.\begin{aligned}\phi(r) &= 0 \qquad (r \geqq \sigma)\\ \phi(r) &= \infty \qquad (r < \sigma)\end{aligned}\right\} \tag{5.2.2}$$

である(図5.4で $n=\infty$ が(5.2.2)に相当する). (3.1.38)より状態方程式は

$$\frac{PV}{NkT} = 1+\frac{2\pi\sigma^3}{3}\rho g(\sigma) \tag{5.2.3}$$

となる. ここに $g(\sigma)$ は2体相関関数の $r=\sigma$ のところでの値であって, 今の場合は温度 T に依存しないことが分る. このように剛体球モデル(5.2.2)は概念的に最も簡単であるばかりか, ある温度での状態方程式を知れば, それから任意の温度での状態方程式を知ることができる(このような性質を scaling という)という便利さをもっている.

剛体球モデルの状態方程式は計算機実験によってくわしく求められた(図5.5[14]). 圧力 P は(5.2.3)を使って計算できるが, 分子力学法では

$$\Sigma = \sum_i (\boldsymbol{r}_{a_i}-\boldsymbol{r}_{b_i})\cdot\varDelta\boldsymbol{v}_{a_i}$$

$$(\varDelta\boldsymbol{v}_{a_i}：\text{粒子 } a_i \text{ が } b_i \text{ と衝突する際の速度の変化})$$

$$\frac{PV}{NkT}-1 = -\frac{1}{N\overline{v^2}}\frac{\mathrm{d}\Sigma}{\mathrm{d}t}$$

から求める方が精度が良いとされている. この図から, モンテカルロ法と分子力学法の結果は実験の精度の範囲内で一致しているのが見られる. また粒子数依存性があまり見られないことからして, 少なくとも状態方程式に関する限りは, この程度の粒子数でも一応正しい値が得られるものと考えてさしつかえなさそうである[15]. この図から状態方程式は2つの異なった分枝に分れているの

12) A. Rahman and F. H. Stillinger: *J. Chem. Phys.*, **55** (1971), 3336.

13) F. H. Stillinger and A. Rahman: *J. Chem. Phys.*, **57** (1972), 1281.

14) W. W. Wood: *Physics of Simple Liquids* (ed. by H. N. V. Temperley, et al.), North-Holland (1968), Chap. 5.

15) 粒子数依存性の詳しい解析は, B. J. Alder and T. E. Wainwright: *J. Chem. Phys.*, **33** (1960), 1439 にある. 有限な系の粒子数依存性に関しての理論的考察は I. Oppenheim and P. Mazur: *J. Chem. Phys.*, **23** (1957), 197, J. L. Lebowitz and J. K. Percus: *ibid.*, **124** (1961), 1673.

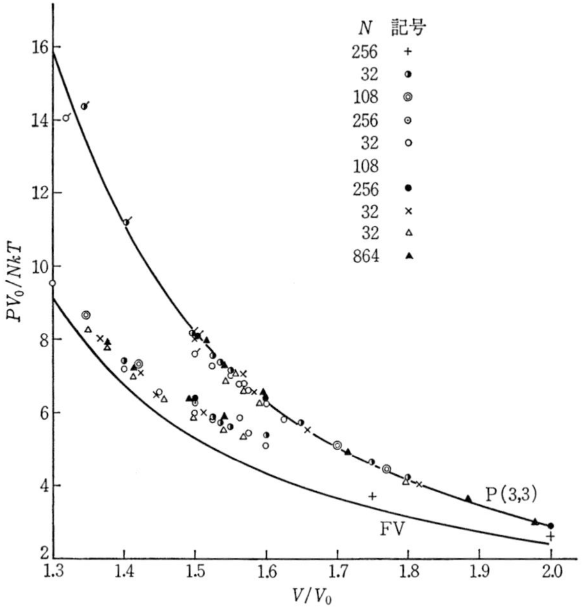

図 5.5 剛体球モデルの状態方程式[14] ($1.3<V/V_0<2.0$ の領域, V_0 は最稠密したときの体積で $V_0=N\sigma^3/\sqrt{2}$ である. (5.2.6)参照). N は計算機実験の粒子数をあらわしている. P(3, 3)は7次までのビリアル係数を用いて, Padé 近似を行なったものである((5.2.9)式). FV は自由体積近似

が見られるが, 圧力の低い方は固相(規則格子)であり, 高い方が流動相(このモデルでは気体, 液体の区別がないのでこういう呼び方をする)である. それは粒子の軌跡から直接的に確かめられるし(図5.6, 5.7), 次のように考えても理解できる. 計算機実験では最初 ($t=0$) 規則格子上に粒子が置かれる. 密度がかなり高い所では平衡状態に達した後でもこの規則格子が安定であるが(図5.6), 密度がある程度低いと, もはやこのような規則構造は安定ではなくなり, 流動相(図5.7)に移りその結果として圧力が高くなるからである. 剛体球あるいは剛体円板よりなる体系の相転移を **Alder 転移**と呼ぶ.

しかし計算機実験によって直接固相-液相の共存を得ることはむずかしく, 現在可能な $N\lesssim1000$ 個くらいの粒子系では無理なようである. それは, この領域ではゆらぎが重要になってくるので, もっと大きな系を必要とするからで

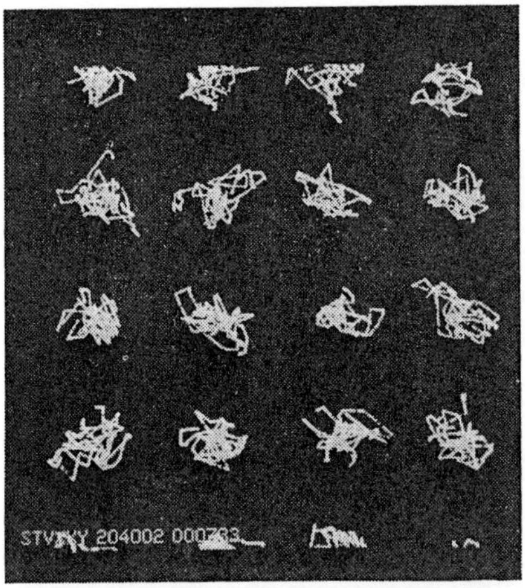

図 5.6　剛体球分子の運動の軌跡[16]($V/V_0=1.525$, $N=32$, 固相領域)

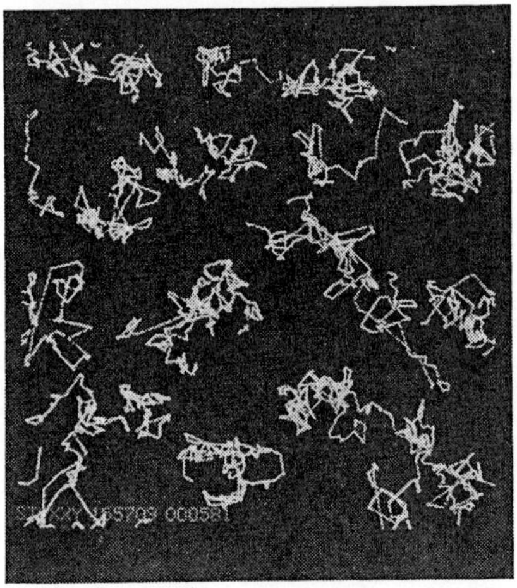

図 5.7　剛体球分子の運動の軌跡[16]($V/V_0=1.525$, $N=32$, 流動相領域)

ある．その点2次元は同じ粒子数であっても3次元より有効的である．というのは1つの粒子集団(クラスター)を形成するのに必要な粒子数は3次元よりも少ないと考えられるから，同じ粒子数の系でも，2次元の方が多くのクラスターができやすくなるからである．事実 $N=870$ の剛体円板の計算機実験が行な

16)　T. W. Wainwright and B. J. Alder: *Nuovo cimento*, **9**, Suppl. **1** (1958), 116.

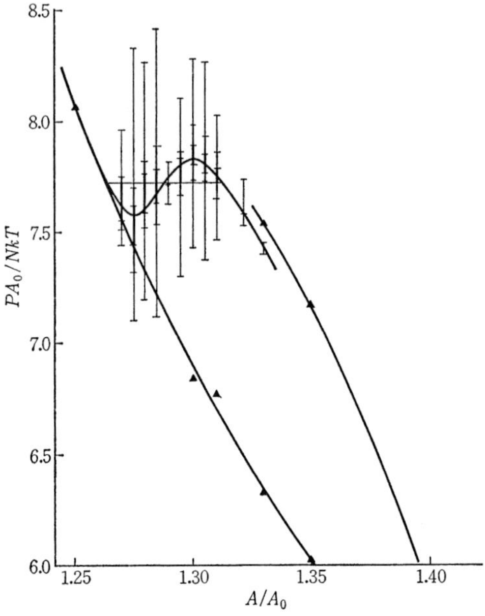

図 5.8 剛体円板(2次元)の固相-流動相相転移近傍の状態方程式[17)]

われていて，図5.8に示す如く2相共存らしきものが得られている．

この図で▲の点は72粒子系から得られた結果であり，太線はそれらを結んだものである(A_0は最稠密したときの面積をあらわす)．図から見られるように，この場合，PA_0/NkTの曲線は異なった2つの枝線(結晶相のそれと，流動相のそれ)から成っていて，流動相と結晶相の相平衡らしきものは見られない．一方この図で他のデータは全て870粒子系の結果である．この場合はゆらぎは大きいが，$A/A_0=1.26\sim1.33$の範囲で2相共存(あるいはvan der Waals横S字形)らしきものが見られる．ゆらぎの大きさは図中，(i)細，(ii)中，(iii)太の垂直な線分で示されているが，これらは次のようにして計算されたものである．この計算機実験では，各密度について粒子がおよそ1000万回衝突するまで行なわれたが，これを5万回の衝突の部分に分け，その各区分でのPA_0/NkTの平均値を求めその最大値と最小値の範囲を示したものが(i)の細い垂直な線分で，(ii)は中位のゆらぎの領域，つまり，上のようにして分割し

17) B. J. Alder and T. E. Wainwright: *Phys. Rev.*, **127** (1962), 359.

た各部分の内で，区分の 1/4 が垂直な線分の上限で示された圧力よりも高くゆらぎ，一方 1/4 が下限で示された圧力よりも低くゆらいでいるような部分(領域)だけについて平均したときのゆらぎの程度をあらわしている．(iii)の太線は各密度での平均の圧力(PA_0/NkT)の精度をあらわし，横S字形の曲線はこの結果をもとにして得られたものである．更にこの横S字形曲線に等面積則を適用して得られたものが水平線分で示されている．このように，2次元(剛体円板)の場合2相共存の計算機実験が Alder らによって行なわれた．

剛体球相転移(Alder 転移)の共存線は理論の助けをかりて決めることができる[18]．2相の共存は両相の Gibbs 自由エネルギーが等しいところで実現される．そこで流動体，固体の Gibbs 自由エネルギーをそれぞれ $G_l(P,T)$, $G_s(P,T)$ とすれば，2相共存の条件は

$$G_l(P,T)=G_s(P,T) \tag{5.2.4}$$

で表わされる．熱力学の関係式より $G=F+PV$ (F : Helmholtz の自由エネルギー)，$F=U-TS$ (U : 内部エネルギー，S : エントロピー)であるが，剛体球モデルのときは $U=0$，従って $F=-TS$ である．流動相の F_l は流動相の状態方程式を用いて $F_l=F_{\rm ideal}+\int_0^\rho d\rho\{[(\beta P/\rho)-1]/\rho\}$ から求まる．なお $F_{\rm ideal}$ は理想気体の自由エネルギーである．一方固相の F を求めるのに Hoover ら[18]は 'single occupancy'(各粒子はそれぞれきめられた細胞の中でのみ運動する)の方法を用い，こうした条件付きの系の計算機実験から得られた状態方程式 $P_{\rm so}$ を積分することから，固相の F_s を $F_s=F_{\rm ideal}+\int_0^\rho d\rho\{[(\beta P_{\rm so}/\rho)-1]/\rho\}$ によって求めた．両相の F が分れば，(5.2.4)より相転移点(圧力 P_m，融解密度 ρ_m，凝固密度 ρ_f)は $F_l+P_m/\rho_f=F_s+P_m/\rho_m$ から決められる．結果は

$$\left.\begin{aligned}\rho_m &= (0.736\pm0.003)\rho_0 &&\text{(融解密度)}\\ \rho_f &= (0.667\pm0.003)\rho_0 &&\text{(凝固密度)}\\ P_m &= (8.27\pm0.13)\rho_0 kT &&\text{(融解圧力)}\end{aligned}\right\} \tag{5.2.5}$$

で与えられる．ここで ρ_0 は最稠密密度で

$$\rho_0=\frac{N}{V_0}=\frac{\sqrt{2}}{\sigma^3} \tag{5.2.6}$$

である．なお，剛体球モデルのときは密度 ρ のかわりに充てん率 $\eta=\pi\sigma^3\rho/6$ が

18) W. G. Hoover and F. H. Ree: *J. Chem. Phys.*, **47** (1967), 4873; *ibid.*, **49** (1968), 3609.

しばしば用いられる．η はその定義から分るように“体積 V の内で N 個の剛体球のしめている体積の割合”をいう．したがって(5.2.6)を用いれば最稠密状態で $\eta_0=\sqrt{2}\pi/6=0.74$，また(5.2.5)より融解点では $\eta_{\mathrm{m}}=0.54$，凝固点では $\eta_{\mathrm{f}}=0.49$ である．

上の single occupancy を用いて，彼らは communal エントロピーをも求めた．この communal エントロピーとは，ある密度での流動相の真のエントロピー(S)とそれと同じ密度での single occupancy モデルから得られるエントロピー(S_{so})との差，つまり

$$\varDelta S = S - S_{\mathrm{so}} \tag{5.2.7}$$

で定義される量であって，$\varDelta S$ は液体での粒子の運動状態が，各粒子が与えられた細胞の中でのみ運動するというものからどのくらい異なっているのかを表わす量である．図5.9は剛体棒(1次元)，剛体円板(2次元)，剛体球(3次元)の communal エントロピーを密度の関数としてあらわしたものである．当然のことながら，密度が高くなるにつれて communal エントロピーは小さくなっていく．それは，密度が高くなるにつれて液体内の粒子はまわりの粒子によって構成される‘壁’のためにほとんどその‘壁’から抜け出せなくなるからであろう．

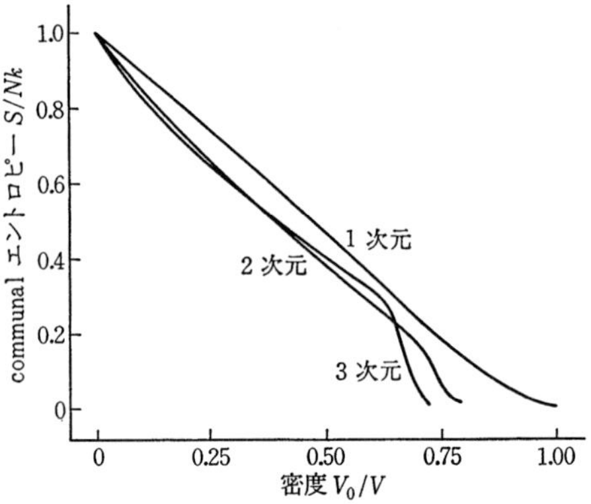

図 5.9　剛体棒(1次元)，剛体円板(2次元)，剛体球(3次元)モデルの液体の communal エントロピー[18]

剛体球モデルは，そのモデルの簡単さもあって，第3章でのべた液体の近似理論，模型理論の立場からも最も多く研究されてきた．そして剛体球モデルは，PY 方程式が厳密に解かれている唯一のモデルであることは前にも述べたとお

りである．そこで一体これらの液体近似理論がどの程度正しいものなのかを計算機実験の結果と比較することから調べてみよう．図5.5, 5.10に状態方程式についていくつかの比較を示す．

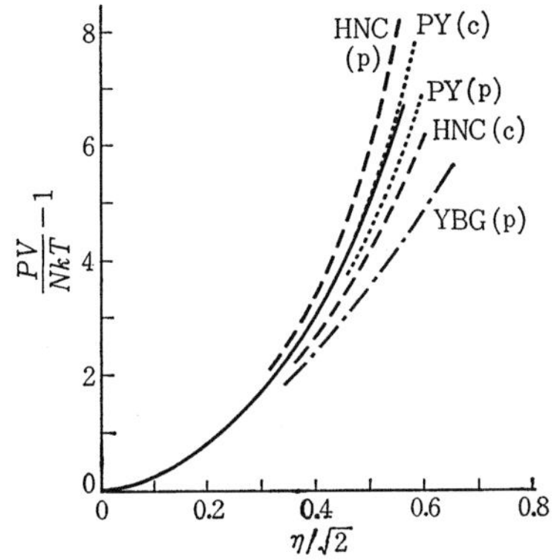

図 5.10 剛体球モデルの状態方程式の比較．実線は計算機実験．(p), (c)はそれぞれ圧力方程式，圧縮率方程式から得られたもの[19]

低密度領域では，不完全気体の理論，つまりビリアル展開が有力であり，状態方程式は

$$\frac{PV}{NkT}=1+B_2\left(\frac{N}{V}\right)+B_3\left(\frac{N}{V}\right)^2+B_4\left(\frac{N}{V}\right)^3+\cdots \qquad (5.2.8)$$

と密度のベキで展開される．$B_2, B_3, \cdots$ は第2, 第3, … ビリアル係数であり，2体相互作用の形に依存していて一般に Mayer の f 関数の多重積分で与えられる[20]．高次のビリアル係数の値を計算することはそれほど容易なことでないが，剛体球ポテンシャルに対しては今までのところ7次(B_7)まで計算されている．表5.5にその値を示す．

表 5.5 剛体球・剛体円板のビリアル係数*

	B_2/b	B_3/b^2	B_4/b^3	B_5/b^4	B_6/b^5	B_7/b^6
球	1.0000	0.62500	0.28695	0.1103	0.0386	0.0138
円板	1.0000	0.78200	0.53223	0.3338	0.1992	0.1141

* b は第2ビリアル係数であって，$b=\pi\sigma^2/2$(板)，$b=2\pi\sigma^3/3$(球)．

19) P. A. Egelstaff: *An Introduction to the Liquid State*, Academic Press (1967), p. 85 (広池・守田訳：液体論入門，吉岡書店(1971))．

20) 例えば J. E. Mayer and M. G. Mayer: *Statistical Mechanics*, John Wiley and Sons (1940)に詳しい．

一般にビリアル展開による状態方程式は密度が高くなるにつれて悪くなっていく．そこでもっと高次の項まで計算すればよいわけであるが，一般にその計算は次数が高くなるにつれてますます困難になってくるので実際上不可能に近い．Padé 近似はその困難をさけるために考えられた数学的方法で，有限次数までのビリアル展開が分っているとき，それを適当な有理関数で近似するもので，こうして得られた有理関数をベキ級数展開したとき最初の方の項が元のビリアル展開と一致するようにするというやり方である．剛体球ポテンシャルは表 5.5 に示した如く 7 次までのビリアル係数が求まっているので，それを用いて次のような Padé 近似式が得られている[21]．

$$\left.\begin{aligned} P(3,3) &= \frac{PV}{NkT}-1 = \frac{b\rho+0.063499(b\rho)^2+0.017327(b\rho)^3}{1-0.56150b\rho+0.081316(b\rho)^2} && \text{(剛体球)} \\ P(3,3) &= \frac{PV}{NkT}-1 = \frac{b\rho-0.202080(b\rho)^2+0.005589(b\rho)^3}{1-0.984085b\rho+0.242916(b\rho)^2} && \text{(剛体円板)} \end{aligned}\right\} \tag{5.2.9}$$

図 5.5 の $P(3,3)$ 曲線がこれで，ビリアル展開(5.2.8)自身よりはずっとよい値が得られるようである．図 5.5 の FV 曲線は自由体積近似から得られたもので，

$$\frac{PV}{NkT} = \left\{1+\left[\left(\frac{V}{V_0}\right)^{1/3}-1\right]^{-1}\right\}$$

によって与えられる[22]．図 5.10 は図 3.8 と同様なものであるが，この図から分るように一般に密度が高くなるにつれて理論曲線は悪くなっていく．PY 方程式は剛体球モデルについて厳密に解かれるという利点もさることながら，この図からみる限り，結果も他の方程式(HNC, YBG)より優れているようである．

以上は剛体球モデルの状態方程式についてみてきたが，今度は液体の平衡状態に関するもう 1 つの重要な側面，つまり 2 体分布関数 $g(r)$(第 3 章参照)についてみてみよう．

動径分布関数 $g(r)$ の Fourier 変換に相当する構造因子 $S(Q)$ は中性子，X 線散乱によって直接実験にかかる量であって，液体の構造を知る上できわめて重要な量である．このような事情からモデル物質の $g(r)$(または $S(Q)$)を求め

21) F. H. Ree and W. G. Hoover: *J. Chem. Phys.*, **40** (1964a), 939; *ibid.*, **46** (1967), 4181.

22) R. J. Buehler, R. H. Wentorf, J. O. Hirschfelder and C. F. Curtiss: *J. Chem. Phys.*, **19** (1951), 61.

ることは，非常に重要な意味をもっているわけである．また(5.2.3)から明らかなように広い r の範囲にわたって $g(r)$ の構造を調べることは，状態方程式からよりも多くの情報が得られることを意味している(剛体球の状態方程式は

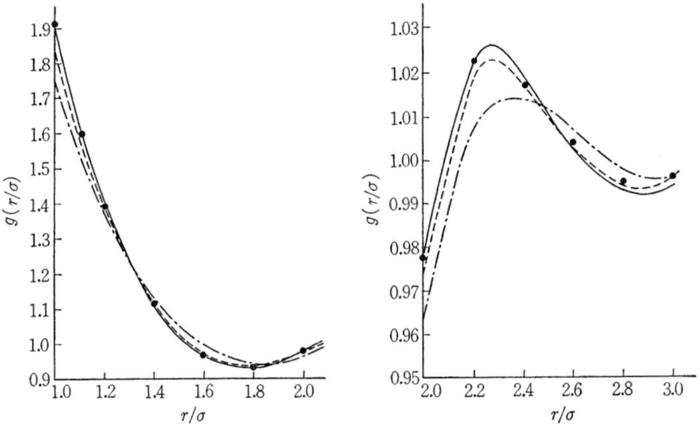

(a) $1.0<r/\sigma<2.0$　(b) $2.0<r/\sigma<3.0$

図 5.11 剛体球モデルの動径分布関数 $g(r)(V_0/V=0.298)$[23].
・は計算機実験，—・— は YBG，—— は BGY2，---- は PY 理論を用いて計算されたものをあらわす

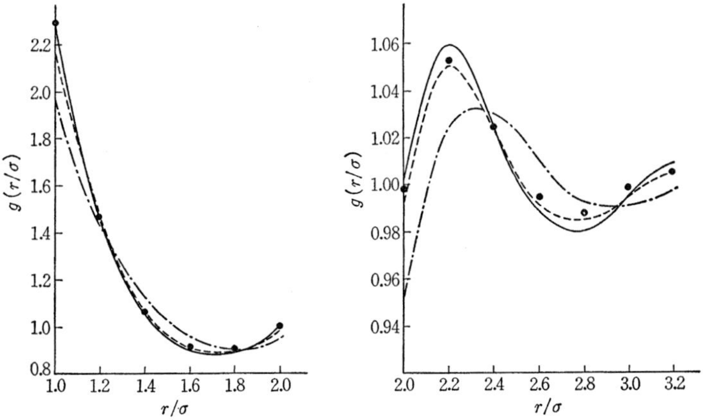

(a) $1.0<r/\sigma<2.0$　(b) $2.0<r/\sigma<3.2$

図 5.12 剛体球モデルの動径分布関数 $(V_0/V=0.372)$．図 5.11 参照

23) F. H. Ree, Y. T. Lee and T. Ree: *J. Chem. Phys.*, **55** (1971), 234.

$r=\sigma$ での $g(r)$ の値だけを必要とするから)．図5.11, 5.12に計算機実験(モンテカルロ法, $N=500$)から得られた剛体球モデルの $g(r)$ といくつかの近似理論から得られた結果との比較を行なう．BGY2 とは YBG(§3.3参照)の改良であって4体分布関数を3体の分布関数の積で近似して

$$g_{1234}=\frac{g_{123}g_{124}g_{234}g_{314}}{g_{12}g_{13}g_{14}g_{23}g_{24}g_{34}} \tag{5.2.10}$$

とするものである[23,24]．BGY2 は YBG よりはだいぶ改良されていて，$r=\sigma$ の近くでは PY よりもよいようである(従って(5.2.3)より PV/NkT の値もよい)．しかし BGY2 の計算方法はそれ程容易でなく，その点解析的に $g(r)$ が求まる PY には及ばない．いずれにしても図5.11, 5.12は比較的低密度の領域の $g(r)$ であり，もっと高い密度ではこの図に見られるほどの実験と理論の良い一致は期待されないであろう．

(2) 剛体球モデルの輸送係数

これまでは剛体球モデルの平衡状態に関する性質について述べてきたが，流動相における輸送係数などをしらべることはこれにもまして重要である．ところで流動相の輸送係数などを純理論的に求めるのは一般に平衡状態に関する問題の場合よりむずかしい．第4章で述べられた一般的方法が果して液体の密度領域でどれほど有効的なのかもあまりはっきりしていない．そこで，この方面でも計算機実験が重要な役割を果す．これを最初に行なったのは Rahman[25] で Lennard-Jones 液体の動的相関関数，速度相関関数，拡散係数などを計算した．これについては本節(4)で述べることにする．剛体球モデルの速度相関関数，拡散係数，粘性係数は Alder ら[26-28]によって詳しく計算された．

自己拡散係数 D は定義から

$$D=\frac{1}{6s}\langle[\boldsymbol{r}(t+s)-\boldsymbol{r}(t)]^2\rangle \tag{5.2.11}$$

とかかれる．ここで $\boldsymbol{r}(t)$ は時刻 t での粒子の位置座標を表わし，$\langle\ \rangle$ はカノ

24) Y. T. Lee, F. H. Ree and T. Ree: *J. Chem. Phys.*, **48** (1968), 3506.
25) A. Rahman: *Phys. Rev.*, **136** (1964), A 405.
26) B. J. Alder and T. E. Wainwright: *Phys. Rev. Letters*, **18** (1967), 988.
27) B. J. Alder and T. E. Wainwright: *Phys. Rev.*, **1** (1970), A 18.
28) B. J. Alder, D. M. Gass and T. E. Wainwright: *J. Chem. Phys.*, **53** (1970), 3813.

ニカル平均を表わすが，これはまた1つの系の時間発展において，初期時刻 t のセットについての平均と同じである．§4.8 で証明したように，D は速度相関関数の時間についての積分としてもかき表わすことができる．すなわち

$$D=\frac{1}{3}\int_0^\infty \langle \boldsymbol{v}(0)\cdot\boldsymbol{v}(s)\rangle \mathrm{d}s \tag{5.2.12}$$

ここで $z(s)\propto\langle \boldsymbol{v}(0)\cdot\boldsymbol{v}(s)\rangle$ は速度相関関数(5.2.14)である．

図 5.13 に分子力学の方法から得られた剛体球モデルの $z(s)$ を示す．密度が小さいとき $z(s)$ は時間 s と共にほぼ指数関数的に減少していくが，密度が高くなると，$z(s)$ は一たん負の極小値をとり，そののち負の側から 0 に近づいていくのがみられる．なおこの図で時間 s は次式で定義される平均衝突時間 Γ^{-1} が単位として用いられている[16]．

$$\Gamma^{-1}=\sigma\sqrt{\frac{\pi}{3\langle v^2\rangle}}\left(\frac{PV}{NkT}-1\right)^{-1} \tag{5.2.13}$$

速度相関関数 $z(s)$ は，$s=0$ で $\psi_D(0)=1$ になるよう規格化されている．

$$z(s)=\frac{1}{\langle v^2\rangle}\langle \boldsymbol{v}(0)\cdot\boldsymbol{v}(s)\rangle \tag{5.2.14}$$

系の等方性からこれはまた次のようにかいても同じである．

$$z(s)=\frac{1}{\langle v_i^2\rangle}\langle v_i v_i(s)\rangle \tag{5.2.15}$$

ここで $v_i\,(i=x,y,z)$ は速度 $\boldsymbol{v}$ の i 成分をあらわす．図 5.13 で E の記号をつ

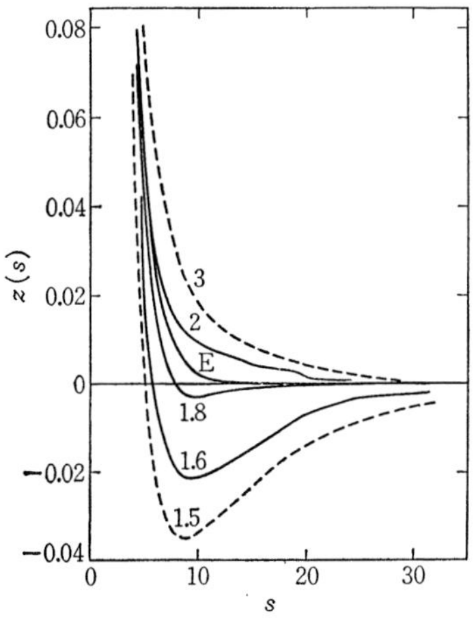

図 5.13 剛体球モデルの速度相関関数 $z(s)$[27]．$V/V_0=3, 2, 1.8, 1.6, 1.5$．E は Enskog 理論曲線で与えられる．実線は $N=108$，点線は $N=500$ の計算

けたものは速度相関関数が単純な指数関数であらわせるものとした場合であって，(5. 2. 12)を用いて拡散係数を求めたときにすぐ下の Enskog の理論値(5. 2. 17)に一致するようにきめてある．すぐ後に述べることから，この条件をみたすものは

$$z_{\mathrm{E}}(s)=e^{-2s/3} \qquad \left(s=\frac{t}{\Gamma}\right) \tag{5. 2. 16}$$

とならなければならない(これは密度に依存しない関数であることに注意)．(5. 2. 16)は次のようにして得られる．拡散係数に対する Enskog 理論値(4. 4. 26)は

$$D_{\mathrm{E}}=D_1\frac{b_0}{V}\frac{1}{y} \tag{5. 2. 17}$$

$$\text{ただし}\qquad b_0=\frac{2}{3}\pi N\sigma^3, \qquad y=\frac{PV}{NkT}-1$$

である．ここに D_1 は 密度→0 の極限での拡散係数で

$$D_1=\frac{3}{8\sqrt{\pi}}\sqrt{\frac{kT}{m}}\frac{V}{N} \tag{5. 2. 18}$$

によって与えられる(D_1 は Boltzmann 極限値ともいわれる)．時間の単位を(5. 2. 13)から戻して，$z_{\mathrm{E}}(s)=e^{-\theta s\Gamma}$ とすれば $\langle v^2\rangle=3kT/m$ および(5. 2. 12)より $D_{\mathrm{E}}=kT/m\theta\Gamma$ を得る．従ってこの結果と(5. 2. 17), (5. 2. 18)とから $\theta=2/3$ でなければならないことが分る．したがって時間の単位を再び(5. 2. 13)にとれば $z_{\mathrm{E}}(s)=e^{-2s/3}$ となり，(5. 2. 16)が得られる．

図 5. 14 は剛体球モデルの拡散係数をその Enskog 理論値との比であらわしたものである．図 5. 13 と図 5. 14 にみられるように，Enskog 理論値は密度が小さいところで正しい値を与えるが，一般の密度ではそうではない．それは Enskog 理論というものが，単に時間のスケール(5. 2. 16)を行なうという以外は希薄気体の輸送問題(Boltzmann 方程式)と全く同じように輸送現象を取り扱っていることからみて当然であるかも知れない[29]．剛体球モデルの拡散係数の結果からみる限り，比較的密度の高い領域($V_0/V\approx0.5$)で再び Enskog 理論値が正しい値に近くなっているのがみられるが，これは上のような考察からし

---

29) S. Chapman and T. G. Cowling: *The Mathematical Theory of Non-uniform Gases*, Cambridge Univ. Press (1970).

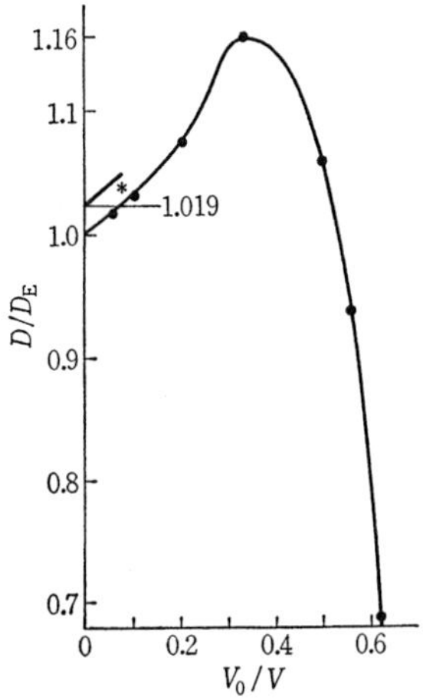

図 5.14　拡散係数の Enskog 理論値に対する比[26)]．• は $N=108$，＊は $N=500$ の粒子系の計算機実験の結果である．太線は $2/N$ の補正による無限に大きい系に外插した値．密度 0 の極限での $D/D_E=1.019$ は，D_1 に Sonine 多項式の高次の項の補正をしたものに相当している

ても偶然の一致としか思われない．

次に粘性率，熱伝導率についてのべよう．これらの物理量に対するミクロな表現は，先の拡散係数のときと同じく 2 通りの方法で与えられる．

ずれの粘性率 η は(4.5.37)により

$$\eta=\frac{1}{2VkTs}\langle[G_\eta(t+s)-G_\eta(t)]^2\rangle \tag{5.2.19}$$

あるいは

$$\eta=\frac{1}{VkT}\int_0^s\langle\dot{G}_\eta(t)\dot{G}_\eta(t+s)\rangle\mathrm{d}s \qquad (s\to\infty) \tag{5.2.19$'$}$$

であらわされる．ここに

$$G_\eta=m\sum_{i=1}^N\dot{x}_iy_i \tag{5.2.19$''$}$$

である．(5.2.19″)を(5.2.19′)に代入すると，

$$\begin{aligned}\eta=\frac{1}{VkT}\Bigg[&\int_0^s\Big\langle m^2\sum_{i=1}^N\dot{x}_i(t)\dot{y}_i(t)\sum_{j=1}^N\dot{x}_j(t+s)\dot{y}_j(t+s)\Big\rangle\mathrm{d}s\\&+\int_0^s\Big\langle m^2\Big\{\sum_{i=1}^N\dot{x}_i(t)\dot{y}_i(t)\sum_{j=1}^N\ddot{x}_j(t+s)y_j(t+s)\\&\qquad+\sum_{i=1}^N\ddot{x}_i(t)y_i(t)\sum_{j=1}^N\dot{x}_j(t+s)\dot{y}_j(t+s)\Big\}\Big\rangle\mathrm{d}s\\&+\int_0^s\Big\langle m^2\sum_{i=1}^N\ddot{x}_i(t)y_i(t)\sum_{j=1}^N\ddot{x}_j(t+s)y_j(t+s)\Big\rangle\mathrm{d}s\Bigg]\end{aligned} \tag{5.2.20}$$

となるが，この式の右辺第1項は粒子の速度のみに関係する量であり，第3項はポテンシャル・エネルギーに関係する量である．一方第2項はその2つの交わりによって生ずるものである．このような理由から第1項を運動項(kinetic part)，第2項を交わり項(cross part)，第3項をポテンシャル項(potential part)という．いま Enskog 理論と比較するために

$$\frac{\eta}{\eta_0}=\frac{B}{V}\left(\frac{\eta^{\mathrm{K}}}{y}+\eta^{\mathrm{C}}+\eta^{\mathrm{P}}y\right) \tag{5.2.21}$$

ただし　$\eta_0=V\to\infty$ での η の値(Boltzmann 極限値)

$B=$ 第2ビリアル係数

$$y=\frac{PV}{NkT}-1$$

とかくことにすると Enskog 理論では $\eta^{\mathrm{K}}, \eta^{\mathrm{C}}, \eta^{\mathrm{P}}$ は全て定数となり，結果は $\eta_{\mathrm{E}}^{\mathrm{K}}=1$，$\eta_{\mathrm{E}}^{\mathrm{C}}=4/5$，$\eta_{\mathrm{E}}^{\mathrm{P}}=0.761$ で与えられる[29]（Enskog 理論に相当する量に添字Eをつけて表わす）．そこでこれらの値に対して計算機実験との比較を図5.15に示す．Enskog 理論値は密度の増加と共に次第にわるくなっていくのがみられる．

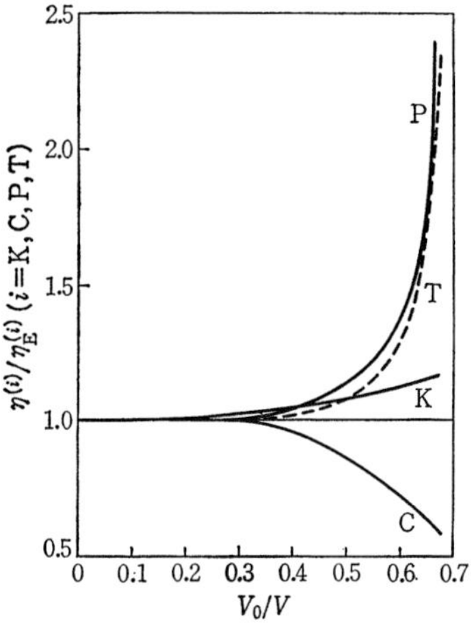

図 5.15　ずれ粘性率 η の Enskog 理論値に対する比[27]．K：運動成分，P：ポテンシャル成分，C：交わり成分，T：全体

(5.2.19′) より η は次式で定義される応力相関関数

$$z_\eta(s)=\frac{\langle \dot{G}_\eta(0)\dot{G}_\eta(s)\rangle}{\langle(\dot{G}_\eta)^2\rangle} \tag{5.2.22}$$

の積分で与えられることが分る．拡散係数のときと同じく，応力相関関数を指数関数で近似すると，この場合

$$z_{\eta\mathrm{E}}(s) = e^{-4s/5} \tag{5.2.23}$$

となる．図 5.16 に計算機実験から得られた応力相関関数と(5.2.23)との比較をしめす．(5.2.23)は密度によらない関数であるが，この図に見られる如く計算機実験の結果はそうではない．図 5.15, 5.16 あるいは先の拡散係数のところでの考察からみて，輸送現象に対する Enskog 理論は凝集系ではあまり満足できる理論でないといえるであろう．このほか剛体球モデルの体積粘性率 φ，熱伝導率 λ が計算機実験によって計算されているが，ここではそれらを計算する際の一般式をまとめてかくだけにとどめる(表 5.6)．(5.2.19)で示したように輸送係数 P と変数 G とは，$\langle G\rangle=0$ とした場合，Einstein 公式

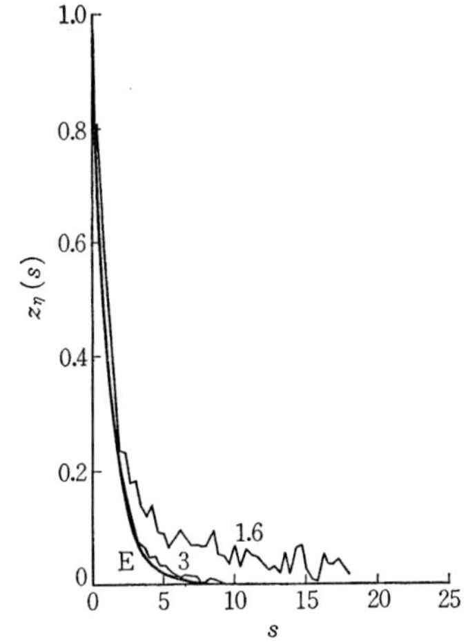

図 5.16 剛体球モデルの応力相関関数 $z_\eta(s)$[27]．$V/V_0=1.6, 3$．E は Enskog 理論曲線で $z_{\eta\mathrm{E}}(s)=e^{-4s/5}$ で与えられる

表 5.6 輸送係数に対するミクロな表式

輸送係数 P	$G(t)$
D	$x_i(t)$
$\eta/(m^2/VkT)$	$\sum_{i=1}^{N} \dot{x}_i(t)y_i(t)$
$\lambda/(1/VkT^2)$	$\sum_{i=1}^{N} x_i(t)E_i(t)$ （E_i：粒子 i の全エネルギー）
$(\varphi+4\eta/3)/(1/VkT)$	$\sum_{i=1}^{N} mx_i(t)\dot{x}_i(t)$

$$P=\frac{1}{2s}\langle[G(t+s)-G(t)]^2\rangle$$

あるいは相関関数による表示

$$P=\int_0^s\langle\dot{G}(t)\dot{G}(t+s)\rangle\mathrm{d}s \qquad (s\to\infty)$$

によって結ばれている．これらの結果については省略する．

（3） soft core モデル

前項で剛体球モデル(5.2.2)の考察をしてきたが，その自然な発展として次のような2体相互作用が考えられる(図5.4参照)．

$$\phi(r)=\varepsilon\left(\frac{\sigma}{r}\right)^n \qquad (\varepsilon, \sigma>0,\ n>3) \qquad (5.2.24)$$

図5.4からわかるように，(5.2.24)は剛体球モデルのように2体相互作用の距離(r)依存性が極端ではなく，r を小さくしていったとき徐々に $\phi(r)$ が大きくなっていくものである．この意味で(5.2.24)は soft core モデルと呼ばれている．そして core の柔らかさの程度は n できまる($n\to\infty$ のとき(5.2.24)は(5.2.2)となることに注意)．我々は前項で剛体球モデルが固相-流動相相転移をもつことをみてきたが，このことは固相-流動相相転移に本質的役割を果すのが2体相互作用の斥力部分であることを意味しているものと理解される．もっと一般的に(5.2.24)で n の値を変えてみることから，コアー(core)の柔らかさ(n)が固相-流動相相転移にどのような質的な役割を果すのかをみることができる．以下にそれをみることにしよう．

さて soft core モデル(5.2.24)は剛体球モデルと同じように ‘scaling’ という便利な性質をもっていることが以下の考察からわかる．このため，系の状態は1つのパラメタだけで指定される(‘scaling’ の性質を持たないときは，一般に1成分系の場合に2つのパラメタ，例えば温度 T と圧力 P のように，が必要である)という便利さがある．

いま1辺の長さ L の立方体(体積 $V=L^3$)の中に，互いに(5.2.24)で相互作用している N 個の粒子系を考える．この系のラグランジアン $\mathcal{L}$ は

$$\mathcal{L}=\frac{m}{2}\sum_{i=1}^{N}\left(\frac{\mathrm{d}\boldsymbol{r}_i}{\mathrm{d}t}\right)^2-\sum_{i>j=1}^{N}\sum\phi(r_{ij})-\sum_{i=1}^{N}\Omega(\boldsymbol{r}_i) \qquad (5.2.25)$$

である．ここに m は粒子の質量であり，$r_{ij}=|\boldsymbol{r}_i-\boldsymbol{r}_j|$，また $\Omega(\boldsymbol{r})$ は

$$\Omega(\boldsymbol{r})=\begin{cases}0 & (0<x,y,z<L,\ \ \boldsymbol{r}=(x,y,z))\\ \infty & (\text{その他のとき})\end{cases} \tag{5.2.26}$$

で定義されている．Ω は全ての粒子が体積 V の中に閉じこめられていることを意味している．

いま次式で定義される次元をもたない変数(還元変数)を導入する(肩に $*$ をつける)．

$$\left.\begin{aligned} v&=\frac{V}{N}, & \boldsymbol{r}_i&=v^{1/3}\boldsymbol{r}_i^*\\ t&=\frac{mv^{(n+2)/3}}{\varepsilon\sigma^n}t^*, & \mathcal{L}&=\varepsilon\sigma^n v^{-n/3}\mathcal{L}^* \end{aligned}\right\} \tag{5.2.27}$$

そうすると，(5.2.25)は

$$\mathcal{L}^*=\frac{1}{2}\sum_{i=1}^{N}\left(\frac{\mathrm{d}\boldsymbol{r}_i^*}{\mathrm{d}t}\right)^2-\sum_{i>j=1}^{N}\sum r_{ij}^{*-n}-\sum_{i=1}^{N}\Omega^*(\boldsymbol{r}_i^*) \tag{5.2.28}$$

$$\Omega^*(\boldsymbol{r}^*)=\begin{cases}0 & (0<x^*,y^*,z^*<N^{1/3})\\ \infty & (\text{その他のとき})\end{cases}$$

となる．この結果 $\boldsymbol{r}_i^*$ に共役な運動量 $\boldsymbol{p}_i^*$ は

$$\begin{aligned}\boldsymbol{p}_i^*&=\frac{\partial\mathcal{L}^*}{\partial(\mathrm{d}\boldsymbol{r}_i^*/\mathrm{d}t)}=\frac{\mathrm{d}\boldsymbol{r}_i^*}{\mathrm{d}t^*}\\ &=\left(\frac{v^{n/3}}{\varepsilon\sigma^n m}\right)^{1/2}\boldsymbol{p}_i\end{aligned} \tag{5.2.29}$$

となる．

(5.2.25)に対応するハミルトニアンを $\mathcal{H}$，還元系のそれを $\mathcal{H}^*$ とすれば，

$$\begin{aligned}\mathcal{H}^*&=\frac{1}{2}\sum_{i=1}^{N}\boldsymbol{p}_i^{*2}+\sum_{i>j=1}^{N}\sum r_{ij}^{*-n}+\sum_{i=1}^{N}\Omega^*(\boldsymbol{r}_i)\\ &=\frac{v^{n/3}}{\varepsilon\sigma^n}\mathcal{H}\end{aligned} \tag{5.2.30}$$

したがって古典系に関する限り，還元系の振舞を考察することから，変換(5.2.27)に従って，全ての v についての元の系の振舞を調べることができるわけである．

系が温度 T の熱浴と平衡状態にあるとき，統計力学によればおのおのの状態をとり得る確率はカノニカル分布 $e^{-\beta\mathcal{H}}(\beta=1/kT)$ によって与えられる．いま還元化された温度 T^* を

$$T^* = \frac{v^{n/3}}{\varepsilon\sigma^n}kT \tag{5.2.31}$$

で定義したとすると，(5.2.30)を用いて

$$\exp(-\beta\mathcal{H}) = \exp\left(-\frac{\mathcal{H}^*}{T^*}\right) \tag{5.2.32}$$

であるから，温度 T におけるカノニカル分布は，ちょうど還元系の還元温度 T^* におけるカノニカル分布に等しい．このように，還元系の物理量の T^* 依存性をしらべることから，元の系の (v, T) 依存性を(5.2.31)を用いて知ることができるので，要は還元系で各物理量がどのような T^* 依存性をもっているかをしらべることに帰着される．ところで T^* のかわりに次式で定義される v^* あるいは ρ^* を考えた方が便利なことが多い．

$$v^* = T^{*3/n} = \left(\frac{kT}{\varepsilon}\right)^{3/n} v\sigma^{-3}, \qquad \rho^* = \frac{1}{v^*} \tag{5.2.33}$$

というのは状態方程式は普通等温曲線 P-v であらわされ，v^* は v に比例しているからである．

上に述べた scaling の性質といま問題にしている物理量を単に次元解析することから，その物理量を1つのパラメタ(T^* または v^*)の universal な関数を用いて表わすことができる．そこでいくつかの物理量についてこれを具体的に書くと，圧力 P は

$$P = \frac{\varepsilon}{\sigma^3}\left(\frac{kT}{\varepsilon}\right)^{3/n+1} P_0^{(n)}(v^*) \tag{5.2.34}$$

拡散係数 D は

$$D = \sigma\left(\frac{kT}{m}\right)^{1/2}\left(\frac{\varepsilon}{kT}\right)^{1/n} \tilde{D}_n(v^*) \tag{5.2.35}$$

粘性率 η は

$$\eta = \frac{\sqrt{m}}{\sigma^2}\left(\frac{kT}{\varepsilon}\right)^{2/n+1/2} \tilde{\eta}_n(v^*) \tag{5.2.36}$$

と表わせる．ここで $P_0^{(n)}(v^*)$, $\tilde{D}_n(v^*)$ および $\tilde{\eta}_n(v^*)$ は柔らかさのパラメタ n は別にして，v^* だけの関数であって，これを知ることから(5.2.33)～(5.2.36)を用いて任意の温度 T，比体積 v におけるおのおのの物理量の値を知ることができる．

soft core モデルの状態方程式(P-v 曲線)の計算機実験は n=12, 9, 6, 4 の場

合について計算されている[30-33]．状態方程式は次式から計算される(第3章参照)．

$$\frac{PV}{NkT}=1-\frac{1}{3NkT}\left\langle\sum_{i<j=1}^{N}\sum r_{ij}u'(r_{ij})\right\rangle=1+\frac{n}{3NkT}\left\langle\sum_{i<j=1}^{N}\sum \varepsilon\left(\frac{\sigma}{r_{ij}}\right)^{n}\right\rangle \tag{5.2.37}$$

この結果，右辺第2項は系の全ポテンシャル・エネルギーに比例した量であることが分る．上式を(5.2.27)で定義した次元のない変数を用いて書き変えると，

$$\frac{PV}{NkT}=1+\frac{n}{3}v^{*-n/3}\frac{1}{N}\left\langle\sum_{i<j=1}^{N}\sum^{N} r_{ij}^{*-n}\right\rangle \tag{5.2.38}$$

また(5.2.34)から容易に分るように，

$$\frac{PV}{NkT}=P_0^{(n)}(v^*)\cdot v^* \tag{5.2.39}$$

したがって

$$P_0^{(n)}v^*=1+\frac{n}{3}v^{*-n/3}\frac{1}{N}\left\langle\sum_{i<j=1}^{N}\sum^{N} r^{*-n}\right\rangle \tag{5.2.40}$$

である．$n=12, 9, 6, 4$ に対する計算機実験の結果によれば，$n=\infty$(剛体球モデル，本節(1)参照)と同じく，状態方程式は異なった2つの分枝をもつ[30-33]．圧力の高い方が流動相，低い方が固相である．

Hoover らは[30-32]，剛体球モデルのところで説明した single occupancy の方法を用いて，固相-流動相相転移点を決めている．その結果を表5.7に示す．

表 5.7 soft core モデルの融点，凝固点

	$n=4$	$n=6$	$n=9$	$n=12$	$n=\infty$††
$\rho_m{}^*$	5.572	2.206	1.373	1.194	1.041
$\rho_f{}^*$	5.544	2.178	1.334	1.150	0.943
$\Delta A/NkT$†	−0.45	−0.50	−0.63	−0.720	−1.16
$\Delta U/NkT$†	0.35	0.25	0.21	0.180	0.00
$\Delta S/NkT$†	0.80	0.75	0.84	0.90	1.16
$(PV/NkT)_m$	108.3	39.14	22.68	18.91	11.23

† 記号 Δ は全て(流動相)−(固相)の値を意味する

†† (5.2.5)の値と異なっているが，それは(5.2.33)との定義の違いによる

30) W. G. Hoover, M. Ross, K. W. Johnson, D. Henderson, J. A. Barker and B. C. Brown: *J. Chem. Phys.*, **52** (1970), 4931.

31) J. P. Hansen: *Phys. Rev.*, **2** (1970), A 221.

32) W. G. Hoover, S. G. Gray and K. W. Johnson: *J. Chem. Phys.*, **55** (1971), 1128.

33) 樋渡・小川・荻田・松田・上田・中川：物性研究，**18** (1972)，D 1.

一般的傾向として，n が小さくなるにつれて還元化された融解密度 ρ_m^*，凝固密度 ρ_f^* が大きくなっていくのがみられる．これは core が柔らかいときは，剛体球モデルの場合よりはもっと密な状態までつめていって始めて結晶化することを表わしている．

このようにして計算機実験で広範囲の密度領域に対しての状態方程式が得られたので，これと液体の近似理論を使って得られた値とを比較することは興味がある．剛体球モデルのところでは，ビリアル係数を用いて Padé 近似することから比較的実験とよくあう状態方程式を得ることをみてきたが，soft core モデルの場合はそううまくいかない．それは，(i)剛体球モデルの場合よりビリアル係数を求める際の多重積分を実施することが困難であること．そのためあまりくわしく解析されていないが，表5.8に Hoover ら[30,32]によって計算された soft core モデルのビリアル係数の値をしめす．なお，ビリアル係数 a_i は $\dfrac{PV}{NkT}=1+a_2x+a_3x^2+\cdots\left(x=\dfrac{2}{3}\pi\sigma^3\dfrac{N}{V}\left(\dfrac{\varepsilon}{kT}\right)^{3/n}\Gamma\left(\dfrac{n-3}{n}\right)\right)$ で定義されている．(ii)上にも述べたように n が小さくなるにつれて ρ_f^* の値が大きくなっていくので，ビリアル展開またはその Padé 近似式が凝固点近くまで実験曲線をよく再現するためには，小さな n ほど高次のビリアル係数を必要とするからである．従って(i)との関連で，soft core モデル(特に n が小さいとき)に対してビリアル展開から状態方程式をきめる方法は有力な方法ではないといえよう．

表 5.8 soft core モデルのビリアル係数

ビリアル係数	$n=4$	$n=6$	$n=9$	$n=12$
a_2	1	1	1	1
a_3	0.1570	0.4029	0.5278	0.5755
a_4	—	—	—	0.2087
a_5	—	—	—	0.0487

状態方程式を近似的に求める方法の1つとして，摂動論の方法がある[34-37]．この摂動論は，与えられた相互作用をもつ系に適用する場合，何を展開パラメタにとるかによって，種々の摂動展開が可能である．いま考察している soft

34) R.W. Zwanzig: *J. Chem. Phys.*, **22** (1954), 1420.

35) J.S. Rowlinson: *Mol. Phys.*, 8 (1964), 107; *Phys. Fluids*, **12** (1969), 2046.

36) J.A. Barker and D. Henderson: *J. Chem. Phys.*, **47** (1967), 2856; *ibid.*, **47** (1967), 4714; *Phys. Rev.*, **1** (1970), A 1266.

37) H.C. Anderson, D. Chandler and J.D. Weeks: *J. Chem. Phys.*, **56** (1972), 3812.

core モデルについての計算結果を図 5.17 および表 5.9(a), (b) に示す．図 5.17 の Rowlinson 理論曲線は摂動パラメタとして $1/n$ をとるものであり，もち

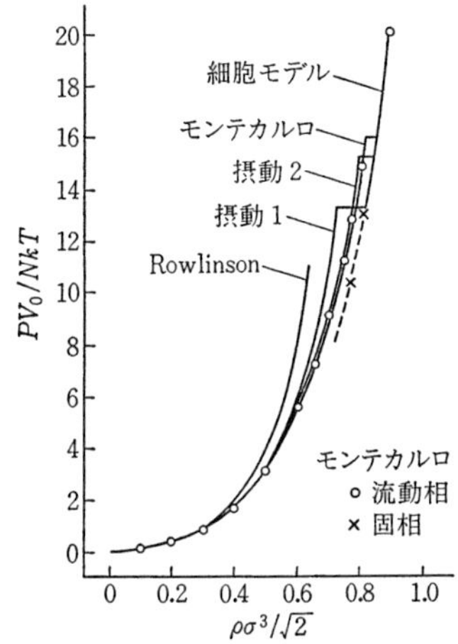

図 5.17 $n=12$ の soft core モデルの状態方程式 ($\varepsilon/kT=1$)．計算機実験の結果と摂動計算の比較．Rowlinson 曲線は $1/n$ 展開の第1項まで取り入れたもの．摂動1曲線は Barker-Henderson 理論で μ を $\phi(r=\mu)=kT$ からきめて計算したもの．摂動2は μ を自由エネルギーの変分から計算したもの．摂動論の相転移点は固相に対して細胞モデルを用いることから得られる[30]

表 5.9(a) soft core モデル ($n=12$) の自由エネルギー $\beta\varDelta A/N$*

$\rho\sigma^3$	モンテカルロ**	WCA	Barker-Henderson(変分法)	($\mu=\infty$)
0.1414	0.40(0.40)	0.40	0.39	0.39
0.2828	0.91(0.91)	0.91	0.89	0.89
0.4243	1.53(1.53)	1.54	1.54	1.54
0.5657	2.32(2.33)	2.33	2.37	2.42
0.7071	3.33(3.34)	3.34	3.43	3.68
0.8485	4.60(4.61)	4.65	4.77	5.58

* $\varDelta A$ は Helmholtz の自由エネルギーを同温，同体積の想理気体のそれから測った値をあらわす．$\varepsilon/kT=1$

** Hoover ら[30]の計算機実験の値．(　)内は Hansen[31] の計算機実験の値

表 5.9(b) soft core モデル ($n=12$) の圧力 $\beta P/\rho$

$\rho\sigma^3$	モンテカルロ	WCA	Barker-Henderson(変分法)	$\mu=\infty$
0.1414	1.45(1.45)	1.45	1.36	1.44
0.2828	2.12(2.12)	2.12	2.11	2.13
0.4243	3.10(3.12)	3.12	3.18	3.25
0.5657	4.56(4.58)	4.57	4.72	5.16
0.7071	6.64(6.66)	6.71	6.93	8.57
0.8485	9.46(9.56)	9.89	9.98	15.18

ろん0次は剛体球モデルと一致する．図ではその1次まで計算したものである．

この方法は更にもっと一般の相互作用にも適用できるように拡張された[32]．いま相互作用を $\phi(r)$ とし，これを2つの部分 $r<\mu$, $r>\mu$ に分ける．そこで熱力学量の内で相互作用 $\phi(r)$ の $r<\mu$ の部分から寄与する部分は次のような有効直径をもった剛体球の粒子系のそれから計算される(従って d は状態に依存している量である)．

$$d=\int_0^{\mu}(1-e^{-\phi(r)/kT})\mathrm{d}r \tag{5.2.41}$$

一方 $r>\mu$ から寄与する部分は Zwanzig の高温展開の方法から求める．ところでこの方法は(5.2.41)の μ の決め方にあいまいさがあるが，図5.17の(摂動1)の曲線は

$$\phi(r=\mu)=kT \tag{5.2.42}$$

という条件から μ を決めて計算されたものである．一方(摂動2)の曲線の μ は自由エネルギーが最小になるように決められている．この図から見られるように最後に述べた摂動の方法はモンテカルロの結果と非常に良く一致している．最近 Chandler ら[37]は一般化されたクラスター展開の方法を用いて，新しい摂動展開を定式化し(WCA と記す)，簡単な2体斥力ポテンシャルについて状態方程式などを計算すると共に，上に述べた摂動展開の方法との比較を行なっている(表5.9(a), (b))．この表から，WCA 法は上に述べた摂動方法よりも優れているようである．

WCA の摂動展開というのは次のようなものである．斥力相互作用 $\phi(r)$ から $u(r)=\exp[-\beta\phi(r)]$ なる関数 u を定義しよう．図5.18にみられるように，剛体球ポテンシャル(直径 d)から作られる u_{d} と soft なポテンシャルから作られる u_{s} の差 $u_{\mathrm{s}}-u_{\mathrm{d}}$ は $|r-d|<\xi d$ をみたす r の領域で0でなく，その他の領域で0と見なせるという性質を利用して，この ξ を展開パラメタとして選ぶ．ところで平衡統計力学の公式を用いて

$$\left.\begin{aligned} a(\rho,\beta;u) &\equiv -\beta\frac{\Delta A}{V}=V^{-1}\log Q \\ Q &= V^{-N}\int \mathrm{d}\boldsymbol{r}^N\prod_{i<j}^{N}u(r_{ij}) \end{aligned}\right\} \tag{5.2.43}$$

である．ここに $a(\rho,\beta;u)$ は u の functional であることをあらわす．いま u が u_0 から $u_0+\Delta u$ に変化したとき，自由エネルギー ΔA(記号 Δ は同温，同体積の理想気体を基準にとることをあらわしている)従って $a(\rho,\beta;u)$ は

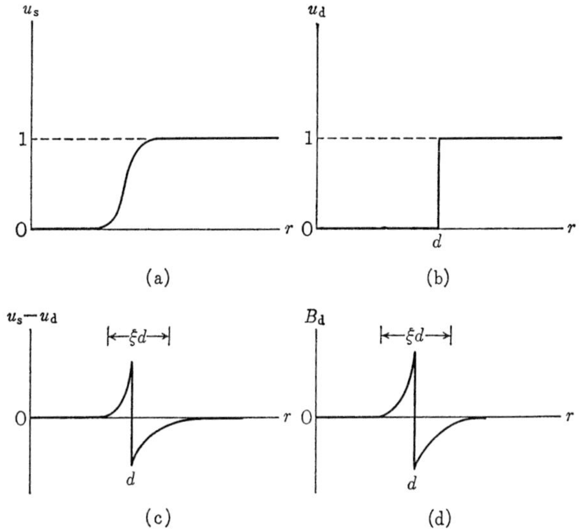

図 5.18 (a) soft core ポテンシャル $u_s=\exp[-\beta\phi(r)]$, (b) 剛体球ポテンシャル u_d, (c) u_s-u_d, (d) ブリップ関数 B_d

$$a(\rho,\beta;u_0+\Delta u)=a(\rho,\beta;u_0)+\int d\boldsymbol{r}\frac{\delta a(\rho,\beta;u_0)}{\delta u(\boldsymbol{r})}\Delta u(\boldsymbol{r})$$
$$+\frac{1}{2}\int d\boldsymbol{r}\int d\boldsymbol{r}'\frac{\delta^2 a(\rho,\beta;u_0)}{\delta u(\boldsymbol{r})\delta u(\boldsymbol{r}')}\Delta u(\boldsymbol{r})\Delta u(\boldsymbol{r}')+\cdots \tag{5.2.44}$$

と変化する．$u_0=u_d$, $\Delta u=u_s-u_d$ とおいて，すこし長い計算を実行すると，(5.2.44)は

$$a(\rho,\beta;u_s)=a(\rho,\beta;u_d)+\frac{\rho^2}{2}\int d\boldsymbol{r}B_d(r)+\frac{\rho^3}{2V}\int d\boldsymbol{r}^3B_d(r_{12})B_d(r_{13})J_d^{(3)}(\boldsymbol{r}^3)$$
$$+\frac{\rho^4}{8V}\int d\boldsymbol{r}^4B_d(r_{12})B_d(r_{34})J_d^{(4)}(\boldsymbol{r}^4) \tag{5.2.45}$$

と書きかえることができる．ここで $B_d(r)$ は‘ブリップ関数’と呼ばれているもので

$$B_d(r)=y_d(r)[u_s(r)-u_d(r)] \tag{5.2.46}$$
$$y_d(r)=e^{\beta\phi(r)}g(r;\rho,\beta;u) \tag{5.2.47}$$

で定義される．一方 $J_d^{(3)}(\boldsymbol{r}^3), J_d^{(4)}(\boldsymbol{r}^4)$ はある 3 体，4 体の相関関数である．詳しい議論は省略するが，いま

$$\int d\boldsymbol{r}y_d(r)[u_s(r)-u_d(r)]=\int d\boldsymbol{r}B_d(\boldsymbol{r})=0 \tag{5.2.48}$$

を満たすように剛体球の直径 d を決めることにすれば，(5.2.45)の展開の第 2 項は恒等的に 0 になり，このとき

$$a(\rho, \beta; u_s) = a(\rho, \beta; u_d) + O(\xi^4) \tag{5.2.49}$$

となる．従ってオーダー ξ^4 の精度で，$a(u_s)$ と $a(u_d)$ とは一致していることが分る．また状態方程式は d の密度依存性を考慮して

$$\frac{PV}{NkT} - 1 = \left(\frac{PV}{NkT} - 1\right)_d \left[1 + \frac{3\rho}{d}\left(\frac{\partial d}{\partial \rho}\right)_T\right] + O(\xi^4) \tag{5.2.50}$$

から求められる．

soft core モデルの動径分布関数 $g(r)$ は上述の scaling の性質から r のかわりに $r^*(=r\rho^{1/3})$ を変数にとれば v^*(あるいは ρ^*) だけの関数である．$n=12$ の $g(r)$ は計算機実験(分子力学法)で計算されている[33,43]．そのいくつかを図 5.19 に示す．

$g(r)$ は ρ^* の増加と共に第1ピークが鋭くなり，またそれと共に第2，第3ピークがあらわれる．このことは，粒子間相関が ρ^* の増加と共に漸次強くなり，相関のおよぶ範囲が長くなっていくことを意味している．この動径分布関数と剛体球モデルのそれとの比較を図 5.20 にしめす．この図には Lennard-Jones 液体，1成分系プラズマの動径分布関数も同時に示してあるが，いずれのモデルも凝固点近くの $g(r)$ である．この図からみられるように，柔らかいコアー(芯)をもったモデルほど第1ピークの左側のすそが長く，ピークの高さも低くなっているのが見られるが，このことは当然予期されることであろう．

その典型的な例が1成分系プラズマである．このモデルでは，粒子は互いに Coulomb ポテンシャル $\phi(r)=(Ze)^2/r$ で相互作用している．なおこの場合，系全体として中性を保つように逆の符号をもった一様な‘荷電の海’を考慮する必要があるが，$\phi(r)$ は極端に柔らかい$(n=1)$コアーをもっていて，その意味で興味のあるモデルである．そこでこのモデルについて以下にもう少し詳しくみることにしよう．

Brush ら[38]は計算機実験(モンテカルロ法)によって，1成分系プラズマの状態方程式, 2体分布関数等を広い密度領域について詳しく求め, Debye-Hückel 理論などと比較した．ところでこのモデルももちろん先に述べた scaling の性質をみたすが，(5.2.27)とはやや異なった単位系を用いる．長さの単位として，$v^{1/3}$ のかわりに

38) S. G. Brush, H. L. Sahlin and E. Teller: *J. Chem. Phys.*, **45** (1966), 2102.

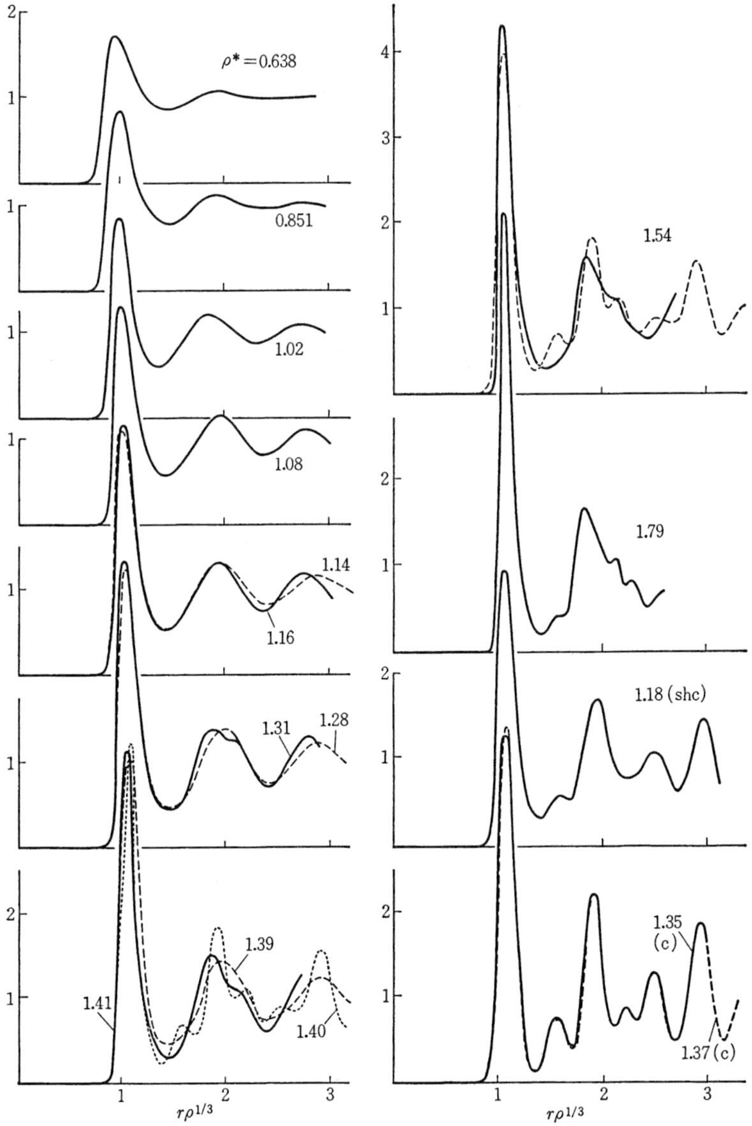

図 5.19 soft core モデル ($n=12$) の動径分布関数 $g(r\rho^{1/3})$[43]. 実線は $N=32$, その他は $N=108$. 右下 2 つは結晶相 ($\rho^*=1.18$ は過熱固体), その他は全て無定形状態であるが, 左側のいちばん下を境にしてそれより低密度領域と高密度領域とで粒子運動の性格は質的に異なっている (拡散係数のところおよび §6.2 の無定形固体のところを参照)

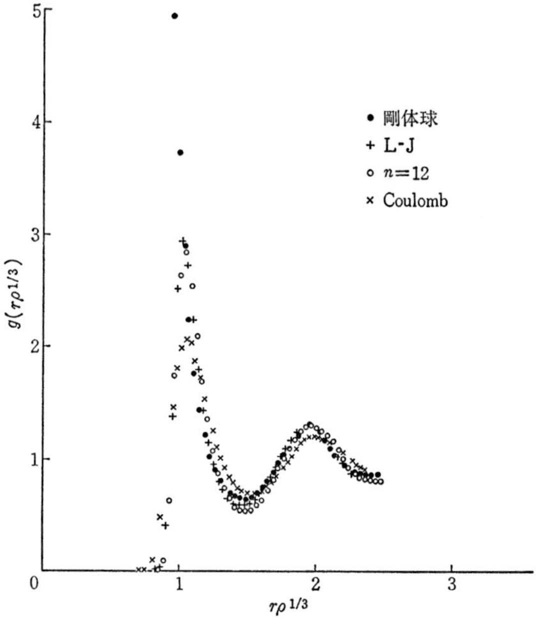

図 5.20 剛体球モデル[39)]，soft core モデル ($n=12$)[33),43)]，Lennard-Jones モデル[45)]および1成分系プラズマ[39)] の凝固点近傍での動径分布関数

$$a=\left(\frac{3}{4\pi\rho}\right)^{1/3} \tag{5.2.51}$$

を用い，また状態を特徴づけるパラメタとして v^* のかわりに

$$\Gamma=\frac{(Ze)^2}{kTa}=\frac{(Ze)^2}{kT}\left(\frac{4\pi}{3}\rho\right)^{1/3} \tag{5.2.52}$$

を用いることにする．1成分系プラズマの場合も，(5.2.37)と同じく，ビリアル定理から容易に

$$\frac{PV}{NkT}=1+\frac{\Phi}{3NkT} \tag{5.2.53}$$

を得る．ただしこの式で Φ は系のポテンシャル・エネルギーであるが，一様な'荷電の海' を考慮して今度は，

$$\frac{\Phi}{NkT}=\frac{2\pi\rho}{kT}\int_0^\infty\frac{(Ze)^2}{r}(g(r)-1)r^2\mathrm{d}r \tag{5.2.54}$$

39) B. J. Alder and C. F. Hecht: *J. Chem. Phys.*, **50** (1969), 2032.

となる．ここで $g(r)$ は Coulomb 相互作用をしている粒子系の2体分布関数である．(5.2.54)は Ewald[40] の方法を用いて

$$\Phi=\Phi_0+\frac{1}{2}\sum_{i\neq j=1}^{N}\sum\psi(|\boldsymbol{r}_i-\boldsymbol{r}_j|) \tag{5.2.55}$$

のようにかきかえることができる．ここで

$$\Phi_0=\frac{1}{2}N\lim_{r\to 0}\left(\psi(r)-\frac{(Ze)^2}{r}\right)$$
$$=\frac{1}{2}N(1\text{辺}\,L\,\text{の単純立方格子の Madelung エネルギー}) \tag{5.2.56}$$

$$\frac{\psi}{kT}=\Gamma[u_1(x)+u_2(\boldsymbol{x})] \qquad \left(x=\frac{r}{a}\right) \tag{5.2.57}$$

$$\left.\begin{aligned}
u_1(x)&=\left(\frac{1}{x}\right)\mathrm{erfc}\left(\frac{\pi^{1/2}x}{L}\right)-\frac{1}{L}\\
u_2(\boldsymbol{x})&=\frac{1}{L}\sum_n{}'\frac{1}{|\boldsymbol{n}-(\boldsymbol{x}/L)|}\mathrm{erfc}\left[\pi^{1/2}\left|\boldsymbol{n}-\left(\frac{\boldsymbol{x}}{L}\right)\right|\right]\\
&\quad+\frac{1}{L}\sum_n{}'\left(\frac{1}{\pi n^2}\right)\exp(-\pi n^2)\left\{\exp\left(\frac{i(2\pi\boldsymbol{n}\cdot\boldsymbol{x})}{L}\right)\right\}\\
\mathrm{erfc}(x)&=1-\mathrm{erf}(x)=1-\frac{2}{\pi^{1/2}}\int_0^x\exp(-y^2)\mathrm{d}y
\end{aligned}\right\} \tag{5.2.58}$$

である．(5.2.55)は(5.2.54)と比べて次のような利点をもっている．つまり Coulomb 相互作用の到達範囲は非常に長いが，(5.2.57)で定義される $\psi(r)$ は図5.21に示されているように到達範囲は短い．したがって，これを粒子間の

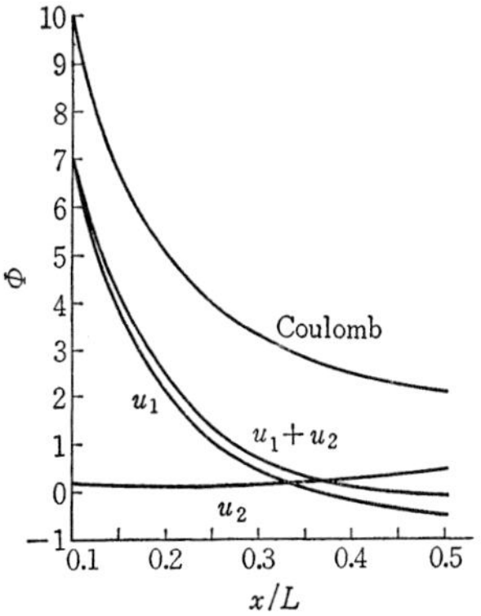

図 5.21 Coulomb ポテンシャルと Ewald ポテンシャル[38]．$x=r/a$，L は a を単位にして測った箱の1辺の長さ

40) P. P. Ewald: *Ann. Phys.*, **64** (1921), 253.

相互作用として取り(有効2体相互作用)，(5.2.55)からポテンシャル・エネルギー Φ(Φ_0 は粒子の配置にはよらないことに注意)を求め，(5.2.53)から状態方程式を求める方が得策である．Brush らはこのような方法を用いて，このモデル物質の平衡状態の熱力学的性質を計算機実験(モンテカルロ)によって求めた．

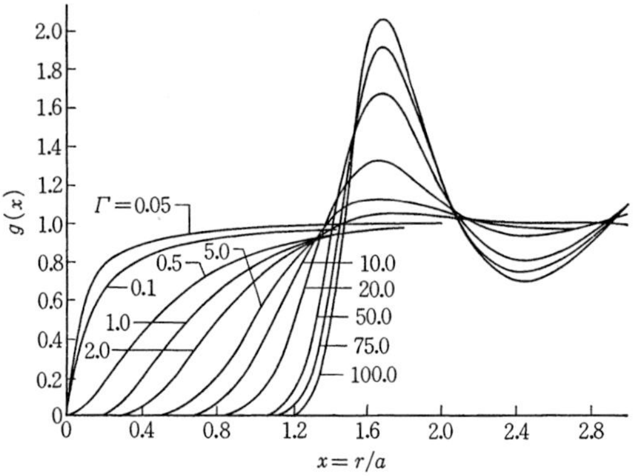

図 5.22　1成分系プラズマの動径分布関数 ($0.05\leqq\Gamma\leqq100.0$)[38]

図5.22は，いろんな密度での動径分布関数をまとめて示したものである．この図から，Γ が小さいとき ($\Gamma\leqq2.0$)，$g(x=r/a)$ は x の単調増加関数であること，一方 $\Gamma>2$ に対しては短距離秩序があらわれること，そして $\Gamma=100$ では $g(x)$ は液体のそれとよく似た形をしていることなどが見られる．彼らはこれらモンテカルロ法から得られた結果と近似理論から計算した結果とを比較し，次のような結論を得ている．

(1)　$\Gamma\leqq0.1$ では，非線形 Debye-Hückel (DH) 理論から得られる結果とモンテカルロの結果とは良く一致する．なお非線形 DH 理論の $g(r)$ は

$$g_{\mathrm{DH}}(r)=\exp\left\{-\left(\frac{(Ze)^2}{kTr}\right)\exp\left(-\frac{r}{\lambda_{\mathrm{D}}}\right)\right\}$$

$$\lambda_{\mathrm{D}}=\left(\frac{4\pi}{kT}\rho Z^2e^2\right)^{-1/2}$$

で与えられる．$\lambda_{\mathrm{D}}/a=(3\Gamma)^{-1/2}$ だから，上式は

$$g_{\mathrm{DH}}(x)=\exp\left\{-\frac{\Gamma}{x}\exp[-(3\Gamma)^{1/2}x]\right\}$$

ともかかれる．小さな Γ に対しては上式はさらに線形化されて

$$g_{\mathrm{DH}}(x) = 1-\frac{\Gamma}{x}\exp[-(3\Gamma)^{1/2}x]$$

とかくことができる.

（2） $\Gamma=1.0$ で，DH 理論からのずれが始まる．しかし PY に基づいた Caley[41] の計算結果はよい一致を与える.

（3） $\Gamma>2.0$ では $g(x)$ は x の単調増加関数ではあらわせないで振動的に振舞う．Γ が大きくなるにつれて，この振動はますます著しくなっていく.

彼らはまたこのモデルが $\Gamma\cong125.0$ で流動相-固相相転移を示すことを示唆している.

最後に，soft core モデルの時間を含んだ問題について簡単にのべよう．現在までのところ，この問題についての計算機実験は $n=12$ の拡散係数[42,43]と速度相関関数[43]が行なわれているにすぎない．soft core モデルの拡散係数 D は (5.2.35) で与えられる．図 5.23 は $\tilde{D}_{12}$ を ρ^* の関数としてあらわしたものである．この図で，$\rho^*\approx1.35$ で $\tilde{D}_{12}$ が急激に小さくなっているのがみられるが，これについては，§6.2 の無定形固体のところで触れる．図 5.23 から，凝固点の近傍 $(0.8\lesssim\rho^*\lesssim1.15)$ では第 1 近似として，

$$\tilde{D}_{12} = \exp(1.0-4.0\rho^*) \tag{5.2.59}$$

とかける.

図 5.24 は同じモデルの速度相関関数 $z(s)$ をグラフにしたものである．この図から速度相関関数は ρ^* の値に相応して以下の 3 つに分類することができる．（i） $\rho^*\lesssim0.5$ では，相関の持続時間は長く，相関関数は時間と共に単調に減少していく．（ii） $0.6\lesssim\rho^*\lesssim0.75$ では相関関数に振動的な振舞が少しあらわれる．しかしここでは振動はごくわずかである．一方，(iii) $0.8\lesssim\rho^*\lesssim1.3$ では振動的な性格が非常に強くあらわれる．これと共に $\rho^*\lesssim0.8$ では見られなかった負の相関が見られる．ρ^* の増加と共に 1 番目の極小値は深く，1 番目の極大値は低くなっていく．なおこのモデルの凝固点は表 5.7 より $\rho_f^*=1.15$ であるから，図 5.24 で，$\rho^*>1.15$ は過冷却液体である．図 5.24 には比較のため剛

41) D. D. Caley: *Phys. Rev.*, **131** (1962), 1406.

42) M. Ross and P. Schofield: *J. Phys.*, **C 4** (1971), L 306.

43) Y. Hiwatari, H. Matsuda, T. Ogawa. N. Ogita and A. Ueda: *Progr. Theoret. Phys.* (*Kyoto*), **52** (1974), 1105.

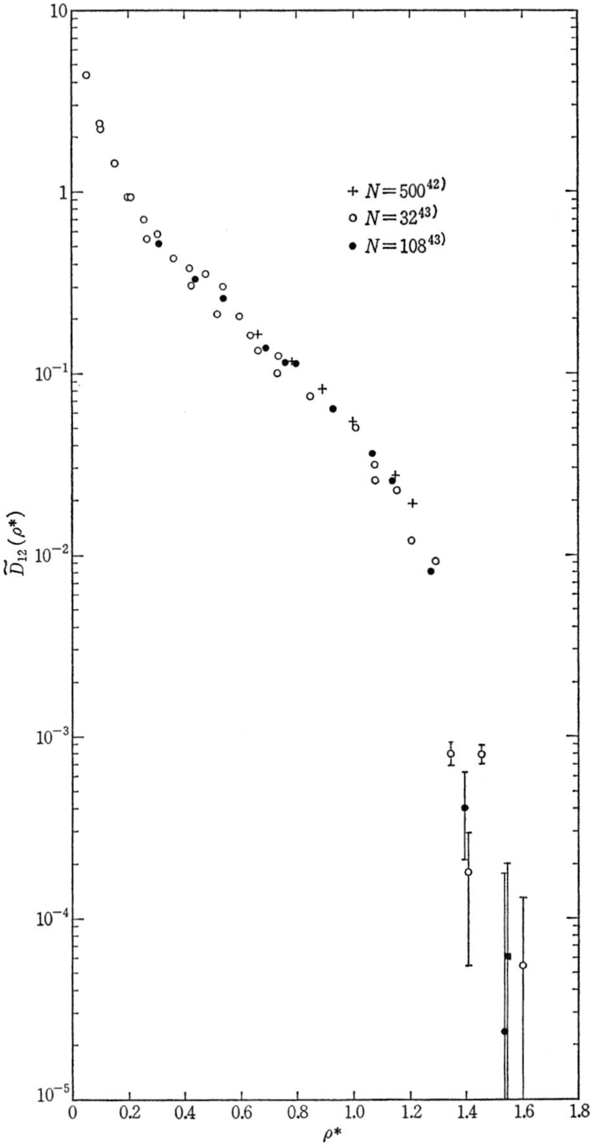

図 5.23　soft core モデル (n=12) の還元拡散係数 $\tilde{D}_{12}$[42,43)].
N は粒子数をあらわす

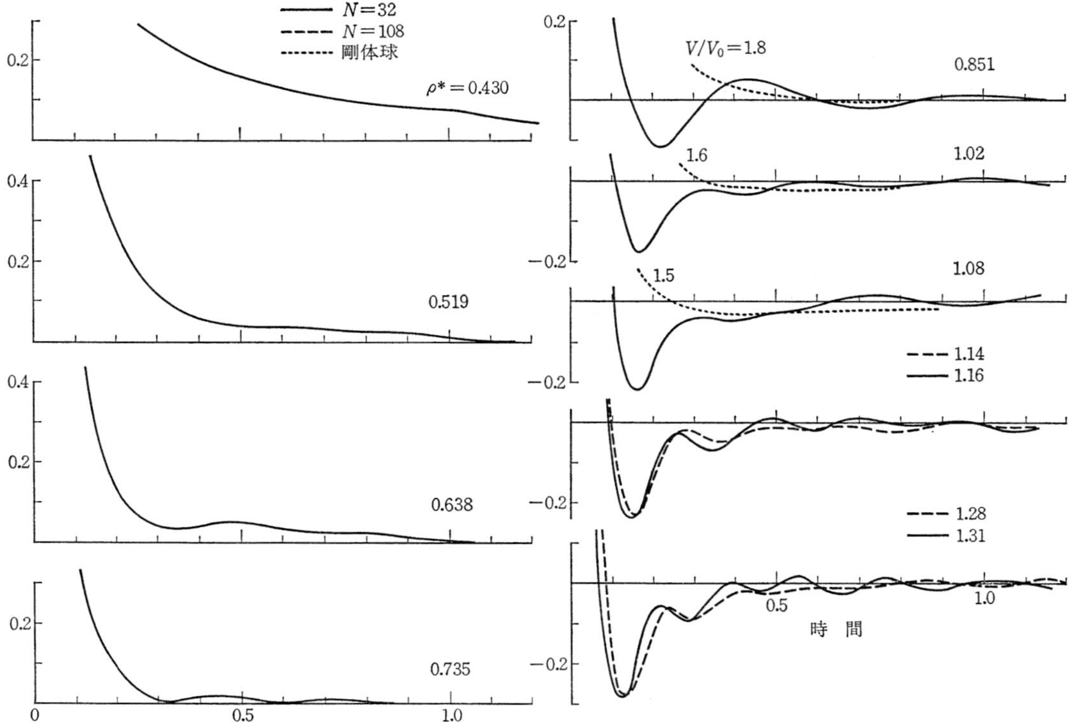

図 5.24　soft core モデル (n=12) の速度相関関数[43]. …… は剛体球モデルの速度相関関数[27]. 時間の単位は $\rho^{-1/3}(m/kT)^{1/2}$

体球モデルの速度相関関数も示してある．この場合 ρ^*/ρ_f^* がほぼ同じ値のものを選んだ．剛体球モデルの速度相関関数は，soft core モデルのそれと異なって振動的振舞がほとんどみられないのが特徴的である．

（4） Lennard-Jones モデル

本節(1)～(3)項では，剛体球モデルから出発し，その拡張として soft core モデルについて述べてきたが，これらのモデルは相互作用が斥力だけである．そこでここでは，より現実的なモデルである Lennard-Jones モデル(以下では L-J と記す)

$$\phi(r) = 4\varepsilon\left[\left(\frac{\sigma}{r}\right)^{12} - \left(\frac{\sigma}{r}\right)^{6}\right] \tag{5.2.60}$$

について述べる．このモデルはアルゴンなどの不活性原子間の相互作用として古くからよく用いられてきた[44]．このモデルの計算機実験の結果を中心にして述べよう．図 5.25(a),(b) は Verlet[45] による分子力学法によって求められた

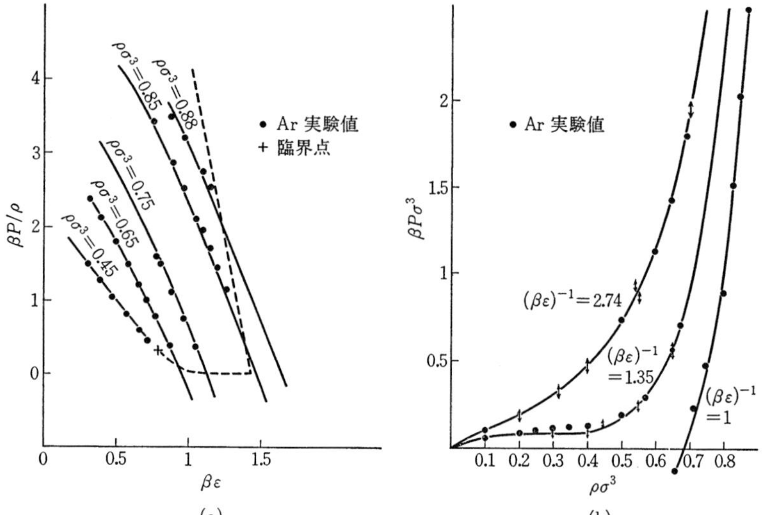

図 5.25　(a) L-J モデルの等密度 $\beta P/\rho$ 曲線[45]．破線は気体-液体および液体-固体共存線で，2本の破線の交点は3重点である．(b) 等温 $\beta P\sigma^3$ 曲線[45]．↕ は同じ系で，他の人達によって求められた計算機実験(モンテカルロ法)結果を示す

44)　例えば，J. O. Hirschfelder, C. F. Curtiss and R. B. Bird: *Molecular Theory of Gases and Liquids*, John Wiley and Sons (1954).

45)　L. Verlet: *Phys. Rev.*, **159** (1967), 98.

状態方程式の結果であるが，アルゴンの実験との一致はきわめて良い．

一方，表 5.10 に，L-J モデルの臨界定数とアルゴンのそれとの比較を示す．なお表には，近似理論から得られた値も示してある．L-J モデルの臨界温度，密度はアルゴンの実験よりも数％大きいが，一致はかなり良い．近似理論を用いて計算する場合，一般に圧力方程式(p)から求めるのと，圧縮率方程式(c)から求めるのとでは値が異なる(第3章参照)が，Verlet らによって改良された PYⅡ方程式はほとんど同じ値を与えると同時に，計算機実験の結果との一致はきわめて良い．

表 5.10　L-J モデルの臨界定数(アルゴンの実験値を含む)

	kT_c/ε	$\rho_c\sigma^3$	$\beta_c P_c/\rho_c$
ビリアル係数[*,47]	1.29	0.26	0.352
HNC[48] p	1.25	0.47	0.35
c	1.39	0.43	0.38
PY[48] p	1.25	0.42	0.30
c	1.32	0.43	0.36
PYⅡ[48] p	1.36	0.35	0.31
c	1.33	0.37	0.34
計算機実験[45,49]	1.35(1.36)	0.36	
アルゴン[50]	1.26	0.297	0.316

*　ビリアル展開(状態方程式)で5次(B_5)まで考慮．

図 5.26(a)～(c) は Lennard-Jones モデルの構造因子 $\tilde{h}(k)$

$$\tilde{h}(k) = \rho\sigma^3 \int e^{-i\boldsymbol{k}\cdot\boldsymbol{r}}(g(r)-1)\mathrm{d}\boldsymbol{r} \qquad (5.2.61)$$

である[46]．X線，中性子線回折から得られたアルゴン，クリプトンの実験曲線との一致は非常に良い．

図 5.26(a)～(c) 中の実線は剛体球近似から得られたもので，次のような方法による．つまり，剛体球(直径 d)モデルの構造因子と L-J モデルの構造因子の第1ピークの高さおよび第1ピークの次の $\tilde{h}(k)$ の零点($\tilde{h}(k)=0$ となるところ)

46)　L. Verlet: *Phys. Rev.*, **165** (1968), 201.
47)　J. A. Barker, P. J. Leonard and A. Pompe: *J. Chem. Phys.*, **44** (1966), 4266.
48)　L. Verlet: *Physica*, **31** (1965), 959. D. Levesque: *ibid.*, **32** (1966), 1985.
49)　L. Verlet and D. Levesque: *Physica*, **36** (1967), 245.
50)　J. M. H. Verlet: *Physica*, **26** (1960), 361.

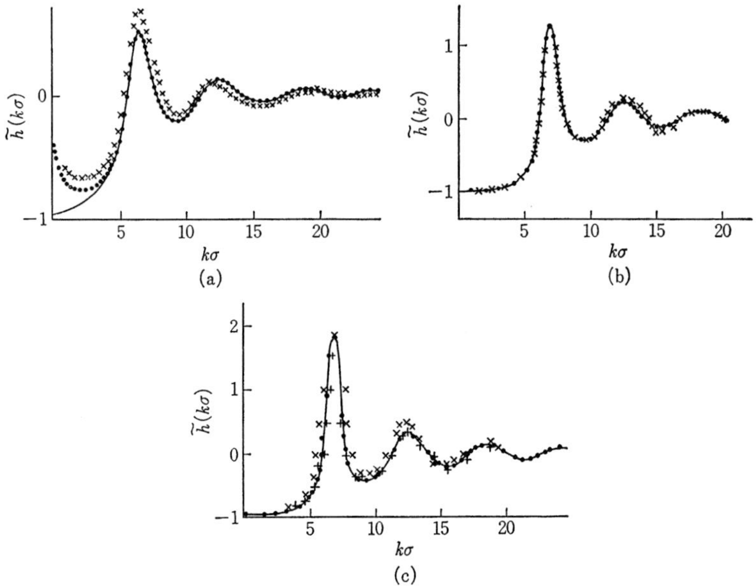

図 5.26　(a) L-J モデルの構造因子 $\tilde{h}(k)$[46] $((\beta\varepsilon)^{-1}=1.326,\ \rho\sigma^3=0.5426)$．・は分子力学，実線は剛体球近似 $(d/\sigma=1.0,\ \hat{\rho}\sigma^3=0.57)$，×はアルゴンの実験値 $((\beta\varepsilon)^{-1}=1.28,\ \rho\sigma^3=0.54)$．(b) $(\beta\varepsilon)^{-1}=0.827,\ \rho\sigma^3=0.75$，・は分子力学，実線は剛体球近似 $(d/\sigma=1.03,\ \hat{\rho}\sigma^3=0.817)$，× は中性子の実験 $(\rho\sigma^3=0.77,\ (\beta\varepsilon)^{-1}=0.77$ のクリプトン)．(c) ・は分子力学 $((\beta\varepsilon)^{-1}=0.723,\ \rho\sigma^3=0.844)$，実線は剛体球近似 $(d/\sigma=1.026,\ \hat{\rho}\sigma^3=0.91)$，+は中性子の実験 $(\rho\sigma^3=0.84,\ (\beta\varepsilon)^{-1}=0.7$ のアルゴン)，× はX線の実験 $(\rho\sigma^3=0.84,\ (\beta\varepsilon)^{-1}=0.70$ のアルゴン)

とが一致するように，有効密度 $\hat{\rho}\sigma^3$，および d/σ をきめるというやり方である．このような方法で決めた $\hat{\rho}\sigma^3, d/\sigma$ はもちろん ρ, β に依存する値をとる．図 5.26 にみられるように，$\rho\sigma^3$ が小さいとき(a)，このような近似はあまりよくないが，(b),(c)では驚くほど良い結果を与える．このことは，液体の構造を主として決めているのは 2 体相互作用の強い斥力部分であるということを示唆していて，興味深い結果である．同じような考察を Weeks ら[51]も行なっている．彼らは密度は変えないで$(\hat{\rho}=\rho)$，d を WCA 法(本節(3)項)から求め，同じような結果を得ている．

Hansen と Verlet[52] は L-J モデルの相転移をしらべ，実験との比較をして

51)　J. D. Weeks, D. Chandler and H. C. Anderson: *J. Chem. Phys.*, 54 (1971), 5237.
52)　J. P. Hansen and L. Verlet: *Phys. Rev.*, 184 (1969), 151.

いる．彼らは $N=864$ の粒子系について，モンテカルロ法を用いて気相(G)-液相(L)相転移，固相(S)-液相相転移を計算し L-J モデルの相図を作成した(図 5.27)．図にはアルゴンの実験データとの比較を示した．

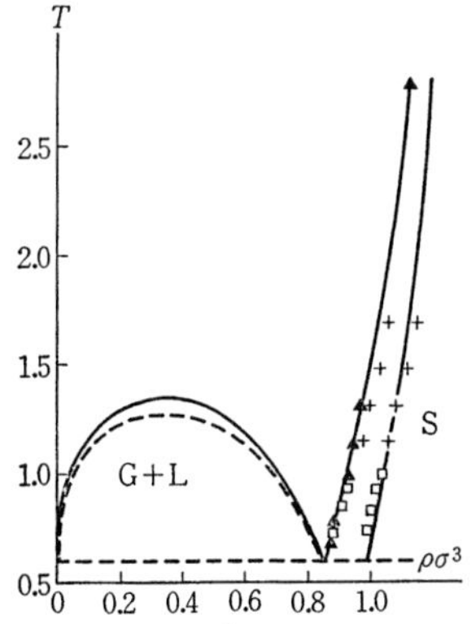

図 5.27 L-J モデルの気相，液相，固相の共存曲線[52]．実線はモデルの理論曲線．破線はアルゴンの液相，気相実験曲線．□と＋はアルゴンの融解実験値．▲は構造因子の第1ピークの高さが 2.85 になるような密度で凝固するとしたとき(剛体球モデル近似)に得られる値(図 5.29 参照)

前にも触れたように臨界点附近ではあまり一致はよくない．しかし全体的にみて実験と理論の一致はよいといえよう．固相-液相共存曲線は，剛体球モデルのところでも述べた Hoover, Ree の 'single occupancy' の方法を用いて固相の自由エネルギーを計算し，それと液体の自由エネルギーとから求められたものである．それらの結果を表 5.11 にアルゴンの実測値とともに示す．また融解温度-圧力曲線は図 5.28 に示す．

表 5.11 L-J モデルとアルゴンの固-液相転移*

	T	P	ρ_f	ρ_s	ΔV**	L***
L-J	2.74	32.2	1.113	1.179	0.050	2.69
Ar	2.74	37.4				2.34
L-J	1.35	9.00	0.964	1.053	0.087	1.88
Ar	1.35	9.27	0.982	1.056	0.072	1.63
L-J	1.15	5.68	0.936	1.024	0.091	1.46
Ar	1.15	6.09	0.947	1.028	0.082	1.44
L-J	0.75	0.67	0.875	0.973	0.135	1.31
Ar	0.75	0.59	0.856	0.967	0.133	1.23

* $\varepsilon=k=\sigma=1$

** $\Delta V=1/\rho_f-1/\rho_s$

*** 融解の潜熱

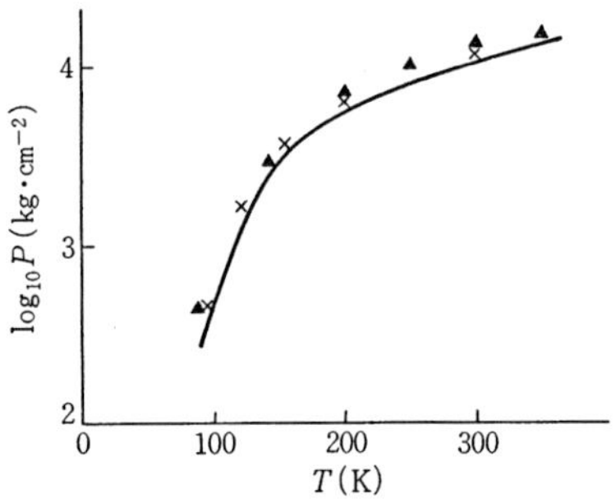

図 5.28 融解曲線(圧力と温度の関係)[52]. 実線は L-J モデル, ×はアルゴンの実験データ, ▲は L-J モデルに対する Barker, Henderson の近似理論の値[53]

構造因子 $\tilde{h}(k)$ のところで剛体球近似について述べたが，剛体球モデルの凝固点は充てん率 $\eta=\pi\rho\sigma^3/6=0.49$ (p. 288 参照)でおこり，そのときの $\tilde{h}(k)$ の第1ピーク値は 2.85 であることが知られている．したがってこの近似に従えば，凝固点は $\tilde{h}(k_0\sigma)=2.85$ で与えられる($k_0\sigma$ は第1ピークの位置)．図 5.29 は L-J モデルの第1ピーク値を種々の温度について $\rho\sigma^3$ の関数としてあらわしたものであるが，図 5.27 の剛体球近似凝固点はこのようにして得られたものである．

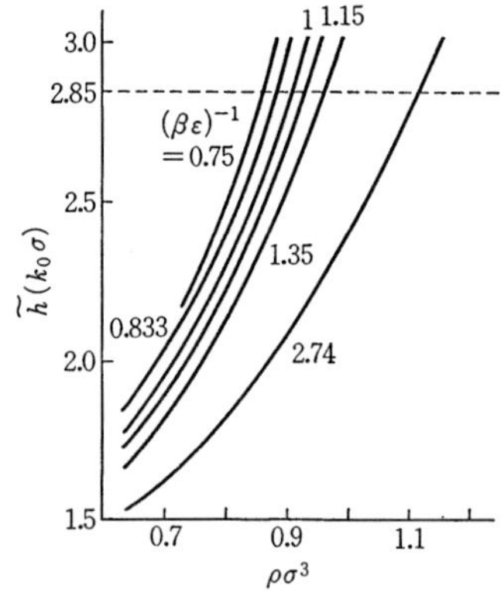

図 5.29 L-J モデルの構造因子の第 1 ピーク値[52]. 図は等温曲線で密度 $\rho\sigma^3$ の関数として描いたもの. 2.85 は剛体球モデルの凝固点における値

L-J モデルの速度相関関数，拡散係数は Rahman[54]，Levesque と Verlet[55]，Kushic と Berne[56] らによって計算されている．図 5.30 は Rahman[54] によるもので，凝固点に近い L-J モデルの速度相関関数 $z(t)$ とその Fourier 変

53) D. Henderson and J. A. Barker: *Mol. Phys.*, **14** (1968), 587.
54) A. Rahman: *Phys. Rev.*, **136** (1964), A 405.
55) D. Levesque and L. Verlet: *Phys. Rev.*, **2** (1970), 2514.
56) J. Kushic and B. J. Berne: *J. Chem. Phys.*, **59** (1973), 3732.

換 $f(\beta)$

$$f(\beta)=\frac{\hbar}{mD}\int_0^\infty z(u)\cos\beta u\,\mathrm{d}u \tag{5.2.62}$$

ただし $\beta=\dfrac{\hbar\omega}{kT},\qquad u=\dfrac{tkT}{\hbar}$

である．図には Langevin 方程式

$$\frac{\mathrm{d}\boldsymbol{v}}{\mathrm{d}t}=-\gamma\boldsymbol{v} \tag{5.2.63}$$

から得られる近似的な速度相関関数もあわせて示されているが，計算機実験の結果とはだいぶ異なっていることに注目されたい．このように液体では相関が比較的強く，単純な Langevin 理論では取り扱えない．

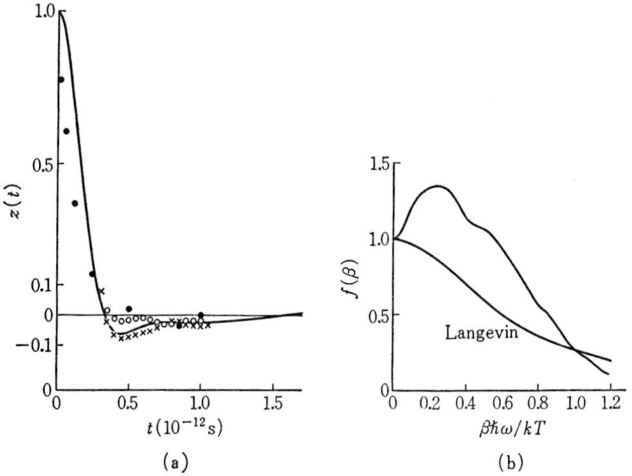

図 5.30 (a) L-J モデルの速度相関関数[54]．実線は分子力学法による結果(平均値)，∘，×はその平均値から最大のずれをあらわす．・は Langevin 型の指数関数 $\exp\{(-kT/mD)t\}$ で近似したもの．図は 94.4 K，1.374 g·cm^{-3} のアルゴンの液体に相当している．(b)は(a)を Fourier 変換したもの[54]

このL-J モデルの $z(t)$ と前に述べた soft core モデルの $z(t)$(凝固点近くの)とを比べてみると，次のことに気付くであろう．それは $z(t)$ の谷の深さは剛体球モデル，L-J モデル，soft core モデル($n=12$)の順に深いということである．前にも少し述べたが，$z(t)$ の振動的性格はポテンシャルの斥力部分が柔らかい(つまり n が小さい)ほど強く現われるようであり，L-J モデルの斥力

部分の柔らかさは剛体球より柔らかく，$n=12$ よりはかたいので，$z(t)$ はちょうどその中間的性格を示しているものと思われる．

L-J モデルの拡散係数 D は Levesque[55] らによって計算されたが，その結果として，彼らは実験式

$$D = 0.006423\frac{T}{\rho^2}+0.0222-0.0280\rho \qquad (5.2.64)$$

を提唱している．表 5.12 にみられるように，この実験式は広い範囲の密度，温度領域でよく成り立っている．一方アルゴンなどの実験値とも比べられているが，一致はかなり良いとされている[54,55]．

表 5.12 L-J 液体の拡散係数*

ρ	T	D_{MD}**	D***
0.85	0.76	0.0048	0.0052
0.85	1.08	0.0078	0.0080
0.85	1.273	0.0095	0.0097
0.85	2.145	0.0182	0.0175
0.85	2.81	0.0245	0.0244
0.85	4.70	0.040	0.040
0.8442	0.72	0.0047	0.0051
0.8244	0.820	0.0065	0.0068
0.8244	0.824	0.0067	0.0069
0.75	0.88	0.010	0.0112
0.75	1.12	0.014	0.0140
0.75	1.30	0.017	0.0160
0.75	2.04	0.026	0.0245
0.75	3.81	0.046	0.045
0.75	5.09	0.059	0.059
0.65	1.43	0.026	0.0257
0.65	1.827	0.031	0.032
0.65	3.67	0.058	0.060
0.65	5.09	0.077	0.081
0.40	2.00	0.076	
0.30	1.62	0.095	
0.30	1.92	0.11	

* 長さの単位は σ，エネルギーの単位は ε，時間の単位は $(m\sigma^2/48\varepsilon)^{1/2}$．

** 分子力学($N=864$)から得られたもの．

*** 実験式(5.2.64)の値．

以上のように，L-J モデルはアルゴンなどの不活性気体(液体)の静的，動的性質を良くあらわし得るモデルである．しかし一方このモデルは液体金属などに対しては適切なモデルではない．液体金属のモデルについては次節で取り扱う．

§5.3 モデル物質と現実物質との比較

前節で3つのモデル物質の計算機実験の結果をもとにしていろいろ述べてきたが，そのまとめとして，ここで次の2点を再び思いだしておこう．

(i) 液体の構造(例えば構造因子など)およびその構造の時間的発展に関連した物理量(例えば速度相関関数，拡散係数など)などに寄与するのは主として2体ポテンシャルの強い斥力部分であって，長距離引力部分はこれらに対してそれほど重要な役割を果さない．

(ii) 斥力部分だけをもつ2体ポテンシャルで相互作用している粒子系が固相と流動相の間の相転移をもち得ること．そしてその相転移点および相転移での振舞がコアーの硬さ，あるいは柔らかさに応じて系統的に変化すること．

(1) 剛体球的斥力モデルと現実物質

融解現象は構造(対称性)の変化を伴う物理現象であるから，(ii)は(i)と関連して，融解に本質的な影響を与えるものもまた2体ポテンシャルの斥力部分であることが推察される．そこでこの節では，現実物質の融解と前節で述べたモデル物質の融解とが果してどの程度似ているのかについて調べることにしよう．

最初に Alder 転移とアルゴンの融解との比較から行なうことにする．Longuet-Higgins ら[57]はアルゴンなど不活性気体の液体・固体の構造は主として2体ポテンシャルの斥力部分に支配されていて，引力は単に分子を凝集することにだけ寄与するものであるとの考えから，その斥力ポテンシャルとして最も簡単でしかも計算機実験によって正確な状態方程式が求まっている剛体球ポテンシャルをとり，この他に分子を凝集するための引力ポテンシャルとして一様

57) H. C. Longuet-Higgins and B. Widom: *Mol. Phys.*, 8 (1964), 549.

な負のポテンシャル $-2aN/V$ (a は正の定数)を考慮した．従って凝集エネルギー U は

$$U = -a\frac{N^2}{V} \tag{5.3.1}$$

となるから，圧力 P は

$$P\left(\frac{N}{V}, T\right) = P^0\left(\frac{N}{V}, T\right) - a\left(\frac{N}{V}\right)^2 \tag{5.3.2}$$

で与えられる．右辺第1項は剛体球ポテンシャルだけで相互作用している粒子系の圧力である．この部分に計算機実験の結果を用いることにする．(5.3.2)を以下の様にかき直す．

$$\frac{PV_0}{NkT} = \frac{P^0V_0}{NkT} - \lambda\left(\frac{V_0}{V}\right)^2 \tag{5.3.3}$$

ただし

$$V_0 = \frac{N\sigma^3}{\sqrt{2}} \tag{5.3.4}$$

$$\lambda = \frac{aN}{V_0kT} \tag{5.3.5}$$

P^0V_0/NkT は§5.2(1)で述べたように，V/V_0 だけの関数であることに注意しよう．図5.31はパラメタ λ の5つの異なった値に対する等温圧力曲線を示したものである．$\lambda=0$ は剛体球ポテンシャルのそれであり，$V/V_0=1.63$ の近くで Alder 転移を示している．他の4つは(5.3.3)に従って，引力ポテンシャルによる影響を受けるために等温曲線はいわゆる van der Waals 曲線を描く．これに Maxwell の等面積則を用いることから図に示されている真の共存線(横軸に平行な直線)が得られる．これが今のモデルの固相-液相相転移である．またこの図には描かれていないが，V/V_0 の値がずっと大きなところで，しかもある程度 λ が大きい場合($\lambda>\lambda_c$)に等温曲線はもう1つの van der Waals 曲線を描く．これは液相-気相相転移である．液相-気相共存圧力と，固相-液相共存圧力とが一致する温度がこのモデルの3重点 ($\lambda=\lambda_t$) である．計算の結果によれば[57)]，3重点は

$$\lambda_t = 14.7 \tag{5.3.6}$$

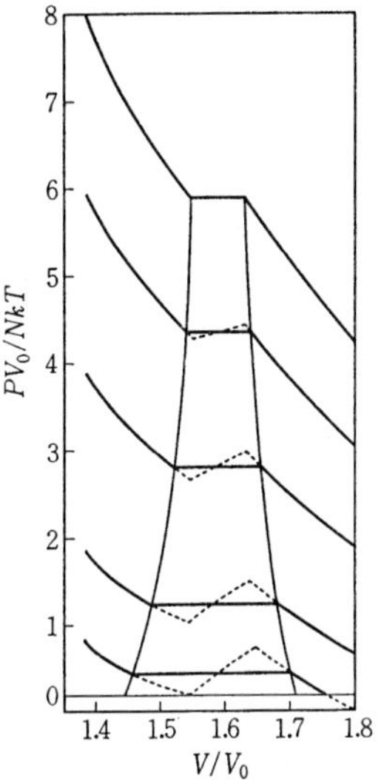

図 5.31 PV_0/NkT を V/V_0 の関数として表わしたもの[57]．上から $\lambda=0, 4, 8, 12, 14$ の等温曲線．したがって $\lambda=0$ の状態方程式は剛体球モデルのそれと同一である．$\lambda\neq0$ の場合の圧力の水平部分は van der Waals 曲線に等面積の法則を適用して得られる

$$\log\left(\frac{PV}{NkT}\right)_{\mathrm{t}} = -5.86 \tag{5.3.7}$$

であたえられる．したがって $PV_0/NkT\approx PV/NkT\approx e^{-6}$ となり，この値はほとんど 0 と考えてさしつかえない．また，3 重点における固相，液相の体積は $V_s/V_0=1.43$，$V_l/V_0=1.71$ で与えられる．これらの値から，3 重点における種々の物理量を以下のように計算することができる．

融解のエントロピー変化 $\varDelta S$ Clausius-Clapeyron の関係式

$$\frac{\varDelta S}{\varDelta V} = \frac{\mathrm{d}P_{\mathrm{m}}}{\mathrm{d}T} \qquad (\varDelta V：融解の体積変化) \tag{5.3.8}$$

と図 5.31 から得られる近似式

$$\frac{P_{\mathrm{m}}V_0}{NkT} = 5.8\left(1-\frac{\lambda}{14.7}\right) \tag{5.3.9}$$

を用いると，

$$\varDelta S = 5.8Nk\frac{V_l-V_s}{V_0} \tag{5.3.10}$$

あるいは

$$\left(\frac{\varDelta S}{NkT}\right)_{\mathrm{t}} = 1.64 \tag{5.3.11}$$

を得る.

液体の凝集エネルギー U_l　(5.3.1)から

$$U_l = -\frac{aN^2}{V_l} \tag{5.3.12}$$

$\lambda_t=14.7$, $V_l/V_0=1.71$ を用い

$$\left(\frac{U_l}{NkT}\right)_t = -\lambda_t\frac{V_0}{V_l} = -0.86 \tag{5.3.13}$$

となる.

定積比熱 C_V　C_V の内で運動エネルギーから寄与する部分$(1.5Nk)$を差し引いたものを C_V' とすれば，今のモデルでは明らかに $C_V'=0$ である.

線膨張率 α_l, 圧縮率 β_l　同様な考察から容易に求まって，結果は

$$(T\alpha_l)_t = 0.50 \tag{5.3.14}$$

$$\left(\frac{NkT\beta_l}{V_l}\right)_t = 0.058 \tag{5.3.15}$$

で与えられる. 以上の結果を表 5.13 にまとめて示す. これらの値とアルゴンの実験値との一致は非常に良いが，このことはまたアルゴンばかりでなく，他の不活性気体(Ne, Kr, Xe など)についても同程度の一致を示すと考えてさしつかえなかろう. というのはこれらの物質族では相応状態の原理がかなりよく成り立つからである. このように，3重点近傍でのアルゴンなどの融解の性質はこのモデルで良く説明され得る.

表 5.13

	理論値	実験値(Ar)
$(V_l/V_s)_t$	1.19	1.114
$\log(PV_l/NkT)_t$	−5.9	−5.88
$(\Delta S/Nk)_t$	1.64	1.69
$(U_l/NkT)_t$	−8.6	−8.53
$(T\alpha_l)_t$	0.50	0.366
$(NkT\beta_l/V_l)_t$	0.058	0.0495
C_V'/Nk*	0	0.83

*　$C_V'=C_V-1.5Nk$

Young と Alder[58] は上と同様な考察を臨界点について行なった. いま N を Avogadro 数, Vを1モル当りの体積とし，さらに先の aN^2 を新しく a と

58)　D. A. Young and B. J. Alder: *Phys. Rev.*, **3A** (1971), 364.

かくことにすれば，(5.3.2)は

$$P=P^0-\frac{a}{V^2} \tag{5.3.16}$$

となる．臨界点 (P_c, V_c, T_c) は定義により

$$\left(\frac{\partial P}{\partial V}\right)_T=\left(\frac{\partial^2 P}{\partial V^2}\right)_T=0 \tag{5.3.17}$$

から求められる．(5.3.16)の P^0 の部分に，計算機実験の状態方程式を非常によく再現する近似式[59]

$$P^0=\frac{RT}{V}\frac{1+\eta+\eta^2-\eta^3}{(1-\eta)^3}, \qquad \eta=\frac{1}{6}\pi\frac{N\sigma^3}{V} \qquad (R：気体定数) \tag{5.3.18}$$

を用いることにして，これを(5.3.16)に代入し，(5.3.17)を解くと，その結果は

$$\left.\begin{aligned}&\eta_c=0.13044, \qquad V_c=2.417\times10^{24}\sigma^3\\&T_c=0.7232\frac{a}{RV_c}, \qquad P_c=0.2596\frac{a}{V_c^2}\\&z_c=\frac{P_cV_c}{kT_c}=0.3590\end{aligned}\right\} \tag{5.3.19}$$

となる．(5.3.19)で η_c, z_c 以外の未知のパラメタ σ, a を含んでいるので，臨界定数を求めるには各物質に対してこれらの値を決めてやらなくてはならない．Young らの行なった方法は，

(i)　σ は第2ビリアル係数の実験からきめる．

(ii)　a は(5.3.1)から，すなわち1モル当りの凝集エネルギーを U とすれば，今の場合 $a=-VU$ で与えられ，右辺に0度の実験データを用いて a を決める．

このような方法で決められた σ, a を(5.3.19)に代入し，得られた結果と不活性気体の臨界定数の比較を行なったのが表5.14である．パラメタ σ, a のとり方によって計算値は少し変化するが(z_c は依存しない)，全体的にみて実験との一致は良いといえよう．

そこで彼らはこのモデルを金属，アルカリ・ハライドへも適用することを試

59)　N. F. Carnahan and K. E. Starling: *J. Chem. Phys.*, **51** (1969), 635.

表 5.14 不活性気体および金属の臨界定数の実験値と理論値の比較*

物質	$V_c(cm^3\cdot mol^{-1})$		$T_c(K)$		$P_c(bar)$		z_c	
	理論値	実験値	理論値	実験値	理論値	実験値	理論値	実験値
Ne	51.9	41.7	42.0	44.5	24.1	26.2	0.359	0.295
Ar	95.4	75.3	159	151	49.7	48.9	0.359	0.294
Kr	112.8	92.1	233	209	61.7	55.0	0.359	0.292
Xe	166.6	118.8	290	290	52.0	58.4	0.359	0.288
Li	42.7(73.9)	66±19	3831(3008)	3223±600	2422(1269)	689±140	0.359	0.17±0.12
Na	85.4(134)	116±23	2635(2069)	2573±350	921(482)	354±70	0.359	0.20±0.12
K	165(258)	209±40	2185(1716)	2223±330	396(208)	162±30	0.359	0.21±0.13
Rb	200(313)	247±7	2061(1619)	2093±35	308(161)	159±30	0.359	0.22±0.02
Cs	249(390)	299	1942(1515)	2050	233(122)	117	0.359	0.205
Hg	50.5(79.1)	35±1	1563(1227)	1753±10	923(484)	1520±10	0.359	0.367

* (　)内は古典 van der Waals 理論から求めた値．つまり P^0 として $P^0=NkT/(V-b)$ $(b=(2/3)\pi N\sigma^3)$ を用いる．

みた．この場合上にのべた(ｉ)の方法は金属の実験データがほとんどないためにこの方法から σ を決めることをやめて次のようにした．いま融点近くの液体金属を剛体球イオンの集まりであると考え，液体金属の構造因子の第1ピークを剛体球ポテンシャルのそれと一致するようにさせることから得られる経験式[60)]

$$\frac{1}{6}\pi\frac{N\sigma^3}{V_1}=0.45 \tag{5.3.20}$$

を用いて σ を決めた．そしてこのようにして決められた融点近くの有効直径値が臨界点近くでもこれとあまり変わらないことを仮定し，金属の臨界定数を計算し実験値と比較した．ここでは，アルカリ金属と Hg の結果についてだけあげることにする(他の金属，アルカリ・ハライドについてもほぼ同じ結果である)．

表 5.14 における実験との比較をみると，T_c はあまりわるくはないとしても，P_c, V_c の理論と実験の一致は不活性気体ほどは良くない．この原因として彼らはこのモデルの引力ポテンシャルが特殊(到達距離∞)であることをあげている．事実引力ポテンシャルの到達距離が短くなるにつれて z_c の値が増加する傾向があることを摂動論をつかって議論している．

60) N. W. Ashcroft and J. Lekner: *Phys. Rev.*, **145** (1966), 83.

(2) 柔らかい斥力モデルと現実物質

次のような2体相互作用をもつ古典粒子系を考える[61-63].

$$\phi(r)=\varepsilon\left(\frac{\sigma}{r}\right)^n-\alpha\gamma^3\exp(-\gamma r) \qquad (\varepsilon>0,\ \sigma>0,\ n>3,\ \alpha\geqq 0) \tag{5.3.21}$$

γ は熱力学的極限† をとった後0に近づけるものとする．このとき上式右辺第2項を Kac ポテンシャルと呼ぶ．(5.3.21)は前節で考察したモデル(Longuet-Higgins と Widom)を拡張したものに相当している．また $\alpha=0$ とすれば，(5.3.21)は§5.2(3)の soft core モデルと一致する．$\alpha\neq 0$ のときこのモデルは3相(固体，液体，気体)をもつので，理想3相モデルとも呼ばれている．

Lebowitz と Penrose の理論[64]によれば，(5.3.21)の状態方程式は

$$P=(kT)\left(\frac{kT}{\varepsilon}\right)^{3/n}\sigma\overline{P_A^{(n)}}(v^*) \tag{5.3.22}$$

で与えられる．ただし

$$P_A^{(n)}(v^*)=P_0^{(n)}(v^*)-\frac{A}{v^{*2}} \tag{5.3.23}$$

$$A=4\pi\alpha\varepsilon^{-3/n}\sigma^{-3}(kT)^{-1+3/n} \tag{5.3.24}$$

であり，(5.3.22)の $\overline{P_A^{(n)}}$ は $P_A^{(n)}$ が $(\partial P_A^{(n)}/\partial v^*)_T>0$ の部分をもつ場合に $P_A^{(n)}$ を Maxwell の等面積則に従って修正することを意味している．(5.3.22)，(5.3.23)は式の構造が(5.3.2)と類似しており事実(5.3.22)～(5.3.24)で $n=\infty$ とすれば(5.3.2)に一致する．したがって理想3相モデルは拡張された van der Waals 理論と呼ばれるべき性格のものである．先節で $n=\infty$ の場合について考察したが，今度は(5.3.21)で定義されるポテンシャルの斥力部分の柔らかさ(パラメタ n の値)に依存した結果を得ることになるが，それによって表5.15にみられるような物質族間の質的な違いがどの程度説明され得るかみてみよう．

そこで今 A_t, A_c をそれぞれ3重点，臨界点における A の値としよう．また

† 温度，密度などの示強変数を一定に保って系の大きさを無限大とする極限をいう．

61) H. Matsuda: *Progr. Theoret. Phys.* (*Kyoto*), **42** (1969), 414.

62) Y. Hiwatari and H. Matsuda: *Progr. Theoret. Phys.* (*Kyoto*), **47** (1972), 741.

63) H. Matsuda and Y. Hiwatari: *Cooperative Phenomena* (ed. by H. Haken and M. Wagner), Springer-Verlag (1973).

64) J. L. Lebowitz and O. Penrose: *J. Math. Phys.*, **7** (1966), 98.

表 5.15(a) 凝集エネルギー(0 K)を単位として測った単体元素の T_t (3重点の温度), T_c(臨界温度)および液体の領域 T_c/T_t. いずれも実験値[58,65,66]

元素	$kT_t/\|u_0\|$	$kT_c/\|u_0\|$	T_c/T_t
Ne	0.0810	0.147	1.82
Ar	0.0820	0.148	1.80
Kr	0.0816	0.148	1.81
Xe	0.0810	0.146	1.80
Li	0.0236	0.168	7.1
Na	0.0283	0.196	6.9
K	0.0308	0.204	6.6
Rb	0.0306	0.206	6.7
Cs	0.0312	0.213	6.81
Cu	0.0333	0.218	6.56
Ag	0.0359	0.218	6.06
Au	0.0302	0.214	7.09
Mg	0.0519	0.216	4.17
Ca	0.0525	0.216	4.12
Sr	0.0528	—	—
Zn	0.0443	0.220	4.95
Cd	0.0440	0.220	5.00
Hg	0.0302	0.226	7.50
Al	0.0241	0.221	9.16
Ga	0.0093	0.234	25.2
In	0.0149	0.231	15.6
Tl	0.0264	0.253	9.52
Ge	0.0270	0.188	6.95
Sn	0.0139	0.240	17.2
Pb	0.0254	0.228	9.00
Mn	0.0450	—	—
Fe	0.0362	0.135	3.73
Co	0.0345	—	—
Ni	0.0335	0.119	3.48

表 5.15(b) 単体元素の融解に際しての体積変化率 $\Delta V_m/V_{ts}$ とエントロピー変化量 S_m の実験値[67]

元素	$\Delta V_m/V_{ts}$(%)	S_m(e.u.)
Ne	15.3	3.26
Ar	14.4	3.35
Kr	15.1	3.36
Xe	15.1	3.40
Li	1.65	1.53
Na	2.5	1.70
K	2.55	1.70
Rb	2.5	1.68
Cs	2.6	1.65
Cu	4.51	2.29
Ag	3.30	2.22
Au	5.1	2.29
Mg	3.05	2.25
Ca	—	—
Sr	—	—
Zn	4.2	2.48
Cd	4.7	2.57
Hg	3.7	2.37
Al	6.0	2.70
Ga	−3.2	4.42
In	2.7	1.82

v_c^* を臨界点における v^* の値, $v_{ts}^*, v_{tl}^*, v_{tg}^*$ をそれぞれ3重点における固相, 液相, 気相の v^* の値とする. (5.3.23)から容易に分るように, いま定義した値は全て n の値にのみ依存することは明らかである. (5.3.24)より

65) G. L. Pollack: *Revs. Modern Phys.*, **36** (1964), 748.
66) K. A. Gschneider: *Solid State Phys.*, **16** (1964), 326, 344.
67) A. R. Ubbelohde: *Melting and Crystal Structure*, Clarendon Press (1965).

$$kT_\gamma=\left(\frac{4\pi\alpha}{A_\gamma C^{3/n}}\right)^{n/(n-3)}\qquad(\gamma=\mathrm{t,c})\tag{5.3.25}$$

ただし，

$$C=\varepsilon\sigma^n\tag{5.3.26}$$

とかけ，また v^* の定義と(5.3.25)を用いて，次のようにかくことができる．

$$v_\mathrm{c}=\left(\frac{A_\mathrm{c}C}{4\pi\alpha}\right)^{3/(n-3)}v_\mathrm{c}^*\tag{5.3.27}$$

$$v_{\mathrm{t}\gamma}=\left(\frac{A_\mathrm{t}C}{4\pi\alpha}\right)^{3/(n-3)}v_{\mathrm{t}\gamma}^*\qquad(\gamma=\mathrm{s,l,g})\tag{5.3.28}$$

一方固相(結晶相)での1粒子当りのポテンシャルエネルギーは

$$\begin{aligned}u&=\frac{1}{2}C\sum_j R_{ij}^{-n}-4\pi\frac{\alpha}{v}\\&=\frac{1}{2}Cc_nd^{-n}-4\pi\alpha l_id^{-3}\end{aligned}\tag{5.3.29}$$

で与えられる．なお上式で d は最近接距離，R_{ij} は i 番目の粒子と j 番目の粒子の距離，l_i は結晶構造に依存する正の定数，c_n は n と結晶構造に依存する正の定数である．(5.3.29)を最小にする体積とそのときのポテンシャルエネルギーの値をそれぞれ v_0, u_0(したがって0度における値)とすると，これらは

$$v_0=v_{n0}\left(\frac{C}{\alpha}\right)^{3/(n-3)}\tag{5.3.30}$$

$$u_0=u_{n0}\left(\frac{\alpha^{n/3}}{C}\right)^{3/(n-3)}\tag{5.3.31}$$

となる．上式で v_{n0}, u_{n0} は n と結晶構造に依存した量である．上に得た一連の式(5.3.25)～(5.3.31)から次のことが導かれる．すなわち臨界点あるいは3重点における温度，比容積を u_0 あるいは v_0 を単位にして測れば，これらの量は n の値にだけ依存したものとなる．$P_0^{(n)}$ に§5.2(3)で述べた Hoover らの計算機実験の結果[30-32]を用いて(5.3.23)の状態方程式の臨界点($A_\mathrm{c}, v_\mathrm{c}^*$)と3重点($A_\mathrm{t}, v_{\mathrm{t}\gamma}$)を数値的に求め，$kT_\mathrm{c}/|u_0|, kT_\mathrm{t}/|u_0|$ などを計算した結果を図5.32～5.35に示す[62,63]．図から，n の値に相応して，これらの値が変化する様子を見ることができるが，実験値との比較から不活性気体は $n\approx15$，一方アルカリ金属は $n=4$～5 とするのが良い．なお図で各物質に対する n は(5.3.41)から決めたものである．

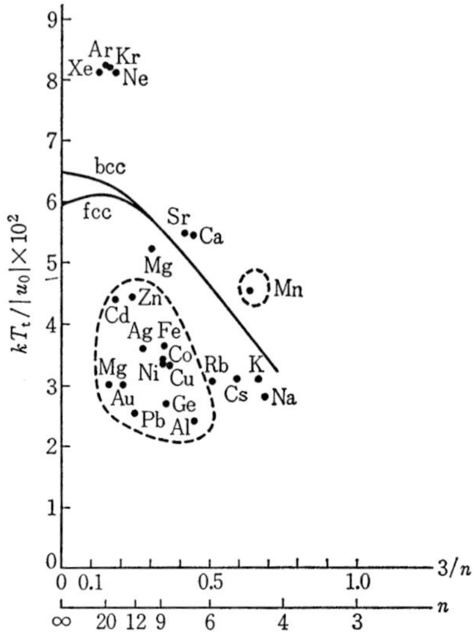

図 5.32 凝集エネルギー $|u_0|$ を単位として測った3重点(温度)の値をパラメタ n の関数として図示したもの[63]．実線は理想3相モデルの理論曲線で，0K における固体の結晶形が fcc(面心立方格子)，bcc(体心立方格子)の場合について描かれている．おのおのの物質の n の値は(5.3.41)から決めたもの．アルカリ，アルカリ土類以外の金属は破線で囲ってある

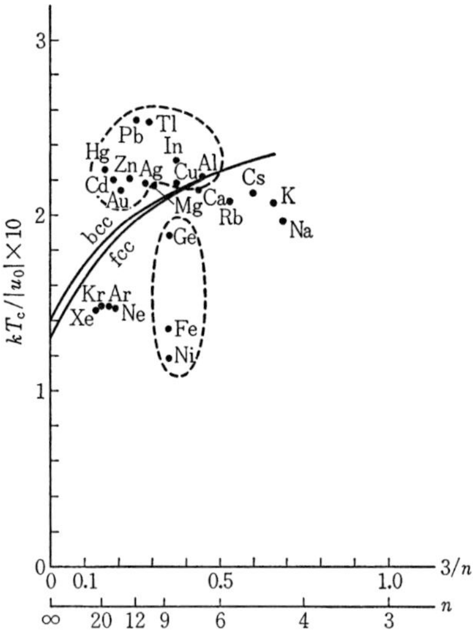

図 5.33 凝集エネルギー $|u_0|$ を単位として測った臨界温度の値を，パラメタ n の関数として図示したもの[63]．実線は理想3相モデルの理論曲線．図5.32の説明を参照

次に融解についてのべよう．$\alpha \neq 0$ のとき，(5.3.23)より融解，凝固の比容積 v^*_{ts}, v^*_{tl} および還元融解圧力 $P^{(n)}_{mA}$ は A を通じて T の関数となる．いまこの A (引力)の影響を摂動として取り入れて $v^*_{t\gamma}$ $(\gamma=\mathrm{s,l})$ を計算すると，A の1次の

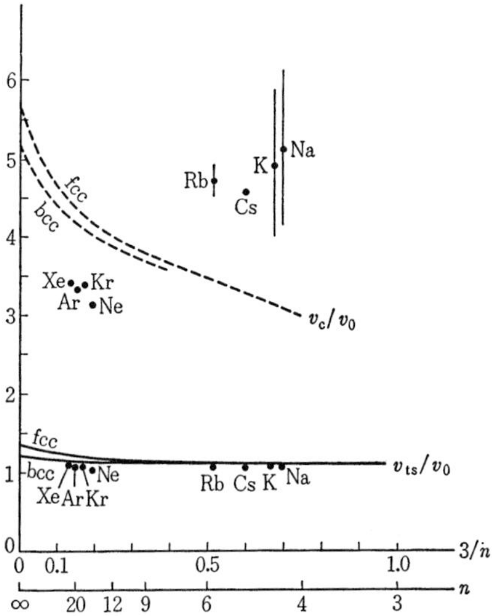

図 5.34　3重点における固相の比容積 v_{ts}, および臨界点における比容積 v_c を, 0 K における比容積 v_0 を単位にして測ったときの値[63]　実線および破線は理想3相モデルの理論曲線. アルカリ金属にひかれている縦線は実験データの誤差範囲を表わす. その他図5.32の説明も参照

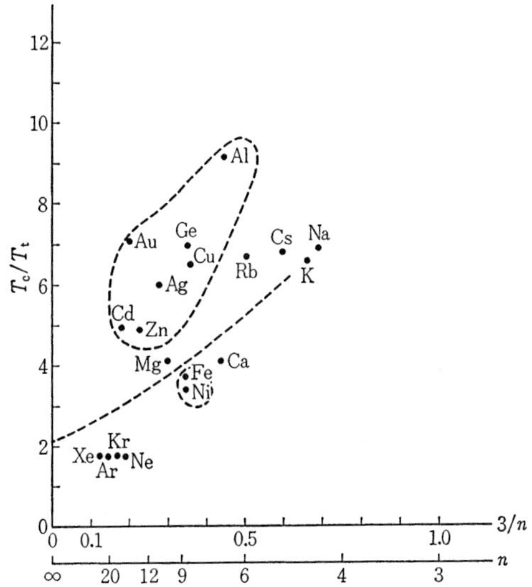

図 5.35　液体の領域 T_c/T_t をパラメタ n の関数として描いたもの[63]. 破線は理想3相モデルから得られる理論曲線. 図5.32の説明も参照

項は $v_\pm^{(n)}$ に比べて無視できるほど小さいことが分る((5.3.39)参照). なおここで $v_-^{(n)}, v_+^{(n)}$ は $\alpha=0$ のときの還元融解比容積および還元凝固比容積である. 一方還元融解圧力 $P_{mA}^{(n)}$ は

$$P_{\mathrm{mA}}^{(n)} = \bar{P}_0^{(n)} - \frac{A}{v_-^{(n)} v_+^{(n)}} \tag{5.3.32}$$

となる．これを(5.3.22)に代入し，(5.3.30)～(5.3.31)を用いると，(5.3.32)は

$$y = C_{n0} - C_{n1} x \tag{5.3.33}$$

となる．ただし

$$x = \left(\frac{kT_{\mathrm{m}}}{|u_0|}\right)^{-1+3/n} \tag{5.3.34}$$

$$y = \left(\frac{P_{\mathrm{m}} v_0}{kT_{\mathrm{m}}}\right)\left(\frac{kT_{\mathrm{m}}}{|u_0|}\right)^{-3/n} \tag{5.3.35}$$

$$C_{n0} = \bar{P}_0^{(n)} v_{n0} |u_{n0}|^{3/n} \tag{5.3.36}$$

$$C_{n1} = \left(\frac{4\pi}{v_-^{(n)} v_+^{(n)}}\right) \bar{P}_0^{(n)} v_{n0} |u_{n0}|^{-1+6/n} \tag{5.3.37}$$

とおいた．(5.3.33)は(5.3.9)の場合 ($n=\infty$) と同じく融解圧力は融解温度の単調増加関数になっている．従って理想3相モデルの融解公式(5.3.33)は高圧下の Cs 金属などで観測されているような融点極大を示さない(§6.1 参照)が，不活性気体，アルカリ金属などの低圧下での融解圧力-温度の関係は(5.3.33)でかなり良くあらわされる[62]．

図5.36は融解の体積変化率を n の関数として示したものである．なお体積変化率とは

$$\frac{\Delta V_{\mathrm{m}}}{V_{\mathrm{ts}}} = \frac{v_{\mathrm{tl}} - v_{\mathrm{ts}}}{v_{\mathrm{ts}}} = \frac{v_{\mathrm{tl}}^* - v_{\mathrm{ts}}^*}{v_{\mathrm{ts}}^*} \tag{5.3.38}$$

で定義される．上式の分子の値は先に述べた摂動の方法を用いて見積もることができる．A の1次の範囲まで考慮すると

$$\left.\begin{aligned} v_{\mathrm{tl}}^* &= v_+^{(n)} + aA_{\mathrm{t}} \\ v_{\mathrm{ts}}^* &= v_-^{(n)} - bA_{\mathrm{t}} \qquad (a, b > 0) \end{aligned}\right\} \tag{5.3.39}$$

したがって，$v_{\mathrm{tl}}^* - v_{\mathrm{ts}}^* = v_+^{(n)} - v_-^{(n)} + (a+b)A_{\mathrm{t}}$ となる．(5.3.38)の値を図5.36に n の関数として示す．アルカリ金属の融解の体積変化率は不活性気体のそれよりもかなり小さい(表5.15(b))が，この相異は今のモデルによれば前者の斥力ポテンシャルが後者のそれよりもかなり柔らかいことによるためであるとして理解される．

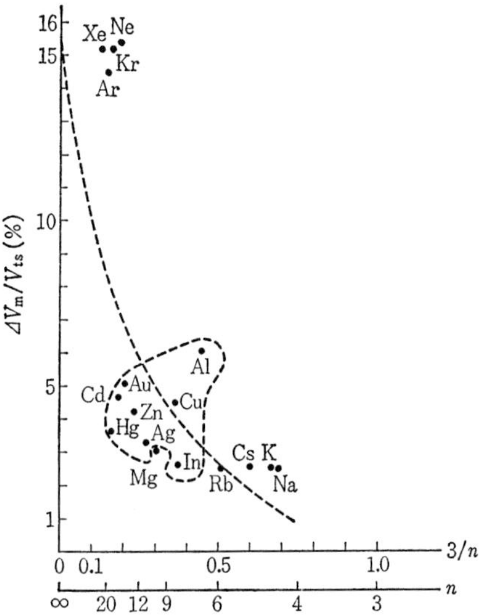

図 5.36　融解に際しての体積変化率 $\Delta V_m/V_{ts}$(%) をパラメタ n の関数として図示したもの[63]. 点線は理想3相モデルの理論曲線. 図 5.32 の説明も参照

以上の結果にみられたように，臨界点，融解点における熱力学的性質の特質が，斥力ポテンシャルの n の大小に応じて系統的に異なるということをみてきた．そしてこれら図 5.32～図 5.36 の一連の結果から，不活性気体とアルカリ金属などの斥力ポテンシャルの n のおよその値が分るが，次のような方法によっても n の値を決めることができる(§2.6 参照).

(5.3.29)を用いれば，容易に次の式を得ることができる．

$$n = 3\frac{B_0-2P}{P-(u_0/v_0)} \tag{5.3.40}$$

ここで $B_0=-v_0(\partial P/\partial v)_{T=0}$ は 0 K における体積弾性率(圧縮率の逆数)である．ここで $P=0$ として上式に代入すると

$$n = -3B_0\frac{v_0}{u_0} \tag{5.3.41}$$

となる．上式の右辺に実験データを代入して計算された n の値をおのおのの物質についてまとめたものを表 5.16 に示す．同じ表に，異なった方法で求めた n の値を示してある．それは次の方法から求められたものである．(5.3.39)で第2項は第1項に比べて非常に小さいことを利用して $v^*_{ts}=v_-^{(n)}$(＝定数)を(5.2.33)に代入すると，

表 5.16　単体物質の n の値[63]

元素	n^*	n^{**}	元素	n^*	n^{**}
Ne	15.9	—	Zn	12.7	13.5
Ar	20.0	16.8	Cd	16.2	13.8
Kr	17.8	15	Hg	18.5	—
Xe	22.5	15	Al	6.74	17.7
Li	2.83	1.6	Ga	7.45	—
Na	4.33	4.8	In	8.08	15.4
K	4.50	4.8	Tl	10.2	13.1
Rb	5.90	4.8	Ge	8.51	—
Cs	5.04	4.8	Sn(w)	8.80	9.6
Cu	8.27	—	Pb	12.0	—
Ag	10.8	—	Mn	4.70	—
Au	14.5	—	Fe	8.60	8.4
Mg	10.0	—	Co	8.65	—
Ca	6.78	6.2	Ni	8.60	—
Sr	7.19	5.7			

*　(5.3.41)に実測値を入れて推定した値.

**　(5.3.42)あるいは(2.6.27)から推定した値.

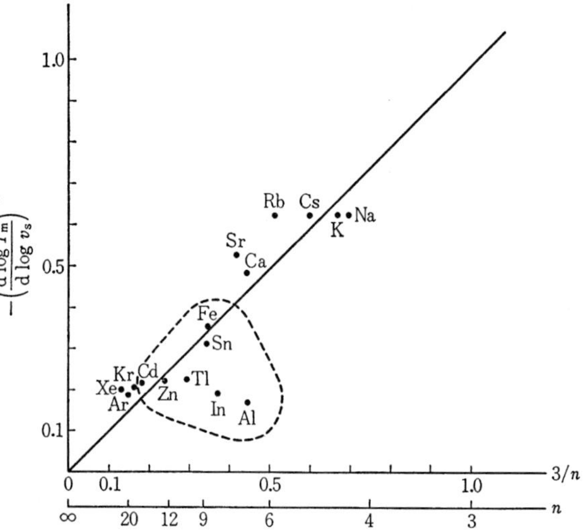

図 5.37　$-(\mathrm{d}\log T_{\mathrm{m}}/\mathrm{d}\log v_{\mathrm{s}})^{-1}$ を $3/n$ の関数として図示したもの[63]. 実線は理想3相モデルの理論曲線で，公式(5.3.42)で与えられる. 図5.32の説明も参照

$$n = -3\frac{\mathrm{d}\log T_{\mathrm{m}}}{\mathrm{d}\log v_{\mathrm{s}}} \tag{5.3.42}$$

とかける．不活性気体，アルカリ金属の融解温度と融解体積の実験データから，$\log T_{\mathrm{m}}$ はほぼ $\log v_{\mathrm{s}}$ に比例していて，したがってその勾配から上式に従って n が求められる．図 5.37 にも図示されているように，(5.3.41) と (5.3.42) の両式から得られた結果はほぼ一致している．

Grüneisen 定数 γ は

$$\gamma = -\frac{\mathrm{d}\log\Theta}{\mathrm{d}\log v} \tag{5.3.43}$$

で定義される．ここで Θ は Debye 温度である．理想 3 相モデルの場合，次元解析をしてみれば分るように

$$n = 6\gamma - 2 \tag{5.3.44}$$

とかける．図 5.38 に各物質の γ(実験値) と (5.3.41) から求めた n の値の関係を図示してあるが，(5.3.44) の関係は比較的よく成り立っている．しかしながら，図 5.32～5.37 にみられるように，多価金属などの有効相互作用を (5.3.21) で近似することには無理があるように思われる．

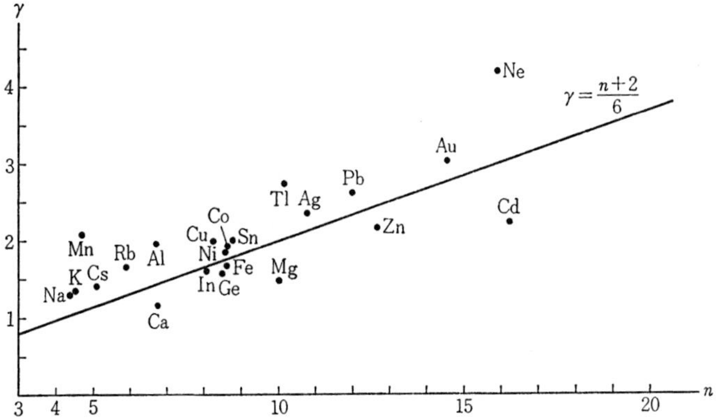

図 5.38　Grüneisen 定数 γ を n の関数として図示したもの[63]．実線は理想 3 相モデルの結果．図 5.32 の説明も参照

最後に，融点近傍での固体の結晶構造の安定性の問題について少し触れておく．表 5.17 は常圧下での金属の結晶構造形と Grüneisen 定数を表にしたものである．第 1 列にあげた金属は低温では cp(最稠密) の結晶構造形をとるが，

融解点近くでは bcc(体心立方構造)に転移するものである．第2列の金属は融解直前まで cp が安定である．一方第3列の金属は低温相から融解直前まで bcc を安定な結晶構造とする物質である．いま融点近くで固体のとり得る結晶構造形だけに話を限ってみれば，第1列と第3列の金属は bcc が安定であり，第2列の物質は cp が安定である．この表の値と(5.3.44)の関係式とを関連してみれば，n が小さいとき soft core モデルは融解直前における固相の安定な結晶構造として bcc を，逆に n がある程度大きい場合に fcc を安定な結晶構

表 5.17 金属の Grüneisen 定数 γ の値と常圧で最も安定な結晶構造[68]．cp→bcc は温度の上昇とともに cp 構造から bcc 構造へ転移することを表わしている

cp→bcc		cp		bcc	
Be	1.2	Cu	2.0	Li	0.9
Ca	1.0	Ag	2.4	Na	1.2
Sr	0.9	Au	3.1	K	1.3
Sc	1.0			Rb	1.4
Y	1.0	Mg	1.6	Cs	1.4
Tl	2.2	Al	2.1	Eu	1.6
		Zn	2.0		
Ti	1.3	Cd	2.3	Ba	0.9
Zr	0.7	Pb	2.7		
Hf	1.0			V	1.4
Th	1.3	Co	2.0	Cr	1.5
Mn	1.2	Ni	1.8	Nb	1.6
Fe	1.7	Tc	2.6	Mo	1.6
		Ru	3.1	Ta	1.7
La	0.7	Rh	2.3	W	1.8
Ce	0.5	Pd	2.2		
Pr	0.5	Re	2.6		
Nd	0.7	Os	2.0		
Sm	0.6	Ir	2.4		
Gd	0.5	Pt	2.7		
Tb	0.8				
Dy	0.8	Er	1.0		
Ho	0.9	Tm	1.1		
Yb	1.0	Lu	0.7		

68) W. G. Hoover, D. Young and R. Grover: *J. Chem. Phys.*, **56** (1972), 2207.

造としてもつことが期待される．これに関して最近 Hoover ら[68]は，格子力学(lattice dynamics)の方法を用いて計算を行なっている．その結果によれば，$n \leqq 7$ のとき soft core モデルは融点近くで fcc 構造より bcc 構造の方が自由エネルギーが低く，したがって融解直前では bcc が最も安定である．他方 $n>7$ のとき，fcc 構造が融解直前まで一番安定な結晶構造である．この結果は理想3相モデルから予期されたものと一致している．

§5.4　ラテックス粒子による結晶模型[69]

(1)　ラテックスとは

この章で考察する物理系をはっきりつかむために，“ラテックスとは何か”ということを簡単に述べる[70]．

ラテックスとは元来天然ゴムの乳液を意味したが，現在では本来の意味としてよりも合成高分子乳液を指す場合が多い．ここで用いられる“ラテックス”という言葉もすべて合成高分子乳液を指している．普通ラテックスの原料としては，スチレン，ブタジエン，メチル・メタクリレート，塩化ビニール，酢酸ビニールなどが用いられる．水を分散媒として乳化重合法によって作られたラテックス粒子は，その表面に親水基(SO_4^- など)を持ち，安定に分散している(図5.39)．直径は約 0.05〜1 μm の球状粒子である．その比重は非常に水に近い(ポリスチレンラテックスの場合には 1.05)ので，沈降はほとんど起らない．

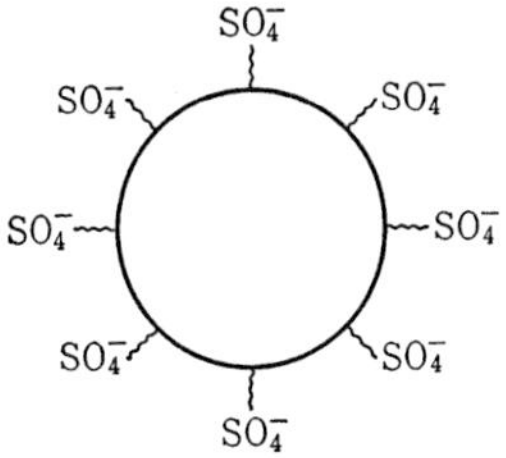

図 5.39　ラテックス粒子の模式図．末端基 $-SO_4H$ は水中ではほとんど解離している

69)　和達三樹・巨勢朗・戸田盛和：科学，**42** (1972), 646．和達三樹：固体物理，8 (1973), 511．和達三樹・戸田盛和：応用物理，**42** (1973), 1160.

70)　ラテックスについての詳しい話は，J. W. Vanderhoff, H. J. van der Hull, R. J. M. Tausk and J. Th. G. Overbeek: in *Clean Surfaces; Their Preparation and Characterization for Interfacial Studies* (ed. by G. Goldfinger), Marcel Dekker (1970), および，室井宗一：高分子ラテックスの化学，高分子刊行会(1970)を参照．

合成法の進歩により，粒子径が非常にそろったラテックス(このようなものを単分散ラテックスという)が簡単に得られるようになり，コロイド物理の研究にかっこうな試料となっている．図5.40は単分散ポリスチレンラテックスの電子顕微鏡写真である

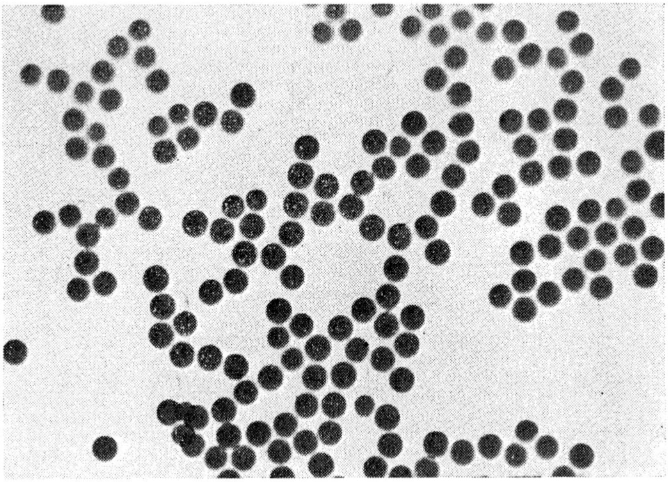

図 5.40　単分散ポリスチレンラテックスの電子顕微鏡写真

普通ラテックスは水を分散媒としている．その場合系は，(i)ラテックス球(数千個の負イオンを表面に持つ)，(ii)カウンターイオン(H^+)，(iii)加える電解質溶液(KCl など)のイオン，(iv)水，から構成される．

(2)　セミミクロな結晶模型

ラテックスが虹彩色(iridescence)を示すことは，アメリカの Dow Chemical 社の研究者によって偶然に発見された．その原因が明らかになったのは，そう古いことではない．

当初，Vanderhoff ら[71]は，単分散ラテックスをガラス板上で乾燥させ，その光学的研究から発色の原因を，ラテックス粒子の規則的配列構造による可視光の Bragg 反射であると推論した．しかし，それはあくまでも試料を乾燥させた後のことである．後に Luckら[72]は，粒子の体積分率(粒子の占める体積と系の体積の比であり(5.4.10)で定義

71)　T. Alfrey Jr., E. B. Bradford, J. W. Vanderhoff and G. Oster: *J. Opt. Soc. Am.*, **44** (1954), 603.

72)　W. Luck, M. Klier and H. Wesslau: *Ber. Bunsenges. Phys. Chem.*, **67** (1963), 75, 84.

される)が 50% ぐらいの高濃度試料を分光学的に研究した．その結果，

(i) 発色の原因は，粒子の規則的3次元配列構造による可視光の Bragg 反射である，

(ii) その構造は面心立方構造(fcc)に属し，容器の壁には fcc の(111)面が平行に配列しやすい，

(iii) 構造はいわゆる単結晶ではなく，微結晶の集まりである

ことがわかった．ラテックスを結晶の模型として考えたのは彼らが最初であろう．実際の結晶(格子間隔が数 Å)の構造がX線(波長が数 Å)を使って解析されるように，ラテックス粒子による結晶構造(格子間隔が数千 Å)は可視光(波長が数千 Å)を使って模型的に研究することができる．すべての現象が可視光の領域で起きることは，ラテックスを使っての研究の最大の利点といってよい．たとえば，発色しているラテックスを入れた試験管を置き，目の位置をずらせて行くと，色の変化が観察される．こうして，Bragg 反射の式

$$2nD \sin\theta = m\lambda \tag{5.4.1}$$

(D：網面間の距離，λ：反射光の波長，θ：反射角，n：屈折率)

を自分の目で実証できるのである．

あまり小さすぎないラテックス粒子を選ぶならば，改良された顕微鏡を使って直接に肉眼で粒子の動きを観察できる．実際の結晶での分子運動を想像しながら，粒子の運動を観察するのは実に楽しいものである．露出時間を2～3秒にすれば，写真にとることができる．図 5.41 は fcc 構造の(111)面，図 5.42 は fcc 構造の(100)面を示している．単結晶領域の大きさは，結晶成長の条件，すなわち粒子濃度や電解質濃度等により，うまく成長させれば 1 cm ぐらいの

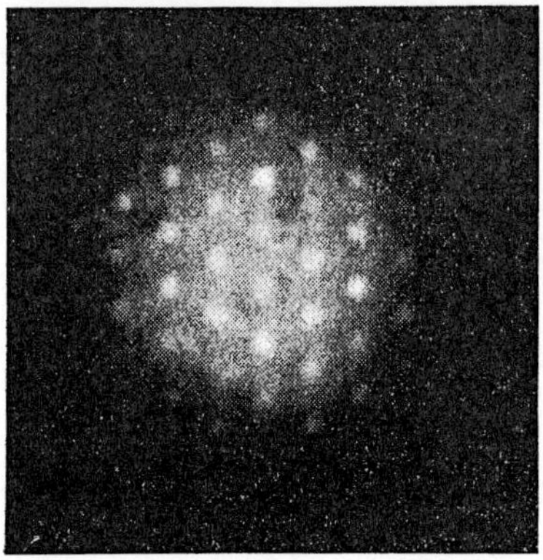

図 5.41 ラテックス粒子の規則的配列構造．fcc の(111)面

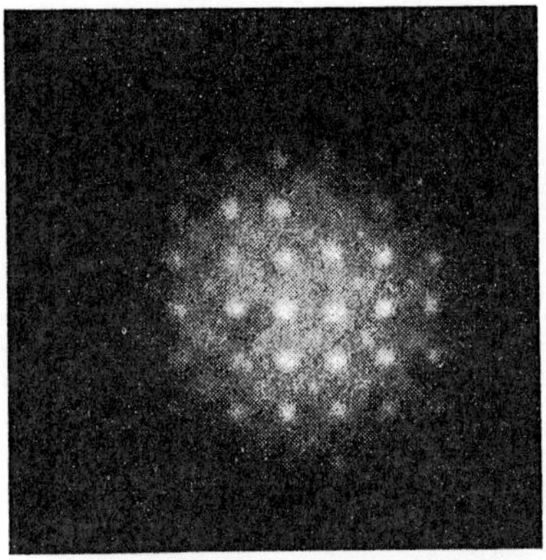

図 5.42　ラテックス粒子の規則的配列構造．fcc の(100)面

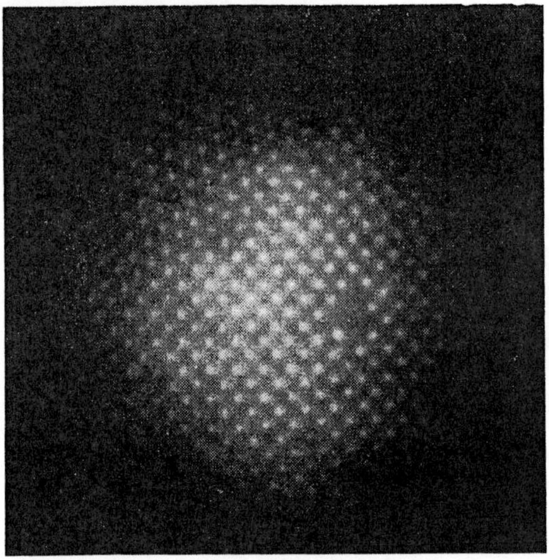

図 5.43　fcc の(111)面と(100)面の共存

大きさになる．急激に成長させると細かい微結晶が多くできるようである．図5.43 では fcc 構造の(111)面と(100)面の共存を示している．格子欠陥や転位もしばしば観察される．図 5.44 にはその写真を示すが，顕微鏡を用いれば動的な性質まで肉眼で観測される．粒子濃度を下げるか，電解質濃度をますと，結晶構造は壊れ，液体状態へ融解する．液体状態のラテックスは乳白色を示す．融解の過程は短時間に起きてしまうのでうまくとらえられないが，図 5.45 に

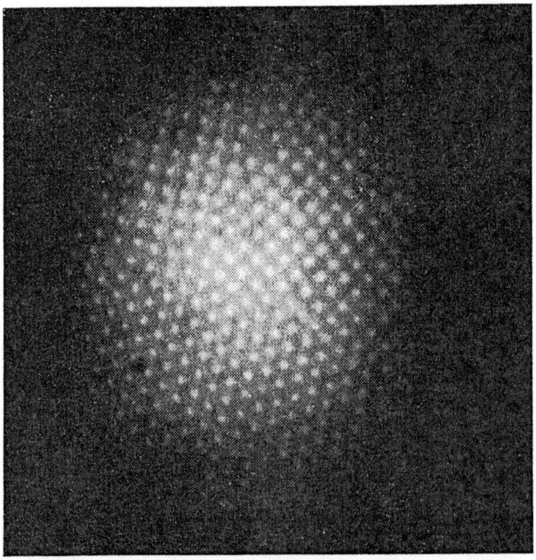

図 5.44　格子欠陥，転位

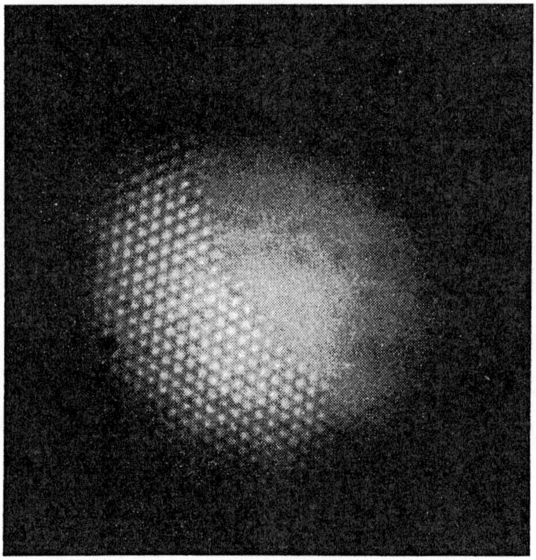

図 5.45　固-液共存の境界面

示すように，ある粒子濃度と電解質濃度では固-液共存がたしかめられる．液体領域では粒子が Brown 運動をしているため，何も写っていないように見える．実際に顕微鏡を使って肉眼で観察すると，境界では粒子の出入りが起こっており，界面はたえずゆらいでいるのがみえる．

結晶模型としては，他に Bragg と Nye による泡いかだの実験が有名である[73]．直径 0.1～2.0 mm ぐらいの泡をつくり，結晶構造，転位，結晶成長などを観察しており，図 5.46 に示すようなきれいな写真がとられている．しかし，粒子が自由に走りまわることができ，熱運動，Brown 運動を観察できる点や結晶相と液体相の共存状態が実現できるという点では，単分散ラテックスによる実験の方がはるかに現実の原子の集まりに近い．ラテックス粒子の大きさは，熱運動の寄与が影響を及ぼしうる範囲にあり，これ以上大きな粒子では観測は容易になるが，系全体をゆすったり，かきまわしたりして人為的に熱運動を与えなければならない．ラテックスは，泡いかだのような巨視的(マクロ)な模型と現実の原子(ミクロ)の中間にあるので，この項の題名として，セミミクロな結晶模型と呼んだ．

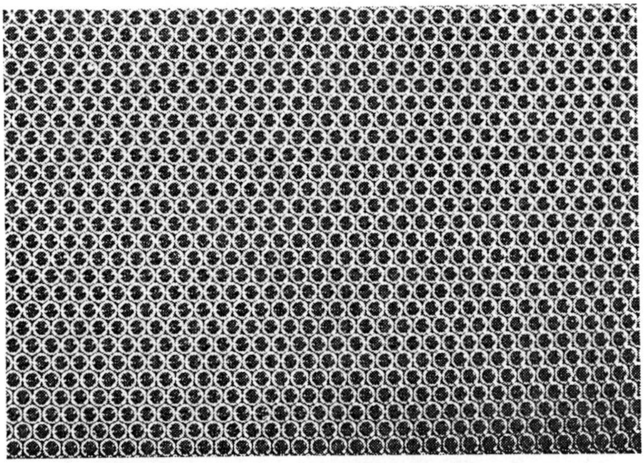

図 5.46 完全な泡いかだの結晶．直径 1.41 mm[73]

73) F. R. S. W. L. Bragg and J. F. Nye: *Proc. Roy. Soc. London*, **190** (1947), 474. これは，R. P. Feynman, R. B. Leighton and M. Sands: *The Feynman Lectures on Physics*, vol. 2, Addison-Wesley (1964) (戸田盛和訳：ファインマン物理学Ⅳ，電磁波と物性，岩波書店(1971)，p. 133)にも収録されている．

(3)　いままでの理論のゆきづまり

上で述べたラテックス粒子の構造形成は，いわゆるDLVO (Derjaguin and Landau, Verwey and Overbeek)理論[74)]によって説明できると思われていた．

この理論では，コロイド粒子間に働く力は，拡散2重層による斥力と van der Waals 引力であるとする．そして，この2つの力の釣り合いと粒子の熱運動からコロイド系での複雑な現象を説明しようというものである．拡散電気2重層による斥力は，強電解質に対する Debye-Hückel 理論と同様に，電気ポテンシャルと電荷密度に対する2つの式を自己無撞着(self-consistent)に解くことによって得られる．普通，よい近似として，

$$V_R = (Ze)^2 \frac{e^{-\kappa(R-d)}}{\varepsilon(1+\kappa d)R} \qquad (R \geqq d) \tag{5.4.2}$$

を用いる．ここで，R は2粒子間の距離，d は粒子の直径，ε は溶媒の誘電率，Z はラテックス粒子の持つ電荷量である．定数 κ は

$$\kappa^2 = \frac{8\pi n(ve)^2}{\varepsilon kT} \tag{5.4.3}$$

によって与えられ，κ^{-1} を Debye の長さ(Debye length)または，電気2重層の厚さという．n は電解質濃度，v は電解質の価数である．(5.4.2)からわかるように，コロイド粒子間に働く電気的な斥力は，生の Coulomb 力に比べてはるかに近距離力である．それは加えられた電解質のイオンが遮へい効果を与えるためである．遮へい効果は，電解質のイオン濃度が高いほど大きく，イオン濃度が低くなると元の Coulomb 力に近づいていく．通常の実験条件では，電解質の分子数の方がラテックス粒子の数より圧倒的に多いので，ここでは，ラテックス自身またはカウンターイオンによる遮へい効果は考えに入れていない．

一方，van der Waals 引力は，粒子内の電荷密度のゆらぎによって生ずる誘起された双極子間の力である．2つの球状粒子間に働く van der Waals 引力 V_A は，Hamaker の計算によれば，

$$V_A = -\frac{A}{12}\left[\frac{1}{(R/d)^2-1} + \frac{1}{(R/d)^2} + 2\log\frac{(R/d)^2-1}{(R/d)^2}\right] \tag{5.4.4}$$

によって与えられる．引力の大きさを表わす A は Hamaker の定数といわれ，

---

74) この理論の詳細は1冊の本となっている．E. J. W. Verwey and J. Th. G. Overbeek: *Theory of the Stability of Lyophobic Colloid*. Elsevier (1948).

物質特有の量である．$R\to\infty$ では，よく知られるように，$V_A\propto-1/R^6$ になっている．しかし，Verwey と Overbeek の本にも書かれているように，相互作用の遅滞効果などを考察すると，その伝達距離はせいぜい 1000 Å 程度であると考えられる．

上に述べた2つのポテンシャルをたし合わせた全体のポテンシャルは，

$$V = V_R + V_A \tag{5.4.5}$$

である．電解質のイオン濃度を変えたときの全ポテンシャルの変化を図示すると，図5.47のようになる．その曲線は，ごく近距離で大きな負の値(第1極小と呼ぶ)になり，極大の山をへて，負の極小(第2極小と呼ぶ)から0に近づいていく．

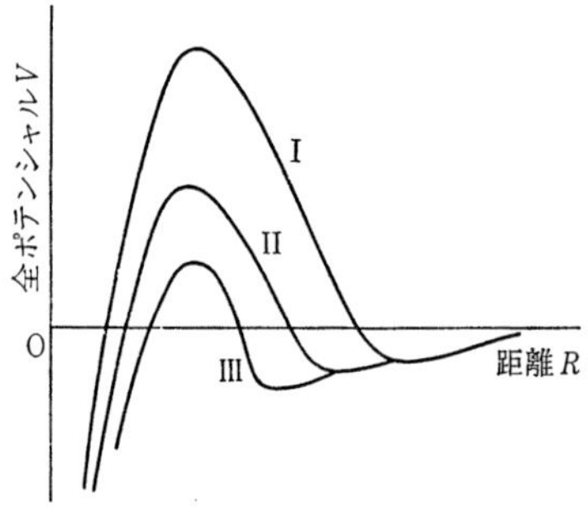

図 5.47 全ポテンシャル曲線．I→II→IIIの順にイオン濃度は高くなっている

DLVO 理論の最大の功績は，Schulze-Hardy の法則(電解質の価数と凝集の関係)をみごとに説明したことである．例えば，濁った水を澄ませるには，Na^+, K^+ のような1価イオンを加えるよりも Ca^{2+} などの2価イオン，さらに，Al^{3+}, Fe^{3+} などの3価イオンの方がより少量で有効である．3価イオンの場合には，1価イオンに比べて 1/730 程度の少量でよい．イオン濃度を高くしていくと，極大の山はだんだん小さくなり，コロイド粒子はその山をのりこえて第1極小に捕えられることになる．これが，コロイドの凝集である．

ラテックス粒子による格子構造形成を DLVO 理論の立場から考えると，いわゆる第2極小に粒子が捕えられたと説明される．しかし，Vanderhoff ら[70]と Krieger ら[75]の実験は，この理論ではうまく説明できない．800 Å の粒子径を持つラテックスで行なわれた実験では，体積の分率が 1% に至る低粒子濃

75) P.A. Hiltner and I.M. Krieger: *J. Phys. Chem.*, **73** (1969), 2386.

度でも構造形成が行なわれ，発色することがわかった．このときの平均粒子間距離は，実に4000 Å にも及んでいる．この実験は，DLVO 理論の前提であるvan der Waals 力の寄与に疑問を与えるものである．数値的な計算によれば，800 Å の粒子が電気的反撥力と van der Waals 引力によって作る第2極小は，粒子を捕えるのに必要な kT の深さを持つためには，200 Å 以内に来なくてはならない．4000 Å もの遠方にある粒子を捕捉するのは不可能である．つい最近では，体積分率が 0.05% といった驚くべきほど低濃度でも発色が観察されている．

DLVO 理論のもつ困難は，電解質のイオン濃度を変えたときの議論を行なえばさらにはっきりする．イオン濃度を低くしていくと，電気的反撥力はより遠距離力になり(コロイド化学の言葉を用いるならば，電気2重層の拡がりはより大きくなり)，生ずる第2極小は，より遠い場所でより浅いものとなって現われる(図 5.47，曲線 I)．場合によっては，kT の深さよりずっと小さいであろう．逆に，イオン濃度を高くしていくと，2重層は圧縮され，生ずる極小はより近い場所に，より深いかたちで現われる(図 5.47，曲線III)．このことから，ポテンシャルの第2極小によって形成される格子構造は，電解質のイオン濃度の増加に伴ってさらに安定になり，またイオン濃度の減少に伴って不安定になるはずである．しかし，実験ではむしろ逆の結果が得られている．Hachisu ら[76]の実験は，粒子濃度と電解質のイオン濃度をパラメタとして，発色，非発色の条件を求めている(図 5.48)．ラテックス粒子が結晶構造を形成している

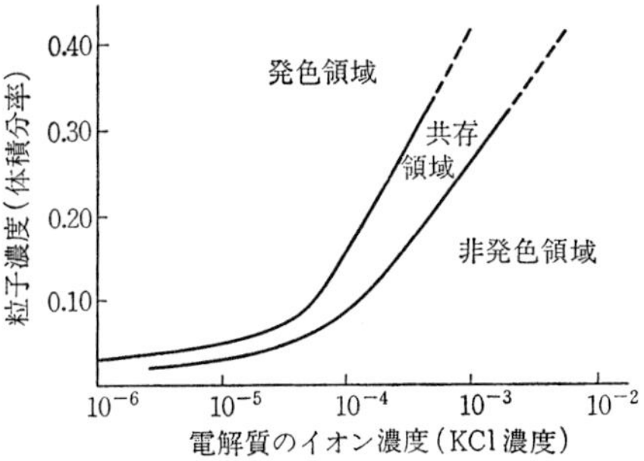

図 5.48 ラテックスの発色，非発色の条件[76]．発色とは，ラテックス粒子が格子構造をとり，Bragg 反射を示すことをさし，非発色とは，ラテックスが液体状態にあり，乳白色を呈することをさす

76) S. Hachisu, Y. Kobayashi and A. Kose: *J. Colloid and Interface Science*, **42** (1973), 342.

かどうかは，試料の発色，非発色によって容易に判断できる．図5.48からわかるように粒子濃度を一定にして，イオン濃度を増加させると，格子構造は融けてしまうのである．van der Waals力の大きさや伝達距離が関係する定量的な困難とは別に，定性的にもDLVO理論によっては，結晶構造形成を説明できないことがはっきりした．

(4)　Alder転移の験証[77)]

以上の実験結果からvan der Waals力の果す役割が本質的でないことがわかったので，ここでは，ラテックスの粒子間に働く力は，遮へいされたCoulomb力だけであると仮定しよう．その場合の全ポテンシャルは(5.4.2)だけとなる．このポテンシャルは指数関数的に急速に減少し，距離Rが$d+\beta\kappa^{-1}$ (βは1の程度の定数)程度より大きくなると，ほとんど0になると考えられる．すなわち，粒子の実質的なポテンシャルは，

$$\left.\begin{aligned} V_R &= +\infty \qquad (R < d+\beta\kappa^{-1}) \\ &= 0 \qquad\quad (R \geqq d+\beta\kappa^{-1}) \end{aligned}\right\} \tag{5.4.6}$$

と簡単化される．(5.4.6)のような模型化は，各粒子が有効半径

$$a = a_0+\alpha\kappa^{-1} \tag{5.4.7}$$

(a_0：実際のラテックス粒子の半径，α：1の程度の定数)

を持った剛体球のように振舞うことを意味している*．イオン濃度が高いならば，2重層の厚さκ^{-1}は小さく有効半径aは実際の半径a_0に近いが，イオン濃度が低くなると2重層の厚さκ^{-1}は大きくなり粒子は拡がったように見える．Alder ら[78)]の行なった3次元の剛体球(半径a)の系に対する計算機実験の結果を，粒子の体積分率(充てん率)**

$$\psi = \frac{4\pi}{3}\frac{Na^3}{V} \tag{5.4.8}$$

を使って表わすと，

---

77)　ここで述べる考えは，M. Wadati and M. Toda: *J. Phys. Soc. Japan*, **32** (1972), 1147による．

*　このような模型化が妥当かどうかは，遮へいされたCoulomb力で相互作用する粒子系に対する計算機実験が行なわれていない現在では，実験をどれだけうまく説明できるかによって判断するしかない．

78)　B. J. Alder, H. G. Hoover and D. A. Young: *J. Chem. Phys.*, **49** (1968), 3988.

**　§5.2では充てん率をηで表わした．

$$\left.\begin{array}{ll}\phi < 0.50 & \text{(無秩序(液体)状態)} \\ 0.50 < \phi < 0.55 & \text{(秩序・無秩序(固・液)共存状態)} \\ \phi > 0.55 & \text{(秩序(固体，結晶)状態)}\end{array}\right\} \tag{5.4.9}$$

となる．$\phi=0.74$ は最密充てんを示す．

一方ラテックス粒子の実際の体積分率(充てん率) ϕ は

$$\phi = \frac{4\pi}{3}\frac{Na_0^3}{V} \tag{5.4.10}$$

で与えられる．したがって，以上の(5.4.7)～(5.4.10)をまとめると，単分散ラテックスに対して

$$\left.\begin{array}{rl}\phi\left(1+\dfrac{\alpha}{\kappa a_0}\right)^3 < 0.50 & \text{(液体(非発色)状態)} \\ 0.50 < \phi\left(1+\dfrac{\alpha}{\kappa a_0}\right)^3 < 0.55 & \text{(固・液(発色・非発色)共存状態)} \\ \phi\left(1+\dfrac{\alpha}{\kappa a_0}\right)^3 > 0.55 & \text{(固体(発色)状態)}\end{array}\right\} \tag{5.4.11}$$

が予想される．この結果はうまく実験結果を説明する．すなわち，粒子濃度 ϕ が小さくてもイオン濃度を低くすれば固体状態が実現され，結晶構造ができる．これに対し，ϕ がかなり大きくてもイオン濃度を高くすれば，いぜんとして液体状態にあり，結晶構造はできない．例として，$\alpha=1.3$ にとり実験結果とくらべてみると(図 5.49)，定性的によく一致する．理論から推定される共存領域は，実験的に得られたものよりはかなり狭いが，その後の実験によるともっと理論値に近くなるようである．

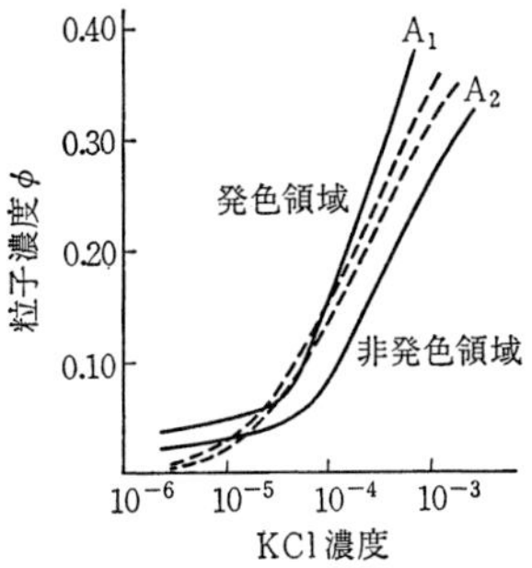

図 5.49　発色と非発色の条件．実線：実験値，破線：理論値($\alpha=1.3$)

以上のように，単分散ラテックスの結晶構造形成は Alder 転移の考えから説明されることがわかったが，われわれは van der Waals 力の存在を全く無視して議論を進めた．しかしその存在を全く無視できるかどうかについては疑問が残るであろう．Alder 転移の存在をはっきりと験証するためには，できるだけ剛体球の概念に近い系を準備することが必要になる．その1つの方法として，ラテックス粒子を有機液体(ベンゼン)中に分散させる[79]．そのままではラテックス粒子はベンゼンなどに溶解してしまうので，ジビニルベンゼンを架橋剤として，網目構造をつくり耐有機液体性を持たせる．このように，有機液体中に，同じような種類の単量体から合成したラテックスを分散させた系では，van der Waals 力は全く無視できる．さらに都合のよいことには，有機液体中では $-SO_4H$ 基の解離はほとんど起らず，電気的反撥力も無視できる．これらは Alder 転移の模型としては非常に好ましい条件である．しかし，ここで考えに入れなくてはならない効果がある．それはラテックス粒子の膨潤の問題であり，ラテックス粒子が有機液体中でどのくらい膨らむかを知らなければならない．以上のことを考慮した上で，架橋度を 2.5%(試料 I)，5%(II)，10%(III)，15%(IV)と変えた試料について発色限界を調べた(表 5.18 の第3列)．Alder 転移から予想される値 50% よりかなり低いように見える．ここで，粒子の膨潤度による補正を考慮する．架橋が一様に行なわれており，膨潤後も粒子は球形であり，さらに弱いせん断応力によって変形しないとすれば，比粘度 η_r は，Einstein の式に膨潤度 γ を入れて，

$$\eta_r = 1+2.5\gamma\phi \qquad (5.4.12)$$

となるであろう．すなわち，有機液体中のラテックス粒子は，見かけの体積分率が $\gamma\phi$ であるような球状粒子の集りとみなすことができる．Ubbelohde 型希釈粘度計を使って粘度測定を行なうと膨潤度 γ がわかる(表 5.18 の第4列)．その γ を用いてラテックスの実効粒子体積分率 $\gamma\phi$ を計算すると，ほとんどの試料に対して 48〜54% という値が得られる．有機液体中での構造形成の判定，あるいは膨潤度 γ の決定に伴う実験誤差を考えると，これ等の結果は Alder 転移から予想される値と極めて良い一致を示している．

---

79) A. Kose and S. Hachisu: *J. Colloid and Interface Science*, **46** (1974), 460.

表 5.18 有機液体中の単分散ラテックスの発色と膨潤度の関係[79)]

試料	粒子直径(Å)	発色限界粒子濃度	膨潤度 γ	$\gamma\phi$
I	1700	0.105	4.96	0.52
II	1490	0.120	4.20	0.50
III	1450	0.150	3.60	0.54
IV	1430	0.195	2.48	0.48

さらに，理論式(5.4.11)から推測されることは，イオン濃度を非常に高くすると，2重層の厚さ κ^{-1} はほとんど無視でき，Alder 転移の条件に近づくのではないかということである．次にその実験を紹介しよう[80)]．イオン濃度は 1×10^{-3}～1 M である．各ラテックス粒子(直径 1800 Å)には，表面に厚さ約 50 Å の非イオン活性剤(解離してイオンを放出しない活性剤)の吸着層をつけて，ラテックス粒子の分散を安定化させる．イオン濃度が非常に高いため，電気2重層の厚さ κ^{-1} は，非イオン活性剤による吸着層の厚さよりもずっと小さくなり，各粒子はあたかも半径(900+50) Å の剛体球のように振舞うと考えられる．実験結果は，図 5.50 のようになり，吸着層の厚さを考慮した有効体積分率では，共存領域は 47～54% となっている．この値は，Alder 転移から予想される値 50～55% に非常に近いことがわかる．イオン濃度が 8×10^{-3} M 以下で，実験曲線が水平な線から離れはじめることは，電気2重層が吸着層より厚くなりその

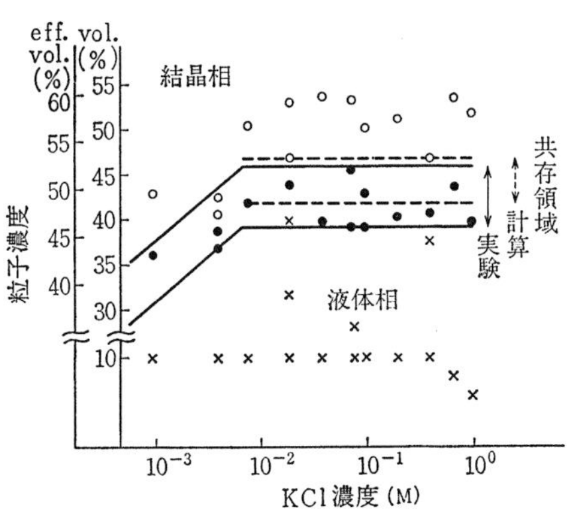

図 5.50 高イオン濃度，高粒子濃度での相図[80)]．図中の eff. vol. は有効体積分率，vol. は体積分率を表わす

80) S. Hachisu and Y. Kobayashi: *J. Colloid and Interface Science*, **46** (1974), 470.

影響が出始めたことを示している．

こうして，Alder 転移の考えを用いれば単分散ラテックス中での結晶構造形成を統一的に理解できることがわかった．計算機実験には計算機のもつ記憶容量と計算スピードから生ずる制約がある．分子力学(molecular dynamics)の方法では扱える粒子の数はたかだか数千個，衝突回数は1分子当り約 10^2 回(実際の時間に換算すると 10^{-10}～10^{-11} 秒*)である．このような少数粒子系がはたして実際の系をシミュレートできるのか，また，計算時間が短すぎないかという疑問がある．これに対し，ラテックス(粒子半径 1000 Å，粒子濃度 20% とする)中には 1 cm^3 当り約 5×10^{13} 個の粒子を含み，実験時間はいくらでも長くとれる．両者の結果がほとんど同じであったということは，計算機実験のもつ制約はそれほど深刻なものではないということを示している．

単分散ラテックス中での結晶構造形成の詳しいメカニズムはまだ完全には明らかではない．しかしなぜラテックス中では Alder 転移が容易に起きるかは簡単に示すことができる．Alder らの計算によれば，秩序・無秩序の共存系においては，

$$\frac{P_\mathrm{c}V_0}{NkT}=8.6 \tag{5.4.13}$$

で与えられる圧力があることになる．この圧力はラテックスを分散媒質の有限体積にとじこめている圧力として，その表面張力などと釣り合っているはずである．V_0 は最密充てんの体積であり，粒子の半径を a とすれば

$$V_0=\frac{N(2a)^3}{\sqrt{2}} \tag{5.4.14}$$

である．(5.4.13)，(5.4.14)から

$$P_\mathrm{c}=\frac{8.6\sqrt{2}}{8}\frac{kT}{a^3} \tag{5.4.15}$$

を得る．各粒子の有効半径を

$$a=a_\mathrm{e}(\text{Å})=10^{-8}a_\mathrm{e}(\mathrm{cm})$$

$T\approx300\,\mathrm{K}$ とすると，共存状態での圧力は

$$P_\mathrm{c}=6.3\times10^{10}\times\frac{1}{a_\mathrm{e}^3}(\mathrm{dyn\cdot cm^{-2}}) \tag{5.4.16}$$

* 分子衝突の間の時間は 10^{-12}～10^{-13} 秒とする．

となる．たとえば，$a=1000\,\text{Å}$ とすれば，$P_c=63\,\text{dyn}\cdot\text{cm}^{-2}=0.064\,\text{cmH}_2\text{O}$* であり，このような系が微小な圧力によって影響されうることがわかる．これに対して，原子の大きさをもつ粒子，たとえば $a=2\,\text{Å}$ では，$P_c=7.9\times10^9\,\text{dyn}\cdot\text{cm}^{-2}$ となる．すなわち，原子の程度の大きさの剛体球を系にとじこめて，Alder 転移を起こさせるには，数千～数万気圧の圧力を必要とする．実際の結晶では，原子または分子間の引力による凝集の圧力が，この圧力と釣り合っていると考えられる．

ラテックスは，化学，生物の分野ではすでに広く知られているが，物理の研究対象として考えている人はまだ少ないようである．本文では，ラテックスが結晶モデルとして使えること，計算機実験の代用として考えられることなどを述べたがその他にもいろいろ興味深い実験が行なえるであろう．

［補注］ モンテカルロ法と分子力学法

(1) モンテカルロ法[81-83]

平衡統計力学でいうモンテカルロ法とは，いろいろな集合(アンサンブル)に特徴づけられた粒子の配置のサンプリングに関する確率論的な方法をいう．このような方法で得られた粒子配置を用いて，統計力学で問題にする種々の平均値を求めることができる．以下その方法について簡単にのべる．

統計力学で用いられる集合には，正準集合，大きな正準集合などがあり，いずれの集合を用いるかによって計算の詳細は異なるが，本質的なことは変わらないので，ここでは普通よく用いられる正準集合を用いて計算する方法についてのみ考えることにする．

N 粒子をそれぞれ $\boldsymbol{r}^N=(\boldsymbol{r}_1, \boldsymbol{r}_2, \cdots, \boldsymbol{r}_N)$ という位置にみつける確率密度を $P(\boldsymbol{r}^N, V, T)$ とすると，

$$P(\boldsymbol{r}^N, V, T)=\frac{\exp(-\beta\Phi_N)}{N!Q_N} \tag{5. A. 1}$$

* ここで，cmH_2O は，圧力を水柱の高さ(cm)であらわしたものである．1気圧$=1.013\times10^6\,\text{dyn}\cdot\text{cm}^{-2}=1.03\times10^3\,\text{cmH}_2\text{O}$.

81) J. M. Hammersly and D. C. Handscomb: *Monte Carlo Methods*, Methuen (1964).
82) H. N. Temperley, J. S. Rowlinson and G. S. Rushbrooke (eds.): *Physics of Simple Liquids*, North-Holland (1968), Chap. 5.
83) F. H. Ree: *Phys. Chem.*, **8A** (1971), 157.

である．ただし Φ_N は位置の全エネルギー，Q_N は分配関数

$$Q_N = \frac{1}{N!}\int_V \mathrm{d}\boldsymbol{r}^N \exp(-\beta\Phi_N) \qquad (5.\mathrm{A}.2)$$

である．したがって関数 $F(\boldsymbol{r}^N)$ の平均値は

$$\langle F\rangle = \int \mathrm{d}\boldsymbol{r}^N F(\boldsymbol{r}^N)P(\boldsymbol{r}^N, V, T) \qquad (5.\mathrm{A}.3)$$

によって与えられる．(5. A. 1)～(5. A. 3)はいずれも厳密な関係式である．そこで(5. A. 3)をモンテカルロ法を用いて近似的に求めようというのである．

Metropolisら[84]は計算機を用いて各ステップの粒子配置が確率 $P(\boldsymbol{r}^N, V, T)$ に比例して実現されるような Markov 鎖をこしらえる方法を考えた．この Markov 鎖の i 番目のステップで実現される粒子配置は確率 $P(\boldsymbol{r}^N, V, T)$ に比例しているから平均値 $\langle F\rangle$ は，Markov 鎖で実現される見本における i ステップでの $F(\boldsymbol{r}^N)$ の値 $F_i(\boldsymbol{r}^N)$ の全ステップについての平均でおきかえられる．

$$\langle F\rangle \approx n^{-1}\sum_{i=1}^{n} F_i(\boldsymbol{r}^N) \qquad (5.\mathrm{A}.4)$$

ここで，n は Markov 鎖の長さ(ステップ数)である．上式は次の2つの点で近似式である．(1)実際の計算では Markov 鎖の長さ n は有限である．(2)変数 $\boldsymbol{r}^N$ は連続に変えることができない．したがって，厳密にいえば，実際に用いられる Markov 鎖は，不連続な有限個の状態 ξ_k $(k=1, 2, \cdots, \Gamma)$ から構成されている．以上のような実際の計算につきまとう制約とは別に，(5. A. 4)が成り立つためにはいくつかの条件が必要である[85]．

(i) 状態 ξ_i と ξ_j $(i, j=1, 2, \cdots, \Gamma)$ とは相互に近づき得ること．つまり，有限回の遷移で ξ_j は常に ξ_i から到達し得なければならない(エルゴード条件)．

(ii) 状態 i から状態 j へ移る遷移確率を p_{ij} とするとき，次の関係を満たしていること．

$$\sum_{i=1}^{\Gamma} p_{ij}P_i = P_j \qquad (j = 1, 2, \cdots, \Gamma) \qquad (5.\mathrm{A}.5)$$

---

84) N. Metropolis, A. W. Rosenbluth, M. N. Rosenbluth, A. H. Teller and E. Teller: *J. Chem. Phys.*, **21** (1953), 1087.

85) W. Feller: *An Introduction to Probability Theory and Its Applications*, vol. 1, John Wiley and Sons (1950), Sec. 15.

ただし P_j は与えられた集合における ξ_j の実現確率である．

条件(5. A. 5)は，もし遷移確率の要素の組 $\{p_{ij}\}$ の間に次の関係があるならば，満たされる．

$$p_{ij}P_i = p_{ji}P_j \tag{5. A. 6}$$

なぜなら，(5. A. 6)の両辺を i について和をとれば，

$$\sum_{i=1}^{\Gamma} p_{ij}P_i = \left(\sum_{i=1}^{\Gamma} p_{ji}\right)P_j = P_j \qquad (p_{ji} \text{ の定義より})$$

これより(5. A. 5)を得るからである．したがって(5. A. 6)は(5. A. 5)の十分条件である．実際のモンテカルロ計算では次のような p_{ij} がよく用いられる．いま $\eta(i)$ を状態 i の近傍にある $\Gamma^{\neq}$ 個の状態の組とする．また $\Gamma^{\neq}$ は状態 i に依存していないものとする．次のような p_{ij} を考える．

$$\left.\begin{aligned} p_{ij} &= 0 && (j \notin \eta(i) \text{ のとき}) \\ &= \frac{1}{\Gamma^{\neq}} && (j \in \eta(i),\ j \neq i,\ P_j \geqq P_i \text{ のとき}) \\ &= \frac{P_j}{P_i\Gamma^{\neq}} && (j \in \eta(i) \text{ で } P_j < P_i \text{ のとき}) \end{aligned}\right\} \tag{5. A. 7}$$

$$p_{ii} = 1 - \sum_{j \neq i} p_{ij} = \frac{1}{\Gamma^{\neq}} + \frac{1}{\Gamma^{\neq}} \sum_{j, P_j < P_i} \left[1 - \frac{P_j}{P_i}\right] \tag{5. A. 8}$$

(5. A. 7), (5. A. 8)は条件(5. A. 5)を満たしている．

ここで考えている正準集合を例にとれば，上の p_{ij} は次のようにして作ることができる．いま $\xi_k(i) = (\boldsymbol{r}_1, \boldsymbol{r}_2, \cdots, \boldsymbol{r}_N)$ を Markov 鎖の i 番目のステップで実現される状態としよう．N 個の粒子の 1 つ(例えば j 番目の粒子の位置 $\boldsymbol{r}_j$)を選び，$\boldsymbol{r}_j$ からランダムに $\delta\boldsymbol{r}_j$ だけ変位させ，もし $\delta\boldsymbol{r}_j$ が $\boldsymbol{r}_j$ を中心とした 1 辺 2δ の立方体の内部にないならば，(5. A. 7)に従って $\delta\boldsymbol{r}_j = 0$ とする(つまり変位させない)．$\delta\boldsymbol{r}_j$ が立方体の内部にあるならば，このようにしてできた新しい状態を $\xi_{k'}$ としてさらに次の判定を行なう．$\xi_{k'}$ の存在確率は $P_{i'}$ だから，もし $P_{i'}/P_i \geqq 1$ ならば $\xi(i+1) = \xi_{k'}$ とする．もしそうでなかったら，$0 < R < 1$ なる一様ランダム数 R を選び，$P_{i'}/P_i \geqq R$ かあるいは $P_{i'}/P_i < R$ かを判定する．その結果として前者ならば，$\xi(i+1) = \xi_{k'}$，後者なら $\xi(i+1) = \xi_k(i)$ とする．このようなやり方では，$\Gamma^{\neq}$ は $N(2\delta)^3$ に等しい．実際の計算ではパラメタ δ を適当に決める必要があるが，(5. A. 4)の下で述べたことを考慮して最適な δ を選ぶ．

以上述べた方法で計算がくり返されるが，計算の出発点としては，N 個の粒子は規則格子(面心立方格子など)の格子点上に置かれることが多い．

（2） **分子力学法**[82,83]

この方法は N 個の粒子系の Newton の運動方程式

$$m\frac{\mathrm{d}^2\boldsymbol{r}_i}{\mathrm{d}t^2}=\boldsymbol{F}_i(\boldsymbol{r}_1,\boldsymbol{r}_2,\cdots,\boldsymbol{r}_N)\qquad(i=1,2,\cdots,N)\tag{5. A. 9}$$

を数値的に解く方法である．いちばん簡単なやり方は(5. A. 9)を次の差分方程式に書くやり方である．

$$\left.\begin{aligned}&t>0\text{ のとき}\qquad \boldsymbol{r}_i(t+h)=-\boldsymbol{r}_i(t-h)+2\boldsymbol{r}_i(t)+h^2\sum_{j\neq i}\boldsymbol{F}_{ij}(t)\\&\qquad\qquad\qquad \boldsymbol{v}_i(t)=\frac{1}{2h}[\boldsymbol{r}_i(t+h)-\boldsymbol{r}_i(t-h)]\end{aligned}\right\}\tag{5. A. 10}$$

$$t=0\text{ のとき}\qquad \boldsymbol{r}(h)=h\boldsymbol{v}_i(0)+\boldsymbol{r}_i(0)+\frac{h^2}{2}\sum_{j\neq i}\boldsymbol{F}_{ij}(0)\tag{5. A. 11}$$

上式で $\boldsymbol{F}_{ij}$ は i 番目の粒子が j 番目の粒子から受ける力である．$t=0$ の粒子配置 $\boldsymbol{r}_i(0)\,(i=1,2,\cdots,N)$ は例えばモンテカルロ法の最後のところで述べたのと同じように，規則格子の格子点が選ばれることが多い．一方 $\boldsymbol{v}_i(0)\,(i=1,2,\cdots,N)$ は適当な初期温度を選び，Maxwell 分布に従ってサンプルする．この初期座標 $\{\boldsymbol{r}_i(0)\}$，初期速度 $\{\boldsymbol{r}_i(0)\}$ を用いて，(5. A. 10)に従って $\{\boldsymbol{r}_i(t)\},\{\boldsymbol{v}_i(t)\}$ を計算する．分子力学法では，一般に位置座標 $\{\boldsymbol{r}_i\}$ と速度 $\{\boldsymbol{v}_i\}$ の関数 $f(\{\boldsymbol{r}_i\},\{\boldsymbol{v}_i\})$ の平均値

$$f(\tau)=\langle f\rangle=\frac{1}{n}\sum_{t_0}f(\{\boldsymbol{r}_i(t)\},\{\boldsymbol{v}_i(t)\})\tag{5. A. 12}$$

を計算することができるので，モンテカルロ法では扱えない系の動的な性質を調べるのに適している．ここで $\sum_{t_0}$ は $t-t_0=\tau$ を一定に保って t_0 をいろいろ変えることによる和を意味し，n はそのサンプルの個数である．

第6章　液体の諸問題

§6.1　高圧下の融解現象

（1）　圧力による融点上昇と融点降下

§1.1 で述べたように，平衡状態において物質の状態が流体であるか，あるいは結晶固体であるかは図 1.1 のように温度と圧力を座標とする状態図において，融解曲線によって分けられている．液体と気体との間には臨界点があるが，融解曲線には臨界点はないとされている．それは結晶と流体とではその分子構造の対称性が異なるからである．すなわち，$\rho(\boldsymbol{r})$ を空間の点 $\boldsymbol{r}$ に分子を見出す確率密度とすると，流体では $\rho(\boldsymbol{r})$ は定数であってあらゆる並進対称操作に対して不変であるが，結晶では $\rho(\boldsymbol{r})$ は格子ベクトルを周期とする周期関数であって，$\rho(\boldsymbol{r})$ を不変に保つような対称操作は限定されている．元来系が特定の対称操作をもつかもたぬかは何れかにはっきり分れるはずであるから，対称性を異にする流体と結晶との間の境はなくならないはずであると考えられるからである．

すると次に起こる疑問は，図 1.1 において融解曲線は高圧の彼方まで限りなく続くのか，それとも十分高圧の下では如何に低温でも結晶は存在し得ず，状態図は図 6.1 のような閉じた融解曲線をもつことになるのかということである．この疑問に対する手掛りを得るため，かりにどんな高圧，したがって高密度でも十分低温でありさえすれば結晶になると仮定してその結果をみてみよう．

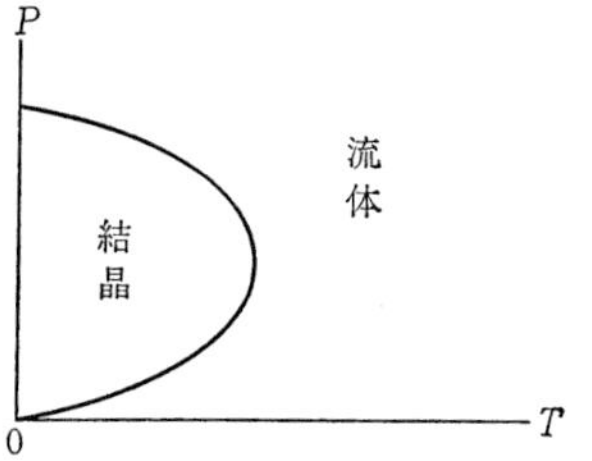

図 6.1　閉じた融解曲線をもつ相図

簡単のため，結晶の格子振動に対する Einstein 模型を用いると，原子の質量を M，それに働く力の定数を K，原子の平衡位置からの変位の一方向の成

分を u とすると，運動方程式は

$$M\frac{\mathrm{d}^2u}{\mathrm{d}t^2} = -Ku \tag{6.1.1}$$

の形で与えられる．この調和振動子の運動エネルギーと位置エネルギーとは平均において等しいから

$$\frac{1}{2}M\langle\dot{u}^2\rangle = \frac{1}{2}M\omega^2\langle u^2\rangle \tag{6.1.2}$$

で，角振動数 ω は

$$\omega = \sqrt{\frac{K}{M}} \tag{6.1.3}$$

である．特に，$kT \ll \hbar\omega$ のような十分低温では，調和振動子の運動エネルギーの時間平均は，量子力学によりほぼ $\hbar\omega/4$ であるから，(6.1.2)より変位の時間平均 $\langle u^2\rangle$ は，

$$\langle u^2\rangle \cong \frac{\hbar}{2M\omega} = \frac{\hbar}{2\sqrt{MK}} \tag{6.1.4}$$

で与えられる．

さて，十分高密度では不確定性関係と Pauli 原理のために電子の運動エネルギーは極めて大きくなり，ために原子は完全にイオン化されて，結晶は裸の原子核と自由電子よりなると考えられる．したがって r だけ離れた原子核間の相互作用のポテンシャルは Coulomb 相互作用で，$\phi(r)=(Ze)^2/r$ (Ze は1つの原子核の電荷)である．いま r を最近接原子核間距離とすると，K の大きさの程度は $\phi''(r)=2(Ze)^2/r^3$ である．K としてこれを用いると，

$$\langle u^2\rangle \cong \frac{\hbar r^{3/2}}{2\sqrt{2}Ze\sqrt{M}} \tag{6.1.5}$$

となり，

$$\delta \equiv \frac{\sqrt{\langle u^2\rangle}}{r} \cong \sqrt{\frac{\hbar}{2\sqrt{2M}(Ze)}}\, r^{-1/4} \tag{6.1.6}$$

で，$r\to 0$ で $\delta\to\infty$，すなわち圧縮と共に変位は格子定数に比して限りなく大きくなり，§3.8 で述べた融解に関する Lindemann 的な考えを用いると，遂には結晶は安定に存在し得ないであろう．

原子核が $Z=1$ の陽子の場合には，(6.1.6)は近似的に

$$\delta \cong \left(\frac{a_0}{8r}\right)^{1/4}, \qquad a_0 = \frac{\hbar^2}{Me^2} \cong 2.887\times10^{-13} \quad \text{(cm)} \qquad (6.1.7)$$

となる．Coldwell-Horsfell と Maradudin[1] のくわしい計算によると，bcc 結晶では

$$\frac{r}{a_0} \cong 0.4054\delta^{-4} \qquad (6.1.8)$$

なる結果が得られており，ここで $\delta\cong1/4$ と取ってみると，$r\cong3\times10^{-11}$ cm で，この程度より高い密度では陽子と電子の集まり，すなわち水素は結晶になり得ないであろう．一般の Z についても同様で，図 1.1 の融解曲線を高圧にまで延長すれば図 6.1 のような閉じた曲線が現われるであろう．

これは正に完全にイオン化した裸の原子核が有限の質量をもつことによる量子効果であって，ヘリウムが極低温でも常圧で液体であるのと同様の現象といえる．しかし結晶内で裸の原子核に働く Coulomb ポテンシャルの極小点は，常圧での結晶のヘリウムに働く分子間ポテンシャルの極小点よりもポテンシャルの谷間が深いために，量子効果による融解には上のような高密度を必要とするのである．

この高密度状態の比重は約 10^8 であり，それを実現するに要する圧力は 10^{17} 気圧程度に達すると推定される．地球上では実現されそうもないこのような高密度状態に到るまでに，分子(原子，イオン)の集合体としての物質の状態はどのようになるかは興味ある未解決の問題である．0 気圧より次第に加圧していくとき，固体内原子の外殻電子の軌道遷移——不連続的な電子状態の変化——が起こらぬ程度の圧力を低圧，外殻電子の遷移は起こるが，内殻電子の遷移は起こらぬ程度の圧力を中圧，内殻電子の遷移を起こす圧力を高圧，原子が破壊され，上に考えたように物質が裸の原子核と縮退した電子ガスの集団とみなせるようになる圧力を超高圧と呼んで分類することができる．このような定義に従うと圧力領域は物質に依存することになるが，ごく大雑把にいって，低圧：10^4～10^5 気圧以下，中圧：10^4～10^5 気圧，高圧：10^5～10^7 気圧，超高圧：10^7～10^9 気圧程度以上と考えられる．

各圧の領域では原子核間の相互作用はかなり質的なちがいがあると予想され

1) R. A. Coldwell-Horsfell and A. A. Maradudin: *J. Math. Phys.*, **1** (1960), 395.

る．たとえば周期律のような概念は高圧では意味を失うであろう．最近になって，実験室でも 10^6 気圧程度の圧力を得ることが次第に可能になってきたが，多くの相変化の測定は通常数十万気圧程度以下で行なわれており，これは低圧または中圧領域と考えられるので，以下の考察もこの領域に限ることにする．

さて，低圧領域において，圧力 P を加えたときの融点 T_m の変化をみてみよう．多くの物質は Simon の式として知られる次の実験式にほぼ従う．

$$P-P_0=A\left[\left(\frac{T_m}{T_0}\right)^c-1\right] \tag{6.1.9}$$

ここに P_0, T_0 は3重点における値で，A, c は実験値に合うように定める定数である．Babb[2] は多くの物質について最小2乗法で A, c の値を定めた．表6.1～6.3 にそれぞれ分子性結晶，不活性気体型ハロゲン化物，金属の融点における物理量の変化と Simon 式の c の値を示す．どの程度の圧力範囲で合わせるかによって c の値にはかなりの不確定さがあるが，大体において，分子性結晶に比べると，金属では c の値が大きく，単位の圧力の変化率に対して融点の上昇率が比較的小さいことを示している．

Kraut と Kennedy[3] は，特に金属の場合，Simon の式よりむしろ一致の

表 6.1　分子性結晶の体積，エントロピー変化と Simon 式の c の値

分子	T_m(K)	$\frac{\Delta V_m}{V_s}$(%)	S_m(e. u.)	c
Ne	24.57	15.3	3.26	1.60
Ar	83.78	14.4	3.35	1.59
Kr	115.95	15.1	3.36	1.62
Xe	161.36	15.1	3.40	1.59
CH_4	90.67	8.7	2.47	—
H_2	13.95	12.2	—	1.74
HD	16.60	12.2	—	2.23
D_2	18.65	13.0	—	1.79
O_2	54.3	—	2.0	1.74
N_2	63.1	7.5	2.7	1.79

V_s は固相の体積，ΔV_m は融解による体積の増加，S_m は融解によるエントロピーの増加を示す．表 6.2，6.3 も同様．

2) S. E. Babb: *Revs. Modern Phys.*, **35** (1963), 400.

3) E. A. Kraut and G. C. Kennedy: *Phys. Rev.*, **151** (1966), 668; *Phys. Rev. Letters*, **16** (1966), 608.

表 6.2 不活性気体型ハロゲン化物の体積，エントロピー変化と Simon 式の c の値

塩	$\frac{\Delta V_m}{V_s}$(%)	S_m(e.u.)	c
LiF	29.4	5.78	—
LiCl	26.2	5.6	2.5
LiBr	24.3	4.9	—
NaF	27.4	5.5	5.5
NaCl	25.0	6.7	2.7
NaBr	22.4	6.0	2.9
NaI	18.6	5.6	2.8

表 6.3 金属の融点における物理量の変化と Simon 式の c の値

金属	結晶での最近接原子数	S_m(e.u.)	$\frac{\Delta V_m}{V_s}$ (%)	T_m における C_P ($cal \cdot K^{-1} \cdot mol^{-1}$)		熱膨張係数：$\alpha \times 10^3 (K^{-1})$		c
				固相	液相	固相	液相	
Li	8	1.53	1.65	15.3	15.4	0.18	—	14.8
Na	8	1.70	2.5	19.0	20.2	0.22	0.275	3.53
K	8	1.70	2.55	20.8	22.8	0.25	0.29	4.44
Rb	8	1.68	2.5	23.0	25.2	0.27	0.34	3.74
Cs	8	1.65	2.6	24.4	26.4	0.29	0.365	4.49
Cu	12	2.29	4.51	5.5	5.7	0.070	0.095	—
Ag	12	2.22	3.30	6.05	6.7	0.081	0.105	7.6
Au	12	2.29	5.1	5.5	5.2	0.058	0.069	—
Mg	12	2.25	3.05	8.2	8.8	0.11	0.125	5.8
Zn	6+6	2.48	4.2	10.2	11.1	0.113	0.154	2.4
Cd	6+6	2.57	4.7	11.6	12.0	0.126	0.165	2.4
Hg	6+6	2.37	3.7	29.0	28.3	0.171	0.182	1.18
Al	12	2.70	6.0	8.4	8.7	0.099	0.122	—
Ga	1+6	4.42	−3.2	21.1	22.5	0.054	0.126	—
In	4+8	1.82	2.7	15.4	16.4	0.125	—	2.30
Ti	12	1.79	3.2	12.4	11.7	0.126	0.150	—
S	4+2+4	3.35	3.5	14.2	13.1	0.095	0.115	4.2
Pb	12	1.98	—	11.6	12.5	0.12	0.13	2.4
Sb	3+3	5.25	−0.95	7.1	7.9	0.033	0.10	—
Bi	3+3	4.78	−3.35	12.6	14.0	0.040	0.12	—
Te	12	5.80	—	8.7	12.4	—	—	—
Fe	12	2.01	—	5.8	5.2	0.057	—	1.76
Ni	12	2.45	—	4.6	—	—	—	2.2

よい実験式として，

$$T_m = T^0\left(1+C\frac{\Delta V}{V_0}\right) \tag{6.1.10}$$

なる形の式を提唱した．ここで T^0, V_0 はそれぞれ1気圧における融点，モル体積を表わし，$\Delta V/V_0=(V_0-V)/V_0$ は体積変化率を表わす．C は物質に依存する定数で，実験より定める．

Kraut と Kennedy は T_m をセ氏で測って，$\Delta V/V_0$ に対して得られた図6.2のような直線グラフより C の値を定めた．この際，C の値は同じアルカリ金属でも物質によってかなり異なる．しかし，T_m を絶対温度で測って C の値を定めると，$C\cong 1.62$(Na), 1.61(K, Rb)となり，アルカリ金属についてはは物質にほとんどよらない値が得られる．一方，Ne, Ar のような分子性結晶に対しては(6.1.10)はあまりよい実験式ではないが，かりに $\Delta V/V_0$ の小さいところで実測値に合うよう C を定めると，$C\cong 4$ とかなり大きい値が得られる．このことから Na のような金属は，体積の変化率に対する融点の上昇率も比較的小さいことが判る．

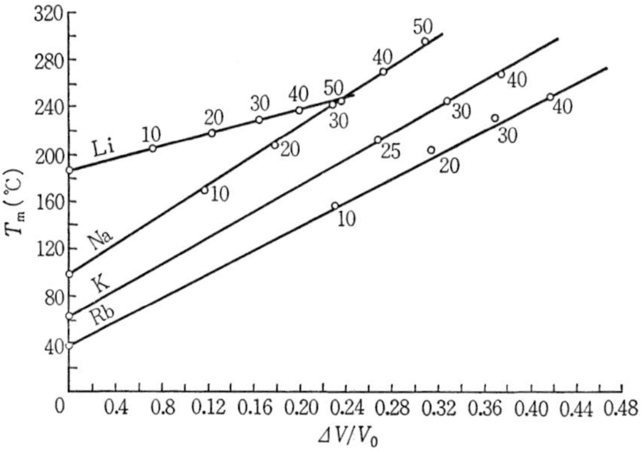

図 6.2　アルカリ金属の体積変化率と融点との関係[3]．図中の数字は圧力(単位 kbar)を示す

Simon，ないしは Kraut-Kennedy の実験式から窺われるように，多くの物質は加圧により融点は上昇するが，氷，Ga, Ge, Sb, Bi などでは逆に融点降下が起こっている．これらの結晶は最密充てん構造ではないので，加圧により，結晶格子点上の原子(分子)はいわば格子の隙間の方に押し出されやすくなり，

低い温度でも融解が起こるようになるとして一応理解できる．

これに対して，図 6.3 に示すように，Cs では固相IIが fcc で最密充てん構造であるにもかかわらず，顕著な融点降下が見られる．また Ce では図 6.4 に示すように，最密充てん構造である hcp 相において融点降下が起こり，低温の固相 fcc は密度の異なる 2 相をもち，その共存線には臨界点が存在する．

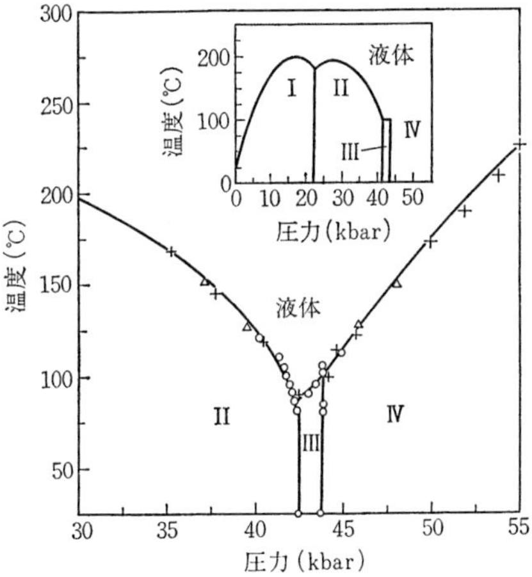

図 6.3　Cs の相図．I : bcc, II, III : fcc 結晶[4]

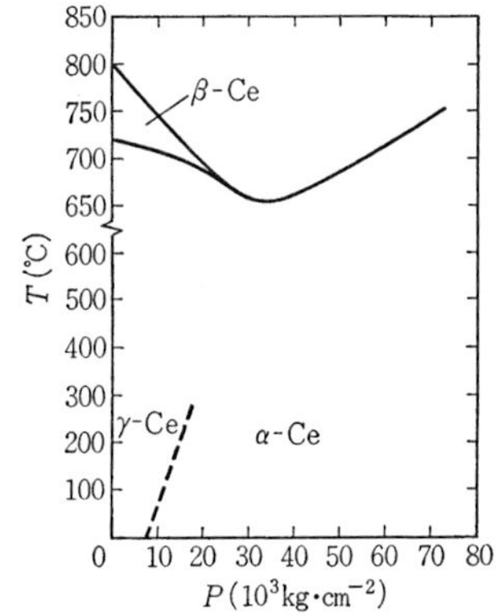

図 6.4　Ce の相図[5]

このような融点極大の存在は 1959 年 Bundy による Rb の融解曲線の実験結果に端を発して，Te, Ba, Eu, Sb, C, Bi, Pb, Bi_2Te_3, Sb_2Te_3, PbTe, KNO_3,

4)　A. Jayaraman, R.C. Newton and J.M. McDonough: *Phys. Rev.*, **159** (1967), 527.

5)　A. Jayaraman: *Phys. Rev.*, **A137** (1965), 179.

KNO_2, $NaClO_3$ など多くの物質で確認されている．Clausius-Clapeyron 式(3.8.6)によれば，極大点においては液相と固相のモル体積の差 ΔV は 0 になるはずで，実際これは KNO_3 や Ce についての実測で確認されている．一方，モルエントロピー差 ΔS は極低温で核スピンの秩序が生ずる液体 He^3 を唯一の例外として，実測すべてについて融解は吸熱的，したがって $\Delta S>0$ である．もし融点極大の点で同時に $\Delta S=0$ なる物質があれば，任意に固体状態に近い液体が存在し得ることになる．これは熱力学的には不可能ではないが，実際そのような2次転移の融解が起こるか起こらぬかは分子間相互作用によって定まるはずである．

種々の圧力下で実測された ΔS と ΔV の関係を物質ごとにプロットすると，図6.5のようになる．外挿の仕方によっては $\Delta S\to 0, \Delta V\to 0$ が起こりそうにも見えるが，果して可能かどうか，今後の研究に待たねばならない．

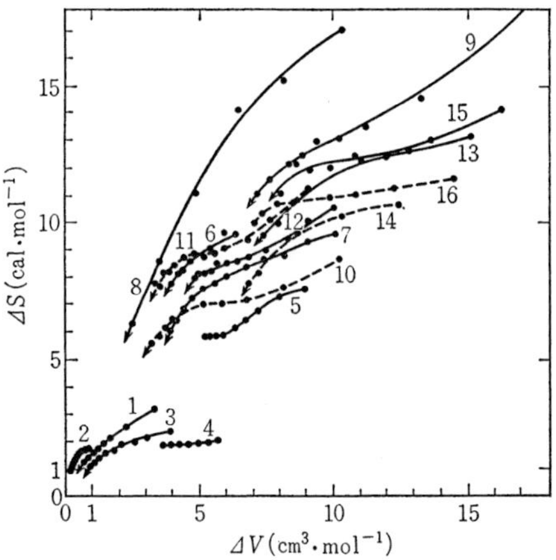

図 6.5　臨界融解の可能性を調べるプロット[6]．1：Ar，2：K，3：CCl_4，4：P，5：$SiCl_4$，6：$CHCl_3$，7：$BrCl_3$，8：クロル酢酸，9：ジメチルシュウ酸，10：ベンゼン，11：ブロムベンゼン，12：ニトロベンゼン，13：p-トルイジン，14：p-ニトロフェノール，15：ジフェニルアミン，16：ベンゾフェノン

6)　A. R. Ubbelohde: *Melting and Crystal Structure*, Clarendon Press (1965).

(2)　原子間相互作用と融点極大現象

前項において，多くの物質では加圧と共に融点が上昇するが，中には融点降下や融点極大を示す物質もかなりあることを述べた．後者のような，いわば異常な融解現象を引き起こすのは，どのような原子間相互作用によると考えられるであろうか．この中，固体が最密充てん構造でないものについては，その構造を安定に保つため，一般には中心力でない相互作用を考慮せねばならない．しかし Cs のように fcc で融点降下をもつ物質では，一応中心力を仮定して論じてもよいであろう．この節では密度や温度によらぬ不変の相互作用を仮定した場合に融点極大を導くことができるかを調べてみよう．

そこで，まず§5.2 で論じた対ポテンシャル(5.2.24)をもつ soft core モデルを考察してみる．その圧力は(5.2.34)で正確に与えられる．温度を一定にして体積 v を変えて行くとき，もし固体-液体の相転移がある温度 T で起こるものとすると，universal な関数 $P_0^{(n)}(v^*)$ は図 6.6 のように，2 相共存に対応する水平部分

$$P_0^{(n)}(v^*) = P_m^* \quad (\text{定数}) \qquad (v_m^* < v^* < v_f^*) \qquad (6.1.11)$$

をもち，v_f^*, v_m^* はそれぞれ式(5.2.36)で定義された還元体積 v^* の凝固，融解に対する値である．$P_0^{(n)}(v^*)$ は v^* の定まった関数で，ポテンシャルの剛さを表わす n だけがパラメタであるので，与えられた n に対し，$P_0^{(n)}(v^*)$ が図 6.6 のような固体-液体の 2 相共存部分をもてば，(5.2.34)より，すべての温度でこのような部分をもつことになる．すなわち対ポテンシャル(5.2.24)をもつ系はあ

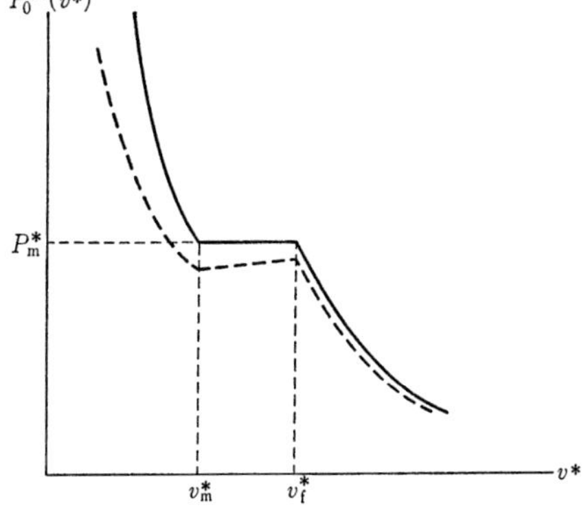

図 6.6　soft core モデル(実線)と，それに Kac ポテンシャルを加えたモデル(6.1.14)(破線)の状態方程式(概念図)

る温度で固相-液相相転移をすれば，あらゆる温度でそれが起こることになり，(5. 2. 33)より融解温度 T_{m} における融解，凝固の原子容はそれぞれ

$$v_i = v_i^*\left(\frac{\varepsilon}{kT_{\mathrm{m}}}\right)^{3/n}\sigma^3 \qquad (i = \mathrm{m}, \mathrm{f}) \tag{6.1.12}$$

で与えられる．実際，Hoover らの計算機実験によれば上に述べたような v_{m}^*, v_{f}^* が存在し，その具体的な値($v_i^*=1/\rho_i^*$, $i=\mathrm{m}$ または f)は表 5.7 に与えられるようなものであることが知れている．式(6. 1. 12)は $\log v_i$ は $\log T_{\mathrm{m}}$ の1次関数でその勾配は $-3/n$ であることを示している．試みに Ar, Na, K の融点の体積，温度の実測値をプロットしてみると図 6.7 のようになり，不活性気体である Ar には $n=13\sim17$，アルカリ金属である Na, K には $n=4\sim5$ なる値を与えると，これらの物質の1万気圧程度以下での実測値はほぼ合わせ得ることが判る．

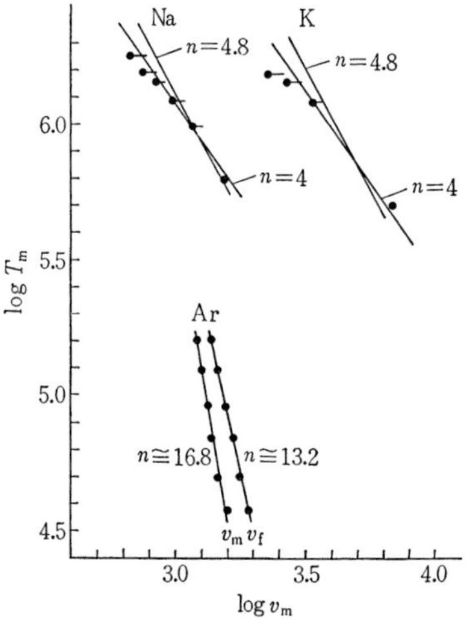

図 6.7　$\log v_{\mathrm{m}}$ と $\log T_{\mathrm{m}}$ の実験的関係[7]

また $v_{\mathrm{m}}=v_{\mathrm{m}}^0(1-\Delta v/v_{\mathrm{m}}^0)$ と書き，$v_{\mathrm{m}}=v_{\mathrm{m}}^0$ のときの融点を T_{m}^0 とすると，(6. 1. 12)より $|\Delta v/v_{\mathrm{m}}^0|\ll1$ のとき，

$$T_{\mathrm{m}} \cong T_{\mathrm{m}}^0\left(1+\frac{n}{3}\frac{\Delta v}{v_{\mathrm{m}}^0}\right) \tag{6.1.13}$$

となる．この式を Kraut-Kennedy の実験式(6. 1. 10)と比べると，$C=n/3$ に

7) Y. Hiwatari and H. Matsuda: *Progr. Theoret. Phys.* (*Kyoto*), **47** (1972), 741.

当る．このようにsoft coreモデルは低圧での多くの物質の融解の特徴を捉えてはいるが，融点降下や融点極大を与え得ない．

対ポテンシャル(5.2.24)に十分到達距離の長い引力ポテンシャル(Kacポテンシャル)が加わっても事情は変わらない．そこで対ポテンシャル

$$\phi(r)=\varepsilon\left(\frac{\sigma}{r}\right)^n-\alpha\gamma^3\exp(-\gamma r) \qquad (\alpha>0,\ \gamma>0) \tag{6.1.14}$$

を考えてみよう．到達距離が十分長い場合は，熱力学的極限をとった後，$\gamma\to 0$として示強変数を求めればよく，この系の1粒子当りのHelmholtzの自由エネルギーは $\alpha=0$ とした系の1粒子当りの自由エネルギーに

$$-\frac{1}{2}\frac{1}{v}\int_0^\infty \alpha\gamma^3\exp(-\gamma r)4\pi r^2\mathrm{d}r=-\frac{4\pi\alpha}{v}$$

をつけ加えたものであることが知れている[8]．これから圧力は

$$P=\frac{kT}{\sigma^3}\left(\frac{kT}{\varepsilon}\right)^{3/n}\overline{P_A^{(n)}(v^*)} \tag{6.1.15}$$

で与えられることが判る．ここで

$$P_A^{(n)}=P_0^{(n)}(v^*)-\frac{A}{v^{*2}} \tag{6.1.16}$$

$$A=4\pi\alpha C^{-3/n}(kT)^{-1+3/n} \tag{6.1.17}$$

で，(6.1.15)の右辺の $\overline{P_A^{(n)}(v^*)}$ は $P_A^{(n)}(v^*)$ が v^* の関数として正の勾配をもつ場合はMaxwellの等面積則で水平線に補正したものを表わす．(6.1.17)より $P_A^{(n)}(v^*)$ は図6.6の破線のようになり，どんな高温であっても，十分高圧にして原子容 v を小さくすれば，液体-固体の1次相転移が起こることになる．

そこで融点極大を示す1つのモデルとして，次のような原子間ポテンシャルをもつ系を考える．

$$U=\sum_{i<j}\sum v_{ij}n_in_j \tag{6.1.18}$$

ここで，i, j は仮想的な単純立方格子のunit cellの番号で，各cellはたかだか1個の原子を含み，i 番目のcellに原子があるときは $n_i=1$，ないときは $n_i=0$ とする．

このような非局在粒子系に対する格子模型に対応して，ハミルトニアン

---

8) J.L. Lebowitz and O. Penrose: *J. Math. Phys.*, 7 (1966), 98.

$$\mathcal{H} = \sum_{i<j}\sum v_{ij}\sigma_i\sigma_j - H\sum_i \sigma_i \qquad (6.1.19)$$

をもつ同一格子の Ising 模型を考える．§5.1 で述べたように，格子模型(6.1.18)の熱力学的性質は，次の対応関係により，同じ温度 T における Ising 模型(6.1.19)の性質より導かれる．

$$\sigma_i = 1-2n_i \qquad (6.1.20)$$

$$P(\rho, T) = \int_{H(\rho,T)}^{\infty}\{1-\sigma(H,T)\}\mathrm{d}H \qquad (6.1.21)$$

ここに $P(\rho, T)$ は密度 ρ，温度 T における圧力で，ρ は格子模型の cell 当りの粒子数，$H(\rho, T)$ は温度 T で σ_i の平均値 $\langle\sigma\rangle$ が $\langle\sigma\rangle=1-2\rho$ となるような磁場の強さ H をあらわす．

いま，

$$v_{ij} = \begin{cases} v\ (>0) & (i, j \text{ が最近接 cell のとき}) \\ 0 & (\text{それ以外のとき}) \end{cases} \qquad (6.1.22)$$

とすると，対応する Ising 模型は反強磁性的である．反強磁性的 Ising 模型においては，Néel 温度 T_{N} よりも低温で，磁場が十分小さいときは，相隣る cell のスピンの平均の向きが反平行になるような反強磁性的秩序をもち，ある磁場の大きさを境にして相転移が起こり，それ以上の磁場では反強磁性的秩序は失われて常磁性的になる．しかし T_{N} より高温では常に常磁性的で，相変化はない．$H\to\infty$ では σ_i の平均値は 1 に近づき，対応(6.1.20)により，これは低密度の極限，すなわち流体(気体，液体の総称)状態に対応する．一方，反強磁性的秩序のある場合，原子は格子空間がもつ対称性より低い対称性をもつ長距離秩序をもって配列することになるので，これは結晶状態に対応する．かくて，反強磁性，常磁性の転移は融解に対応させられ，(6.1.18), (6.1.22)で規定されるようなモデル系においては，図6.8に図式的に示されるように，融解曲線は極大をもつことがわかる．

以上，やや極端な例で，融点極大を与えない原子間ポテンシャルと与えるものを提示した．後の例では，原子対ポテンシャルは図6.9のように距離 r の関数としていわば階段的であり，変曲点をもっていることになる．しかし，融点極大を導くためには対ポテンシャルが変曲点をもつことは必ずしも必要ではない．

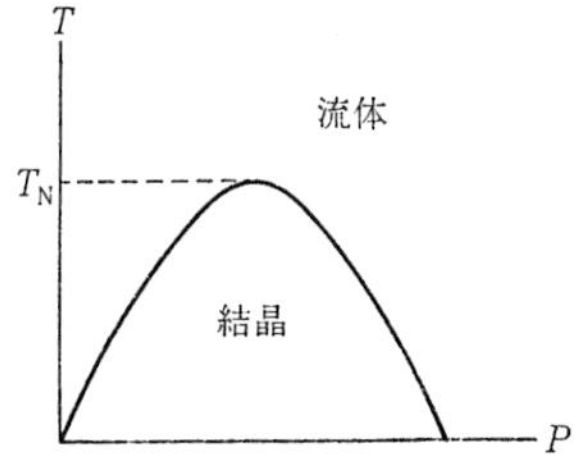

図 6.8　格子気体の相図(概念図)．T_N は Néel 点

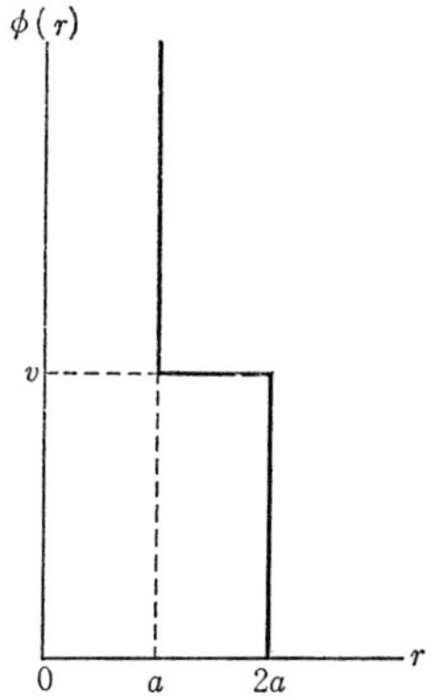

図 6.9　格子気体的系の対ポテンシャル．a は最近接格子点間距離

§3.8 で紹介した Lennard-Jones と Devonshire のモデルにおいて，格子定数 r の仮想的な立方格子を考えると，α, β 部分格子はそれぞれ fcc 格子を作っている．2つの原子が異なる部分格子の隣り合う位置にいるときの相互作用を W'，同じ部分格子の隣り合う位置にいるときの相互作用を W'' とすると，体積一定の下で秩序・無秩序転移，すなわち融解が起こる温度は Bragg-Williams 近似で

$$T_{\mathrm{m}} = \frac{3}{2k}(W' - 2W'') \qquad (6.1.23)$$

で与えられる．第1近似としては，$W' \cong \phi(r)$，$W'' \cong \phi(\sqrt{2}\,r)$ であるから，これを(6.1.23)に用いたとき，T_{m} が r の関数として単調減少でないようなものは融点極大を与える可能性をもつ．実際，Yoshida と Okamoto[5] は

$$\phi(r) = \varepsilon \exp\left(-\frac{r}{r_0}\right) \qquad (\varepsilon, r_0 \text{ は正の定数}) \qquad (6.1.24)$$

のような変曲点をもたぬ簡単なポテンシャルでも，LJD 理論によれば融点極

大が導かれることを示した[9].

ただし，Cs のように十分低温高圧の固相において，密度の不連続を伴って fcc から fcc への等構造的相転移が起こることを導くためには，すぐ下に述べるように $d^2\phi/dr^2<0$ となる正の r の領域の存在が必要で，r が十分小さいときは $d^2\phi/dr^2>0$ であると考えると，$\phi(r)$ が変曲点をもつことが必要となる．

実際ビリアル方程式(3.1.37)において，温度一定の下で動径分布関数 $g(r)$ は原子容 v の関数であるが，これを

$$g(r)\equiv g(r,v)\equiv g^*(\xi,v),\qquad r\equiv\xi\sqrt[3]{v} \tag{6.1.25}$$

と書いて，(3.1.37)の両辺を v で微分すると，

$$\left(\frac{\partial P}{\partial v}\right)_T=-kTv^{-2}+\frac{4\pi}{3}v^{-3}\int_0^\infty\frac{d\phi}{dr}g(r)r^3dr-\frac{2\pi}{3}v^{-2}\int_0^\infty\frac{d\phi}{dr}\left(\frac{\partial g}{\partial v}\right)_r r^3dr \tag{6.1.26}$$

となる．ここに

$$\left(\frac{\partial g}{\partial v}\right)_r=\left(\frac{\partial g^*}{\partial\xi}\right)_v\left(\frac{\partial\xi}{\partial v}\right)_r+\left(\frac{\partial g^*}{\partial v}\right)_\xi=-\frac{1}{3v}\left(\frac{\partial g}{\partial r}\right)_v r+\left(\frac{\partial g^*}{\partial v}\right)_\xi \tag{6.1.27}$$

を代入し，部分積分すると，

$$\left(\frac{\partial P}{\partial v}\right)_T=-kTv^{-2}+\frac{4\pi}{9}v^{-3}\int_0^\infty\frac{d\phi}{dr}g(r)r^3dr-\frac{2\pi}{9}v^{-3}\int_0^\infty\frac{d^2\phi}{dr^2}g(r)r^4dr$$
$$-\frac{2\pi}{3}v^{-2}\int_0^\infty\frac{d\phi}{dr}\left(\frac{\partial g^*}{\partial v}\right)_\xi r^3dr \tag{6.1.28}$$

となる．

T を一定にして v を変えていくとき，1次相転移が起こるためには $(\partial P/\partial v)_T \geqq 0$ なる領域の存在が必要である．十分低温の固相で原子は格子点上にほぼ配置しているとすると，$g(r)$ は ξ によって定まり，$(\partial g^*/\partial v)_\xi=0$ とみてよい．十分高圧では(6.1.28)の右辺の積分において $d\phi/dr<0$ の領域からの寄与が重要であろう．すると，(6.1.28)の右辺第1，第2項は負である．従って等構造的1次相転移が起こるには第3項において $d^2\phi/dr^2<0$ なる領域からの寄与，すなわち $\phi(r)$ が変曲点をもつことが必要となるのである．

---

9) T. Yoshida and H. Okamoto: *Progr. Theoret. Phys.* (*Kyoto*), **45** (1971), 663.

(3)　高圧下の電子状態と融点極大現象

(1)項において，高圧下の物質では固体内原子の軌道遷移が起こることを述べた．また(2)項においては，変曲点をもつ有効対ポテンシャルが融点極大現象や等構造的相転移を導く可能性をもつことを示したが，第2章で述べたように，原子間ポテンシャルは与えられた原子配置の下での電子のエネルギーに依存する．しからば，典型的に上のような現象を示す Cs の場合，電子の状態はどのようなものであろうか．

低圧下での Cs 原子(原子番号 55)の電子配置は，$(1s)^2(2s)^2(2p)^6(3s)^2(3p)^6(3d)^{10}(4s)^2(4p)^6(4d)^{10}(5s)^2(5p)^6(6s)^1$ であって，6s 軌道より内部にある 4f 軌道および 5d 軌道は空いている．したがって固体内で原子同士が接近してくると，相隣る原子に属する 6s 電子の Coulomb 斥力が高くなるので，この 6s 電子が内部の空いた軌道に遷移することが考えられる．

ところで，Cs の等構造的相転移が 4f 軌道への電子遷移によるものであるとすると，圧縮された金属における 4f 状態のエネルギーは 6s 状態の近傍(1電子当り約 −0.3 Ry)になければならない．しかし Hartree 近似の結果によれば，このためには原子核の大きい荷電が必要で，Cs の原子核の荷電量では不十分である．このことは希土類で Cs に最も近い原子番号をもつ La(原子番号57)で，4f 軌道には電子が入らず，5d 軌道に入っていることからも想像されよう．

さて，単独のアルカリ原子，アルカリ土類原子の分光学的実験値(表 6.4)から判るように，s 軌道と対応する d 軌道のエネルギー差は比較的小さい．また原子番号が増すほどそのエネルギー差は小さくなっている．したがって金属を

表 6.4　K, Rb, Cs と対応するアルカリ土類の s および d 状態のエネルギー[10]

	軌道	エネルギー(Rydberg 単位)		軌道	エネルギー(Rydberg 単位)
K	4s	−0.3190	Ca II	4s	−0.8725
	3d	−0.1227		3d	−0.7478
Rb	5s	−0.3070	Sr II	5s	−0.8106
	4d	−0.1306		4d	−0.6764
Cs	6s	−0.2862	Ba II	6s	−0.7350
	5d	−0.1535		5d	−0.6862

10)　R. Sternheimer: *Phys. Rev.*, 78 (1950), 235

圧縮して価電子が原子核のより近くにくるようになると，6s バンドと 5d バンドのエネルギー差が減少するであろう．

Sternheimer[10] は次のようにして固体 Cs の原子当りのエネルギーを求めた．まず，6s バンドと 5d バンドの最低エネルギー $E^{\mathrm{B}}_{6\mathrm{s}}, E^{\mathrm{B}}_{5\mathrm{d}}$ は Cs 原子核を中心として原子容に等しい半径 r_0 の球内で Schrödinger 方程式を境界条件 $(\partial\psi/\partial r)_{r=r_0}=0$ の下で解いて求める．次にバンド幅は Wigner-Seitz 法によって摂動論的に計算し，6s バンドと 5d バンドの上端のエネルギー $E^{\mathrm{T}}_{6\mathrm{s}}, E^{\mathrm{T}}_{5\mathrm{d}}$ を求める．5d バンドを占める電子の割合 g は

$$E^{\mathrm{T}} = E^{\mathrm{B}}_{6\mathrm{s}}+(E^{\mathrm{T}}_{6\mathrm{s}}-E^{\mathrm{B}}_{6\mathrm{s}})(1-g)^{2/3} = E^{\mathrm{B}}_{5\mathrm{d}}+(E^{\mathrm{T}}_{5\mathrm{d}}-E^{\mathrm{B}}_{5\mathrm{d}})g^{2/3} \quad (6.1.29)$$

より定められる．ここに E^{T} は Fermi 面のエネルギーである．価電子の平均エネルギーは

$$E^{\mathrm{A}} = (1-g)\left\{E^{\mathrm{B}}_{6\mathrm{s}}+\frac{3}{5}(E^{\mathrm{T}}-E^{\mathrm{B}}_{6\mathrm{s}})\right\}+g\left\{E^{\mathrm{B}}_{5\mathrm{d}}+\frac{3}{5}(E^{\mathrm{T}}-E^{\mathrm{B}}_{5\mathrm{d}})\right\} \quad (6.1.30)$$

で与えられる．

E^{A} に自由電子間の相互作用エネルギーとして，Wigner と Seitz が求めた

$$E_{\mathrm{f}} = \frac{0.6e^2}{r_0}-\frac{0.458e^2}{r_0}-\frac{0.288e^2}{r_0+5.1a_{\mathrm{H}}} \quad (6.1.31)$$

を加えて，価電子1個当りの凝集エネルギーの理論値は

$$E_{\mathrm{th}} = E^{\mathrm{A}}+E_{\mathrm{f}} \quad (6.1.32)$$

で与えられることになる．ここに a_{H} は水素原子の Bohr 半径である．E_{th} は $5.92a_{\mathrm{H}}$ に極小点をもつ．因みに 0 K，1 気圧の r_0 の実測値は $5.59a_{\mathrm{H}}$ である．

圧力による凝集エネルギーの減少の理論値は

$$\Delta E_{\mathrm{th}}(r_0) = E_{\mathrm{th}}(r_0)-E_{\mathrm{th}}(5.92a_{\mathrm{H}}) \quad (6.1.33)$$

となる．図 6.10 は，圧縮によるエネルギー増加の実測値 ΔE_{exp} と，理論値 $\Delta E_{\mathrm{th}}(r_0)$ をそれぞれ V/V_0 の関数として表わしたものである．ただし V/V_0 は加圧下の体積 V と，0 K，1 気圧における値 V_0 との比である．ΔE_{th} は $V/V_0=0.55\sim0.44$ の領域でほぼ直線である．ただしエネルギー増加高 ΔE_{th} にはさらにイオン間の斥力の効果を考慮せねばならない．しかしこの効果は $V/V_0>0.44$ では重要ではなく，結局理論的に V/V_0 がほぼ 0.55 と 0.44 の間に固相相

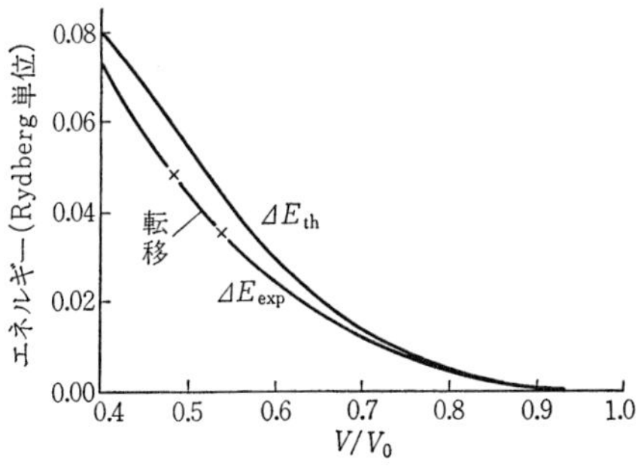

図 6.10 圧縮によるエネルギー増加の実測値 ΔE_{exp} と理論値 $\Delta E_{\mathrm{th}}(r_0)$. 横軸は最低エネルギーを与える体積 V_0 を単位に取った体積を示す[10]

転移が起こることを示唆する. この値は Cs 固体の等構造的相転移における実測値とほぼ同じであり, この相転移は 6s→5d の価電子遷移として理解される.

さて, 上の場合, 0 K における周期的結晶状態において電子エネルギーを求めたが, 液体状態におけるように原子配置が周期性をもたない場合, このような軌道遷移の原子間相互作用に及ぼす効果はどのように取り入れるべきであろうか. この問題に対する的確な答は与えられていないが, Klement[11] は液体 Cs では外殻電子の軌道遷移に対応して原子はいわば大きい球と小さい球に当る 2 つの状態を取り, 圧力が増すにつれて次第に小さい球の状態をもつ原子の割合が増加すると考えた. このような 2 種原子モデル(two-species model)に対して Rapoport[12] は正規溶液の理論(第 1 章参照)を用い, 以下のようにして融点極大を導いている.

すなわち, 液体は N_{A} 個の A 成分と, N_{B} 個の B 成分よりなるとし,

$$N_{\mathrm{A}}+N_{\mathrm{B}}=N, \qquad x=\frac{N_{\mathrm{B}}}{N} \tag{6.1.34}$$

とおく. 液体に対する擬結晶モデルを用い, その平均配位数を z とし, 最近接相互作用のみを仮定する. AA 原子対の相互作用エネルギーを $-2\chi_{\mathrm{A}}/z$, BB 原子対のを $-2\chi_{\mathrm{B}}/z$, AB 原子対のを $(-\chi_{\mathrm{A}}-\chi_{\mathrm{B}}+w)/z$ とし, 液体の分配関数を

$$Q=Q_{\mathrm{int}}Q_{\mathrm{ac}}\Omega \tag{6.1.35}$$

と表わす. ここに Q_{int} は原子の内部自由度, Q_{ac} は液体密度の振動の自由度

11) W. Klement: 未公表.
12) E. Rapoport: *J. Chem. Phys.*, **46** (1967), 2891; *ibid.*, **48** (1968), 1433.

の分配関数で，Ω は原子の擬結晶格子点上の配置の自由度の分配関数である．

原子配置のエネルギーを，与えられた x の下でのあらゆる配置のエネルギーの平均値でおきかえる(Bragg-Williams 近似)と，Helmholtz の自由エネルギーへの配置の自由度からの寄与は

$$\begin{aligned}\frac{F_c}{N} &= -kT\frac{\log\Omega}{N}\\ &= -(1-x)\chi_A - x\chi_B + kT[(1-x)\log(1-x) + x\log x] + x(1-x)w\end{aligned} \tag{6.1.36}$$

となる．これより，配位自由度よりの化学ポテンシャルへの寄与は，

$$\left.\begin{aligned}\mu_A &= \frac{\partial F_c}{\partial N_A} = -\chi_A + kT\log(1-x) + x^2 w\\ \mu_B &= \frac{\partial F_c}{\partial N_B} = -\chi_B + kT\log x + (1-x)^2 w\end{aligned}\right\} \tag{6.1.37}$$

である．

ここで，$-\chi_A$, $-\chi_B$ に内部自由度と振動自由度よりの寄与と，それぞれ PV_A, PV_B を加える．ここに $V_A(V_B)$ は A 原子(B 原子)のみ存在するときの体積である．これは，$-\chi_A(-\chi_B)$ を A 原子(B 原子)のみのときの化学ポテンシャル $\mu_A^\circ(\mu_B^\circ)$ で置き換えることに当る．A⇄B 平衡の条件は，$\mu_A=\mu_B$ である．これより，x を定める式として，

$$kT\log\left[\frac{x}{1-x}\right] + (1-2x)w = \varDelta\mu^\circ = \mu_A^\circ - \mu_B^\circ \tag{6.1.38}$$

が得られ，これをプロットすると，図 6.11 のようになる．w/kT の値がもし 2 より大きいと，与えられた $\varDelta\mu^\circ$ に対して(6.1.38)は 2 個の x の値を与え，液体において 2 相分離が起こることになるが，液体 Cs ではこれが観測されていないから，$w/kT<2$ に対応する．

さて熱力学により $(\partial\varDelta\mu^\circ/\partial P)_T=\varDelta V$ は A 状態と B 状態の体積の差である．圧力を加えると $\varDelta\mu^\circ$ が変わり，液体の体積 $V\cong(1-x)V_A+xV_B$ が変化する．図 6.11 から判るように，$\varDelta\mu^\circ/kT$ が -2 と 2 の間で，x の値は急激に変化する．このために，圧力を加えると液体の密度は固体に比して大きく変化し，遂に固体密度と等しくなり，ここで融点極大が起こると考えられる．

実際，(6.1.36)より Gibbs の自由エネルギーは

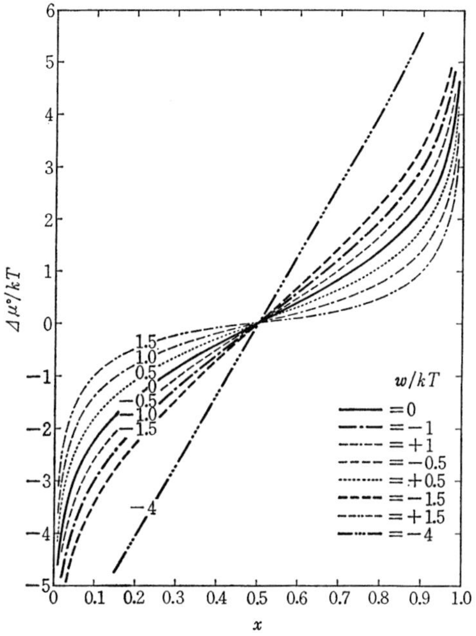

図 6.11 式(6.1.38)のプロット[12)]

$$\frac{G}{N}=(1-x)\mu_{\mathrm{A}}^{\circ}+x\mu_{\mathrm{B}}^{\circ}+kT[(1-x)\log(1-x)+x\log x]+x(1-x)w \tag{6.1.39}$$

であるから，液体の全体積は w の変化まで考慮すると

$$V=\left(\frac{\partial G}{\partial P}\right)_T=V_{\mathrm{A}}-x\Delta V+x(1-x)\gamma \tag{6.1.40}$$

ただし　　　$\gamma=\left(\frac{\partial w}{\partial P}\right)_T,\qquad \Delta V=V_{\mathrm{A}}-V_{\mathrm{B}}$

である．一方，液体のエントロピーは

$$S=-\left(\frac{\partial G}{\partial T}\right)_P$$
$$=S_{\mathrm{A}}-x\Delta S-k[(1-x)\log(1-x)+x\log x] \tag{6.1.41}$$

ただし，$\Delta S=S_{\mathrm{A}}-S_{\mathrm{B}}$ で，w は T には依存しないとした．こうして，Clausius-Clapeyron 式は $V_{\mathrm{s}}, S_{\mathrm{s}}$ を固相の体積，エントロピーとして，

$$\frac{\mathrm{d}T_{\mathrm{m}}}{\mathrm{d}P}=\frac{V_{\mathrm{A}}-x\Delta V+x(1-x)\gamma-V_{\mathrm{s}}}{S_{\mathrm{A}}-x\Delta S-k[(1-x)\log(1-x)+x\log x]-S_{\mathrm{s}}} \tag{6.1.42}$$

となる.

図6.3に示したようにCsでは等構造的相転移が起こるよりも低い圧力で融点降下が起こる. 固相で等構造的相転移が起こる際は, 主として大きい球のみが存在する低密度相から, 主として小さい球のみの存在する高密度相へ移るであろう. しかしこの転移が起こる圧力に達するまでは, 固相ではその周期的構造のために液相のように容易には大小の球の状態が混じらないから, V_s の変化は液体の体積変化に比べて無視されると考えられ, (6.1.42)は x が急激に変化するあたりで, 融解曲線が上昇より下降に転ずることを示唆している.

このような2種の原子状態の存在を仮定するモデルが, どの程度液体Csの実態を代表しているかはあまりはっきりしていないが, HgのX線回折の結果から2体分布関数を求めると, 最近接原子に対応して3.07 Åにおける主要なピークの他に, 2.85 Åの距離に副次的なピークが観測され, これが小さい球の状態に当っているとの報告もある[13]. しかし, このような事情は変曲点をもつような有効対ポテンシャルで相互作用する系でも観測される可能性があろう. 2種の原子状態の現実性はむしろ電子状態の励起に関連した量の測定にその判断を求めるべきであるし, これは今後に残された興味ある問題とも云える.

§6.2 無定形固体

固体にはよく知られているように結晶と無定形(非晶質)固体とがある. 前者では, 物質を構成している原子または分子が一定の周期性をもって配列しているのに対し, 後者ではそのような周期性がない. いわゆるガラスは無定形固体の1つである. このほか有機物, 無機物を問わず数多くの物質が無定形固体になり得ることが実験的に確かめられている. ところでこの無定形固体はしばしば**ガラス状態**(glassy state, vitreous state)とも呼ばれるが, この場合の'ガラス'とは上のような物質名としてのそれでなく, もっと広い意味, つまり物質のある状態名として用いられていることに注意する必要がある. ガラス状態(無定形固体)を得るのに液体の過冷却法, 蒸気凝結法, 機械的破砕法, 熱分解法, 急激沈殿法, 放射線照射法などの方法が用いられるが, 今その内の1つと

13) R.F. Kruh: *Chem. Rev.*, **62** (1962), 319.

して液体を急冷することを考えてみよう．液体のように不規則に配列した原子(分子)は，十分ゆっくり冷却すれば，ある温度(凝固温度 T_{m})で規則的に配列した方がエネルギー的に安定になるために結晶化がおこるが，ゆっくり冷却するかわりに液体を急冷すれば事情は異なる．この場合はよく知られているように，液体は凝固温度 T_{m} 以下でも結晶化することなく過冷却液体と呼ばれる準安定状態になる．それではこのような方法でどんどん過冷却をすすめていけばどうなるだろうか*．一般に温度の低下と共に液体(過冷却液体も含めて)の流動性も低下するので(図 6.12)，あまり温度が低いと液体としての特徴(流動性が大きいこと)が失われ，むしろ固体としての特徴(流動性が小さいこと)をもつに到るだろう．したがって液体を十分早く急冷すると，もはや結晶化を起こさずにいわば液体状態の原子配列のまま固体となってしまう．このような固体がガラス状態または無定形固体である．また，この固化する温度 T_{g} をガラス転移点(温度)という．図 6.12 は流動性(拡散係数)が温度の低下とともにどのように変化するかを定性的に示したものであるが，この図から分かるように，過冷却液体の領域 ($T_{\mathrm{g}}<T<T_{\mathrm{m}}$) では流動性はまだ十分大きく，このことは過冷却液体が液体であることを意味している．これに対して，ガラス状態の領域 ($T<T_{\mathrm{g}}$) では拡散がほとんどおこらないことから，この状態は固体的であるといえる．しかし一方原子の配置(秩序がないこと)からいえば液体的(無定形)で

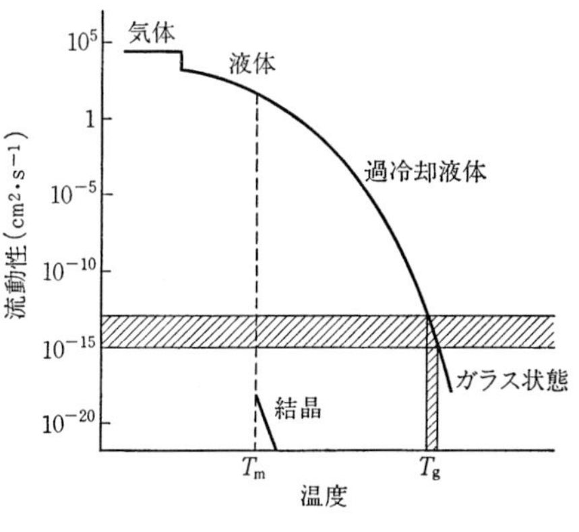

図 6.12 過冷却にともなって液体の流動性(粘性率の逆数)が低下することを概念的にあらわしたもの．ガラス転移点で流動性はだいたい 10^{-14}～10^{-15} $\mathrm{cm^2 \cdot s^{-1}}$ になるのが普通である．

* もちろんそれが可能であるとしての話である．物質によっては過冷却に限界があり，それより低温では常に結晶化してしまうということもあり得るかも知れない．

ある．このようにガラス状態は固体と液体の両方の性格をもった物質の状態であるといえよう*．

いま述べてきたのは液体を過冷したときにその状態がどの程度の流動性(拡散)を示すかという一面からであった．そしてその大きさが通常の結晶状態の固体のそれにおよそ等しくなるような過冷却温度をガラス転移温度 T_g とよび，これよりも低温側の状態をガラス状態とよんできた．もちろんこれだけでは‘転移温度’としての定義として不十分である．そこでもっと明確にガラス転移温度 T_g を定める必要があるわけだが，これを行なうためには，そもそもガラス転移とは何かということに触れなくてはならない．しかし実はこの問題は容易ではなく，結論を先にいうと今までのところ完全には解決されていない．この問題に立ち入る前に実験で観測されている事実を先に述べよう．図 6.13 は

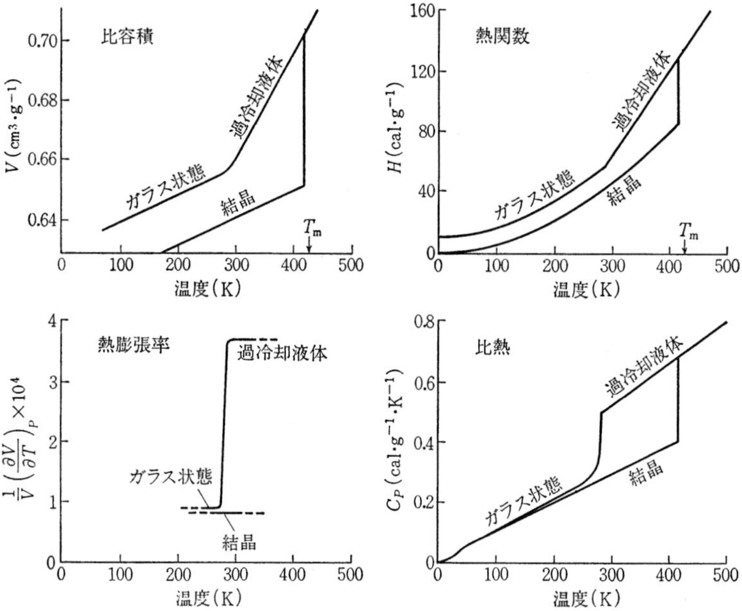

図 6.13　グルコースのガラス転移点近傍における熱力学的性質の異常性[14)]

* 固体と液体の中間的な性質を示す物質の相として 液晶’というものがあるが，これはガラス状態とは無関係である．なぜなら液晶はそれ自身絶対安定な状態であるからである．

14) W. Kauzmann: *Chem. Rev.*, **43** (1948), 219.

グルコースの実験データであるが，この図と同じような結果はその他多くの物質について観測されている[14]．この図にみられるようにガラス転移点の近傍で体積，熱関数には急激な変化がみられないが，それらの温度に関する1階微分に関連した熱膨張率，比熱は転移点の近傍でかなり急激に変化しているのがみられる．したがってこの点からみれば，ガラス転移を通常の(Ehrenfestの定義による)2次相転移とみなしてもよさそうであるが，しかし次の点を考慮すれば果して，ガラス転移を秩序-無秩序相転移等と同一視することが正しいのかどうか疑問である．つまり実験によれば，

(i) ガラス転移温度 T_g は測定方法によって多少変化する(図6.14)．一般に急冷速度が大きいほど T_g は高い，

(ii) 転移点近傍で，熱力学量は必ずしもそれほど急激に変化しない

ようであり，このような結果は必ずしも実験の精度の問題でなくて，むしろガラス転移の本質的な問題をなげかけていると思われるからである．

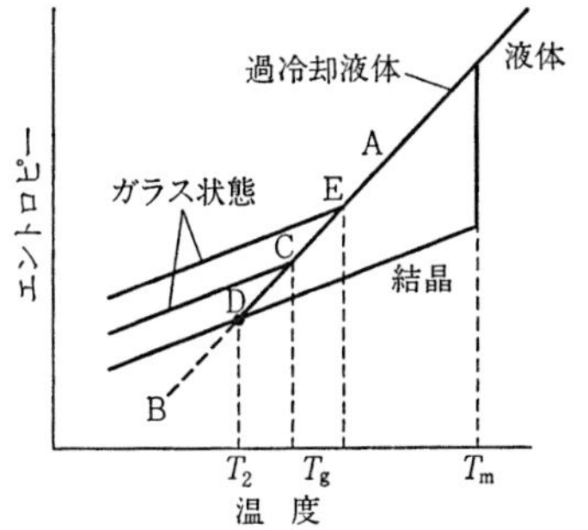

図 6.14 ガラス転移点近傍におけるエントロピー図．急冷速度を遅くしていくと，ガラス転移点はE→Cと低温側に移動していく．D点で結晶相のエントロピー曲線と交わると仮定すると，この温度が T_2 である

さて話を元に戻して，‘ガラス転移とは何か’という問題を，上のような実験事実と関連して考えてみよう．図6.14に示したように転移点が過冷却速度によって異なるということは次のように説明され得るだろう．たとえばある速さで過冷却していく場合を考える．高温度(A点近く)では粘度が低く(流動性が大きく)，構成原子の移動がかなり自由なので過冷却液体は速やかに平衡に達する．しかしやがて温度低下のために粘度が急に高まり(図6.12参照)，過冷却液体が平衡に達するに要する時間は急に長くなる．このため過冷却液体はある温度附近(C点附近)より低温では冷却速度についていけなくなり，その結果

平衡状態を実現することができなくなって非平衡状態としてのガラス状態に変わる．同じことを，今よりもっと冷却速度を大きくするとどうなるだろうか．今度は前よりも温度の高いE点附近でもはや原子の運動は冷却速度についていけなくなる．逆に非常にゆっくり冷やしていけばC点を通過してもなお平衡状態を保ちながら冷却していくことが可能であろう．以上のガラス転移に関する見解を要約すれば次のようになる．つまりガラス転移点というものは，ガラスの構造から平衡状態の構造へ移るに要する時間が実験にあてられた時間的尺度(冷却速度など)に比して大きくなるような温度で，見かけ上生ずるものである．このように考えると，ガラス転移は平衡統計力学でいうところの真の相転移ではなく，操作上現われる見かけの転移ということになる．またこの見かけの転移点は冷却速度に依存することになるが，無限にゆっくり冷やしていけば，先ほどのように非平衡状態に転移することはあり得ないことになるので，この場合には見かけの転移点すらも現われなくなるものと考えられるが，もちろんこのことは実験で確かめられたわけではない．

Gibbsらの理論[15,16]　Gibbsらは準安定状態としてのガラス状態が可能であるとし，彼らはこれを物質の第4番目の状態ともよんでいる．彼らの考え方はこうである．いま実験的な困難さは考えないことにして，図6.14のエントロピー曲線図でA→E→C… とたどっていけたとしよう．エントロピーの温度変化は比熱に比例する．低温で過冷却液体は固体よりも大きな比熱をもつので，エントロピーの温度変化は過冷却液体の方が傾きが急である．そのため，低温へたどっていくと，やがて過冷却液体のエントロピーが結晶相のそれより低くなり，負のエントロピーをもつに到る(Kauzmannのパラドックスともいわれる)．したがって実際には結晶相のエントロピー曲線と交差するところ(T_2)で過冷却液体のエントロピー曲線は折れ曲がり，それより低温側では結晶相のエントロピーと同じ曲線上をたどらなければならないと考えた．彼らはT_2で過冷却液体は2次の相転移をおこすことが可能であると考えたのである．彼らは1次元のポリマーについて，Meyer-Flory-Huggins[17]の格子模型を用い

15)　J. H. Gibbs and E. A. Di Marzio: *J. Chem. Phys.*, **28** (1958), 373.
16)　G. Adam and J. H. Gibbs: *J. Chem. Phys.*, **43** (1965), 139.
17)　P. J. Flory: *Principles of Polymer Chemistry*, Cornell Univ. Press (1953).

て T_2 を計算し，これと測定に時間のかかる物理量の実験から得られる転移点 (T_g) との一致はだいたい良いとしている．このように T_2 は非常にゆっくり測定した極限で観測される理想化されたガラス転移点であるとしている．

ガラス転移温度の測定結果 図 6.13 に示したような物理量などの異常性の測定から，これまで数多くの物質のガラス転移点 T_g が実測されている．そこで，次に実験から得られた結果に基づいて，これらを少し整理してみることにしよう．表 6.5, 6.6 は有機物，無機物のガラス転移温度を示したものである[18]．この表で興味のあることは，転移温度自身は物質によって広い温度範囲にひろがっているが，表にも示したようにガラス転移温度と融解温度の比 T_g/T_m はほぼ 0.6〜0.7 におさまっていることである．これを説明する簡単なモデルとして次の Kauzmann の理論が有名である．

Kauzmann の理論[14] Kauzmann は液体の微結晶モデルの立場から，ガラス転移温度と融解温度の関係を理論的に求めた．いま液体は微結晶の集合であって，その微結晶は互いに任意の方向を向いているものとしよう．そして簡単のため，微結晶はすべて大きさが等しく1辺の長さが a の立方体であるとする (a は単位胞の長さを単位にして測る)．単位胞に含まれる粒子の数を n，全粒子数を N とすると，微結晶の数は $N/(na^3)$ で与えられる．1つの微結晶は表面積 $6a^2$ をもっているから，$N/(na^3)$ 個の微結晶が互いに向かい合っている表面積は全部で $3N/(na)$ となる．したがって，単位表面エネルギーを $\sigma(>0)$ とすれば，微結晶の集合は全体として，結晶よりも $E=3N\sigma/(na)$ だけエネルギーが高いことになる．微結晶の配向の自由度によるエントロピーを次のようにして計算する．互いに向かい合った微結晶の表面を考えると，一方の微結晶の可能な配向の数は a が大きいほど大きいが，いまそれが Ja^m ($J>0$, $m>0$) で与えられるものとする．それは微結晶の表面の単位胞の面の数におよそ比例すると考えられるからであり，したがって $m\cong 2$ である．また J はオーダー1の量である．したがって，$N/(na^3)$ 個の微結晶の配向によるエントロピーは

$$S=\frac{Nk}{na^3}\log Ja^m \tag{6.2.1}$$

となる．このようにして，微結晶の集合の自由エネルギーは，結晶を基準にと

18) S. Sakka and J.D. Mackenzie: *J. Non-Crystalline Solids*, **6** (1971), 145.

表 6.5　有機物のガラス転移温度 T_g および T_g/T_m の値[18)]

物　質　名	T_g(K)	T_m(K)	T_g/T_m
イソペンタン	65	113	0.58
n-プロピルアルコール	93	146	0.64
エチルアルコール	93	161	0.58
メチルアルコール	103	175	0.59
ビニルアルコール	125	180	0.70
ポリジメチルシロキサン	150	215	0.70
グリセリン	185	291	0.64
dl-乳酸	200	291	0.69
天然ゴム	200	300	0.67
ポリエチレンアジパート	203	323	0.63
ポリテトラメチレンセバカート	216	337	0.64
グルコース	290	414	0.70
ポリ-ε-アミノカプラミド	323	498	0.65
ポリヘキサメチレンアジパミド	323	538	0.60
フェノールフタレン	340	534	0.64
ポリエチレンテレフタラート	353	543	0.65
ポリピペラジンセバカミド	355	453	0.78

表 6.6　無機物のガラス転移温度 T_g および T_g/T_m の値[18)]

物　質	T_g(K)	T_m(K)	T_g/T_m
S	245	393	0.63
Se	304	493	0.63
As_2O_3	433	585	0.74
B_2O_3	553	723	0.76
GeO_2	800	1388	0.57
P_2O_5	537	853	0.63
SiO_2	1463	1996	0.73
As_2S_3	444	572	0.78
$K_2B_4O_7$	680	1140	0.60
$NaPO_3$	563	901	0.63
$Na_2Si_2O_5$	732	1142	0.66
$PbSiO_3$	695	1040	0.67
$ZnCl_2$	376	590	0.64
As_2Se_3	450	645	0.70
As_2Te_3	413	685	0.61
AsSe	443	573	0.77
$CdGeAs_2$	673	973	0.69
$TlAsS_2$	378	578	0.66
$TlAsSe_2$	373	578	0.65
$TlAsTe_2$	338	475	0.71

って

$$F = E - TS = \frac{3N\sigma}{na} - \frac{NkT}{na^3}\log Ja^m$$
$$= \alpha\left(\frac{\beta}{mb} - \frac{\log b}{b^3}\right) \tag{6.2.2}$$

ただし　$\alpha = mNJ^{3/m}\frac{kT}{n}$,　$\beta = \frac{3\sigma}{J^{2/m}kT}$,　$b = J^{1/m}a \cong a$

となる．上式から F/α を(β をパラメタとして) b の関数として図示すると，図 6.15 のようになる．

(i) $\beta/m < 1/(2e) = 0.184$ のとき F/α の極小値は負であるから，図に示されているように，小さな微結晶(液体)が安定である．

(ii) $\beta/m = 1/(2e)$ で F/α の極小値は 0 になり，したがって結晶と同一の自由エネルギーをもつ．したがって $\beta/m = 1/(2e)$ は凝固点 T_m に相当したものである．しかしこの温度では大きな結晶に成長するには自由エネルギーの壁があるが，

(iii) $\beta/m \geqq 3/(2e^{5/3}) = 0.284$ に達するとその壁はなくなり，過冷却液体は不安定になる．

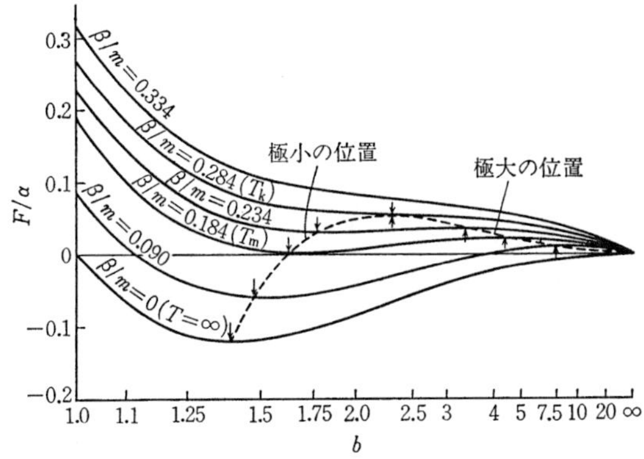

図 6.15　微結晶の大きさ b の関数としてあらわした自由エネルギー F/α[14]．破線は極大と極小の位置を連ねたもの

Kauzmann は $\beta/m = 3/(2e^{5/3})$ を pseudo-critical temperature (T_k) と名づけ，ガラス転移温度(T_g)に近いものと仮定した．もしそうだとすると，上の(ii)，(iii)から

$$\frac{T_g}{T_m} = 0.65 \left(\cong \frac{2}{3}\right) \tag{6.2.3}$$

を得る．図6.16は表6.5にあげた物質について T_g と T_m の関係を図示したものであるが，どの物質もほぼ(6.2.3)で与えられる直線上に位置しているのがみられる．Kauzmannの理論が正しいかどうかは別にしても，多くのガラス物質に対してほぼ $T_g/T_m=2/3$ が成り立っていることは，ガラス転移点に関する1つの経験則として重要な意味をもつものである．

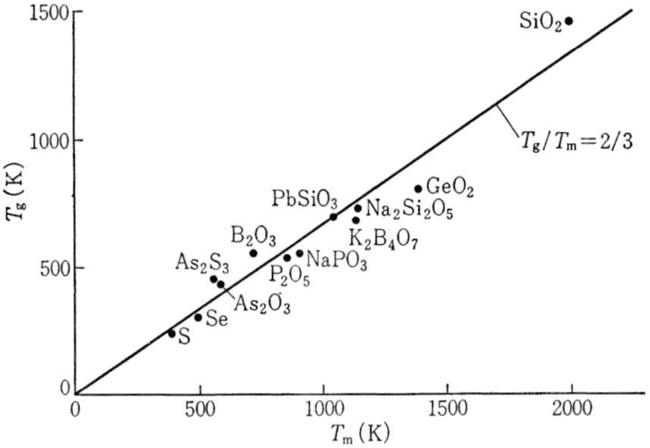

図 6.16　無機物のガラス転移温度 T_g と融解温度 T_m の関係を図示したもの[18]．ほとんどの物質は直線 $T_g/T_m=2/3$ の近くにある

低分子物質のガラス転移　表6.4，6.5にあげた物質は高分子物質がほとんどであるが，もっと簡単な(低分子)物質もガラス状態になり得るのであろうか．表6.7は関ら[19]によって得られた低分子物質のガラス転移温度を示したものである．一般に低分子になるほどガラス状態を作ることは実験的にむずかしくなる．それは高分子物質の場合に比べて急冷の速度を早くする必要があるからであるが，関らは気体凝結法等により表6.7にあげた低分子物質のガラス状態の作成に成功した．

そこでさらに簡単な物質(例えばArなど)が果してガラス状態になり得るのかどうか興味ある問題であるが，現在のところまだ実験的に成功していない．これについては後にsoft coreモデルのガラス状態の可能性のところで再び触

19)　関集三：化学と工業，**23** (1970)，498；日本結晶学会誌，**14**，(1972)，335.

表 6.7　低分子物質のガラス転移温度[19]

物　　質	T_g(K)	T_m(K)	T_g/T_m
プロパン	55	83	0.663
四塩化炭素	60	250	0.24
クロロホルム	79	209.5	0.38
イソペンタン	65	113	0.58
メチルアルコール	103	175	0.59
エチルアルコール	90〜96	161	〜0.58
水	135	273	0.50

れる.

ガラス状態の物理的性質[20]　次にガラス状態の機械的および物性的性質について述べることにしよう. 結晶固体の強さを結晶のある面の上半分を1原子分の距離だけすべらせるのに必要な力で測ることにすると, これは欠陥を含まない完全結晶に対する計算によれば, 金属などでは約 500〜1000 kg·mm^{-2} の値となる. しかし, 実在の金属の強さはこの値の数百分の1にしかならない. その理由は, 実在の金属などでは転位(dislocation)が多数存在し, 結晶の変形は全ての原子が同時に移動するのではなく, ちょうどシャクトリムシやミミズが前進するときのように, 部分的なすべりがつぎつぎに起こって, 最後に全体がすべり終えるからで, この場合は力は非常に弱くてすむ. したがって結晶固体の強さは, この転位を動かすに必要な力といえる. 一方無定形固体では, 原子配列に周期性がないので, そもそもこのような転位などはない. したがって無定形固体の強さの機構は上のようには単純ではない. いわゆるガラスと呼ばれている物質は硬くてもろいが, これは局所的に小さな割れなどが存在していて,

表 6.8　無定形固体(ガラス状態)と結晶固体の性質の比較[20]

性　質	無定形固体	結晶固体
比　熱	大	小
電気抵抗	大	小
比　重	小	大
熱膨張	大	小
粘　性	小	大
強　さ	大	小

20)　増本健：科学朝日, 1972年2月号, p. 103.

力を加えたとき，この割れが広がって破壊すると考えられている．しかし，もしも無定形状態でこの割れを生じないように粘性的な変形が起こり得るならば，見掛け上かなりの強さが期待されよう．実際，増本ら[20]によると Pd-Si 合金の無定形固体では，結晶体の約9倍くらいの強さが得られるといわれている．このほか無定形固体と結晶固体の性質の違いを表 6.8 にあげておく[20]．

比熱，熱伝導率の異常性　最近無定形固体の低温での比熱，熱伝導率に関する実験[21]がいくつか報告され，その異常性が注目されている．図 6.17 はいくつかの無定形固体の熱伝導率の温度(0.1～100 K)依存性をあらわしたものである．無定形固体の熱伝導率の特徴をあげると，

(i)　結晶固体の熱伝導率は物質によってまちまちであり，不純物などの影響で，その値は大きく変化する(一般に小さくなる)のに対して無定形固体の熱伝導率は結晶固体のそれより数桁小さく，無定形固体の化学組成にあまりよらないことが多い．

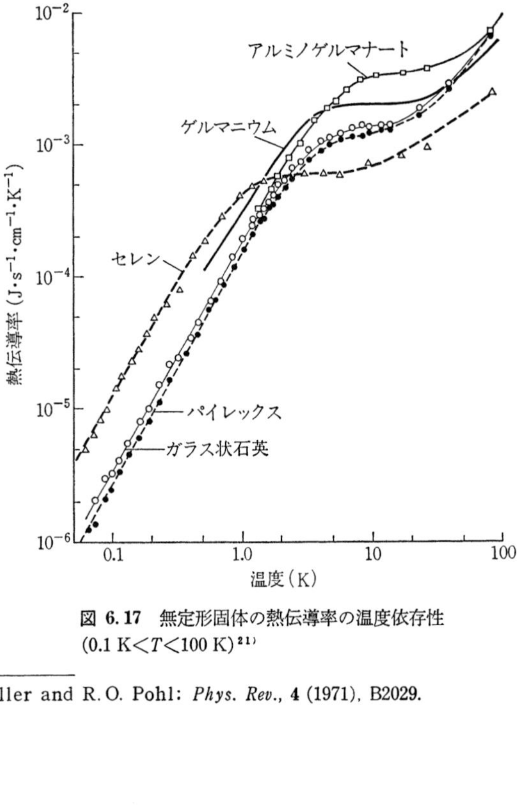

図 6.17　無定形固体の熱伝導率の温度依存性 (0.1 K<T<100 K)[21]

21)　R. C. Zeller and R. O. Pohl: *Phys. Rev.*, **4** (1971), B2029.

(ii) 10 K の近傍で，無定形固体の熱伝導率は温度変化がきわめて小さくなる(Plateau).

(iii) 1 K より低温で熱伝導率の温度依存性は $\sim T^{1.8}$ で与えられ，結晶固体($\sim T^3$) と異なる.

無定形固体と結晶固体の性質の違いは比熱曲線にもみられる.

図 6.18(a), (b) にみられるように，高温では無定形固体の比熱と，結晶固体のそれとの違いはあまりないが，10 K くらいのところで，この差は大きくなる．そして更に低温のところ($\lesssim$1 K)で，比熱は $\sim T$ に従って変化するようである(結晶固体の場合は，よく知られているように，比熱の温度(低温)依存性は $\sim T^3$ である)．Zeller らは GeO_2, Se などについても同様な実験結果が得られることから，比熱のこのような異常性は無定形固体一般に共通な特質であるだろうとしている．低温で無定形固体の比熱が結晶固体より大きいことを説明するのに，Anderson ら[22]は無定形固体での原子のポテンシャル曲線が 2 つの極小値をもつモデルを提唱している．しかしこのようなモデルがどれほど実体的

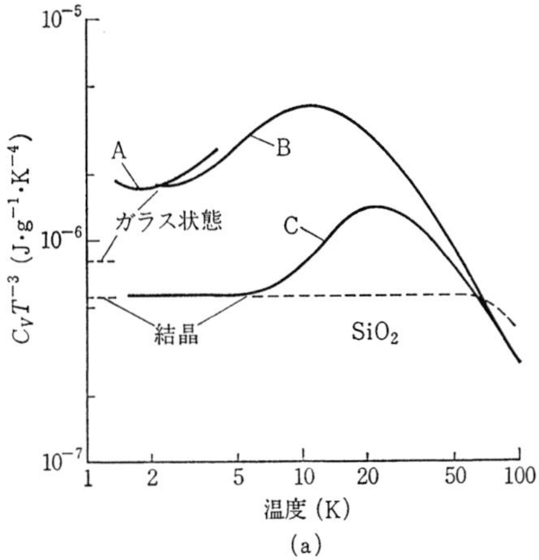

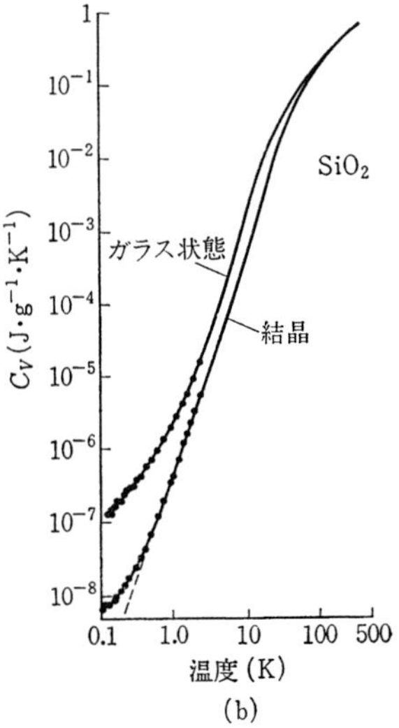

図 6.18 無定形および結晶形 SiO_2 の定積比熱 C_V. (a)は縦軸を C_VT^{-3} にとってある. (b)は縦軸 C_V. 両図とも両対数で描かれている

22) P. W. Anderson, B. I. Halperin and C. M. Varma: *Phil. Mag.* (*GB*), **25** (1972), 1.

なのかどうかはあまり明らかでない.

種々のガラス状態　以上は，液体を過冷却したときに，適当な条件下 ($T<T_g$) で得られるガラス状態について述べてきたが，実はこれとは違った種類のガラス状態も可能である．例えば，各分子は結晶格子上にあるが，分子自身のもっている，内部回転，スピン等の自由度に関しては，高温の状態(無秩序相)がそのまま凍結されているようなものがある．これらの場合も，急冷(あるいは本質的にこれと同じ操作)によってその温度で最も安定な状態(秩序相)が実現されないで，低温側で高温相の状態が実現される．これはこれまで述べてきたガラス状態と本質的に同じものである．シクロヘキサノールなどの柔粘性結晶で融点直下の結晶相 I を急冷すると他の結晶相に移らないで過冷却の結晶相 I が得られ，比熱がある温度(148 K)のところでジャンプする．したがって，$T=148$ K がこの場合のガラス転移温度 T_g である[19]．関らはこのガラス状態と，液体を過冷却することから得られるガラス状態とを区別するために，前者をガラス性結晶(glassy crystal)，後者をガラス性液体(glassy liquid)あるいは単にガラス状態と呼んでいる．このように，ガラス状態を単に操作上の観点から一括してとらえるとすると，種々の自由度に応じたガラス状態が可能であり*，したがって同一物質で T_g をいくつももつことももちろんあり得ることになる.

soft core モデルのガラス状態は可能か　最後に，原子間相互作用が§5.2の(3)項の soft core ポテンシャルで与えられるような単純液体のガラス状態が可能であるかどうかについて触れておこう．§5.2(3)でみたように，このモデルは液体アルゴンなどの不活性気体の液体 ($n\geq 12$) に充分よく適用され得るモデルである．ところが前に少し触れたが，このような簡単な液体(有効原子間相互作用が粒子間の距離だけであらわされ得るようなもの)のガラス状態を実験的にこしらえることは今のところ成功していない．実験的にガラス状態が得られているもので最も簡単な(低分子)液体は水であるが，これとて水素結合があるので，不活性気体の液体ほど簡単な液体ではない．それでは単純液体のガラス状態はそもそも不可能であろうか．あるいは，これまで実験的にガラス状態を得ることに成功しなかったのは過冷却速度を早めることの技術的な困難

*　上にあげた例の他にも，例えば液晶(ネマチック，スメクチック相)のガラスや，結晶で水素原子が水素結合している物質(例えば氷の結晶)では水素原子の位置に関してのガラス状態等がある.

さだけによることなのであろうか．一方，この問題は計算機実験によっても調べることができる．計算機実験では，液体を分子的なレベルで急冷したり急圧縮したりすることができるので，実験室で行なわれる通常の実験に伴う過冷却速度の技術的限界は問題にならない．

計算機実験によって過冷却液体(ガラス状態)をこしらえる方法は次の2通りの方法によって行なうことができる．いま計算機実験によって，凝固点近くの液体は既に計算されているものとする．

(i) この液体の各粒子の速度をある時刻に全て0にする．ところが，この状態は非平衡状態であるから，計算(シミュレーション)を進めていくと，各粒子はまた運動エネルギーをもつようになる．そこで再び各粒子の速度を0にする．このような操作を何回か行なうことによって，最初の液体よりも低い温度の液体(過冷却液体)を作ることができる．

(ii) もう1つの方法は，温度を急に下げるかわりに，ある時刻で各粒子の速度はそのままにして，粒子の位置を幾何学的に一様に縮めるやり方である．この結果，系の密度が上がると同時に温度もあがるが，この方法によってある程度まで ρ^*(式(5.2.33)参照)を大きくすることができる．

このようにして得られた過冷却液体(またはガラス状態)領域の ρ^* に対する PV/NkT の値を図6.19に示す．この結果は $n=12$, $N=32, 108$ についてのものであるが，§5.2(3)に示した同じモデルの拡散係数のグラフ(図5.23)とくらべてみることから，$\rho^*\approx 1.3\sim 1.4$ で流動相の状態は質的に変化していることが分る．もう少し詳しく解析してみないと精確なことはいえないが，いま仮にこの状態の質的な変化がおこる ρ^* を1.35としそれを ρ_g^* と記すことにしよう．再び図6.19をみると $\rho>\rho_g^*$ の PV/NkT の値に粒子数依存性がみられる．2体分布関数(図5.19)の振舞からみて，$N=32$ に対する結果は粒子の構造は無定形であるのに対して，他方 $N=108$ の結果はかなり結晶状態に近いようである．このように $\rho^*\approx\rho_g^*$ を境にして，$\rho\lesssim\rho_g^*$ では粒子数依存性がほとんどなく，$\rho\gtrsim\rho_g^*$ で粒子数依存性があるのは，後者では熱力学的な平衡状態に達していないからであろう．ガラス状態は非平衡状態である[19)]との見解に従って，$\rho^*\gtrsim\rho_g^*$ の状態は一応ガラス状態と呼ばれるべきものであるが，周期境界条件の影響など解明しなければならない問題も残されている．$\rho_g^*\approx 1.35$, $(PV/NkT)_g\approx 29$,

および表5.6にあげた ρ_m^*, $(PV/NkT)_m$ を用いると，圧力一定の条件では，

$$\frac{T_g}{T_m}=\left(\frac{(PV/NkT)_m\rho_m^*}{(PV/NkT)_g\rho_g^*}\right)^{4/5}=0.63\sim0.66\cong\frac{2}{3} \qquad (6.2.4)$$

となる．この値は経験的に知られているガラス転移温度の関係式(6.2.3)とほぼ同じであり興味深い結果である．

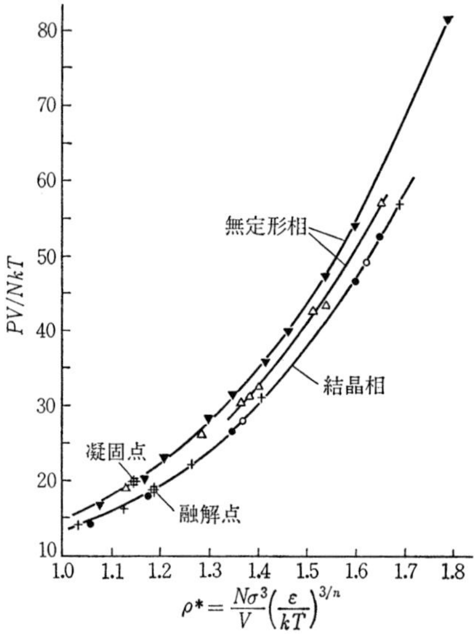

図 6.19　soft core (n=12) モデルの過冷却液体，およびガラス状態の PV/NkT と ρ^* の関係．結晶相，無定形相とも黒くぬりつぶした方が N=32，そうでない方が N=108 の粒子系から得られた結果である．N=108 の無定形固体の粒子構造はかなり結晶に近い[23]

§6.3　液晶*[24-26]

近頃実用面または生物科学との関連において注目を集めているものに液晶と呼ばれるものがある．前章までに述べてきた単純液体(simple liquid)における結晶-液体の転移のほかに，1つまたはそれ以上の中間相(mesophase)を持つのが特徴である．単純液体の分子が等方的な相互作用を持っているのに対し，液晶分子は異方的な相互作用を持っているからであると考えられる．

23)　Y. Hiwatari, H. Matsuda, T. Ogawa, N. Ogita and A. Ueda: *Progr. Theoret. Phys.* (*Kyoto*), **52** (1974), 1105.

*　液晶に関する入門テキストとして次の 24)〜26)がある．

24)　I. G. Chistyakov: *Soviet Phys.-Uspekhi*, **9**, (1967), 551.

25)　G. H. Brown, J. W. Doane and V. D. Neff: *A Review of the Structure and Physical Properties of Liquid Crystal*, Butterworths (1971).

26)　井口洋夫編：液晶(共立化学ライブラリー)，共立出版(1971).

液晶の理論的研究はまだ初期的な段階であり，この節で紹介するいくつかの理論は，むしろ今後への出発点として考えてよいであろう．一方，液晶の最も簡単な模型とみなせる剛体楕円板(hard ellipse)系に対して計算機実験が行なわれるようになった．剛体球(hard sphere)系に対する計算機実験が Alder 転移という概念をもたらし，液体状態に対する理解を深めるのに役立ったのと同様に，その結果は液晶における分子間力の役割に対して，新しい見方を提出しているように思われる．

(1)　液晶の性質

オーストリアの植物学者 Reinitzer が，安息香酸コレステリンという物質の奇妙な振舞いを発見したのは，前世紀の末 1888 年である．この物質の結晶を加熱すると，145.5°C で融解し，濁った液体になる．さらに加熱を続けると，178.5°C で，透明な液体になる．逆に，こうして得られた透明な液体の温度を下げていくと，濁った中間相を経て結晶に戻る．ドイツの物理学者 Lehmann は，偏光顕微鏡をつかって，濁った中間相は光学的に異方性を持っていることを発見した．すなわち，この物質は，通常の物質が持つ結晶相や等方的な液体(isotropic liquid)相のほかに，その中間相として，液体のような流動性と多くの固体が持つような光学的な異方性を兼ねそなえた相を持っている．そして，Lehmann は，この新しい相を**液晶**(liquid crystal)と呼んだ*．それ以後，数多くの物質が液晶として知られるようになり，中間相も 1 種類ではないことが明らかになった．

液晶を構成分子の配列構造によって分類すると，ネマチック(nematic)，スメクチック(smectic)，コレステリック(cholesteric)の 3 種類に大別される．この分類は G. Friedel による．ネマチック相では，分子の配向方向はそろっているが，各分子の重心の位置はランダムに分布している．スメクチック相では，配向の秩序(orientational order)のほかに，その配向方向に 1 次元的な並進の秩序(translational order)がある．しかし，配向に垂直な面内では分子の重心の位置はランダムである．液晶相，等方性液体相を含めて，これらを図 6.20 に示す．コレステリック相は，ネマチック相の特別な場合と考えられ，

* しばしば，mesophase, anisotropic liquid などの名でも呼ばれる．

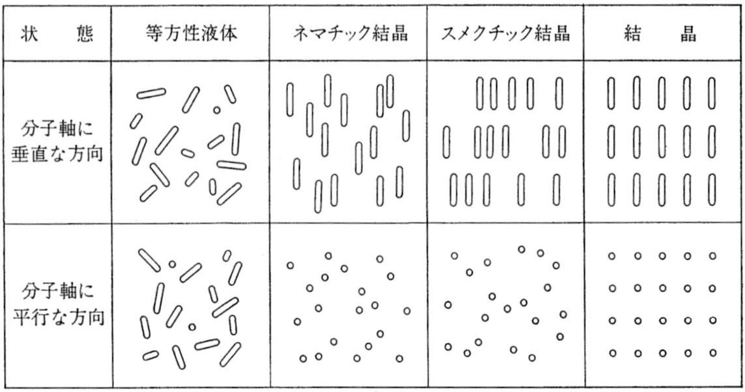

図 6.20　液晶の分子配列．図に示されているようなスメクチック相は，詳しくはスメクチックAと呼ばれる

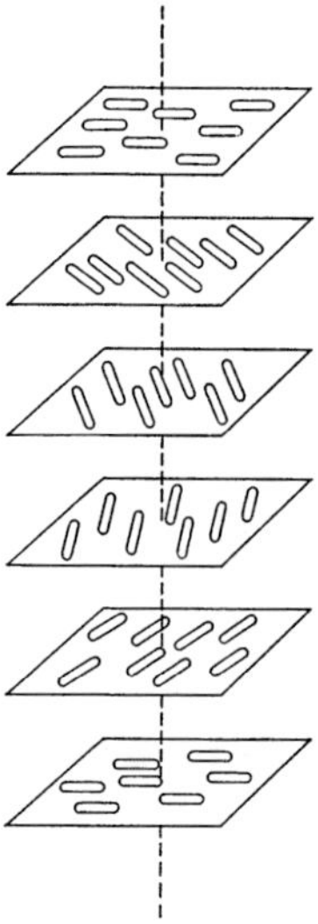

図 6.21　コレステリック液晶における分子配列の模式図

配向した分子をふくむ面が少しずつ角度を変えながらラセン状に並んでいる(図 6.21)．最近の研究によれば，より詳しい分類が可能であるがここでは省略することにする．

Reinitzer が観察したように温度を変化させると，液晶は急速に状態をかえる．このような液晶を，thermotropic liquid crystal という．このほかに，水や有機溶媒に溶けて結晶になる lyotropic liquid crystal がある．今までに集積された実験結果から，温度を上げていくと

結晶 → スメクチック → ネマチック → 等方性液体

の順に相転移することが知られている．もちろん，スメクチック相をもたない液晶やネマチック相をもたない液晶も多数存在する．これらの転移は潜熱を伴い1次の相転移であると考えられている．例えば 4,4′-di-n-heptyloxyazoxy benzene* では，エンタルピーの変化 ΔH(kcal·mol^{-1})，エントロピーの変化 ΔS(cal·mol^{-1}·K^{-1}) は

温度	74.4°C	95.4°C	124.2°C
相	結晶 ⟶ スメクチック	⟶ ネマチック	⟶ 等方性液体
ΔH	9.780	0.381	0.243
ΔS	28.14	1.032	0.613

となっている．この例からわかるように，中間相から等方性液体，または他の中間相への転移に伴う潜熱は，中間相から結晶相への転移潜熱の数%であり，非常に小さい．また転移に伴う体積変化 $\Delta V/V$ も観測されている．例えば，4,4′-di-n-ethoxyazoxy benzene (p-azoxyphenetole)** では

温　度	136.6°C	167.5°C
相	結晶 ⟶ ネマチック	⟶ 等方性液体
$\Delta V/V$	8.4%	0.6%

このようにネマチック相から等方性液体への体積変化は，結晶相からネマチック相への体積の変化より1桁以上も小さい．しかし，すべての転移を通じた全体積変化は約 9% で，分子性固体の融解による体積変化約 10% と同程度であることは興味深い．

thermotropic 液晶を示す化合物(多くは有機化合物)の化学構成は非常に多様であるが，かなり共通した，分子の幾何学的異方性がある．一般的にいって，液晶性を示す分子は細長く，“棒状”(rod-like)である．またベンゼン鎖のよう

* 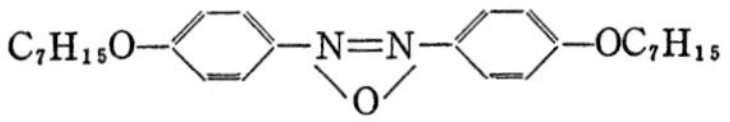

** 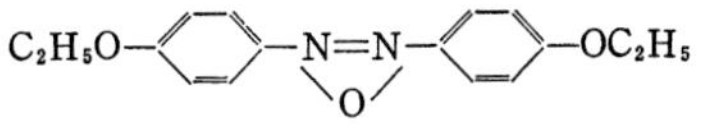

な“平らな”基があると液晶性は増すようである．分子の形が細長い場合には，分子が1方向に配向した方が熱運動に対して安定であることは容易に想像される．しかしながら，分子が長ければ長いほど中間相が安定であるという結論は簡単には下せないようである．そのためには分子間引力の働きを考慮しなくてはならない．分子間引力としては，次のような3種類のものが考えられている．

（i）　分子内の永久双極子間の直接的な双極子-双極子相互作用

（ii）　永久双極子によって引き起こされた，分子の分極による誘起双極子の相互作用

(iii)　分散力(dispersion force)，すなわち，分子内の電子のゆらぎによって生ずる瞬間的な双極子間の相互作用

このうち，どの相互作用が最も基本的であるかについては多少議論があるが，上に述べたような，液晶分子の幾何学的性質(ポテンシャルの斥力部分)と分子間引力との釣り合いが重要であることには疑いがないであろう．たとえば，分子間引力が強すぎて，分子の線形性が保たれなくなると，中間相は不安定に

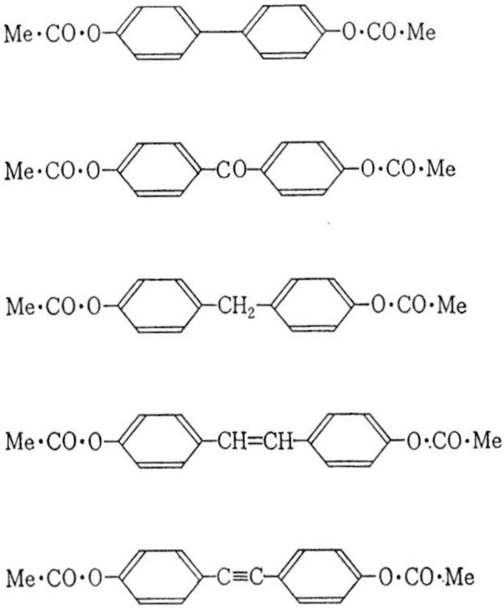

液晶性示さず

液晶性示さず．双極子性の基C=Oを持つが，分子は線形でない

液晶性示さず．線形分子でない

液晶性．分子は，ほとんど線形であり分極性のC=C結合を持つ

液晶性．上の例より熱的に安定．分子は，より線形であり，より分極性を持つ

図 6.22　化学構成を変化させることによる液晶研究の一例[27]

---

27)　G. W. Gray: *Molecular Structure and the Properties of Liquid Crystals*, Academic Press (1962).

なる．化学構成を変えることによって液晶の性質を追求した研究は，G. W. Gray[27] の本に詳細にまとめられている．その一例を図 6.22 に掲げておく．

(2) 液晶の理論

前項で，液晶は単純液体よりはるかに複雑な転移をすることを見た．一般に相転移は，対称性(または秩序性)の急激な変化としてとらえられる．n 次元の連続な並進対称性を T_n，n 次元の連続な回転対称性を O_n とするならば，

$$T_3\times O_3 \leftrightarrow T_3\times O_2$$

等方性液体　ネマチックまたはコレステリック結晶

$$T_3\times O_2 \leftrightarrow T_2\times O_2$$

ネマチック相　スメクチックA

と記述される．すなわち，等方性液体から，ネマチックまたはコレステリック相へ転移するときには，連続な回転の対称性は O_3 から O_2 に減り，ネマチック相から，スメクチックA相(図 6.20 に示したようなスメクチック相)への転移では，連続な並進対称性の 1 つの自由度が失われる*．対称性が失われるときには，その自由度に対応する集団モード(collective mode)が凝集相に現われる．ネマチック相で起こる集団モードは，強磁性体でのスピン波に似た配向の波(orientation wave)であり，スメクチックA相での集団モードは，1 次元の縦方向の音波である．実験的には，これらの集団モードやゆらぎを，光散乱や超音波吸収などの手段で観測することが可能であろう．

本項と次項では，各中間相を記述する現象論は省き，液晶分子間に働く力がどのように秩序性，対称性をもたらしていくかを考えてみよう．

まず初めに，有名な Maier-Saupe の理論[28]を紹介しよう．この理論はネマチック相↔等方性液体の転移を分子場近似の考えを使って説明しようとするものである．液晶の細長い分子間の配向に対する相互作用として

$$\phi_{12}(\cos\theta_{12}) = -\frac{A}{V^2N}\left(\frac{3}{2}\cos^2\theta_{12}-\frac{1}{2}\right) \qquad (6.3.1)$$

を考える．ここで θ_{12} は分子の長軸間の角，N は分子数，V はモル体積，A はある定数である．このポテンシャルは角度依存性を持った分散力(dispersion

* 逆に，結晶相または中間相から出発して，その秩序が失われていくと考えてもよい．以下の議論で現われる秩序度(order parameter)はむしろその意味である．

28) W. Maier and A. Saupe: *Z. Naturforsch.*, **14a** (1959), 882; *ibid.*, **15a** (1960), 287; *ibid.*, **16a** (1961), 816.

force)を表わしている．Maier-Saupe は(6.3.1)のような相互作用を考え，双極子-双極子相互作用を無視した理由として，(i)ネマチック相では，自発分極は観測されていない．(ii)永久双極子を持たない液晶も存在する，などの理由を掲げている．

分子場近似では，各分子は η を後にきめるパラメタとして

$$\phi_1(\cos\theta_1) = -\frac{A}{V^2}\left(\frac{2}{3}\cos^2\theta_1 - \frac{1}{2}\right)\eta \tag{6.3.2}$$

で与えられる“平均場”を感じると考える．ここで，θ_1 は分子の長軸と z 軸(容易軸)の間の角である．このとき，分子の(規格化されていない)分布関数は

$$f(\cos\theta) = \exp\left[\frac{A\eta}{V^2kT}\left(\frac{3}{2}\cos^2\theta - \frac{1}{2}\right)\right] \tag{6.3.3}$$

である．この分布関数と2体間の相互作用(6.3.1)を使って，注目する分子に働く相互作用を求めると，簡単な計算により

$$\begin{aligned}\bar{\phi}_1(\cos\theta_1) &\equiv \frac{N\int \mathrm{d}\Omega_2\phi_{12}(\cos\theta_{12})f(\cos\theta_2)}{\int \mathrm{d}\Omega_2 f(\cos\theta_2)} \\ &= -\frac{A}{V^2}\left(\frac{3}{2}\cos^2\theta_1 - \frac{1}{2}\right)\left\langle\left(\frac{3}{2}\cos^2\theta_2 - \frac{1}{2}\right)\right\rangle_f \end{aligned}\tag{6.3.4}$$

となる．Ω_2 は分子2の角度の座標を表わしており，熱力学的平均値は

$$\langle F(\cos\theta)\rangle_f \equiv \frac{\int_0^1 \mathrm{d}(\cos\theta)F(\cos\theta)\exp\left[\frac{A\eta}{V^2kT}\left(\frac{3}{2}\cos^2\theta - \frac{1}{2}\right)\right]}{\int_0^1 \mathrm{d}(\cos\theta)\exp\left[\frac{A\eta}{V^2kT}\left(\frac{3}{2}\cos^2\theta - \frac{1}{2}\right)\right]} \tag{6.3.5}$$

で定義されている．

分子に働く相互作用は，$\phi_1(\cos\theta_1) = \bar{\phi}_1(\cos\theta_1)$，すなわち，

$$\eta = \left\langle\left(\frac{3}{2}\cos^2\theta - \frac{1}{2}\right)\right\rangle_f = \frac{\int_0^1 \mathrm{d}x\left(\frac{3}{2}x^2 - \frac{1}{2}\right)\exp\left[\frac{A\eta}{V^2kT}\left(\frac{3}{2}x^2 - \frac{1}{2}\right)\right]}{\int_0^1 \mathrm{d}x\exp\left[\frac{A\eta}{V^2kT}\left(\frac{3}{2}x^2 - \frac{1}{2}\right)\right]} \tag{6.3.6}$$

ならば，自己無撞着(self-consistent)である．η は配向の秩序度(orientational order parameter)と呼ばれ，$\eta=0$ ならば，分子の配向は完全にラン

ダム(等方性液体)であり，$\eta=1$ ならば，分子はすべて同じ方向(ネマチック相)を向いていることを示している．(6.3.6)は解析的には解くことはできず，数値計算にたよらなければならない．

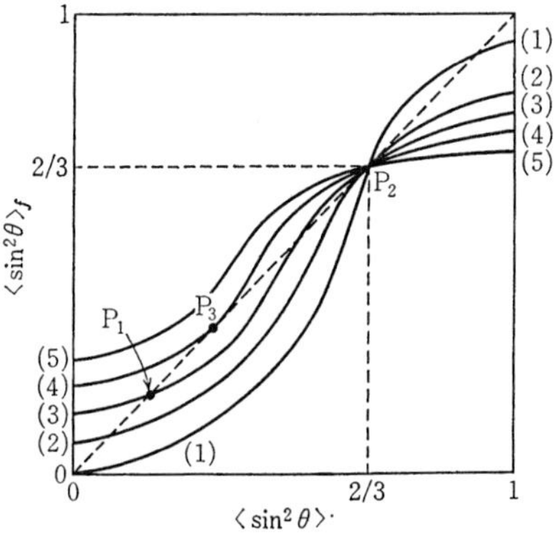

図 6.23　グラフによる(6.3.7)の解法[28]．実線は，A/kTV^2 をパラメタとして，$\langle \sin^2\theta \rangle_f$ を描いたもの．(1) $A/kTV^2>5$,　(2) $A/kTV^2=5$,　(3) $4.4876<A/kTV^2<5$,　(4) $A/kTV^2=4.4876$,　(5) $A/kTV^2<4.4876$

Maier-Saupe は(6.3.6)を書き直した式

$$\frac{2}{3}(1-\eta) = \langle \sin^2\theta \rangle_f \qquad (6.3.7)$$

をグラフを用いて解いている(図 6.23)．横軸は $\frac{2}{3}(1-\eta) \equiv \langle \sin^2\theta \rangle$．(6.3.7)の左辺は破線，右辺は実線で図示されており，その交点が(6.3.7)の解である．解の性質は，パラメタ A/V^2kT の大きさによって異なっている．十分に高温($A/V^2kT<4.4876$)では，交点は P_2 だけであり，系は等方的液体である．温度が下がり，$A/kTV^2=4.4876$ になると，曲線は P_3 で接する．このとき $\eta=0.32$ である．また，$4.4876<A/kTV^2<5$ では 3 つの交点があり，$A/kTV^2=5$ では曲線は，点 P_2 で破線に接する．実際にどの点で相転移が起こるかは，自由エネルギーの大きさを計算してみなくては決められないが，系の安定性(自由エネルギー極小)だけに注目するならば，交点での傾きが 1 より小さい状態が可能である．このことを考慮すると，ネマチック相(N)，等方性液体(I)がおのおの存在しうる領域として

$$\left.\begin{aligned} T_{\mathrm{N},\,極大} &= \frac{A}{4.4876kV^2} \\ T_{\mathrm{I},\,極小} &= \frac{A}{5kV^2} \end{aligned}\right\} \qquad (6.3.8)$$

が得られる．こうして十分に低温$(A/kTV^2>5)$では，系はネマチック相になることがわかる．

グラフによる考察によって，系がどのような振舞いをするかについておおよその見当がついたが，はっきりと転移点をきめるためには，熱力学的諸量を計算してみなくてはならない．分子場近似の範囲では，エントロピー S，内部エネルギー U は簡単に計算できる．規格化された分布関数 $g(\theta)$

$$g(\theta)=\frac{f(\cos\theta)}{\displaystyle\int_0^1 \mathrm{d}(\cos\theta)f(\cos\theta)} \tag{6.3.9}$$

を用いれば，

$$S=-Nk\int_0^1 \mathrm{d}(\cos\theta)g(\theta)\log g(\theta) \tag{6.3.10}$$

$$U=\frac{N^2}{2}\int_0^1\int_0^1 \mathrm{d}(\cos\theta_1)\mathrm{d}(\cos\theta_2)g(\theta_1)g(\theta_2)\phi_{12}(\cos\theta_{12}) \tag{6.3.11}$$

である．(6.3.1), (6.3.3), (6.3.4), (6.3.6)を用いて計算すると

$$S=-\frac{NA}{TV^2}\eta^2+Nk\log\left[\int_0^1 \mathrm{d}(\cos\theta)\exp\left\{\frac{A\eta}{V^2kT}\left(\frac{3}{2}\cos^2\theta-\frac{1}{2}\right)\right\}\right] \tag{6.3.12}$$

$$U=-\frac{NA}{2V^2}\eta^2 \tag{6.3.13}$$

を得る．自由エネルギー F は

$$\begin{aligned}F&\equiv U-TS\\ &=\frac{NA}{2V^2}\eta^2-NkT\log\left[\int_0^1 \mathrm{d}(\cos\theta)\exp\left\{\frac{A\eta}{V^2kT}\left(\frac{3}{2}\cos^2\theta-\frac{1}{2}\right)\right\}\right]\end{aligned} \tag{6.3.14}$$

である．逆にこの式から，自由エネルギーを秩序度 η について極小にすることにより(6.3.6)を導くことができる．これらの熱力学的な量は等方性液体($\eta=0$)を基準にとっているので，$\eta=0$ ではすべて0になっていることに注意しよう．

体積を一定にしたときの相転移(N↔I)の条件は(6.3.6)と $F=0$ より求まり

$$\frac{A}{kT_{\mathrm{NI}}V^2}=4.541,\qquad \eta_{\mathrm{NI}}=0.4292 \tag{6.3.15}$$

である．温度 T_{NI} において秩序度 η が0から η_{NI} に飛ぶことは，この転移が

1次の相転移であることを示している．Maier-Saupe は更に体積変化も考慮して議論を行なっている．配向の秩序度 η の温度依存性はいろいろな実験から実際に求めることができる．分子場近似というむしろ粗い近似を使って求めた理論曲線がこれらの測定値とかなりよく一致している(図 6.24)ことは，ネマチック相↔等方性液体の転移では，“角度依存性をもった分散力が重要である”という Maier-Saupe の推論が正しかったことを示している．また，転移におけるエントロピー変化は $\Delta S_{NI}=0.852(\mathrm{cal\cdot mol^{-1}\cdot K^{-1}})$ と計算され，その値は実測値(たとえば 331 ページの例)と同程度である．

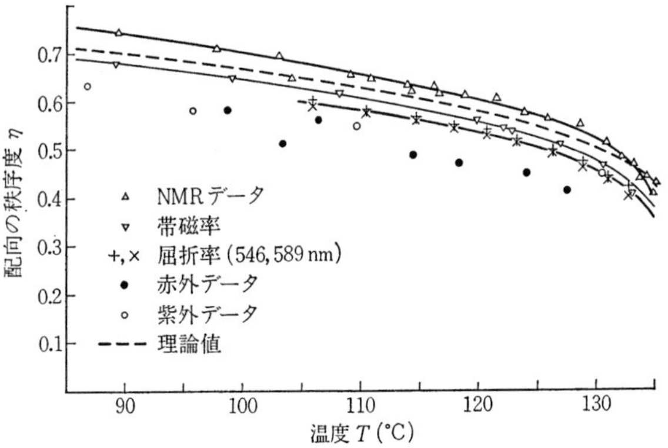

図 6.24　配向秩序度 η の温度依存性[28](azoxyanisol)

Maier-Saupe 理論の成功を基礎として次のような2つの方向への拡張が考えられるであろう．その1つは Maier-Saupe 理論の改良，精密化であり，もう一方はスメクチック相，結晶相まで含めた理論を作ることである．前者としては，ポテンシャルをより現実に近く選ぶこと，統計力学的近似をあげることなどが必要であるが，話が細かくなりすぎるので，後者の話題に限って進める．

W. L. McMillan[29] は，Maier-Saupe 理論をスメクチック相にまで拡張した．2分子間に働く相互作用としては，

$$\phi_{12}(r_{12}, \cos\theta_{12}) = -\frac{A}{V^2 N r_0^3 \pi^{3/2}} \exp\left\{-\left(\frac{r_{12}}{r_0}\right)^2\right\}\left(\frac{3}{2}\cos^2\theta - \frac{1}{2}\right) \tag{6.3.16}$$

29) W. L. McMillan: *Phys. Rev.*, **A4** (1971), 1238.

を考える．r_{12} は分子の重心間の距離であり，r_0 の大きさは分子の長さ程度とする．このポテンシャルに，体積要素 $4\pi r_{12}^2 \mathrm{d}r_{12}$ をかけて積分したものは(6.3.1)となる．

ここで，分子は z 方向に並びやすく，その重心は x, y 軸に平行な面上(z 軸との交点は $z=0, \pm d, \pm 2d, \cdots$)にあるとしよう．Maier-Saupe 理論で(6.3.2)を仮定したように，注目する分子が感ずるポテンシャルは，

$$\phi_1(z, \cos\theta) = -\frac{A}{V^2}\left[\eta + \alpha\sigma\cos\left(\frac{2\pi z}{d}\right)\right]\left(\frac{3}{2}\cos^2\theta - \frac{1}{2}\right) \quad (6.3.17)$$

とする．ここで，$\alpha = 2\exp\{-(\pi r_0/d)^2\}$ である．1体の分布関数は

$$f(z, \cos\theta) = \exp\left[-\frac{\phi_1(z, \cos\theta)}{kT}\right] \quad (6.3.18)$$

である．この分布関数と2体間の相互作用(6.3.16)を使って，注目する分子に働く相互作用を再び計算すると，

$$\begin{aligned}
&\bar{\phi}_1(z_1, \cos\theta_1)\\
&\equiv \frac{N\iint \mathrm{d}^3x_2 \mathrm{d}\Omega_2 \phi_{12}(r_{12}, \cos\theta_{12}) f(z_2, \cos\theta_2)}{\iint \mathrm{d}^3x_2 \mathrm{d}\Omega_2 f(z_2, \cos\theta_2)}\\
&= -V_0\left[\left\langle\frac{3}{2}\cos^2\theta_2 - \frac{1}{2}\right\rangle_f + \alpha\cos\left(\frac{2\pi z_1}{d}\right)\left\langle\cos\left(\frac{2\pi z_2}{d}\right)\left(\frac{3}{2}\cos^2\theta_2 - \frac{1}{2}\right)\right\rangle_f\right]\\
&\quad\times\left(\frac{3}{2}\cos^2\theta_1 - \frac{1}{2}\right)
\end{aligned} \quad (6.3.19)$$

となる．この操作が自己無撞着であるための条件は，(6.3.17)，(6.3.19)から，

$$\eta = \left\langle\left(\frac{3}{2}\cos^2\theta - \frac{1}{2}\right)\right\rangle_f \quad (6.3.20)$$

$$\sigma = \left\langle\cos\left(\frac{2\pi z}{d}\right)\left(\frac{3}{2}\cos^2\theta - \frac{1}{2}\right)\right\rangle_f \quad (6.3.21)$$

であることがわかる．位置 z，角 $\cos\theta$ の関数の平均は，

$$\begin{aligned}
&\langle F(z, \cos\theta)\rangle_f\\
&\equiv \frac{\int_0^d \mathrm{d}z \int_0^1 \mathrm{d}(\cos\theta) F(z, \cos\theta) \exp\left\{\frac{A}{V^2 kT}\left[\eta + \sigma\alpha\cos\left(\frac{2\pi z}{d}\right)\right]\left(\frac{3}{2}\cos^2\theta - \frac{1}{2}\right)\right\}}{\int_0^d \mathrm{d}z \int_0^1 \mathrm{d}(\cos\theta) \exp\left\{\left(\frac{A}{V^2 kT}\right)\left[\eta + \sigma\alpha\cos\left(\frac{2\pi z}{d}\right)\right]\left(\frac{3}{2}\cos^2\theta - \frac{1}{2}\right)\right\}}
\end{aligned}$$

(6.3.22)

で定義されている．η は Maier-Saupe によって導入された配向の秩序度であり，σ は位置の秩序度(positional order parameter)または並進の秩序度(translational order parameter)である．したがって，(6.3.20), (6.3.21)からは，次のような3つの相が期待される．

(i) $\eta=\sigma=0$, 分子の配向，位置は完全にランダム(等方性液体)

(ii) $\sigma=0, \eta\neq 0$, 配向の秩序はあるが，位置はランダム(ネマチック相)

(iii) $\eta\neq 0, \sigma\neq 0$, 配向の秩序と位置の秩序がある(スメクチックA相，図6.20参照)

与えられた温度でどの相が安定であるかを決めるためには自由エネルギーを計算しなくてはならない．(6.3.12)〜(6.3.14)にならって，エントロピー，内部エネルギー，自由エネルギーを計算すると，

$$S=-\frac{NA}{TV^2}(\eta^2+\alpha\sigma^2)-Nk\log\left\{d^{-1}\int_0^d \mathrm{d}z\int_0^1 \mathrm{d}\cos\theta \times\exp\left[\frac{A}{V^2kT}\left(\eta+\alpha\sigma\cos\left(\frac{2\pi z}{d}\right)\right)\left(\frac{3}{2}\cos^2\theta-\frac{1}{2}\right)\right]\right\} \tag{6.3.23}$$

$$U=-\frac{1}{2}\frac{NA}{V^2}(\eta^2+\alpha\sigma^2) \tag{6.3.24}$$

$$\begin{aligned}F&=U-TS\\&=\frac{1}{2}\frac{NA}{V^2}(\eta^2+\alpha\sigma^2)+NkT\log\left\{d^{-1}\int_0^d \mathrm{d}z\int_0^1 \mathrm{d}\cos\theta\right.\\&\qquad\left.\times\exp\left[\frac{A}{V^2kT}\left(\eta+\alpha\sigma\cos\left(\frac{2\pi z}{d}\right)\right)\left(\frac{3}{2}\cos^2\theta-\frac{1}{2}\right)\right]\right\}\end{aligned} \tag{6.3.25}$$

を得る．また，定積比熱は $C_V=T\left(\frac{\partial S}{\partial T}\right)_V$ より求められる．

この理論では，A/V^2 と α がパラメタになっている．A/V^2 はネマチック相↔等方性液体の転移温度((6.3.15))を決め，この模型での温度スケールを与える．以下では，$t=T/T_{\mathrm{NI}}=4.541kTV^2/A=kTV^2/0.2202A$ で温度をあらわす．α はスメクチックA相に対する相互作用の強さを表わしている．

$$\alpha=2\exp\left\{-\left(\frac{\pi r_0}{d}\right)^2\right\}$$

は，0から2までの値をとる．層間の間隔 d は，実験的に分子の長さ l の程度であることが観測されている．したがって，d は l とともに増加するとしよう．このように d を仮定すると，パラメタ α は，液晶分子の長さとともに増加する性質を持つ*.

方程式(6.3.20)，(6.3.21)を自己無撞着に解き，秩序度や熱力学的な量を用いる方法はMaier-Saupeの理論の場合と同様である．数値計算によって得られた結果は次のようである．

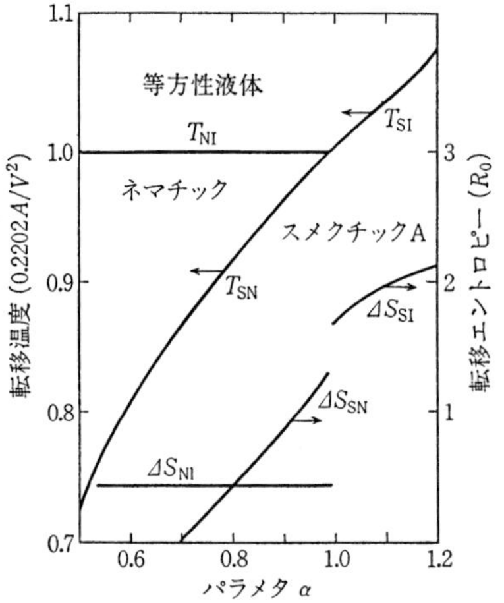

図 6.25　パラメタ α による転移温度，転移エントロピーの変化[29]

パラメタ α の関数として転移温度，転移エントロピーを示したのが図6.25である．ネマチック-等方性液体の転移は $\alpha<0.98$ で $t_{NI}=1$，$\Delta S_{NI}=0.429R_0$** であり，この結果は，Maier-Saupe理論とまったく同じである．スメクチックA-ネマチックの転移温度は，α の増加関数であり，$\alpha=0.98$ で T_{NI} に一致する．スメクチックA-ネマチックの相転移は，$\alpha<0.70$ では2次転移であり，$0.70<\alpha<0.98$ では1次転移である．この結果が，理論の不備から生じたものか，実験的に確かめられるものかについては今のところ不明である．$\alpha>0.98$ ではスメクチックA相は直接等方性液体に転移し，エントロピー変化は $1.68R_0$ よりも大きい．上に述べた3つの場合の振舞いは図6.26～6.28にしめしてある．

*　この理論では，相互作用の大きさ α が分子の長さの影響を受けるとしている．

**　$R_0=Nk=1.986(\mathrm{cal\cdot mol^{-1}\cdot K^{-1}})=8.31(\mathrm{J\cdot mol^{-1}\cdot K^{-1}})$

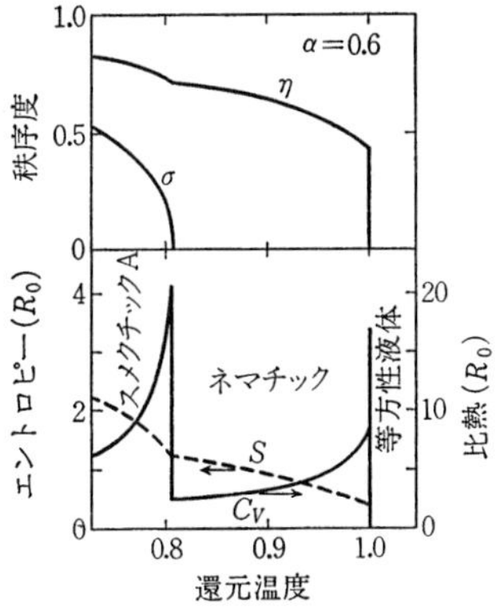

図 6.26　$\alpha=0.6$ の場合．秩序度 η, σ，エントロピー S，比熱 C_V の温度変化をしめす．温度の単位は $kTV^2/0.2202A$．スメクチック A-ネマチックの転移は 2 次，ネマチック-等方性液体の転移は 1 次となっている[29]

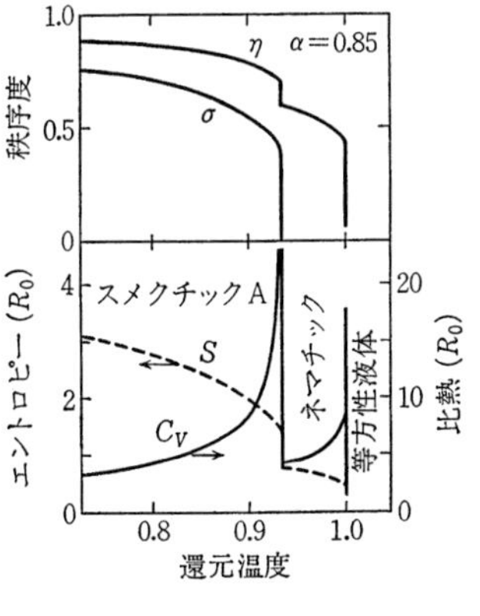

図 6.27　$\alpha=0.85$ の場合．秩序度，エントロピー，比熱の温度変化を示す．スメクチック A-ネマチック-等方性液体の転移は 1 次である[29]

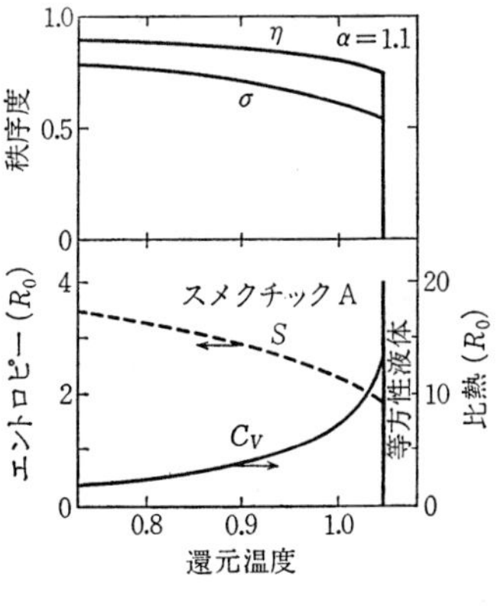

図 6.28　$\alpha=1.1$ の場合．秩序度，エントロピー，比熱の温度変化を示す．スメクチック A は直接等方性液体に転移し，その転移は 1 次である[29]

得られた結果を実験と比較してみよう．同族列 4-ethoxybenzal-4-amino-n-alkyl-α-methyl-cinnamate

$$C_2H_5-\underset{}{\bigcirc}-CH=N-\underset{}{\bigcirc}-CH=\underset{\underset{CH_3}{|}}{C}-COO-C_nH_{2n+1}$$

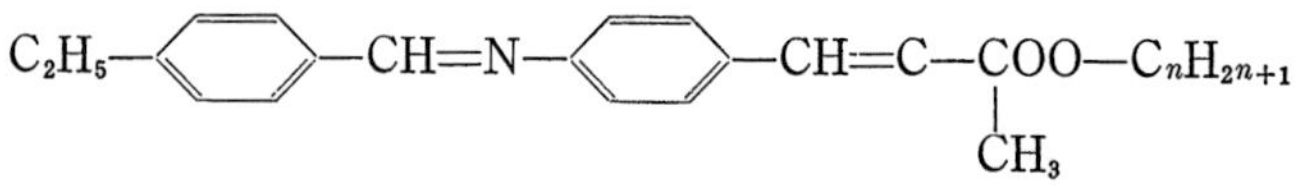

で，アルキル基の長さを変え（$n=2, 3, \cdots, 10$），転移温度，エントロピー変化を測定したものが図 6.29 である．パラメタ α は，分子の長さとともに増す量であるから，図 6.25 と図 6.29 は比較ができる．転移温度については，特に等方性液体への転移がうまく記述されていないことに気づく．エントロピー変化については，分子の長さに対する変化は合っているようであるが理論値の方が実測値より 2～3 倍大きい．分子場近似では，エントロピー変化を過大評価しがちであることも一因であろう．

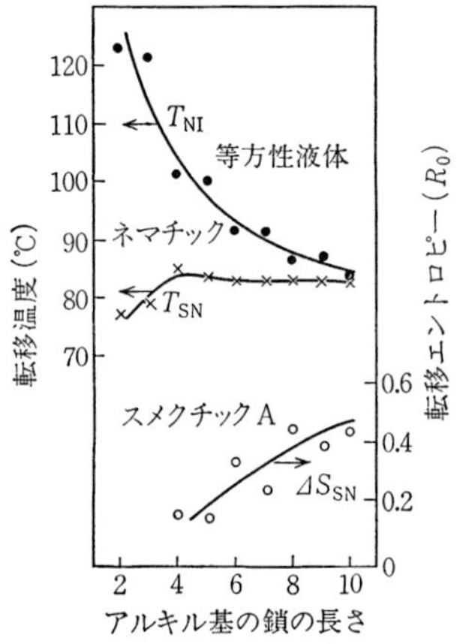

図 6.29　4-ethoxybenzal-4-amino-n-alkyl-α-methyl-cinnamate のアルキル基の長さを変えた場合の転移温度，転移エントロピーの変化

こうして，Maier-Saupe 理論はスメクチック相を記述するように拡張できることを見た．

さらに理論を結晶相にまで拡張するためには，当然のこととして，融解理論を考えなくてはならない．第 3 章で既に見たように融解理論の代表的なものとして，Lennard-Jones と Devonshire の理論と，Kirkwood と Monroe の理論があった．これらの理論では，相互作用を等方的としているので，液晶を取扱うようにするには修正が必要となる．

Pople-Karasz[30] は Lennard-Jones と Devonshire の考えから出発して，位置の配向の融解を論じている．等方性分子の場合は α 格子と β 格子(α-site にいる分子と β-site にいる分子間の斥力エネルギーを W とする)を考え，秩序-無秩序転移を考察した．ここでは，それに加えて，α 格子に対して α_1, α_2，β 格子に対しては β_1, β_2 の配向の自由度があるとし，α_1, α_2 または β_1, β_2 間の斥力エネルギーを W' とする．各状態における配位数を z, z' とすると，パラメタ $\nu=(z'W')/(zW)$ の大きさによって，系の振舞いを記述できる．パラメタ ν は，分子回転を妨げるエネルギーと格子からの拡散を妨げるエネルギーとの比となっている．ν が小さいときには，配向の融解が起こり，次に位置の融解が起こる[31]．ν が大きいときには，分子の位置が先に融けて流動性を示し，次に配向が融ける．この場合の系は液晶に対応する．このように，位置と配向の融解に着目するならば，プラスチック結晶と液晶を統一的に理解することが可能となり，この方向への研究はさらに興味深い発展を与えるであろう．

Kirkwood と Monroe の融解理論に配向の融解を導入することも可能である．K. K. Kobayashi[26,32] はこの方針に従って，結晶相まで含めて秩序度を決める式を導いている．

(3)　hard rod 系の相転移

前節で述べたいろいろな試みとは少し異なるアプローチとして，剛体棒(hard rod)，剛体平板(hard flat plate)，剛体楕円板(hard ellipse)の統計力学がある．球形ではない分子の集まりはどのような振舞いをするかを研究するのである．いわゆる液晶分子ばかりでなく，もう少し大きなコロイド粒子にも興味をひろげよう(図 6.30)．以下，Onsager[33]，Isihara[34] の考えに基づいて話を進める．

まず，体積 V の容器のなかに N 個の分子があるとする．系の配置の自由エ

---

30)　J. A. Pople and F. E. Karasz: *J. Phys. Chem. Solids*, **18** (1961), 28; F. E. Karasz and J. A. Pople: *ibid.*, **20** (1961), 294.

31)　このような系は，プラスチック結晶を表わしていると考えられる．プラスチック結晶の概念は，関集三：科学，**33** (1963), 424 にわかりやすく述べられている．

32)　K. K. Kobayashi: *J. Phys. Soc. Japan*, **29** (1970), 101．また 26) の中の小林謙二氏の解説を参照．

33)　L. Onsager: *Ann. N. Y. Acad. Sci.*, **51** (1949), 627.

34)　A. Isihara: *J. Chem. Phys.*, **19** (1951), 1142.

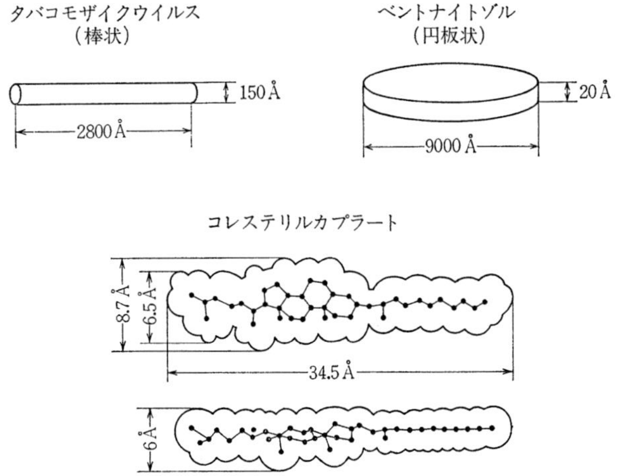

図 6.30 コロイド粒子と液晶分子の模式図

ネルギーは

$$F=-kT\log Q(N, V, T) \tag{6.3.26}$$

$$Q(N, V, T)=\frac{1}{N!}\int\exp\left(-\frac{U}{kT}\right)\mathrm{d}\tau \tag{6.3.27}$$

$$\mathrm{d}\tau=\prod_{i=1}^{N}\mathrm{d}\tau_i=\prod_{i=1}^{N}\mathrm{d}\boldsymbol{r}_i\mathrm{d}\Omega_i \tag{6.3.28}$$

で与えられる．ここで，U は系の全ポテンシャルであるが，2体ポテンシャルの和として表わされると仮定しよう．

$$U=\sum_{i<j}U_{ij} \tag{6.3.29}$$

配置積分 Q は，Mayer の f 関数(ここでは ϕ_{ij} と書く)

$$\phi_{ij}\equiv\exp\left(-\frac{U_{ij}}{kT}\right)-1 \tag{6.3.30}$$

を使って，クラスター展開をすると，

$$\log Q=N\left[1+\log\left(\frac{V}{N}\right)+\frac{1}{2}\left(\frac{N}{V}\right)\beta_1+\frac{1}{3}\left(\frac{N}{V}\right)^2\beta_2+\cdots\right] \tag{6.3.31}$$

$$\beta_1=\frac{1}{V}\int\phi_{12}\mathrm{d}\tau_1\mathrm{d}\tau_2 \tag{6.3.32}$$

$$\beta_2=\frac{1}{V}\int\phi_{12}\phi_{23}\phi_{31}\mathrm{d}\tau_1\mathrm{d}\tau_2\mathrm{d}\tau_3 \tag{6.3.33}$$

となる．ここまでは普通のクラスター展開であるが，次のような考え方を導入する．積分 $\int d\tau$ において，角度について積分する代りに，異なる方向を向いた分子は，あたかも異種の分子のように考える．方向 $\boldsymbol{a}_\nu$ を含む立体角 $\varDelta\Omega_\nu$ にある分子の数は，分布関数 $f(\boldsymbol{a}_\nu)$ を使って，

$$\varDelta N_\nu = Nf(\boldsymbol{a}_\nu)\varDelta\Omega_\nu \qquad (\nu = 1, 2, \cdots, s) \tag{6.3.34}$$

$$\sum_\nu \varDelta N_\nu = N \tag{6.3.35}$$

と表わされる．(6.3.31)は，

$$\begin{aligned}\log Q = &\sum_\nu \varDelta N_\nu\left[1+\log\left(\frac{V\varDelta\Omega_\nu}{4\pi N_\nu}\right)\right]\\ &+\frac{1}{2V}\sum_{\nu,\nu'}\beta_1(\boldsymbol{a}_\nu, \boldsymbol{a}_{\nu'})\varDelta N_\nu \varDelta N_{\nu'}\\ &+\frac{1}{3V^2}\sum_{\nu,\nu',\nu''}\beta_2(\boldsymbol{a}_\nu, \boldsymbol{a}_{\nu'}, \boldsymbol{a}_{\nu''})\varDelta N_\nu \varDelta N_{\nu'}\varDelta N_{\nu''}\end{aligned} \tag{6.3.36}$$

と書き直される．クラスター積分 $\beta_1, \beta_2, \cdots$ はここでは，固定された方向に対して計算されることに注意しよう．

方向についての和を積分に置き代えると，規格化の条件，自由エネルギーは，それぞれ

$$\int f(\boldsymbol{a})d\Omega(\boldsymbol{a}) = 1 \tag{6.3.37}$$

$$\begin{aligned}\log Q = N\Bigl\{&1+\log\left(\frac{V}{N}\right)-\int f(\boldsymbol{a})\log(4\pi f(\boldsymbol{a}))d\Omega(\boldsymbol{a})\\ &+\frac{N}{2V}\iint \beta_1(\boldsymbol{a}, \boldsymbol{a}')f(\boldsymbol{a})f(\boldsymbol{a}')d\Omega d\Omega'\\ &+\frac{N^2}{3V^2}\iiint \beta_2(\boldsymbol{a}, \boldsymbol{a}', \boldsymbol{a}'')f(\boldsymbol{a})f(\boldsymbol{a}')f(\boldsymbol{a}'')d\Omega d\Omega' d\Omega''\\ &+\cdots\Bigr\}\end{aligned} \tag{6.3.38}$$

となる．簡単化のために，以下では β_1 の項までを考慮する．

導入された未知の角度分布関数 $f(\boldsymbol{a})$ を規格化の条件のもとで，自由エネルギーが極小(または，$\log Q$ が極大)になるように決める．(6.3.37)と，β_2 以下を省略した(6.3.38)で，f についての変分を取り，Lagrange の未定乗数法を用いる．未定乗数は，$f(\boldsymbol{a})$ の満たす規格化条件から一意に定まり，結局次のような非線形積分方程式を得る．

$$f(\boldsymbol{a}) = \frac{\exp\left[n\int \beta_1(\boldsymbol{a}, \boldsymbol{a}')f(\boldsymbol{a}')\mathrm{d}\Omega'\right]}{\int \exp\left[n\int \beta_1(\boldsymbol{a}, \boldsymbol{a}')f(\boldsymbol{a}')\mathrm{d}\Omega'\right]\mathrm{d}\Omega} \tag{6.3.39}$$

$$n = \frac{N}{V} \tag{6.3.40}$$

(6.3.39)は，分布関数 $f(\boldsymbol{a})$ を自己無撞着に決める式になっている．積分核の $\beta_1(\boldsymbol{a}, \boldsymbol{a}')$ は，もし相互作用を剛体ポテンシャルに取るならば，一方の分子が他の分子に接して動くとき，その重心が囲む体積を表わしている．

元来この理論は，タバコモザイクウイルス(棒状)やベントナイト粒子(円板状)が，数%という低い濃度で非等方的な相(液晶でいえばネマチック相)になることを説明するために展開されたものである．剛体棒(半径 a，長さ $2b$)を例にとり計算を進めてみよう．2つの分子の軸の間の角度を γ とすると，少しめんどうな計算によって，

$$\beta_1(\gamma) = 2v+4\pi a^3 \sin\gamma+4\pi a^2 b|\cos\gamma|+16ab^2\sin\gamma + 16a^2b\int_0^{\pi/2}(1-\sin^2\gamma\sin^2\phi)^{1/2}\mathrm{d}\phi \tag{6.3.41}$$

となる．v は各分子の体積 $v=2\pi a^2 b$ である．最も簡単な配置，すなわち2分子が平行 $(\gamma=0)$ の場合には，予想通りに

$$\beta_1(0) = 2v+4\pi a^2 b+16a^2 b\frac{\pi}{2} = 8v \tag{6.3.42}$$

となっている．

積分方程式(6.3.39)を解くために，まず分布関数 $f(\theta)$，積分核 $\beta(\gamma)$ を Legendre 関数で展開する．

$$f(\theta) = \sum_{n=0}^{\infty} C_n P_{2n}(\cos\theta) \tag{6.3.43}$$

$$\beta_1(\gamma) = 2v+B_0-\sum_{l=1}^{\infty} B_l P_{2l}(\cos\gamma) \tag{6.3.44}$$

系の対称性から，偶数次の Legendre 関数しか現われない．(6.3.43), (6.3.44)を積分方程式に代入すると，

$$f(\theta) = \frac{\exp\left[n\sum_{l=1}^{\infty}\frac{4\pi}{4l+1}B_l C_l P_{2l}(\cos\theta)\right]}{4\pi\int_0^{\pi/2}\exp\left[n\sum_{l=1}^{\infty}\frac{4\pi}{4l+1}B_l C_l P_{2l}(\cos\theta)\right]\sin\theta\,\mathrm{d}\theta} \tag{6.3.45}$$

$$C_l = \frac{4l+1}{4\pi} \frac{\int_0^{\pi/2} f(\theta) P_{2l}(\cos\theta)\sin\theta\,\mathrm{d}\theta}{\int_0^{\pi/2} f(\theta)\sin\theta\,\mathrm{d}\theta} \tag{6.3.46}$$

を得る．これらの式は展開係数 C_l を求める超越方程式(transcendal equation)である．厳密に解くことは非常にむずかしいが，濃度が低いとき相分離が起きることを考慮して，$l>2$ の C_l を無視することにする[35]．したがって，(6.3.45), (6.3.46)で $l=1$ だけを残す．

$$f(\theta) = \frac{\exp\left[n\frac{4\pi}{5}B_1C_1P_2(\cos\theta)\right]}{4\pi\int_0^{\pi/2}\exp\left[n\frac{4\pi}{5}B_1C_1P_2(\cos\theta)\right]\sin\theta\,\mathrm{d}\theta} \tag{6.3.45$'$}$$

$$C_1 = \frac{5}{4\pi} \frac{\int_0^{\pi/2} f(\theta) P_2(\cos\theta)\sin\theta\,\mathrm{d}\theta}{\int_0^{\pi/2} f(\theta)\sin\theta\,\mathrm{d}\theta} \tag{6.3.46$'$}$$

2次の Legendre 関数 $P_2(\cos\theta)=(3/2)\cos^2\theta-1/2$ を使って，係数 C_1 を決める方程式($x=\cos\theta$ として)

$$C_1 = \frac{5}{4\pi} \frac{\int_0^1 \mathrm{d}x\left(\frac{3}{2}x^2-\frac{1}{2}\right)\exp\left[n\frac{4\pi}{5}B_1C_1\left(\frac{3}{2}x^2-\frac{1}{2}\right)\right]}{\int_0^1 \mathrm{d}x\exp\left[n\frac{4\pi}{5}B_1C_1\left(\frac{3}{2}x^2-\frac{1}{2}\right)\right]} \tag{6.3.47}$$

を得る．こうして得られた方程式(6.3.47)は，$(4\pi/5)C_1$ を η，nB_1 を A/V^2kT とおけば，Maier-Saupe 理論での秩序度を決める式(6.3.6)と，全く同じであることに気づく．したがって，(6.3.8)を導いたのと同じ議論を行なえば，等方性液体は，

$$nB_1 > 5 \tag{6.3.48}$$

の領域では安定に存在できない．剛体ポテンシャルを考えているので，温度の代りとして，密度 n がパラメタになっている．

剛体棒の場合の $\beta_1(\gamma)$，(6.3.41)を使って，2次の Legendre 関数の係数 B_1 を求めると，

$$B_1 = \frac{5\pi a}{8}(b-a)(4b-\pi a) \tag{6.3.49}$$

---

35) K. Lakatos: *J. Stat. Phys.*, **2** (1970), 121 によれば，$l=1$ だけとる近似はあまりよくない．

となり，(6.3.48)から臨界濃度(数密度)として

$$n=\frac{8}{\pi a(b-a)(4b-\pi a)} \tag{6.3.50}$$

を得る．体積分率に直すと，

$$\rho=n(2\pi a^2 b)=\frac{16ab}{(b-a)(4b-\pi a)} \tag{6.3.51}$$

となり，長い棒 $(b\gg a)$，平板$(a\gg b)$ の極限では，おのおの

$$\rho=4\frac{a}{b} \qquad (\text{長い棒};\ b\gg a) \tag{6.3.52}$$

$$=\frac{16b}{\pi a}=5.1\frac{b}{a} \qquad (\text{平板};\ a\gg b) \tag{6.3.53}$$

を得る．この結果は，長い棒状の分子でも平板状の分子でも，ほとんど同じ濃度で非等方的な相に転移することを示しており，興味深い．また(6.3.51)は，サイコロ状の分子 $(a\approx b)$ では，このような転移は起こらないことを示している．分子の形を楕円体にとり，葉巻型，パンケーキ型の極限をとると，(6.3.52)，(6.3.53)で軸比の係数が変わるだけである．タバコモザイクウイルスの場合の実測値 $2a\approx 150$Å，$2b\approx 2800$Å を(6.3.52)に代入してみると，実験によって観測される値(2%，NaCl 濃度 5×10^{-3}N)より1けた大きい．van der Waals 引力や電気的反発力を無視したことと，使われた近似を考えると，数値的な一致は望めない．以上に述べた理論は，スメクチック相と結晶相まで含めて拡張することができる[36]．

Zwanzig[37] は，簡単なモデルによって剛体棒の統計力学を考察している．長さ l，断面積 $d\times d$ の棒状分子の長軸は，直交座標 x, y, z の3つの軸の方向しか向かないとする．$l\to\infty$，$d\to 0$，$l^2d=$一定 という条件で7次のビリアル係数まで計算して，ある体積で等方的な相から非等方的な相に1次の相転移をすることをしめした．最近の研究によれば，$l\to\infty$，$d\to 0$ の極限をとる必要はない[38]．

この節で特に強調したいことは，液晶の幾何学的な要素(分子の形，長さと幅の比など)の役割である．現在では，液晶を剛体棒の集まりとして考えること

36) M. Wadati and A. Isihara: *Mol. Cryst. and Liq. Cryst.*, **17** (1972), 95.
37) R. Zwanzig: *J. Chem. Phys.*, **39** (1963), 1714.
38) M. A. Cotter and D. E. Martire: *J. Chem. Phys.*, **53** (1970), 4500.

は，単純液体を剛体球の集まりとして考えることほどには受け入れられていない．その際に注意しておきたいことは液晶分子間の引力(van der Waals 力)を全く無視してよいといっているのではないことである．実際の液晶物質は常温では結晶となっていることを考えれば，分子間引力の重要性はいうまでもないであろう．また，長い分子間の van der Waals 力は，球状分子の場合よりも，より強く，より遠距離になることが予想される．問題は，いろいろな中間相をもつという液晶の性質には，どのような分子間力が最も重要であるのかということである．その意味では，最近行なわれた剛体楕円板に対する計算機実験は注目に値するといえるであろう．

Vieillard-Baron[39] は，ネマチック液晶のモデルとして，剛体楕円板の分子を考え計算機実験を行なった．計算方法は，モンテカルロ(Monte Carlo)法である．170 個の剛体楕円板を考え，系は 2 次元であるとする．楕円板の長軸を a，短軸を b とし，軸比 a/b は 6 にとる．状態方程式はビリアル定理を使って計算していくのであるが，相転移の判定として次の 2 つの量に注目する．

(i)
$$S(q)=\frac{1}{N}\left\langle\sum_{jl}\exp\left[i\boldsymbol{q}\cdot(\boldsymbol{r}_j-\boldsymbol{r}_l)\right]\right\rangle \tag{6.3.54}$$

この量を構造因子(structure factor)と呼ぶ．結晶状態を考える時には，$\boldsymbol{q}$ としては，その結晶の逆格子ベクトル $\boldsymbol{b}_1, \boldsymbol{b}_2$ のどちらか一方をとる．ベクトル $\boldsymbol{r}_j$ は j 番目の楕円体の中心をあらわす．すべての可能な配置について平均をとると，完全な結晶では $S(q)=N$ であり，並進の長距離秩序(long range order)がくずれるときには $S(q)$ は 1 の程度になる．すなわち，この量は並進の秩序度の目安となる．

(ii)
$$M=\left(\frac{1}{N}\right)^2\left\langle\sum_{jl}\cos(2\theta_j-2\theta_l)\right\rangle \tag{6.3.55}$$

M は配向の秩序度であり，上の式で定義する．ここで θ_j はある定められた方向と，j 番目の楕円板の主軸がなす角度である．すべての楕円板が同じ方向を向くとき M は 1 となり，配向していないときは $1/N$ の程度になる．

以下，Vieillard-Baron の計算機実験の結果を追ってみよう．

---

39) J. Vieillard-Baron: *J. Chem. Phys.*, **56** (1972), 4729.

融解　結晶相として，2次元の最密充てんの配置を考える．そのときの密度は $\rho_0=1/2\sqrt{3}\,ab$ である．最密充てんの面積は $A_0=N/\rho_0$ と書く．面積 $A/A_0=1.15$ のところでは，モンテカルロ計算のステップ数を増すごとに，構造因子 $S(q)$ は 70 から 10 へと単調に減っている(図 6.31)．すなわち結晶相はゆっくりとネマチック相に移っている．面積 $A/A_0=1.125$ では結晶相は安定である．1万ステップ計算したときの $S(q)$ の値 110 ± 10 は，4万ステップを経ても変わらない．高密度領域での状態方程式を図 6.32 に示す．融解が起きるときの面積 A_m/A_0 は約 1.15 であり，この値は 870 個の剛体円板系の場合[40]の 1.266 よりすこし小さい．

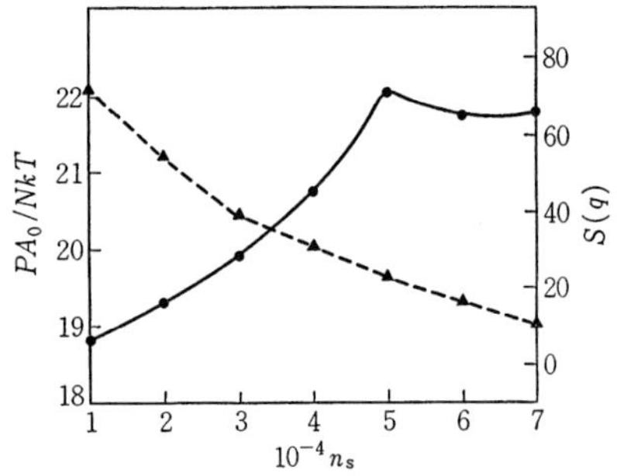

図 6.31　面積 $A/A_0=1.15$ での結晶相からネマチック相への転移．n_s はモンテカルロ計算のステップ数を示す．実線は PA_0/NkT，破線は構造因子 S の変化を示す[39]

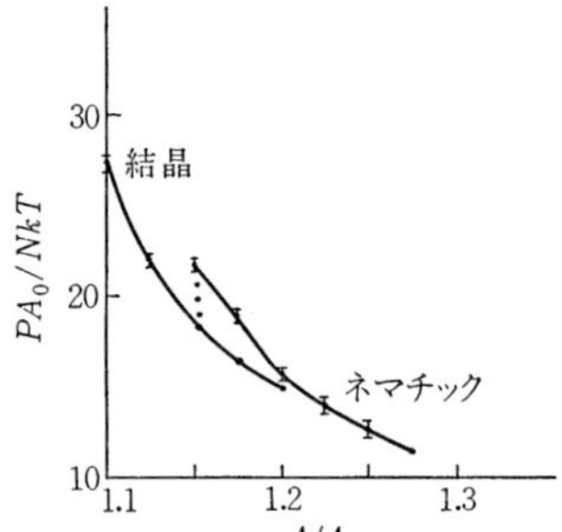

図 6.32　高密度領域 ($A/A_0<1.3$) での，結晶相とネマチック相を示す等温曲線．面積 $A/A_0=1.15$ で，結晶相からネマチック相への転移がある[39]

ネマチック-等方性液体の転移　面積 $A/A_0=1.40$ では，8万ステップの計算の後，配向の秩序度 M は 0.7 ± 0.1，構造因子 $S(q)$ は 0.8 ± 0.4 である．すなわち，配向は残っているが，楕円板の重心の位置は完全にランダムになってい

40)　B. J. Alder and T. E. Wainwright: *Phys. Rev.*, **127** (1962), 359.

る．系はネマチック相にある．面積 A/A_0 を増していくと，図 6.33 のような van der Waals ループが得られる．転移は面積 $A_d/A_0=1.775\pm0.025$ で起きている．そのときの面積の相対変化 $\Delta A/A$ は，1〜2% である．この体積変化の値は，実験で測定されたものと同程度である．エントロピーの変化 $\Delta S/Nk$ は 0.05〜0.12 であり，剛体円板のときの融解にともなう変化 0.36 にくらべるとずっと小さい[40]．

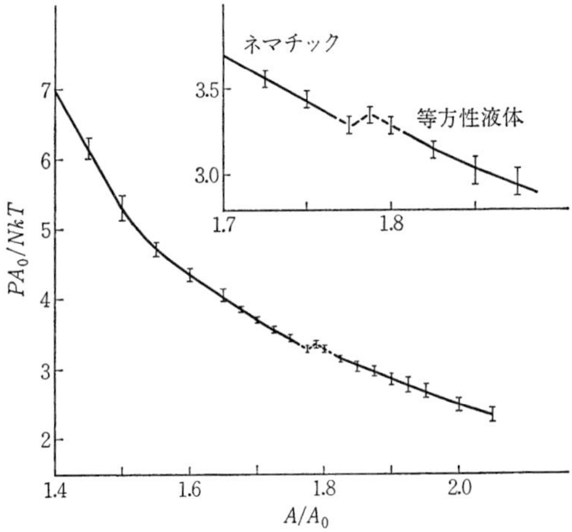

図 6.33　密度 $1.4\leqq A/A_0\leqq 2.0$ での等温曲線．ネマチック相から等方性液体相への転移は拡大して示してある[39]

軸比の効果　まず軸比 a/b が 1 に近い場合を考えてみよう．剛体棒に対する理論的考察でも観察されたように，配向の転移は起こりにくくなり，ネマチック-等方性液体の転移の起きる面積 A_d/A_0 は 1 に非常に近くなるであろう．その場合，結晶-ネマチックの転移の起こる面積 A_m/A_0 より小さくなることは可能であろうか？　そうした系では楕円板の配向はランダムであるが重心は結晶格子を作っているというプラスチック結晶に類似した相が実現されることになる．この予想を確かめるために，軸比 $a/b=1.01$ の剛体楕円板 168 個を $A/A_0=1.15$ の状態にした．モンテカルロ計算を 1 万ステップしたときの $S(q)$ の値 140 ± 10 は 3 万ステップの後でも変わらず，一方，M の値は 0.006 ± 0.001 であった．まさに，系は配向の無秩序性と格子の規則性を兼ねそなえている．

逆に，a/b が非常に大きな場合を考えてみよう．A_m/A_0 はだんだん1に近くなり，A_d/A_0 は a/b に比例して非常に大きくなる．すなわち，$a/b\to\infty$ では，ネマチック相だけが存在すると考えられる．この極限は非常に長い棒を箱につめることを想像すればよい．

Vieillard-Baron によるこれらの結果は，実際の液晶でも，結晶-ネマチック-等方性液体の相転移は主として液晶の幾何学的な要素によっていることを示唆しているように思える．上に述べた計算機実験がどこまで正しいものか，また実際に3次元の系ではどのような結果になるのかは，今後の研究を待ちたい．Kirkwood の洞察力から予想された剛体球系での固相-液相の相転移は，Alder らの計算機実験によって確かめられ，単純液体における分子間力の役割を明確にした．剛体楕円板系に対する Vieillard-Baron の計算機実験は，液晶の分野に同じような衝撃を与えようとしている．

§6.4　水と水溶液

水はわれわれにとって最も重要な物質であり，量的にも最も多い化合物である．そのため水は昔から多くの人によって研究されているが，理論的観点は多岐に分かれ，統一されないまま今日に至っている．周知のように，水は他の液体と比べると大変異常な物質であり，それは水素結合という方向性をもち，相当強い結合が原因になっている．多くの理論では，温度が上るにつれて，水素結合はつぎつぎと“切れ”て，分子を結びつけている水素結合の網目構造は連続的にこわれ，つぶれていくと考えられているが，この結合による水の微妙で多様な性質に比べて理論的取扱いの近似のあらさが目立つ[*41-44]．

(1)　水の分子

水分子の電子構造は $\mathrm{H{:}\ddot{\underset{..}{O}}{:}H}$ で，全体としてみれば Ne の閉殻に似ている．

---

*　水に関する綜合的な記述として次の 41)～44)がある．

41)　D. Eisenberg and W. Kauzmann: *The Structure and Properties of Water*, Oxford at the Clarendon Press (1969).

42)　J. E. Kavanau: *Structure and Function in Biological Membranes I*, Holden-Day (1965)の中の1節.

43)　関集三：最近の物性論における特に興味ある物質(物性物理学講座第11巻)，第6章，共立出版(1959)．

44)　戸田盛和：日本物理学会誌，7 (1952)，17.

酸素原子Oの非結合(van der Waals)半径は1.40Å であるが，水蒸気の状態方程式から求めた水分子の直径は2.65Å(斥力$\sim r^{-12}$を仮定)，2.76Å($\sim r^{-24}$)，3.16Å(剛体球$r^{-\infty}$)であり，Neの分子直径は2.86Å($\sim r^{-12}$)である．したがって独立な水分子の直径は約2.80Å とみてよい．水分子内のOHの距離はOH＝0.97Åで，HはOの電子雲の中に入っているが，水分子としては，Hの電子雲が少し外へ突き出た形をしていると考えられる．

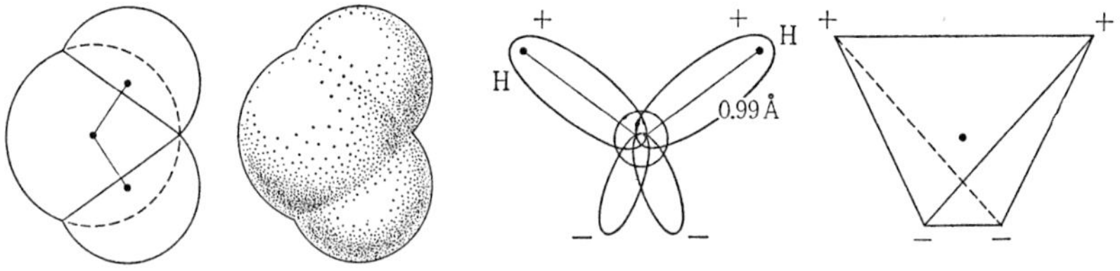

(a) 非結合半径模型　(b) 静電模型

図 6.34　水の模型

水分子は大きな双極子モーメントμ＝1.87Dをもつ．双極子モーメントについては，一般に加算性が知られている．OHは1.53Dの大きさのベクトルで表わされるが，これを∠HOH＝105°で合成すると1.87Dになり，これは水分子の双極子モーメントと奇妙なほどよく一致する．ここにD(Debye単位)は10^{-18}esu·cmの双極子モーメントである．

原子軌道法で双極子モーメントを説明するには，いくつかの電子構造を考えて，その間の共鳴現象を考慮しなければならない．Oは電子を引きよせる傾向(電気陰性度)の大きい原子であり，Hは電子を放出する傾向がある．Paulingによれば，共鳴構造の寄与はH—O—H(37〜44%)，H^+—O^-—H(24〜28%)，H—O^-—H^+(24〜28%)，H^+—O^{-2}—H^+(15〜0%)である．

水分子内の電気の分布を表わす模型としてよく用いられるのは4面体模型で，これは2つの非結合電子対(lone pair)を表わす2個の − 電気とH^+による2個の ＋ 電気とをもつ．

(2)　氷の構造

氷の結晶における酸素原子の位置はX線によって調べられている．その結晶格子はトリジマイド石におけるケイ素の格子に似ている．1つの酸素原子は4個の酸素原子に取り囲まれている(図6.35(a))．氷における水素の位置は最近は中性子線回折によって詳しく調べられている．また熱量的なエントロピーの測定からも水素の位置に関して知識が供給されている．これらの研究から，次のことがわかっている．

（i）　隣接酸素原子を結ぶ直線上に水素原子が1個ある．

（ii）　1つの酸素原子の近くには2個の水素がある．

酸素原子の中心，水素原子の中心を表わして氷の結晶の様子を示したのが図6.35(b)である．

上記の（i），(ii)の条件を満足させる水素原子の配置はいろいろありうる．水素原子はどちらかの酸素原子に近く存在するので，これをO—H…Oと書き，水素結合はこれで表わされる[45,46]．Hが右へ移れば結合はO…H—Oの形になる．このように水素結合の直線上で，水素の位置する場所は2カ所あり，1/2ずつの確率であちこちしている．O—Hの距離は約1.0Å，H…Oの距離は約

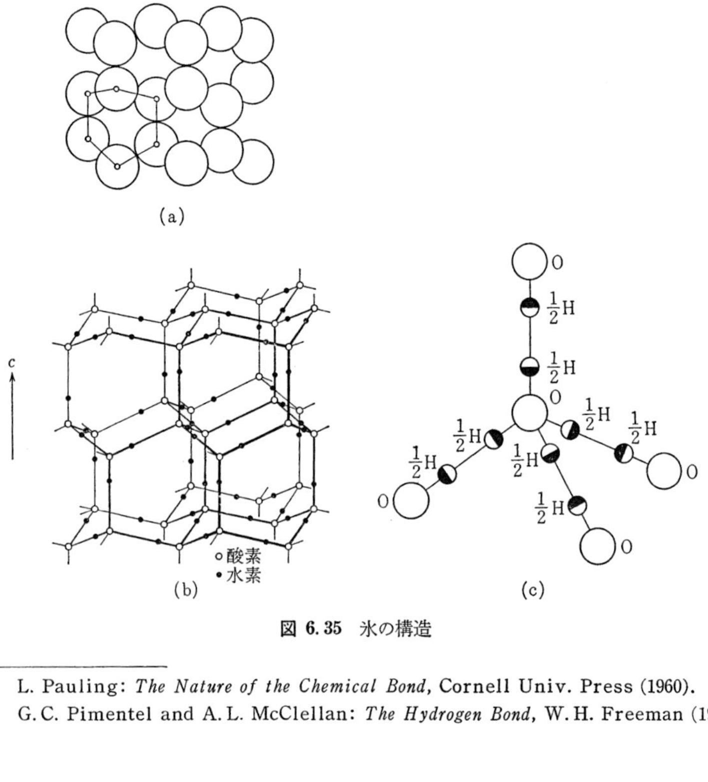

図 6.35　氷の構造

45)　L. Pauling: *The Nature of the Chemical Bond*, Cornell Univ. Press (1960).

46)　G.C. Pimentel and A.L. McClellan: *The Hydrogen Bond*, W.H. Freeman (1960).

1.7Å である．角 ∠HOH は独立な分子では 105° であるが，氷では 109° である．原子間距離 O—H も独立な分子の値に比べ少し大きい．

中性子線回折では，2個の酸素原子の間で，水素原子は2つの位置に半々ずつあるように見える．この様子(半水素模型)を図 6.35(c) に示す．

水素結合はほぼ静電的で，約5% ぐらいは共有結合の寄与があると考えられている．また O 原子は分極しやすいので，水素結合はたがいに強め合う傾向があり，協力的にはたらくと考えられる．

水素結合のため氷はすき間の多い構造を作っているが，このすき間は水分子やメタン分子がすっぽり入る大きさである．水素結合の1本のエネルギーは 4.5 $kcal \cdot mol^{-1}$ が広く用いられているが，明確ではない．D_2O(重水)の水素結合は H_2O に比べて極くわずか強いと考えられている．

気体のメタンと水蒸気とが共存していると，メタン分子は水分子をそのまわりに弱い力で引きつける．水分子はたがいに水素結合でメタン分子のまわりに結合して籠(cage)を作る．メタンだけでなく多くの気体水化物(gas hydrate)が作られる．これは包接化合物といわれる立体網状構造で，中に包接される分子は包接格子を作る分子を特に強く引く必要はなくて，その大きさがうまく合うことが包接化合物の生成の条件である．水が包接格子を作り，これがさらに集まって大きな構造を作ることも知られている．Pauling は，液体の水は水分子自身が水によって包接された水和化合物であると考えたが，包接格子の構造は氷の構造と同じではないとしている．

水素結合は単純な静電的結合ではないが，おおざっぱには酸素原子は陰性度

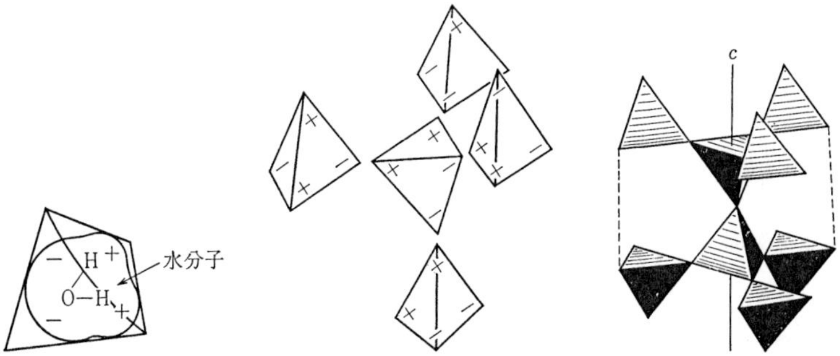

図 6.36　水分子の電荷分布と氷の構造

が高くて O^{2-} になり，水素原子は H^+ になって電気的双極子があるために O^{2-} と H^+ の間で引き合って水素結合ができると考えてもよい．電子の量子力学的な運動状態を考慮すると，水分子はむしろ2個の＋電気と2個の－電気を持つ正4面体のように考えたほうが正しい．こうして氷の構造をみなおすと図6.36のようになる．水分子の＋電気は周囲の水分子の－電気と向き合っているような結合によって氷の構造ができていることになる．この考えはやはり水素結合の性質をじゅうぶん表わしているとはいえないが，種々の場合に使用される模型である．

(3)　水の構造

水は氷に比べて体積が約1割小さい．これは多くの物質が融解すると体積が増大するのと逆である．氷においては特殊な結合(水素結合)のためにすき間の多い正4面体構造がとられていた．融けるとこれがくずれて，体積が小さくなるわけである．さらに温度が上がると，ふつうの意味の熱膨張によって分子間の距離が大きくなってくる．この2つの傾向が打ち消し合うため4°Cで密度が最大になる．氷の構造と水の構造とのちがいを模型的にしめしておく(図6.37)．

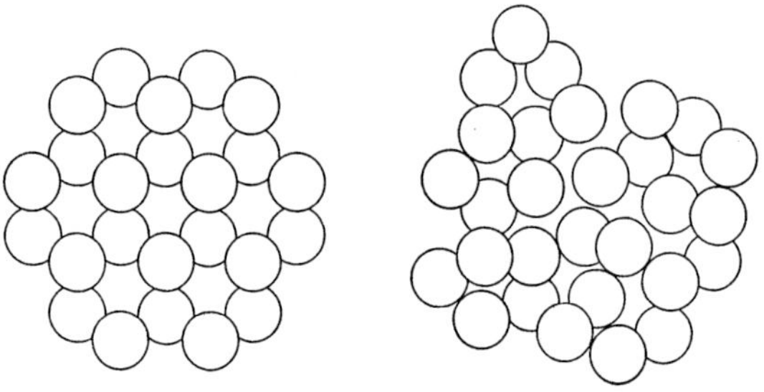

図 6.37

X線回折によれば，水の構造は氷に似ているが，ずっと不規則な分子配列になっている．しかし，液体になっても，水素結合のために近距離の配列秩序(4面体構造)はほぼ氷のときのままで保たれ，最隣接分子間距離は2.92Å，第2隣接は約4.5Åにある．ただ，その間の3.5Åに動径分布関数の山があり，25°Cで約2個の分子がここに存在する．これは氷の構造のすき間に水分子が落ち込

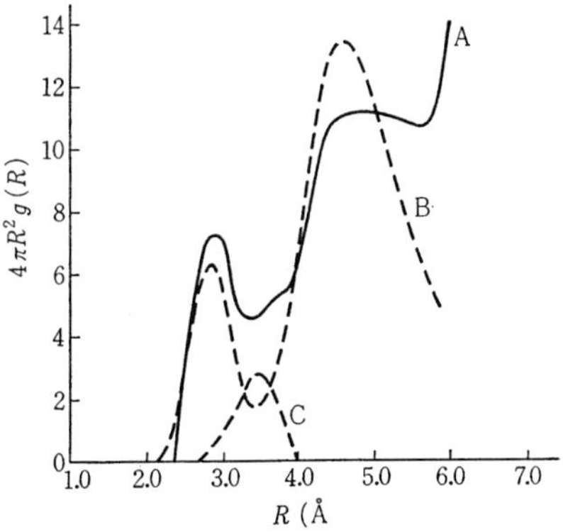

図 6.38 A は水，B は氷をくずした構造，C は A と B の差[47]

んだものと考えられる(図 6.38)．これは特に Samoilov が強調している構造であるが[47]，Pauling の考えもこれに似ている．

最隣接分子数(配位数)は氷では 4 個であるが，水では少し大きく，25°C では約 4.5 個といわれている(図 6.39)．

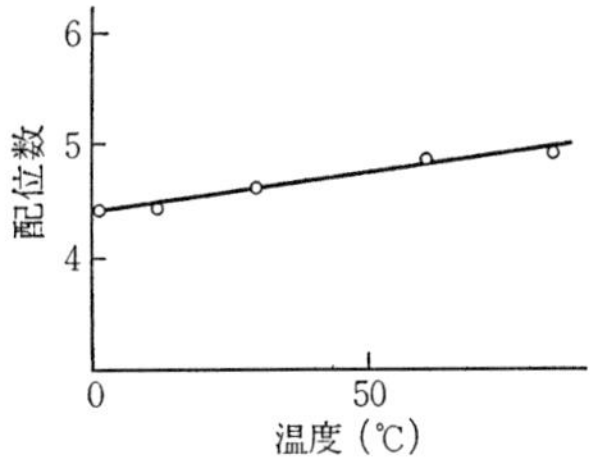

図 6.39 水の分子配列[48]

氷の構造のすき間に分子が入り込めば，構造はそのまわりでひずむと考えられる．そのため配位数も多くなり，すき間に入り込んだ分子がまわりの分子と水素結合で結ばれることも起こるであろう．水素結合の完全な分子の振動数は水でも氷でも 200 cm^{-1} であるが，150 cm^{-1} に現われる Raman 線は水素結合の不完全な，あるいは構造のすき間に落ち込んだ分子の振動であると考えられている．

水においては氷で完全だった水素結合が方々で切れて，分子の振動・回転が

47) О. Я. Самойлов: *Структура водных растворов электролитов и гидратация ионов*, АН (1957) (上平恒訳：イオンの水和——電解質水溶液の構造，地人書館(1967))．

48) J. Morgan and B. E. Warren: *J. Chem. Phys.*, **6** (1938), 666.

より自由になっていると想像される．H—O—H を2等分する軸のまわりの自由回転が始まるのは約 40°C であることが明らかにされている．これは比熱，圧縮率がこの温度で異常性を示すことと関係がある．

水のイオンは H^+, OH^- というよりも $(H_3O)^+$, OH^- である．水が電気を伝えるのは，陽子が水素結合の切れていないところを移動し，水分子の回転につれてつぎつぎと移動が続くからである．

水の理論において，水分子の会合 $(H_2O)_n$ を考えるものがあった[41-44]．たとえば Eucken は，水を H_2O と会合分子 $(H_2O)_2$, $(H_2O)_4$, $(H_2O)_8$ の混合物と考え，それらの数が温度によって変わる様子を考察し，この考えを比熱，電気伝導などに適用している．しかし，このような会合分子の存在を積極的に支持する根拠はないように思われる．Lennard-Jones と Pople は水素結合の鎖が屈曲するという立場で統計力学的な考察をしている．Frank や Némethy と Scheraga は水素結合が切れる影響を統計力学的に扱った[49,50]．

液体の場合，水素結合は切れたり，つながったり，時間的に変動しているであろう．この結合は協力現象的であると考えられることはすでに述べた．これをもう少しくわしく考察しよう．

水分子 H_2O の電子状態としては種々の近似が考えられる．独立な水分子では O の 2p 電子が H の 1s 電子と結合した構造が主であろう．氷のように正4面体構造をとる場合には，混成軌道 sp^3 が優勢であろう．そのほかに混成軌道としてはほかのものも考えられるが，上述の p 結合と sp^3 結合だけを考えても，その優先する度合は水の局所的な構造によって支配されると考えることができる．

いま，水分子が2個近づき，水素結合 O—H···O を作ろうとしているとしよう．H は正電気をもち，第2の水分子の酸素原子の負電気と引き合うと同時にこの原子を分極させる．このため第2の分子は大きな双極子モーメントになり，第3の水分子が近づけばより強く引き合う．このような作用は電子軌道に変化を与え，いくつかの水分子が結合すれば最終的な混成軌道になって安定化され

49) G. Némethy and H. A. Scheraga: *J. Chem. Phys.*, **36** (1962), 3382, 3401; *J. Phys. Chem.*, **67** (1963), 2888; *J. Chem. Phys.*, **41** (1964), 680.
50) G. Némethy and H. A. Scheraga: *J. Phys. Chem.*, **66** (1962), 1773.

ると考えられる．したがって，水素結合は次から次へと伝播する性質をもち，協力的なものである．おそらく，水素結合によって水分子が結合するときは同時に多数の結合ができ，これがこわれるときは同時に多数の結合がこわれるであろう．水素結合をこのように動的に考え，混成軌道の変化のゆらぎが酸素原子を伝わって走る模型も考えられる．いずれにしても，水素結合は純粋に静電的なものではなく，何%か共有結合的な面をもっている．水素結合を曲げると“切れる”という把え方は，このような協力的な性質を力学的模型にしたものとして正当化されると思われる．しかしこの把え方は不十分で，協力的な面はどの理論にもよく反映されているとはいえない．

Némethy と Scheraga は水素結合が4本，3本，2本，1本，0本(自由分子)の分子を想定して水素結合によってできる水分子の集団を空間的なモデルで考察し，水分子の振動・回転を統計力学的に扱っている[49,50]．計算した自由エネルギーが実験と合うように水素結合の強さをきめて $E_H=1.32\,\text{kcal}\cdot\text{mol}^{-1}$ とした．これは結合が切れたことによるエネルギー上昇だけでなく，そのために構造がひずんでエネルギーの低下を起こした分まで入った値であり，この中の前者が $E=4.5\,\text{kcal}\cdot\text{mol}^{-1}$ というふつうの水素結合の値にあたると思われる．彼らはこの取扱いを D_2O にも適用し，少し大きな水素結合の値を用いれば実測とよく合う結果を得ることを示している．

最近，Rahman と Stillinger は水分子の模型の集まりの運動を動的に追う実験をしている[51]．彼らが用いた水分子の模型は完全に静電気的な相互作用をするもので，酸素原子の分極などは無視しているのが弱点である．したがって水素結合が切れるなどという把え方はできない．このような欠点にもかかわらず面白い結果が得られている．たとえば水の自己拡散率として，彼らは 34.5°C において $D=4.2\times10^5\,\text{cm}^2\cdot\text{s}^{-1}$ を得ているが，この温度における実測値は $2.85\times10^5\,\text{cm}^2\cdot\text{s}^{-1}$ である．なお実測によれば自己拡散率の励起エネルギーは $E_D=4.6\,\text{kcal}\cdot\text{mol}^{-1}$ であり，これは水素結合のエネルギーに等しいことも注目される．

水の構造，ことに疎水基(次項参照)，イオンなどをふくんだ水について計算機実験がおこなわれることはたいへん望ましいことであって，この方面の発展が大いに期待される．

---

51) A. Rahman and F. H. Stillinger: *J. Chem. Phys.*, **55** (1971), 3336; F. H. Stillinger and A. Rahman: *J. Chem. Phys.*, **57** (1972), 1281; R. O. Watts: *Molec. Phys.*, **28** (1974), 1069

(4)　疎水結合

メタン，あるいは $-CH_3$ をもつ非極性分子は，弱い van der Waals 力によって水分子をそのまわりに引きつける．引きつけられた水分子は秩序だった配列をし，おそらくは水素結合が余分にできて，氷に似た構造になり，籠を形成する(図 6.40)． van der Waals 力とできた余分な水素結合とによってエネルギーはいくらか低下するが，できた秩序のためにエントロピーが大きく低下し，このような分子が水中に入ると自由エネルギーは増大する．このためこのような分子は水に溶けにくい性質，すなわち疎水性をもつ．溶けるときに熱を発生するにもかかわらず，水に溶けにくい疎水性という現象は水の構造の特殊性によるものである．

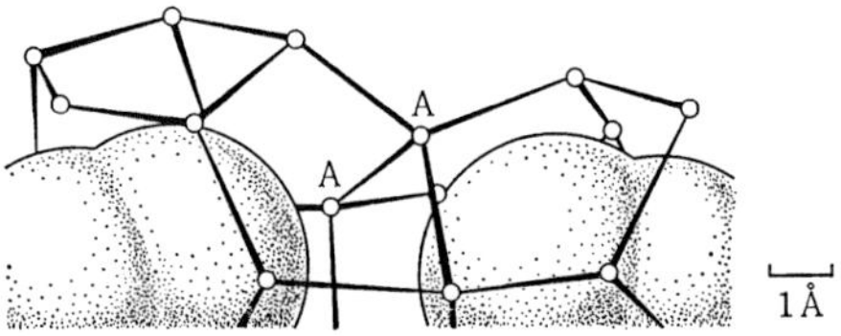

図 6.40　疎水基のまわりの水素結合[50)]

このような分子は2つ別々に水の中にあって水分子に囲まれているよりも，集まって1つになった方が水との接触面積が小さくて，自由エネルギーが低くなるので，たがいに近づいてひっつく．こうして疎水的な基をもつ分子が水中で引き合う結合を疎水結合という．

Némethy らは疎水基をもつ分子の模型と水分子の模型の配置(図 6.41)を空間的に調べて水素結合について立ち入った計算をしている．その結果は実測とだいたいよく合っている．

生体高分子には疎水基が数多く含まれていて，疎水結合によって水中で形が

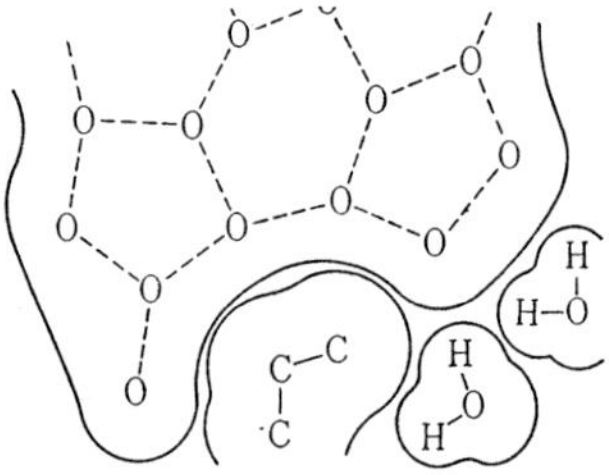

図 6.41

安定化している場合がある．おそらく，疎水結合は水素結合と共に生体高分子の構造と機能を大きく支配しているのであろう．

（5） イオンの周囲の水の状態*[47,52-54]

電解質のイオンは水中で水分子を引きつける．負イオンは水分子の＋電荷を引きつけて配向させ，正イオンは逆に水分子の－電荷を引きつけて逆向きに配向させるであろう．例として Cl^- に引きつけられて4個の水分子が配向している様子を図6.42に示す．これは想像図であって，厳密なものではないが，イオンの周囲の水が特別な配列になっていることは明らかである．これを調べる方法としてはX線回折によるものもあるが，液体において濃度の低いイオンの周囲の水分子の配列を決定することは困難である．赤外線その他の方法も間接的なデータを提供する．誘電的性質のイオンによる変化もそうである．以下にイオン容，水和エネルギー，イオン易動度，水和エントロピー，イオンの比粘度上昇度，について述べ，水溶液中のイオンの周囲の水の状態を考察することにする．

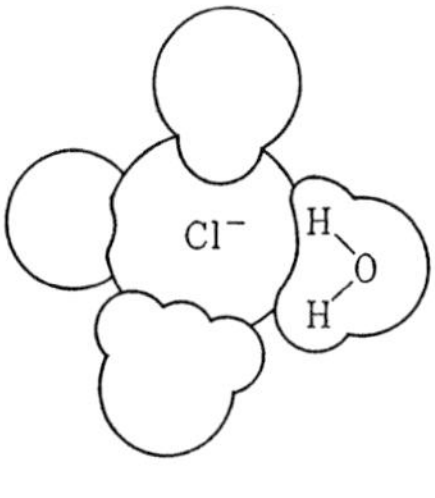

図 6.42 水和イオンの構造 $Cl(H_2O)_4$

イオン容　きわめて多量の水（一般には溶媒）に1モルの電解質を溶かしたときの体積の増加をイオン容という．これは溶質が結晶のときの体積と比較するのが自然であろう．この比較を図6.43に示す．図でみると少数のもの（ヨウ化リチウム，臭化リチウム，ヨウ化セシウム）を除いて，すべてのイオン結晶は電解質になると体積が縮小するようにみえる．しかし，これだけからでは水に溶けたイオンの周囲の構造については決定的なことはいえない．第1に，溶質は

---

* イオンと水との相互作用については次の 52)～54)がある．

52） 戸田盛和：分析化学，**15** (1966), 624.

53） R.W. Gurney: *Ionic Processes in Solution*, McGraw-Hill (1953).

54） 亘理達郎：電解質溶液論（押田勇雄編：液体の電気物性），槇書店(1964).

結晶形を保ったまま溶けるのではないので，たとえば岩塩などのように比較的すき間の多い結晶がくずれて水中にはいるとき，そのための体積縮小が考えられる．第2に，イオンは水の構造のすき間にはいり込むこともありうるから(ことに半径の小さなイオンでは著しい)，これが起これば体積は水と結晶を合わせたよりも溶液の体積は小さいはずである．

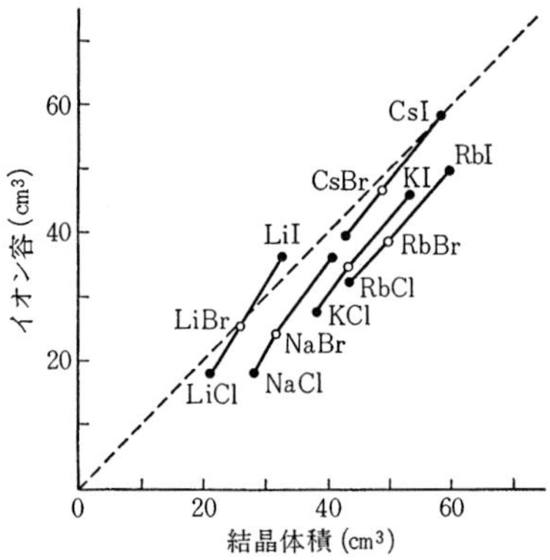

図 6.43　イオン容と結晶体積 (25°C)[53]

また，イオンが周囲に作る強い電場のために水が電気的なひずみによって縮小し，溶質イオンが水のすき間にはいらずに，水をおしのけたとしても体積は全体として縮むことが考えられる．さらにイオンのための周囲の電場により，水の分子の配向が行なわれるが，これが，もしも水の構造を氷に似たものにするならば体積は増加し，氷の構造をこわすようなものならば体積は縮小するであろう(イオンの周囲と，少し離れたところとでこの相反する効果が共存することもありうるはずである)．このようにいろいろの効果が考えられ，その効果はまちまちであって，イオン容だけからではイオンの周囲の水の構造について決定的なことは何もいえないのである．

電気的ひずみの効果は溶媒の圧縮率に比例するから，水以外の溶媒にも溶かして比較すればこの効果が推定される．圧縮率はエチレングリコール，水，メタノールの順に大きくなっている(メタノールの圧縮率は水の圧縮率の 2.5 倍である)．したがって，イオン電場による縮小はグリコール，水，メタノールの順で著しくなると期待される．実測によれば臭化ナトリウム，ヨウ化カリウムなどではこの順にイオン容が小さくなっていることが確かめられる．しかし臭化リチウムにおいてはイオン容は水を溶媒にしたときが最も大きい．また臭化リチウムは臭化ナトリウムよりも水に対してはるかに大きなイオン容を持ち，塩化リチウム，ヨウ化リチウムはそれぞれ水に対して塩化ナトリウム，ヨウ化ナトリウムよりもはるかに大きなイオン容を有する．このようなことから次のようなことが推論される．

リチウムイオンはイオン半径が小さいので，周囲の水分子を近距離に引きつけて，水分子を強く分極するが，このためにリチウムイオンは周囲の水の構造を氷の構造(水素結合をその温度の水よりも多く持つ，すき間の多い構造)に似たものにする．このため，リチウムイオンの周囲では水は体積の大きい構造になり，したがってそのイオン容は大きいのである――リチウムイオンは周囲の水に氷構造に似た秩序を作る．

水和エネルギー イオンが水に溶けると，周囲の水分子と静電的に相互作用をする．水を連続的な物質(誘電体)と考えるならば，この相互作用のエネルギーは静電エネルギーとしてたくわえられることになる．実際にはイオンの周囲の水分子はその双極モーメントをイオンの方に向けようとして配向し，エネルギーの変化を起こすであろう．このエネルギーが水和エネルギーである．独立なイオンを水中に入れたときのエネルギーの減少の大きさが水和エネルギーである．

水和エネルギーは，次のようなサイクルから求められる．

(i) 1 mol の電解質結晶を昇華させてイオン気体を作る(無限に希薄にする)．このエネルギーを U とする．これは結晶のエネルギー $-U$ として別に求められている．

(ii) イオン気体を無限に多量の水に溶かす．このときは水和エネルギー W だけの変化がある．

(iii) この溶液から 1 mol の電解質を結晶として析出させる．このエネルギー $-L$ は実測で与えられる．

(iii)によって元の結晶にもどるから 1 mol の電解質につき

$$U-W-L=0$$

これから水和エネルギー W が求められる．たとえばフッ化リチウムの水和エネルギーは $W(\mathrm{Li^+, F^-})=244.4\ \mathrm{kcal\cdot mol^{-1}}$，塩化リチウムの水和エネルギーは

$W(Li^+, Cl^-)=209.8\ \mathrm{kcal \cdot mol^{-1}}$ で，これらの差は $34.6\ \mathrm{kcal \cdot mol^{-1}}$ である．またフッ化ナトリウムでは $W(Na^+, F^-)=216.1\ \mathrm{kcal \cdot mol^{-1}}$，塩化ナトリウムでは $W(Na^+, Cl^-)=182.8\ \mathrm{kcal \cdot mol^{-1}}$ で，これらの差は $33.3\ \mathrm{kcal \cdot mol^{-1}}$ である．したがって，F^- の水和エネルギーと Cl^- の水和エネルギーの差は約 34 $\mathrm{kcal \cdot mol^{-1}}$ と考えられる．このようにして負イオン同士，あるいは正イオン同士の水和エネルギーの差が求められ，電解質の水和エネルギーは正イオンの水和エネルギーと，負イオンの水和エネルギーの和として加算的に求められることがわかる．

しかし，正・負イオンの水和エネルギーの絶対値を知るにはなんらかの仮定が必要である．K^+ と F^- とはイオン半径がほとんど同じであるから水に対する影響もほぼ等しいであろう．かりに $W(K^+, F^-)$ の値を 17.5 : 18 に割ってそれぞれを K^+ と F^- の水和エネルギーとすると，表 6.9 のような水和エネルギーが各イオンに対して与えられる．ここにイオン半径も並記してあるが，同じ価のイオンではイオン半径の小さいほど，水和エネルギーが大きいことが注目される．

表 6.9　イオンの水和エネルギー (25°C, $\mathrm{kcal \cdot mol^{-1}}$)

イオン	水和エネルギー	イオン半径 (Å)
Li^+	136	0.78
Na^+	114	0.98
K^+	94	1.33
Rb^+	87	1.49
Cs^+	80	1.65
F^-	97	1.33
Cl^-	65	1.81
Br^-	57	1.96
I^-	47	2.20
Be^{2+}	608	0.34
Mg^{2+}	490	0.78
Ca^{2+}	410	1.06
Sr^{2+}	376	1.27
Ba^{2+}	346	1.43
Al^{3+}	1149	0.57
Fe^{3+}	1185	0.67

イオン半径が小さければ，水分子が近くにくることができ，イオンに近いほど電場は大きいから，水和エネルギーは大きくなるであろう．水を連続体と考えて静電エネルギーを計算すると水和エネルギーとイオン半径の関係は実測値と傾向が一致するが定量的な一致は得られない．イオンのすぐ近くにくる水分子の数は少数であるから，すぐ近傍まで連続体と考えるのはよくないので，そこでは水分子の配置を考えて計算すると実測値とよい一致が得られることが報告されている．しかし，この種の計算は水分子とイオンとの相互作用に対して簡単すぎる仮定をおいているので，決定的なことをこれから導き出すことはむずかしい．ただ，イオンの近傍においては，水分子が電場のために配向を起こしていることは明らかである．

なお，水和エネルギーは等温で求めているので，実は水和の自由エネルギーであり，エントロピーの項を含んでいる．この影響は常温で約5% 以下であって，あらい理論では区別しなくてよいが，詳しい議論ではこれを区別しなければならない．

イオン易動度　電解質溶液に電圧を加えるとイオン電流が流れる．この測定から，単位の電場 ($V \cdot cm^{-1}$) を加えたときにイオンが移動する速度，すなわち易動度が求められる．

もしもイオンが球形であって，移動するときに水から粘性抵抗(Stokes の抵抗)を受けるとすると易動度はイオン半径に反比例する．この球の半径を r(Å) とし，易動度を u($cm \cdot min^{-1}$)，イオン価を z とすると温度 25°C の水溶液において

$$r = 9.44 \times 10^{-4} \frac{z}{u}$$

の関係がある．r を Stokes 半径と呼ぼう．

表 6.10 には易動度 u，イオン半径，Stokes 半径を並記した．表 6.10 からわかることとして，同じ型のイオンではイオン半径が小さいほうが易動度が小さい(Stokes 半径は大きい)．ただし Br^- と I^- の順は例外である．また H^+ と OH^- の易動度は異常に大きいがここには触れない．

もしも裸のイオンがそのままで水の中を移動するとすれば上記の傾向とまったく逆になる．この常識に反する傾向を説明するのに 2 つの方法が考えられ

表 6.10 イオン易動度 u (10^{-4}cm・s^{-1} で表わす)

イオン	易動度	イオン半径(Å)	Stokes 半径(Å)
Li^+	4.11	0.78	2.30
Na^+	5.33	0.98	1.77
K^+	7.84	1.33	1.20
Rb^+	8.13	1.49	1.16
Cs^+	8.28	1.65	1.14
F^-	5.64	1.33	1.67
Cl^-	7.94	1.81	1.19
Br^-	8.08	1.96	1.17
I^-	7.88	2.20	1.20
H^+	36	—	—
OH^-	21	—	—
Be^{2+}	45.0	0.34	4.05
Mg^{2+}	53.0	0.78	3.43
Ca^{2+}	59.5	1.06	3.06
Sr^{2+}	59.5	1.27	3.06
Ba^{2+}	63.7	1.43	2.86

る[53].

その1つは，小さいイオンほど多くの水分子と結合して大きな運動体となると考えることである.

第2の考えとしては大きなイオン半径のイオンの周囲では水の粘性が小さく，流れやすくなっているとする考えである.

この2つは易動度のデータだけからでは正否の判定をすることができない. 次に述べるイオン溶液の粘性率に関する考察からは第2の考え方がよいように思われる.

ここでさらに次のことを考察しておこう. Stokes の粘性抵抗は溶媒の粘性率 η に比例するので，易動度 u は η に反比例する. そこで，イオンとともに移動する運動体の大きさが温度によって変わらないならば，積 $u\eta$ は温度が上がっても変わらないはずである. そこで，18°C における $u\eta$ の値と 0°C における $u\eta$ の値との比を調べてみると，この比は一般に1よりも小さい. しかもこの比は当量伝導度の大きいほど小さいことがわかる. これを示したのが図 6.44 である. 1価イオンは1つの直線上にのる. 複雑な相似たイオンは別の直線上にのっている.

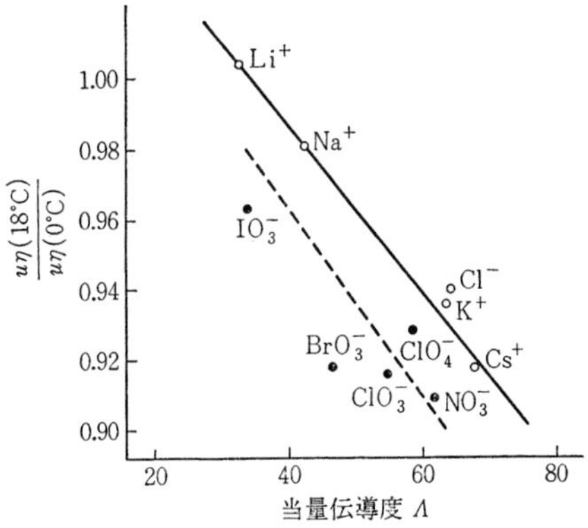

図 6.44　$u\eta$ (u=易動度，η=粘性率)の温度変化と当量伝導度Λ[53]．$\Lambda=1000\sigma/c$，σ=比電気伝導度(mho・cm^{-1})，c=1リットル中のイオンのモル数

大きな易動度(当量伝導度)を持つイオンが小さな $u\eta(18°C)/u\eta(0°C)$ の値を持つことは次のように考えると説明される．易動度が大きいイオンは(上記の第2の考え方により)，周囲に流れやすい水の層を持っている．ここでは水分子はその温度(たとえば0°C)における普通の水よりも乱れた配列をしている．温度を上げる(たとえば18°C)と，イオンから遠くの水の配列は乱れてくるが(そのため粘性率は低下する)，しかし，イオンの近くの乱れた配列の層の配列はそれほど変化しないから，u はあまり変化せず，したがって，積 $u\eta$ は温度が上がると小さくなる(これに反し，もしもイオンがその周囲に水分子の乱れた層を持たなければ，u は温度上昇によって増大し，η は減少し $u\eta$ は一定にとどまる)．

これによって図6.44の事実は説明される．この説明においては，大きな易動度を持ったイオンの周囲では水分子の配列が乱れているとしている．分子配列の乱れはエントロピーの大きな値を意味する．そこでこれを次に調べよう．

また，図6.44において K^+ と Cl^- とはほとんど同じ点にきている．これらのイオンの半径はあまり相違がない．そして，水分子の配列を乱す度合においても，これらのイオンはほとんど同じであると考えられる．これは以下の議論で重要なことである．

水和エントロピー　エントロピーは分子配列の秩序の度合を与えるもので，秩序が大きい(規則正しい配列)ときにはエントロピーは小さく，秩序が乱れているときにはエントロピーは大きい．熱力学によればエントロピーは熱的な測定で与えられる．熱的測定においては，結晶を無限に希薄な溶液にするときに吸収する熱量を負とし，この熱量を溶解熱という．溶けやすく，溶解熱の大きい結晶の溶解熱の測定は容易である．溶けにくいものや溶解熱の小さいものについては，その直接測定はかなりむずかしい．しかし，やや溶けにくい物質では溶解熱の逆である沈殿熱を測定しうる．たとえば，塩化カリウムの水溶液に希薄な硝酸銀の溶液を加えると塩化銀が沈殿する．このときの発熱を測定し，このデータに硝酸銀が希釈されていたための補正を加えると，塩化銀の飽和水溶液の溶解熱として $-15740\ \mathrm{cal\cdot mol^{-1}}$ を得る(25°C)．

エントロピーは熱量を絶対温度で割れば与えられる．溶解のエントロピーは塩化銀に対して $52.8\ \mathrm{cal\cdot mol^{-1}\cdot K^{-1}}$ となる．これは溶解する前の結晶を基準にしたものであり，塩化銀の結晶のエントロピーの絶対値を比熱の測定データから求めると $23.0\ \mathrm{cal\cdot mol^{-1}\cdot K^{-1}}$ となるので，これを加えて，25°C における飽和水溶液の塩化銀のモル比エントロピーとして $75.8\ \mathrm{cal\cdot mol^{-1}\cdot K^{-1}}$ を得る．

同様にしてヨウ化銀による飽和水溶液のモル比エントロピーとしては $116.8\ \mathrm{cal\cdot mol^{-1}\cdot K^{-1}}$ を得る．

飽和水溶液のモル濃度は塩化銀で 1.34×10^{-5}，ヨウ化銀で 9.08×10^{-9} である．水分子とこれらの濃度で混ざっていることによる混合エントロピーがあり，これを希薄溶液の理論でもとめると，ヨウ化銀飽和溶液と塩化銀飽和溶液とでは混合エントロピーの差は 1 mol につき $29.1\ \mathrm{cal\cdot mol^{-1}\cdot K^{-1}}$ である．したがって，イオンが周囲の水に影響を与えたためのエントロピー(水和エントロピー) $S^{(\mathrm{ion})}$ の $\mathrm{I^-}$ によるものと $\mathrm{Cl^-}$ によるものとの差として

$$S^{(\mathrm{ion})}(\mathrm{I^-})-S^{(\mathrm{ion})}(\mathrm{Cl^-}) = (116.8-75.8)-29.1 = 11.9\ \mathrm{cal\cdot mol^{-1}\cdot K^{-1}}$$

を得る．また混合エントロピーの補正をして $\mathrm{Ag^+}+\mathrm{Cl^-}$ 水溶液の水和エントロピー $31\ \mathrm{cal\cdot mol^{-1}\cdot K^{-1}}$ を得る．この値が正であるのは，水和によって水の構造の無秩序さが増加したことを意味する．したがって少なくとも $\mathrm{Ag^+}$ と $\mathrm{Cl^-}$ との効果を合わせれば，イオンは水の構造をこわす影響を持つことになる．

このようにして正負イオン対，あるいは正イオン同士の差，負イオン同士の差の水和エントロピーを求めることができるが，水和エントロピーの絶対値は求められない．

そこで $\mathrm{K^+}$ と $\mathrm{Cl^-}$ とが水分子の配列を乱す度合(すなわち水和エントロピー)

が同じであると仮定しよう．こうするには H^+ の水和エントロピーが -5.5 $\mathrm{cal \cdot mol^{-1} \cdot K^{-1}}$ であるとすることになる．この基準で種々のイオンの水和エントロピーの求めた値を表 6.11 に示す．表で Li^+ の水和エントロピーは負で，-0.8 となっている．Li^+ は水に氷構造を作るイオンであることは先に述べたが，氷構造ができれば秩序が増してエントロピーは減少するからこの値が負であるということは Li^+ の値としてふさわしい．この推定が正しいとすると H^+ はさらに強く氷構造の秩序を作るイオンであることになる．水和エントロピー $S^{(\mathrm{ion})}$ の大きい(正で)ものは水の構造をこわすイオンであり，小さいものは氷構造の秩序を作る傾向があることになる．

表 6.11 水和エントロピー $S^{(\mathrm{ion})}$($\mathrm{cal \cdot mol^{-1} \cdot K^{-1}}$)

イオン	$S^{(\mathrm{ion})}$
H^+	[−5.5]
Li^+	−0.8
Na^+	8.5
K^+	[18.7]
Cs^+	26.3
Ag^+	12.04
NH_4^+	20.9
Cl^-	[19.0]
Br^-	25.1
I^-	30.8
OH^-	3.01
MnO_4^-	52.2
NO_3^-	40.5
ClO_3^-	44.9
BrO_3^-	44.0
IO_3^-	33.5

イオンによる比粘性率の上昇　電解質水溶液の粘性率 η と純水の粘性率 η_0 との比は関係式

$$\frac{\eta}{\eta_0}=1+A\sqrt{c}+Bc$$

によってよく表わされる．ただし c は1リットル中の溶質のモル数(容積モラル)で，上式は希薄溶液 ($c \ll 1$) に対してよく成立する．

$A\sqrt{c}$ の項はイオン間の Coulomb 力相互作用によるもので，Debye の理論が実測値にぴたりと一致する．したがって Bc の項は Coulomb 力による影響を除いた効果を与えるわけである．微細な球を溶質とする溶液の粘性率に対しては Einstein の理論があり，濃度に比例して粘性率が増大することが示されているから，$B>0$ の場合はこの理論によって説明できる．

実測によれば $B<0$ の電解質溶液が存在する．$B<0$ であることは水がイオンの周囲で流れやすくなっているとしなければ説明できない．このような電解質溶液では，イオンの周囲の水の構造がこわれていると考えられる．たとえば係数 B は塩化カリウムに対して -0.0140 である．一方図 6.44 について説明した事がらから，K^+ と Cl^- とは水の構造をまったく同じようにこわすよく似たイオンである．したがって塩化カリウム水溶液の B の値は半分ずつ K^+ と Cl^- とに与えるべきであろう．これを正しいとすると，各イオンについての B

表 6.12

イオン	比粘性率上昇度 B
Li^+	$+0.150$
Na^+	$+0.086$
K^+	[-0.007]
Rb^+	-0.030
Cs^+	-0.045
H^+	$+0.070$
NH_4^+	-0.007
Ag^+	$+0.091$
Be^{2+}	$+0.392$
Mg^{2+}	$+0.385$
Ca^{2+}	$+0.285$
Sr^{2+}	$+0.265$
Ba^{2+}	$+0.220$
Cl^-	[-0.007]
Br^-	-0.042
I^-	-0.069
NO_3^-	-0.046
MnO_4^-	-0.059
ClO_3^-	-0.024
BrO_3^-	$+0.006$
IO_3^-	$+0.152$
OH^-	$+0.12$

の値を決めることができる．こうして決めた値を表 6.12 に示す．

$B<0$ のイオンの近傍には水分子が純水中よりもかえって流れやすい領域があると考えなければならない．もちろん，イオンのごく近くではイオンの電場のために配向し束縛された水分子があるであろう．しかし，この束縛はかえってその周囲に水の構造(氷に似た構造)を取りにくくしてしまうので，外部の水の構造に移る中間の領域では水分子は秩序のない状態におかれてしまい，かえって流れやすい領域を形成すると考えられる．したがって，イオンの周囲の状態は図 6.45 に示すようになっていると考えられる．ここで領域 A はイオンに束縛された水分子の存在する領域(水分子束縛域)であり，B は氷的な構造の乱れた中間領域，C は氷に似た水の領域である($B>0$ の場合は B 領域は欠除しているかあるいは水よりも氷的に秩序だった領域であろう)．イオンの中心から A 領域の外端は約 4Å，B 領域の外端は約 6Å 程度と思われている．

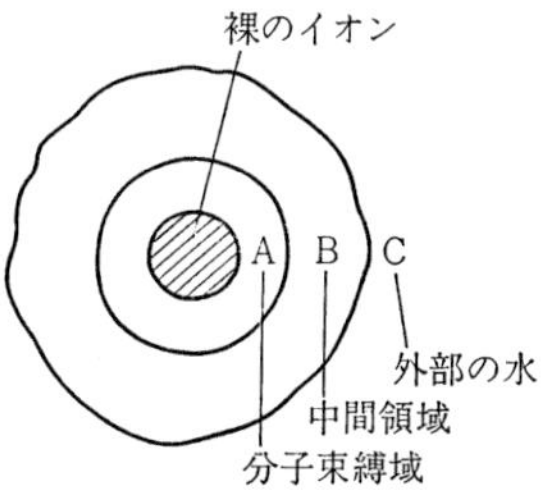

図 6.45 イオン近傍の水の構造

結び 以上の考察から，次のようなことがわかる．

小さなイオンはその周囲に氷に似た構造の水和を作る．そして移動するときには，これを伴って動く ($Al^{3+}(OH_2)_6$ の水分子の半数が入れ替わる時間は NMR の測定により，10^{-1} 秒と推定された．水分子の振動時間は 10^{-13} 秒程度であるから，束縛された水分子はじゅうぶん安定であるといえる)．

H^+, Li^+ はことに氷構造の秩序を作る効果が強い．この効果は Na^+, K^+ の順で弱くなり，逆に水の構造を乱す効果がこの順で強くなる．K^+, Cs^+ では水の構造を乱し，イオンの周囲に流れやすい水の中間層を作るので易動度がこの順に大きくなる．

なお容積モラル c が 1 程度の濃さになると，イオンの水和した領域が互いに触れ合うようになると考えられる．

参考書・文献

本文中に引用文献を示したが，重要な一般的な参考書を主にまとめておく．また，本文中で触れなかった文献を補っておくことにした．

第1章　液体の一般的性質

ここでは，液体についての全般的な書籍をほぼ年代順に挙げておこう．

1-1)　J. Frenkel : *Kinetic Theory of Liquids*, Oxford at the Clarendon Press (1946).
1-2)　戸田盛和：液体構造論，共立出版(1947).
1-3)　戸田盛和：液体理論，河出書房(1947).
1-4)　M. Born and H. S. Green : *A General Kinetic Theory of Liquids*, Cambridge Univ. Press (1949).
1-5)　H. S. Green : *Molecular Theory of Fluids*, North-Holland (1952).
1-6)　原島鮮：液体論(岩波全書)，岩波書店(1954).
1-7)　J. O. Hirschfelder, C. F. Curtiss and R. B. Bird : *Molecular Theory of Gases and Liquids*, John Wiley and Sons (1954).

これらは現在では手に入り難いものが多い．1)はFrenkelの一貫した立場でしかも総括的に平易に書かれている．2)は液体の統計力学だけでなく，電解質・粘弾性など液体に関係のある物性を広く扱っている．3)は簡潔に模型的扱いを強調したもの．4)と5)は量子力学的扱いと流れを含む時間発展の扱いに特色がある．6)は単純液体の統計力学を主としている．7)は液体だけでないが，分子間力を仮定してそれから導かれる単純な物質の統計力学的扱いをまとめている．60年代以後のものは関係の深い各章の参考書としておく．総合的なものは

1-8)　T. J. Hughel (ed.) : *Liquids——Structure, Properties, Solid Interactions*, Elsevier (1965).

これは研究会議の報告である．

1-9)　S. Bretsznajder : *Prediction of Transport and Other Physical Properties of Fluids*, Pergamon Press (1971)

はむしろ工業的な目的のものである．

液体の統計力学に大きな寄与を残したKirkwoodの仕事は

1-10)　J. G. Kirkwood : *Selected Topics in Statistical Mechanics*, Gordon and Breach Science Publ. (1967),
1-11)　J. G. Kirkwood : *Theory of Liquids* (B. J. Alder ed.), Gordon and Breach Science Publ. (1967),
1-12)　J. G. Kirkwood : *Theory of Solutions* (Z. W. Salsburg and J. Poirier ed.), Gordon and Breach Science Publ. (1968)

などに収められている.

本書では複雑な液体や溶液にはあまり触れていない. この方面の最近のものとして下のものがある.

1-13) I. Prigogine and S. A. Rice (ed.) : *Non-simple Liquids*, John Wiley and Sons (1975).

第2章 分子間力

2-1) J. O. Hirschfelder, C. F. Curtiss and R. B. Bird : *The Molecular Theory of Gases and Liquids* (1-7).

2-2) H. Margenau and N. R. Kestner : *Theory of Intermolecular Forces*, Pergamon Press (1971).

2-3) *Intermolecular Forces, Discussions Faraday Soc.*, No. 40 (1965).

2-4) J. O. Hirschfelder (ed.) : *Intermolecular Forces*, Interscience (1967).

2-5) 高柳和夫：電子・原子・分子の衝突, 培風館(1972).

1)は分子間力と, それから理論的に導かれる結果と実験値との比較をかなり網羅的に集録したもので, 豊富なデータが載せてあり, いくらか古くはなったが, 未だに古典としての価値を十分にもつ良書である. 2)は 1)に対して分子間力を理論的に導くことに重点をおいて書かれてあり, この分野における最近の発展まで加えてよくまとめられている. 3), 4)は分子間力の種々の著者による研究ないしは綜合報告をいくらかトピックス的にまとめたもので, 最近の研究傾向を知る上に参考になる. 5)は分子間力が主テーマではないが, 分子線を用いての分子間力の研究の大要やその理論的背景を学ぶにはよい入門書である.

第3章 平衡状態の統計力学

3-1) S. T. Rice and P. Gray : *The Statistical Mechanics of Simple Liquids*, Interscience (1965).

3-2) H. L. Frisch and J. L. Lebowitz : *The Equilibrium Theory of Classical Fluid*, Benjamin (1964).

3-3) 広池和夫, 守田徹編：液体の統計力学(新編物理学選集 52), 日本物理学会(1973).

3-4) J. A. Barker : *Lattice Theories of the Liquid State*, Pergamon Press (1963).

3-5) C. A. Croxton : *Introduction to Liquid State Physics*, John Wiley and Sons (1974).

3-6) C. A. Croxton : *Liquid State Physics——A Statistical Mechanical Introduction*, Cambridge Univ. Press (1974).

3-7) S. A. Rice and M. Nagasawa : *Polyelectrolyte Solutions*, Academic Press (1961).

1)は平衡状態だけでなく非平衡状態を含む液体の統計力学の正攻法を示すもので J. G. Kirkwood の流れをくむものである. 2)と 3)は顕著な論文を集めたもの. 4)は格子模型を扱ったやや特殊なものであるが, Ising 模型と格子模型などを歴史的に広く記述している. 5)は単純液体, 剛体球系および金属液体の統計力学とその近似理論, 数値計算の結果との比較を扱っていて, 6)はさらに立ち入った取扱いを示している. 7)は電解質溶液の理論を詳しく扱っている．

なお表面張力を分布関数だけで表わした論文に下のものがある(広池和夫氏の御教示に感謝する).

3-8) R. Lovett, P. W. DeHaven, J. J. Vieceli and F. P. Buff : Generalized van der Waals theories for the surface tension and interfacial width, *J. Chem. Phys.*, **58** (1971), 1880–1885.

第4章　時間を含む問題

4-1) S. T. Rice and P. Gray : *The Statistical Mechanics of Simple Liquids* (3-1).

4-2) P. A. Egelstaff : *An Introduction to the Liquid State*, Academic Press (1967) (広池和夫，守田徹訳：液体論入門，吉岡書店(1971)).

2)は中性子を用いて液体金属を調べる方法を相当くわしく述べている．

4-3) S. Glasstone, K. J. Laidler and H. Eyring : *The Theory of Rate Processes*, McGraw-Hill (1941).

これは正確な理論ではないが，非可逆現象を半ば経験的に広く考察して，単純な液体から複雑な液体まで統一的見地の下に扱おうとする試みを示している．

4-4) H. J. M. Hanley : *Transport Phenomena in Fluids*, Marcel Dekker (1969).

第5章　モデル物質

5-1) J. A. Barker : *Lattice Theories of the Liquid State* (3-3).

5-2) D. Henderson (ed.) : *Physical Chemistry——An Advanced Chemistry*, vol. ⅧA, *Liquid State*, AcademicPress (1971).

2)の第3章が計算機実験．ⅧA, ⅧB は広汎な液体の話で，新しい研究結果が盛られている．

コロイドとラテックスについては

5-3) E. J. W. Verwey and J. Th. G. Overbeek : *Theory of the Stability of Lyophobic Colloid*, Elsevier (1948),

5-4) 室井宗一：高分子ラテックスの化学，高分子刊行会(1970),

5-5) G. Goldfinger (ed.) : *Clean Surfaces*, Marcel Dekker (1970),

5-6) R. M. Fitch (ed.) : *Polymer Colloids*, Plenum Press (1971).

なお，計算機実験について詳しく述べたものに

5-5) H. N. Temperley, J. S. Rowlinson and G. S. Rushbrooke : *Physics of Simple Liquids*, North-Holland (1968),

5-6) 戸田盛和編：計算機実験(新編物理学選集54)，日本物理学会(1973)

がある．

なお金属液体の電子論について

5-7) T. E. Faber : *Introduction to the Theory of Liquid Metals*, Cambridge at the Clarendon Press (1972),

5-8) S. Z. Beer (ed.) : *Liquid Metals: Chemistry and Physics*, Marcel Dekker (1972),

5–9) N. H. March : *Liquid Metals*, Pergamon Press (1968),

5–10) S. Takeuchi (ed.) : *The Properties of Liquid Metals* (Proceedings of the 2nd International Conference, Tokyo, 1972), Taylor and Francis (1973).

本書では触れなかったが熔融塩，イオン液体に対する計算機実験がなされている(古川和男氏の御教示に感謝する)：

5–11) T. Førland, T. Østvold and J. Krogh-Moe : Monte Carlo studies on fused salts, *Acta Chemica Scandinavica*, **22** (1968), 2415–2421.

5–12) J. Krogh-Moe, T. Østvold and T. Førland : Monte Carlo studies on fused salts II, Calculation on a model of fused lithium chloride at 1073°K, *Acta Chemica Scandinavica*, **23** (1969), 2421–2429.

5–13) L. V. Woodcock and K. Singer : Thermodynamic and structural properties of liquid ionic salts obtained by Monte Carlo computation, Part 1——Potassium chloride, *Trans. Faraday Soc.*, **67** (1971), 12–30.

5–14) L. V. Woodcock : Isothermal molecular dynamics calculation for liquid salts, *Chem. Phys. Letters*, **10** (1971), 257–261.

5–15) B. Larsen, T. Førland and K. Singer : A Monte Carlo calculation of thermodynamic properties for the liquid NaCl+KCl mixture, *Mol. Phys.*, **26** (1973), 1521–1532.

5–16) S. Romano and I. R. McDonald : Monte-Carlo computations for molten potassium chloride based on the Pauling potential, *Physica*, **67** (1973), 625–630.

5–17) J. W. E. Lewis, K. Singer and L. V. Woodcock : Thermodynamic and structural properties of liquid ionic salts obtained by Monte Carlo computation, Part 2——Eight alkali metal halides, *Trans. Faraday Soc.*, **70** (1974), 301–312.

5–18) F. Lantelme, P. Turq, B. Quentrec and J. W. E. Lewis : Application of the molecular dynamics method to a liquid system with long range forces (molten NaCl), *Mol. Phys.*, **28** (1974), 1537–1549.

5–19) S. Romano and C. Margheritis : Monte-Carlo computations for some simple models accounting for ionic polarization in potassium chloride, *Physica*, **77** (1974), 557–562.

5–20) R. Takagi, I. Okada and K. Kawamura : Self-diffusion coefficients in molten LiCl estimated by molecular dynamics simulation, *Bull. Tokyo Inst. Tech.*, No. 127 (1975), 45–55.

5–21) M. Dixon and M. J. L. Sangster : Simulation of molten NaI including polarization effects, *J. Phys.* C., *Solid State Phys.*, 8 (1975), L8–L11.

5–22) C. Margheritis and C. Sinistri : Monte Carlo computations on molten caesium bromide, *Z. Naturforsch.*, **30a** (1975), 83–86.

第 6 章　液体の諸問題

6–1) P. W. Bridgman : *Physics of High Pressure*, Bell and Sons (1949).

これは典型的な著作.

高圧下の液体に関して

6–2) 渋谷喜夫，若槻雅男，斎藤進六，納賀勤一：極限状態の物性工学(物性工学講座10)，オーム社(1969),

6–3) 島津康男：地球内部物理学(物理科学選書 1)，裳華房(1969),

6–4) ウラジミロフ，カレフ(益子正教訳)：超高圧と真空の世界，東京図書(1970),

6–5) W. Paul and D. Warschauer : *Solids under Pressure*, McGraw-Hill (1963)

などがある.

無定形固体については

6–6) 牧島象二編：液体・非晶体の物性工学(物性工学講座 9)，オーム社(1968),

6–7) J. A. Prins (ed.) : *Physics of Non-crystalline Solids*, North-Holland (1965),

6–8) M. H. Cohen and G. Lucovsky (ed.) : Proceedings of the 4th International Conference on Amorphous and Liquid Semiconductors, *J. Non-Crystalline Solids*, **8–10** (1972),

6–9) 関集三：ガラス——ガラス性結晶および中間状態，化学と工業，**23** (1970), 52,

6–10) R. H. Doremus : *Glass Science*, John Wiley and Sons (1973).

液晶については

6–11) G. W. Gray : *Molecular Structure and the Properties of Liquid Crystals*, Academic Press (1962),

6–12) G. H. Brown, J. W. Doane and V. D. Neff : *A Review of the Structure and Physical Properties of Liquid Crystal*, Butterworths (1971),

6–13) 井口洋夫編：液晶(共立化学ライブラリー 1)，共立出版(1971),

6–14) G. H. Brown *et al.* (ed.) : *Liquid Crystals* 1, 2, 3, Gordon and Breach Science Publ. (1967, 70, 73).

水と水溶液について

6–15) D. Eisenberg and W. Kauzmann : *The Structure and Properties of Water*, Oxford at the Clarendon Press (1969)(関集三，松尾隆祐訳：水の構造と物性，みすず書房(1976))

は綜括的な著作.

索　　引

サ 行

タ 行

ナ　行

ハ　行

■岩波オンデマンドブックス■

液体の構造と性質

1976年 4 月20日　第 1 刷発行
2017年 6 月13日　第 3 刷発行
2024年11月 8 日　オンデマンド版発行

著　者　戸田盛和　松田博嗣
　　　　樋渡保秋　和達三樹

発行者　坂本政謙

発行所　株式会社　岩波書店
〒101-8002　東京都千代田区一ツ橋 2-5-5
電話案内　03-5210-4000
https://www.iwanami.co.jp/

印刷／製本・法令印刷

ISBN 978-4-00-731505-3　　Printed in Japan